# Symposium on High-Energy Electrons

Montreux (Switzerland)
7th to 11th September 1964

## Proceedings

Edited by

**A. Zuppinger** and **G. Poretti**

Springer-Verlag · Berlin · Heidelberg · New York 1965

ISBN 978-3-642-88336-1 ISBN 978-3-642-88334-7 (eBook)
DOI 10.1007/978-3-642-88334-7


Softcover reprint of the hardcover 1st edition 1965

Library of Congress Catalog Card Number 65-27226



Titel-Nr. 1287

# Foreword

Owing to the tremendously rapid development of the sciences publications of congresses and meetings are frequently out-of-date by the time they appear in print. We endeavoured to publish the report of the Symposium in Montreux in as short a time as possible. In order to reduce the cost, the manuscripts hat to be confined to few pages at the most and it was absolutely necessary to limit the number of illustrations.

For the Symposium in question we invited all those authors of whom we knew they were acquainted with the medicinal application of fast electrons to take part in a discussion covering their particular field of interest. Other lectures were also admitted without exception. Unfortunately on account of various extrinsic reasons the time between the application to take part in the Symposium and the Meeting itself was far too short which fact prevented some well-known scientists from coming to Montreux. In cases where no speaker was to be found for a certain subject Bernese and Milano Institutes (Doc. Dr. med. P. L. Cova) filled the gap whenever and wherever possible.

Three languages were allowed at the Congress. As English is understood by most people nowadays, we had English summaries of the French and German texts made. Many authors used English as a foreign language. We would therefore ask you to excuse any defects of language. References were only printed when the authors himself had mentioned them. For additional bibliography may be mentioned J. Becker and G. Schubert: "Die Supervolttherapie", G. Thieme Verlag, Stuttgart 1961, and A. Zuppinger, G. G. Poretti and B. Zimmerli: "Elektronentherapie" in "Ergebnisse der medizinischen Strahlenforschung", page 347, G. Thieme Verlag, Stuttgart 1964.

We hope that with these additions, this first scientific publication will not only provide a discussion of a various views on the subject, but will also assist the physicians and scientists in question in their future work.

The Editors

Professor Dr. med. A. Zuppinger
University of Berne (Switzerland)

Dr. sc. nat. G. G. Poretti
University of Berne (Switzerland)

# Contents / Table des matières / Inhaltsverzeichnis

# Symposium on
# High-Energy Electrons

# Allocution d'ouverture

Par

A. SAUTER

(Directeur de l'Office Fédérale suisse de l'hygiène)

Mesdames et Messieurs,

Au nom de Monsieur le Conseiller fédéral TSCHUDI, chef du Département fédéral de l'intérieur, j'ai l'honneur et le grand plaisir de souhaiter à ce symposium et en particulier aux participants venus de l'étranger, la cordiale bienvenue des autorités fédérales suisses. Le gouvernement suisse apprécie à sa juste valeur le fait que l'Association européenne de radiologie ait choisi notre pays et Montreux comme lieu de cette réunion et il m'est un agréable devoir de remercier ici les institutions officielles ou privées qui ont collaboré d'une manière ou d'une autre à sa réalisation, de remercier également les personnalités qui se sont chargées de l'organisation de cette réunion. Le gouvernement suisse salue toute manifestation internationale sur son territoire qui contribue à l'échange de vues dans le domaine scientifique, persuadé que, en s'efforçant de faciliter la collaboration internationale des hommes de science, en leur offrant une atmosphère favorable à leurs travaux, la Suisse peut ainsi, dans la mesure des possibilités dont dispose un petit pays, contribuer utilement au rapprochement et à la compréhension des peuples.

Le sujet de votre symposium relève du domaine de l'énergie nucléaire, de cette énergie qui est à la fois une menace et une promesse. C'est dans cette région de la Suisse que de nombreuse conférences se sont tenues ces dernières années, les unes pour essayer d'empêcher qu'un jour l'énergie nucléaire ne devienne un moyen de destruction apocalyptique, les autres pour permettre à cette énergie de développer le plus possible ses effets bienfaisants. Que votre symposium, appartenant à cette deuxième catégorie, réunissants les spécialistes des branches les plus diverses intéressées en la matière, permette à tous d'emporter l'enrichissement que vous en attendez.

# Allocution présidentielle

Par

ADOLF ZUPPINGER
(Président du Symposium)

Mesdames et Messieurs,

Le développement considérable des sciences naturelles et de la technique scientifique au cours de ces dernières années a donné à la médecine de nombreuses possibilité nouvelles de recherches qui ont une incidence tant dans le domaine diagnostic que thérapeutique. Notre art médical a présenté de ce fait un développement semblable, parfois très rapide. Dans une large mesure, cette évolution dépend étroitement de l'évolution des autres sciences. Un des buts les plus importants de la recherche médicale est d'examiner dans quelle mesure toutes ces nouvelles possibilités trouvent une application chez l'homme; parfois le chemin est inverse: nous entrevoyons des possibilités d'influencer les maladies, qu'elles soient d'ordre physique ou chimique, et nous essayons de stimuler le développement technique dans ces domaines. Si nous prévoyons une amélioration des résultats thérapeutiques, souvent seuls les efforts entrepris en commun par la recherche de base, la science médicale, la médecine pratique et la technique permettent d'obtenir de bons résultats dans le minimum de temps.

En radiothérapie, qu'elle soit appliquée seule ou combinée à la chirurgie, les nouvelles acquisitions concernent avant tout la lutte contre les tumeurs malignes. Récemment, l'association avec la chimiothérapie a rencontré un intérêt toujours croissant, mais pour porter un jugement sur la valeur d'un traitement nouveau ou employé différemment, il faudrait, en pathologie tumorale, pouvoir se baser sur les résultats à 5 ans. Cela est devenu une habitude générale. Il en découle que l'on doit attendre dans chaque cas 5 années ou plus pour que chaque médecin dispose d'un matérial suffisamment complet pour se faire une idée valable. Le médecin doit prendre une décision très importante: comme il s'agit de nouvelles possibilités de traitement, a-t-il le droit, du point de vue médical et moral, de ne pas faire bénéficier ses malades d'une technique riche de promesses? Le radiologue responsable qui s'est rendu compte par des études approfondies passées au crible de la critique qu'il a une chance d'augmenter le nombre de guérisons, peut-il ou a-t-il le droit d'attendre plusieurs années avant de recommander aux Autorités l'acquisition de nouvelles installations? La mise en marche de nouvelles machines entraîne nécessairement des dépenses assez considérables; il faut prévoir de nouveaux bâtiments et augmenter le nombre des collaborateurs (médecins spécialisés, physiciens, techniciens) afin d'utiliser cette nouvelle thérapeutique dans les meilleures conditions, et avec le minimum de risques pour les malades. Le temps d'attente exigé autrefois paraît actuellement exagéré. A différents endroits, on a installé les bombes au cobalt et les machines à rayons X de hautes énergies avant que l'on ait eu la preuve que le taux de guérison se soit amélioré. Les avantages évidents dans la technique de traitement ont grandement contribué à ce que cette nouvelle forme de radiothérapie soit introduite sur une large échelle. En utilisant les électrons rapides, nous observons les mêmes avantages, mais ceux-ci sont moins décisifs si l'Institut dispose déjà d'une installation à photons de hautes énergies; et cela d'autant moins que le coût d'un appareil produisant des électrons à hautes énergies est plus élevé que celui d'une bombe au Cobalt ou au caesium. Un des buts principaux de notre réunion sera de donner une réponse aux différentes questions en suspens concernant la radiothérapie aux électrons rapides.

Un certain nombre de médecins, de physiciens et d'ingénieurs ont décidé à Montréal, il y a 2 ans, de réunir en petits comités tous ceux qui ont utilisé sur le plan pratique et en priorité cette nouvelle forme de radiothérapie. Entretemps, l'intérêt pour cette nouvelle thérapeutique s'est sensiblement accru, et c'est pour cette raison que l'Association Européenne de Radiologie a choisi comme sujet de sa première réunion scientifique la discussion des possibilités offertes par l'électronthérapie.

Quelques-uns d'entre vous se sont posés la question:

— Pourquoi l'application des électrons rapides en radiothérapie devrait-elle ouvrir de nouveaux horizons?

Depuis des années, il est bien connu que l'effet biologique des radiations ionisantes s'effectue principalement par l'intermédiaire des électrons. Il nous paraît avantageux d'introduire des électrons directement dans la matière vivante, à la place des photons sous forme de rayons X ou rayons gamma. La pénétration des électrons dans les tissus dépend beaucoup plus de la tension que ce n'est le cas pour les photons. Pour appliquer une dose tumoricide à 1 cm sous la peau, nous devons avoir à disposition une tension de plusieurs millions de Volts. Ce problème technique de l'accélération des électrons jusqu'à une tension suffisamment haute a d'abord dû être résolu avant que l'on ait pu envisager leur application en Médecine. Si on utilise des radiations électro-magnétiques par contre, il suffit d'une énergie moindre pour pouvoir administrer cette même dose au foyer. Mais la particularité physique des électrons est de ne pénétrer que jusqu'à une certaine profondeur, ce qui ouvre une perspective très séduisante pour le médecin:

— La répartition de la dose depuis la surface jusqu'à une certaine profondeur, qui dépend de la tension des électrons, est homogène et ne peut être obtenue en utilisant les photons, si ce n'est que pour les traitements des affections tout-à-fait superficielles.

— Au cas où une tumeur s'étend de la surface jusqu'à une certaine profondeur, son traitement par les électrons est à préférer à tout autre forme de radiothérapie. En effet, le tissu environnant sera mieux ménagé.

Cet avantage est encore plus évident si le tissu sain est doté d'une radiosensibilité très élevée ou s'il est nécessaire de le ménager particulièrement, comme c'est le cas pour les tissus en croissance chez les enfants ou pour la moelle épinière.

En utilisant des électrons rapides, il suffit de choisir une tension adéquate pour ménager un tissu sensible situé aux environs immédiats d'une tumeur. S'il n'y avait que ces avantages, ils parleraient à eux seuls pour l'emploi des électrons en radiothérapie; leur utilisation serait justifiée voire nécessaire, mais il n'y aurait qu'un nombre limité de patients qui en bénéficierait. Certains auteurs pensent que l'effet limité en profondeur des électrons, responsables du ménagement meilleur des tissus avoisinants, justifierait à lui seul l'application de cette nouvelle forme de thérapeutique; d'autres ne se sont pas prononcés à ce sujet, mais il existe un grand nombre d'auteurs qui sont persuadés ou qui jugent très probable que les électrons offrent des particularités sur le plan biologique permettant d'obtenir des guérisons définitives ou temporaires chez un grand nombre de patients qui ne pourraient pas bénéficier dans la même mesure des autres moyens thérapeutiques actuels. Nous nous sommes efforcés de convier des représentants de chacune des 3 tendances pour ce symposium; je dois constater que la majorité appartient au dernier groupe, car la plupart des radiothérapeutes ayant utilisé les électrons ont obtenu des guérisons, comme aucune forme autre de thérapeutique ne l'aurait permis.

Toute nouvelle forme de radiothérapie nécessite une période de rôdage. Pour obtenir avec n'importe quelle méthode radiothérapique un taux de guérison élevé, les tissus sains doivent être soumis à une irradiation qui s'approche de très près des limites de la tolérance. Cette régle a également toute sa valeur en électronthérapie. Comme la sensibilité des tissus normaux par rapport aux tissus tumoraux n'est pas encore connue pour les irradiations corpusculaires, nous nous sentons obligés par notre éthique professionnelle de commencer à traiter les patients présentant des situations tumorales inguérissables par des moyens thérapeutiques usuels. Au fur et à mesure que l'expérience clinique augmente, il paraît légitime de traiter d'autres tumeurs dans l'intention d'améliorer les taux de guérison. Par la voie habituelle, c'est-à-dire par l'intermédiaire des publications dans les périodiques spécialisés, l'échange des expériences recueillies nécessite beaucoup de temps. Nous espérons que par ces conférences tenues entre tous ceux qui ont déjà utilisé des électrons et dont le texte devrait être publié rapidement, chacun trouve le moyen le plus rapide pour diminuer les tâtonnements initiaux et pour choisir la meilleures technique d'électronthérapie.

Nous aimerions savoir pour quelles tumeurs les chances de succès sont améliorées de façon certaine si l'on emploie l'électronthérapie; dans quels cas il est inutile d'utiliser l'électronthérapie; s'il existe des circonstances dans lesquelles leur emploi est à déconseiller. Nous voudrions connaître dans quelle mesure certaines combinaisons avec la chirurgie ou avec la chimiothérapie améneront de meilleurs résultats et si tel est le cas, quelle est la meilleure procédure à adopter.

Toute forme de radiothérapie est basée sur des notions fondamentales de physique et de biologie. La dosimétrie nous offre un grand nombre de problèmes qui risquent de ne pas présenter beaucoup d'intérêt pour la physique en général. Ils sont toutefois importants si l'on veut traiter correctement les malades. Il ne suffit pas de considérer la radiothérapie comme l'application d'une dose préalablement calculée au niveau des foyers malades. En biologie, nous voyons des réaction souvent variées, ce dont il faut tenir compte au cours du traitement. Si nous négligeons de tenir compte de variations habituelles dans la sensibilité des tissus, en observant très attentivement et individuellement chaque cas, nos efforts thérapeutiques risquent bien de ne jamais atteindre les résultats optimaux, car les cas plus radiorésistants seront sous-dosé ou bien nous verrons des dommages dus aux radiations qui auraient pu être évités.

Nous aimerions donc prendre connaissance de tous les cas qui ont présenté des radiolésions pour savoir au plus tôt où nous guettent certains dangers et quelles sont les circonstances dépendant de la technique d'irradiation ou de l'affection en question qui risquent d'engendrer des ennuis.

J'ai essayé de vous exposer les idées directrices les plus importantes pour ce Symposium et de les justifier. Notre but sera de préciser l'état actuel de la radiothérapie aux électrons. Nous aimerions savoir si, et dans quelles circonstances physiques, radiobiologiques et médicales, son emploi se justifie pour les patients. Nous aimerions connaître également les dangers de cette thérapeutique et de quelles façons nous pouvons les éviter. Il nous importe beaucoup de dresser la liste des problèmes qui n'ont pas encore été résolus et de voir comment on peut les aborder. Nous n'avons pas soulevé de questions d'ordre uniquement théorique. Celles-ci seront discutées au cours des conférences. Il nous reste à espérer qu'elles constitueront un stimulant pour d'ultérieures hypothèses de travail.

Permettez-moi encore d'attirer votre attention sur la raison pour laquelle on a choisi de tenir notre Symposium de l'Association Européenne de Radiologie en Suisse. Les premiers essais faits avec les électrons rapides ont été effectués par les chercheurs allemands Brasch et Lange dans le sud de notre pays, au Monte-Ceneri, dans les années 1931—32. Un des moyens d'accélérer les rayons corpusculaires pour les appliquer chez l'homme et également dans l'industrie est la réalisation d'une idée géniale de Wideröe. Depuis environ deux décennies, il travaille dans notre pays. Nous sommes très heureux de le saluer parmi nous. Nous somme reconnaissants à l'industrie suisse d'avoir construit une machine permettant d'administrer des rayons béta dans presque toutes les régions à l'intérieur de l'organisme.

Nous nous sommes également efforcés en Suisse d'étudier leur utilisation pratique. Le sol suisse — pour rester dans les bonnes traditions — devrait fournir un cadre libre et propice à une discussion fructueuse. Nous attendons non seulement que des questions purement scientifiques soient mises en discussion, mais il serait souhaitable qu'il se crée des liens amicaux entre les chercheurs des différents pays, indépendamment de leur situation géographique; de cette façon nous nourrissons l'espoir de pouvoir contribuer à la bonne entente internationale.

Il me reste encore le devoir agréable de présenter des remerciements: L'organisation d'un pareil congrès nécessite des moyens financiers assez considérables. L'association Européenne de Radiologie est une création récentes non encore dotée de grandes ressources. Grace à la bienveillance de l'Industrie suisse et du Fond national suisse de la recherche scientifique qui s'est toujours montré très ouvert aux idées nouvelles et qui en plus à soutenu nos recherches dans ce domaine depuis bien des années, il a été possible de trouver les bases matérielles de notre réunion.

Au nom de l'Association Européenne de Radiologie, je ne voudrais pas manquer de dire déjà maintenant notre très vive reconnaissance.

Nous voudrions remercier également tous ceux qui ont bien voulu faire le long voyage à Montreux, sacrifiant temps et argent, pour contribuer à la réussite de cette réunion. Nous savons que plusieurs d'entre vous ont traversé la mer pour nous rejoindre, et pour nous présenter le résultat de leurs travaux et répondre à nos questions. Ils méritent nos remerciements tout particuliers.

Il me reste encore une tâche à remplir. Le Professeur Uhlmann de Chicago, un des pionniers de l'électronthérapie, avait l'intention de venir ici et de nous parler de ses expériences, mais il est tombé gravement malade. Nous proposons de lui adresser nos meilleurs voeux. Je pense que tous les participants de ce Symposium seront heureux de souscrire à ce message.

Nous espérons tous que les résultats de ce Symposium et de nos entretiens vont nous donner satisfaction. C'est dans ce sens que je souhaite une pleine réussite à notre Congrès.

# Allocution de bienvenu

Par

Boris Rajewsky

(Président de l'Association Européenne de Radiologie)

(Président d'honneur du Symposium)

Je suis très heureux d'avoir l'honneur de vous souhaiter la bienvenue et plain succès au symposium qui traîtera la partie la plus actuelle de la radiologie médicale: L'application de électrons accélérés en thérapie.

Ce symposium est la premiére organisation de grand format en Europe sous le patronage de l'Association Européenne de Radiologie. Ont éte chargé de l'organisation et de la réalisation du symposium Monsieur le Professeur ZUPPINGER, Directeur de l'Institut Radiologique de l'Université et de l'Hôpital de l'Ile de Berne, et quelques autres collègues européens.

Ce premier symposium de l'Association Européenne de Radiologie — fondée il y a 2 ans environ — a lieu sur terrain suisse, dans la jolie ville de Montreux. Il y a là une certaine symbolique: La Suisse, depuis toujours un pays libre, est l'exemple modèle de la liberté démocratique, de la paix et de la libéralité.

Aussi, notre science, la radiologie médicale, a pu se développer en Suisse avec grand succès et se distingue toujours par ses progrès. Beaucoup de grands noms et d'acquisitions remarquables on été donnés par la Suisse à la radiologie européenne et, par conséquence, au monde entier. Nous avons donc volontiers accepté la proposition de Mr. ZUPPINGER de faire ce symposium à Montreux.

Nous sommes particulièrement heureux et touchés, qu'en appréciant l'importance de ce symposium pour la radiologie médicale moderne, le gouvernment suisse, le Fonds National Suisse pour la Recherche Scientifique et l'Industrie compétante de la Suisse, n'ont pas seulement témoigné un grand intérêt pour notre projet, mais, qu'ils ont, en mettant à disposition des moyens considérables, après tout, rendu possible la réalisation de ce symposium. Au nom de l'Association Européenne de Radiologie je me permets d'exprimer aux collègues radiologues suisses, au Fonds National et aux différents organisations industrielles et administratives nos vifs remerciements.

L'Association Européenne de Radiologie fut fondée le 15 Décembre 1962. L'idée de cette fondation n'était pas nouvelle. Depuis longtemps l'ambition des radiologues en Europe était de travailler mutuellement sur leur existence professionelle en faveur de leur science. Ils agissaient dans ce sens et se sentaient européens, liés par la grande culture européenne.

L'histoire des beaux arts et des sciences manifeste cette liaison de l'Europe avec toute clarté. La politique de l'Europe également témoigne de cette liaison et de la dépendance des pays européens entre eux. Cela est juste. La culture, les qualités humanitaires et morales sont toujours la force des peuples, mais elles ne sont pas les seules bases de la vie des hommes et des peuples vivant sur un continent. La culture est peut-être le souffle dont les hommes ont besoin pour leur existence et leur bien-être; le sol sur lequel ils grandissent et qui les nourrit, c'est l'économie. Dans notre cas c'est l'économie européenne.

Il est évident que l'économie ressort de la culture des peuples — plus la culture d'un peuple est développée plus l'économie nationale évoluera. La vie économique une fois créée, dispose de lois propres et s'impose à la structure de la société humaine; elle influence même la culture des peuples. D'après le développement historique elle tient compte de la culture nationale des peuples, elle est même influencée par cette dernière, mais garde ses propres lois. Tandis que les conquêtes de la culture correspondent au développement de l'esprit et de la morale des hommes, l'évolution de l'économie sert à la prospérité d'un peuple et à l'amélioration de son niveau de vie. Le caractère de l'évolution économique est le suivant: l'expansion de la technique et des organisations économiques est étroitement liée à l'agrandissement du volume des biens économiques et des hommes participant à l'économie. Sinon la productivité des systèmes économiques diminue et le système n'est plus rentable. Le standard et l'intensité de la vie des peuples soumis à un tel système économique seraient alors altérés. Le sort inévitable des systèmes économique du monde est de se développer vers une économie s'étendant sur les grands espaces géographiques. Les énormes succès l'économie, constituée et formée par des européens dans le «Nouveau Monde», en Amérique du Nord, en sont la preuve. Une économie solide signifie en même temps une grande puissance politique comme l'histoire nous l'a montrée dans l'évolution et le raffermissement de l'économie des peuples soviétiques unis. L'ancienne Europe fut divisée en beaucoup de cultures nationales et de systèmes économiques qui lui ont fait perdre sa force et sa puissance d'autrefois, si bien qu'elle est devenue incapable de faire concurrence aux grands blocs de l'ouest et de l'est.

A cause de cette situation naquît, avant la dernière guerre mondiale, la grande idée d'une Europe unifiée et la création d'une grande organisation qui garderait les intérêts économiques et culturels de toute l'Europe. Nous vivons actuellement sous le signe de ses efforts, réaliser l'union de l'Europe. Beaucoup de pas ont été faits dans ce sens déjà, dont l'un des plus marquant a été la création du marché commun unissant six pays européens. Les autres pays européens ont aussi créé une alliance. Mais ce partage en deux blocs pour des raisons politiques et économiques n'est — espérons-le — qu'une apparition passagère.

Les projets d'union de l'Europe ne peuvent se réaliser qu'à la condition que toutes les sections et toutes les organisations de la vie culturelle et économique de l'Europe participent à ce mouvement. C'est à nous tous, les radiologues, que s'adresse cette parole. La radiologie est une grande discipline scientifique et professionelle et prend donc une place importante dans la vie économique. Elle comprend non seulement des éléments scientifiques, mais aussi des éléments de la vie sociale et de la vie industrielle. C'est ainsi qu'en 1956 lors du congrès international des radiologues à Mexico-City, surgit l'idée de l'union des radiologues européens en analogie à la «Pan American Society of Radiology». Depuis deux ans l'Association Européenne de Radiologie groupant 9 pays européens existe et nous espérons que bientôt tous les pays européens sans exception appartiendront à notre association. Les buts de l'Association Européenne de Radiologie sont grands et importants mais aussi très beaux et utiles: Problèmes d'enseignement national et européen, leur coordination et leur unification; problèmes d'organisations professionelles des radiologues et de leur position vis-à-vis de la médecine générale; problèmes de normalisation et d'assimilation de types d'appareils, information commune, échange d'expériences, amélioration des méthodes.

L'Association considère comme une de ses tâches essentielle la coordination et l'échange mutuel des efforts faits dans les différents pays européens pour contribuer au progrès de la radiologie médicale. A cette catégorie appartient l'application des électrons accélérés pour des buts thérapeutiques. Les tout premiers essais d'utiliser des électrons pour la radiothérapie en Europe, ont été faits il y a 30 ans. C. H. F. Müller de Hambourg, avait construit les premiers tubes «Lenard» qui servaient à la thérapie. Les électrons sortaient du tube à vide par une fenêtre mince. La première radiothérapie au moyen d'un tel tube a été effectuée par Gentner, Rajewski et Schmitt en 1934. Le potential d'accélération pour les électrons s'élevait à 220 kV. Une difficulté existait au début consistant dans le fait suivant: Lors du passage des électrons par le tube il se formait des rayons-x relativement intenses dans la fenêtre de sortie. Ce défaut fut corrigé par Gentner qui fixa près de la fenêtre du tube une bobine magnétique pour concentrer les électrons de telle sorte que le faisceau d'électrons avait beaucoup plus d'intensité ques las rayons-x. Le potentiel d'accélération relativement petit (jusqu'à 200 kV) ne permettait pas aux électrons depénétrer profondément dans la peau humaine. Les irradiations ont été réduites, par conséquence, aux cas dermatologiques. Les réactions de la peau et du tissu hypodermique se manifestaient plus rapidement que lors d'irradiation par rayons-x, sans montrer, toutefois, de particularités. La thérapie par électrons ne pouvait donc pas gagner de terrain. Seulement aprés la guerre, lorsque les grands accélérateurs d'électrons furent construits, la thérapie par électrons commença à gagner du chemin. Presque en même temps deux physiciens allemands, Brasch et Lange, ont tenté en Suisse la première expérience: produire des électrons très rapides en mettant à profit l'électricité atmosphérique. Toutefois les expériences ne furent pas menées à bout. Quelques années auparavant, en 1931 les mêmes physiciens avaient monté dans les laboratories de l'AEG à Berlin une construction nouvelle par laquelle on pouvait produire dans une tube d'accélération des électrons rapides de 2,4 MeV d'énergie. Au moyen de cette construction on a fait les premières expérience radiobiologiques sur des cultures bactériologiques avec des résultats intéressants. Mais ce' est seulement 1953/54 pu'E. Uhlmann à Chicago a commencé une thérapie réelle avec électrons rapides en appliquant cette technique moderne. Uhlmann et ses collaborateurs ont développé et construit un accélérateur linéaire avec lequel ils pouvaient produire des électrons jusqu'à 40 MeV et ainsi pratiquer une thérapie clinique. A peu près à la même époque, en Europe, on construisit les bétatrons, d'abord par Brown Boveri en Suisse, ensuite par Siemens Reiniger en Allemagne. Ceux-ci ont servi d'abord à produire des rayons-x dont la portée d'énergie était de 5 à 35 MeV. Bientôt les bétatrons offrirent la possibilité de produire des rayons électroniques intenses pour les mêmes puissances d'énergie. A peu près en même temps on commençait à développer en Europe, surtout en Angleterre par Metropolitan Vickers Electrical des accélérateurs linéaires servant d'abord à produire des rayons-x et ensuite également des rayons d'electrons. La portée d'énergie de ces appareils est entre 1,2 et 12 MeV. Les premières irradiations à électrons accélérés au dessus de un MeV datent d'il a dix ans. Sans exagérer, on peut parler aujourd'hui de la thérapie par électrons rapides comme du domaine de la radiologie européenne, surtout en Suisse et en Allemagne. Des progrés importants ont été faits dans ce champs d'activité, soit dans celui des irradiations cliniques, soit dans celui de la dosimétrie et de la technique, de la biophysique et de la biologie des électrons accélérés. Des méthodes sûres de dosage et de mesure ont été développées; elles ont été élaborées et éprouvées comme procédé d'irradiation thérapeutique à tel point que l'on peute parler d'une thérapie d'électrons bien fondée au point de vue scientifique et technique. Plus d'une douzaine de centres radiologiques européens appliquent en ce moment la thérapie à électrons accélérés. Dix de ces stations sont attachées aux installations standards de dosimétrie de l'Institut Max Planck de Biophysique à Francfort, sie bien que la comparaison des résultats des irradiations est assurée. Pour le progrès de la radiologie moderne it es significatif qu'en si peu de temps, une si grande exactitude dans le dosage (allant jusqu'à $\pm 1{,}5\%$) a pu être obtenue.

Un travail de même importance a été accompli dans le domaine de la radiobiologie clinique et théorique.

En résumé nous pouvons constater, vu les expériences faites, que la thérapie à électrons présente plusieurs avantages vis-à-vis de la radiothérapie à photons. Certes, nous nous trouvons encore au commencement de ce développement et sans doute on construira dans le prochain futur des accélérateurs d'électrons meilleurs et d'une plus grande capacité de rendement. Les méthodes d'irradiation s'améliorent et nous obtiendrons des connaissances nouvelles sur le secteur radiobiologique et biophysique.

Le but et la tâche de ce premier symposium européen sur la thérapie des électrons est de donner une vue générale sur les résultats obtenus dans les différents pays, de discuter leur importance et d'évaluer les perspectives pour le développement futur. Nous espérons que le symposium sera très utile pour le développement futur de la radiologie en Europe et en même temps pour le monde entier. Dans ce sens je félicite nos honorés Collègues

Zuppinger et Poretti pour les efforts qu'ils ont faits pour réaliser et organiser ce symposium. Je souhaite que ce symposium ait un déroulement favorable et beaucoup de succès.

# 1.1. Studies of Absorption of High Energy Electron Beams

By

John S. Laughlin

With 4 Figures

It is a great privilege to be invited to participate in this Symposium on High Energy Electrons arranged by the European Association of Radiologists. I am sure we are all aware of our debt to those who have organized this Symposium, and in particular to Professor Zuppinger and to Professor Rajewsky.

It is a particular honor to be asked to chair this first technical session on the physics of electron absorption. In a real sense electron therapy is fundamental to all radiation therapy. Even with x-rays the vital chemical and biological effects are produced by the absorption of the secondary electrons: the x-rays serve only as an agent of energy transmission from the source to the patient. This consideration emphasizes the importance of the absorption of electrons of which various aspects are treated in the papers scheduled for this session.

At this point I should like to summarize some of the fundamental theoretical and experimental studies in our laboratory on the absorption of electrons in matter. Our more applied work for clinical application of electrons will be presented later in this Symposium.

## *Theoretical*

The penetration, scattering and absorption of high energy electron beams (10—20 MeV) have been mathematically studied by N. D. Kessaris *(1, 2)* who solved the transport equation for electrons by the moment method,

*The number of illustrations had to be reduced considerably on account of technical reasons in publication. The authors have, however, declared their readiness to furnish copies of the illustrations which have been omitted, should a personal request be addressed to them.*

*Pour des raisons éditoriales, le nombre des clichés a du être réduit considérablement. Les auteurs mettront volontier à disposition des intéressés les reproductions non publiées.*

*Die Zahl der Abbildungen mußte aus verlags-technischen Gründen stark reduziert werden. Die Autoren haben sich aber bereiterklärt, auf persönliche Anfrage hin Kopien der weggelassenen Abbildungen zur Verfügung zu stellen.*

under the continuous slowing down assumption (the Lewis equation). Two beam geometries were considered: a plane infinite beam and a pencil beam both incident in an infinite water medium. A variety of quantities describing the behavior of the beam and the associated secondary radiations has been derived from knowledge of their mathematical moments (up to the tenth) and the appropriate boundary conditions and asymptotic behavior (large depth) as prescribed by the transport equation. The moments were obtained by solving a chain of coupled equations derived from the Lewis equation by angular and moment expansions. The mathematical and numerical complexity of the problem necessitated the use of the IBM 7090 cumputer.

Among the physical and biophysical quantities derived the following are of most interest:

1. The rate of local energy absorption with depth. This is not the same as the rate with which the incoming beam electrons lose their energy. The

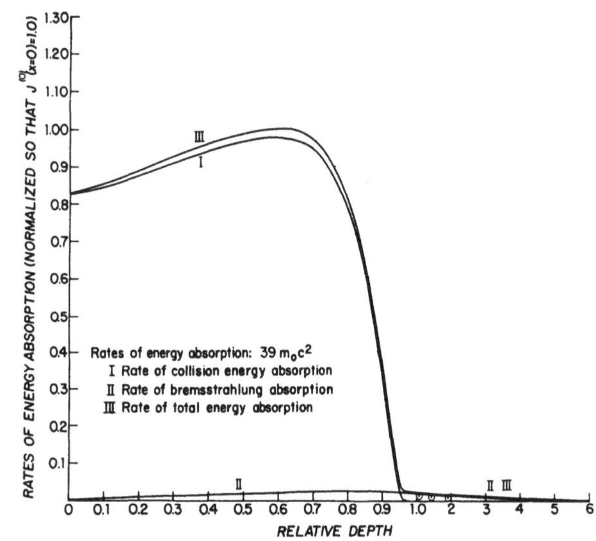


Fig. 1. Local energy absorption as a function of depth produced by a plane infinite electron beam in water as calculated by the moments methods (1)

latter must be modified to take into account the finite range of secondary electrons produced in the medium and also the rate of bremsstrahlung absorption. Thus, starting from the rate of energy loss by the primary electrons with depth, the rate of bremsstrahlung production is obtained and subtracted. The resulting curve is corrected for the small but finite range of the secondaries (which also varies with depth). Finally, the rate of bremsstrahlung absorption is calculated and added to obtain the final result, the rate of local energy absorption. (See Fig. 1.)

2. The rate of charge accumulation with depth was obtained. This is the rate at which electrons stop at various depths. The rate for both primary

and secondary electrons was obtained and the total rate is the sum of the two. The main feature of this curve is the accumulation of electrons in a rather narrow depth interval, centered at about 80% of the maximum depth. Another feature is the region of positive charge at small depths caused by secondaries being knocked into larger depths by the incoming primaries. (See Fig. 2.)

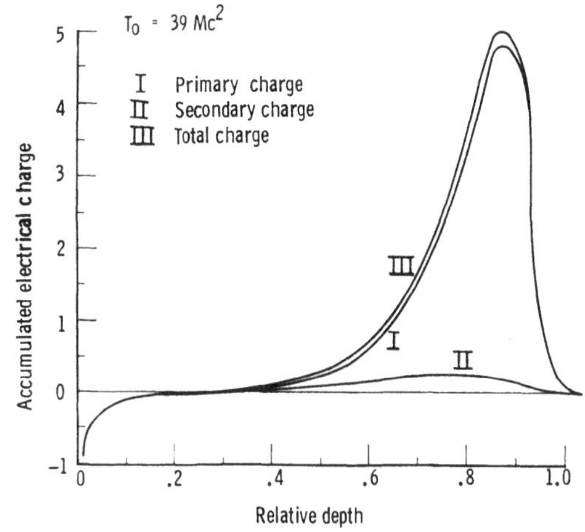


Fig. 2. Charge distribution as a function of depth produced by a plane infinite electron beam in water as calculated by the moments method

3. The average radial spread of the energy dissipation in the case of the pencil beam. It is seen that the beam starts out with vanishing width and spreads out as it penetrates. A maximum is reached at fairly large

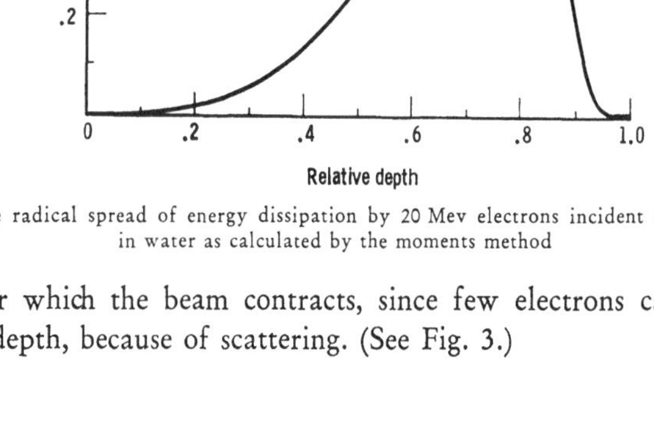


Fig. 3. Average radical spread of energy dissipation by 20 Mev electrons incident as a pencil beam in water as calculated by the moments method

depth, after which the beam contracts, since few electrons can reach the maximum depth, because of scattering. (See Fig. 3.)

4. The energy spectrum with depth was also obtained. The result was a nearly monochromatic spectrum at small and medium small depths, spreading out as the depth increases. At very large depths the primary component disappears and the intensity drops rapidly.

5. The LET spectra at various depth have been obtained from the energy spectra by means of a mathematical transformation. They exhibit an increase with decreasing LET, reaching a sharp maximum at minimum LET. This curve enables one to determine immediately the relative amount of energy contained in a given LET interval, by measurement of the area under the curve over that interval.

*Experimental charge measurements*

Unlike the situation for x-ray absorption, electron irradiation results in the deposition of charge. Although the amount of net charge is relatively small, being equal to the number of incident electrons, it is a unique

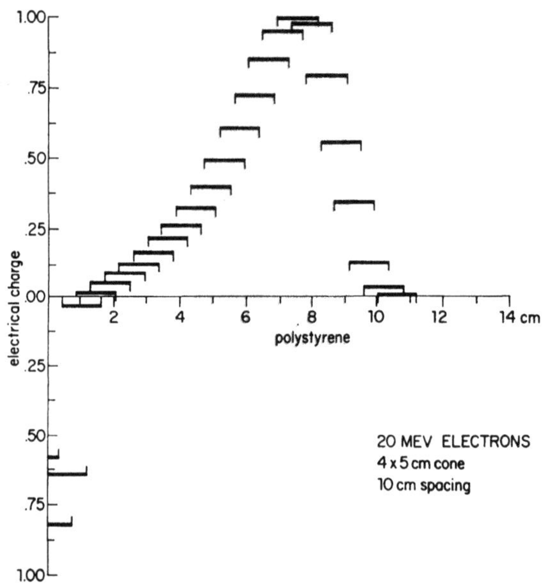


Fig. 4. Measured distribution of charge as a function of depth in conducting polystyrene produced by 20 MeV electrons

characteristic of electron beam absorption. This phenomenon is also of interest in that precise measurement of the charge distribution permits evaluation of theoretical models, such as the one mentioned above. In tissue the charge, though initially localized, is rapidly distributed by conduction. There is no implication that the charge concentration or movement is sufficient to be biologically effective.

The initial distribution of charge as a function of depth was measured in conducting polystyrene which is closely tissue equivalent. Disks of conducting polystyrene 15 cm in diameter were employed in a cylindrical stack as a tissue equivalent phantom. The disks were insulated from each other by thin polystyrene sheets. The conducting disks were 0.4 cm, 0.2 cm, or 1.2 cm in thickness for a total thickness of 14 cm. The phantom was contained in a shielded container and each disk could be connected through a carefully insulated multiple switch to a vibrating reed electrometer. The charge distribution produced by 20 MeV electrons in polystryrene is shown in figure 4. The positive charge in the first 1.5 cm is due to the forward projection of recoil electrons. The total distribution agrees reasonably with the theoretical distribution as calculated above.

### *Electron spectra in tissue irradiated with betatron electron beams*

Studies are underway by Epp at the Sloan-Kettering Institute of the energy distribution of electrons passing through a small area at points in water irradiated with betatron electron beams of energies up to 22 MeV. Kowledge of the energy distribution of the electron flux at the point in question immediately allows determination of the associated LET distributoin without any intervening assumptions pertaining to the electron spectrum.

The experimental method includes the use of scintillation spectroscopy techniques to observe secondary electrons passing through a point in water at various angles. An approximately circular beam of betatron electrons impinges on a flat water surface. A small evacuated probe leads out the secondary electrons scattered into a small solid angle at angle $\Theta$ in a cylindrically symmetrical polar coordinate system. These electrons pass through a series of circular collimators under vacuum and impinge on the flat surface of a 9"×7" NaI (Tl) crystal. Seven photomultiplier tubes observe the light; the corresponding pulses are linely amplyfied and are sorted by a 400 channel pulse height analyzer. The crystal assembly is heavily shielded with lead. The entire spectrometer can be set at various angles with respect to the water medium; water depth can also be conveniently changed.

During operation the spectrometer is gated so that it is on only during betatron pulses. This serves to reduce general background. The betatron is operated at very low intensities so that the number of detected electrons per second does not exceed about 5 in order to minimize coincident electron pulses. A magnetic shutter is employed to allow measurement of bremsstrahlung background. The response function of the spectrometer as a function of betatron electron energy has been measured from 6—22 MeV through the use of the primary beam. The large crystal serves efficiently to contain the electromagnetic radiation "shower" pertaining to electron absorption. The response functions thus appear typically as full energy peaks with little or no associated tail. Pulse height response has been measured to be linear over the above energy region.

Detailed measurements are in progress of the secondary electron energy distributions as a function of angle for various water depths and betatron electron energies. These spectra are taken with respect to a known (monitored) incident electron beam intensity. For a given depth and incident betatron energy, the various angular energy distributions will be integrated with respect to angle taking into account solid angle consideration to arrive at the total electron energy distribution at a point irrespective of angle.

Investigation has been made regarding the determination of LET spectra from electron spectra, using assumed electron flux spectra N (E). If N (L) dL is the electron flux at a point with LET between L and L + dL, then N (L) is related to N (E) by $N(L) = (N[E] \frac{1}{dL/dE})$. The function dL/dE was computed for two cases of electron energy losses being considered as "on-track" losses, namely, for 100 ev and 500 ev. Study was also made of the function LN (L) vs. L which ist the energy dissipated per LET interval vs. LET. Analysis of these computed spectra serves as an aid for determining the relative importance of various regions of the electron spectra as well as serving to develop methods of treating the experimental data.

## References

1. Kessaris, N. D.: Absorbed dose for high energy electron beams. In press in Radiation Research.
2. — The penetration of high energy electron beams in water. To be published in the Physical Review.
3. Lauglin, J. S., H. A. Astarita, J. G. Reisinger, and M. Danzker: Charge distribution in tissue-equivalent material produced by high energy electrons. Presented at the 44th Annual Meeting of the Radiological Society of North America, November 1958, Chicago, Ill.

# 1.1.1. Interaction of Fast Electrons with Matter. Effective density

By

Robert Loevinger

Fast electrons interact with matter in many ways, but here we shall concern ourselves with only four aspects of this interaction, namely inelastic collisions, radiative collisions, elastic scatter, and secondary electron production. These four processes play the largest role in determining the size and the pattern of the absorbed energy distribution from a beam of fast electrons. To further limit the problem, I shall consider only the energy range relevant to radiation therapy (roughly 5 to 50 MeV), and only atomic numbers of interest in medicine and biology (that is, atomic numbers up to 20, that of calcium). Within these limitations, let me now remind you of certain physical aspects of the four electron interactions under consideration.

The well-known equation for electron stopping powers can be written in the following approximate form:

$$-\frac{\mathrm{d}T}{\mathrm{d}p\,x} \propto \frac{Z}{A}\,\frac{B-2\ln Z-\delta}{\beta^2}\,\frac{\mathrm{MeV}}{\mathrm{g/cm^2}}$$

The kinetic energy of the electron beam is $T$, and $\beta$ is the ratio of the electron velocity to the velocity of light. The atomic number and atomic weight of the scattering material are $Z$ and $A$, respectively. The equation gives the energy loss per $\mathrm{g/cm^2}$ due to inelastic collisions with atomic electrons, and is valid for values of $T > 0.01$ MeV. The dominant term in the second fraction on the right is $B$, which is the same for all materials and which increases very slowly with increasing kinetic energy ($B$ is very nearly the "stopping number"). The term $2\ln Z$ arises from the assumption that the ionization potential is proportional to $Z$, which is nearly-enough correct for present purposes. The polarization correction is $\delta$, which depends on $T$, $Z$, and the mass density. But it is to be noted that the change in the term $(2\ln Z+\delta)$ due to a change in $Z$ between 6 and 20, causes a change in the right-hand side of the equation of at most a few percent. As a result, it is a good approximation to consider that electron stopping power has the form $(Z/A)$ times a function of $T$ only.

The behavior of the stopping power as a function of energy is easily deduced from the equation. The term in $\beta^{-2}$ causes a very rapid rise in stopping power at low energies, say below 0.2 MeV. The term designated $B$ causes a very slow rise in stopping power at energies above a few MeV. As a result, low $Z$ materials show a very broad minimum in stopping power between 1 and 2 MeV.

The energy loss per $\mathrm{g/cm^2}$ due to radiative collisions with nuclei and atomic electrons can be described by the following expressions.

$$-\frac{\mathrm{d}E}{\mathrm{d}p\,x} \propto \begin{cases} \dfrac{Z(Z+1)}{A}\,E\ln 2.8\,E\,, & 0.5 \ll E \ll \dfrac{70}{Z^{1/3}} \\[2ex] \dfrac{Z(Z+\zeta)}{A}\left(\ln\dfrac{183}{Z^{1/3}}\right)E\,, & \dfrac{70}{Z^{1/3}} \ll E \end{cases}$$

Here $E$ is the total electron energy, i. e., the kinetic energy plus the rest energy of the electron mass, and $\zeta$ is a weak function of $Z$, approximately equal to unity. For tissue-like materials, $Z^{1/3}$ is approximately 2, so the upper expression holds much below 35 MeV, and the lower expression holds much above 35 MeV. The two expressions however are very nearly equal at $E = 35$ MeV, for $Z \approx 8$. Hence the upper expression holds at and below 35 MeV, and the lower expression holds at and above 35 MeV. In any event, the important point is that the radiative energy loss per g/cm² is proportional to a function of $Z$ times a function of $E$.

At high energies, where the lower expression holds, the fractional radiative energy loss is seen to be a function of $Z$ only. Hence if this function is used to define a "radiation length", the fractional radiative energy loss per radiation length is the same for all materials.

High energy electrons undergo elastic scattering on nuclei and atomic electrons. The mean square scattering angle due to passage through a thickness of material $\Delta x$ in g/cm² is given by the expression

$$\overline{\Theta^2} \propto \frac{Z(Z+1)}{A} \frac{\Delta x}{E^2 \beta^4} \ln\left(\mathrm{k} \frac{Z^{1/3}(Z+1)}{A} \frac{\Delta x}{\beta^2}\right)$$

where the variables have the meanings already given, and k is a constant the value of which is unimportant here. Evidently the scattering is very large at low electron energies, since the therms $\beta^{-4}$ and $\beta^{-2}$ both become very large at low electron velocities. At high energies, on the other hand, where $\beta$ is unity, $E^{-2}$ becomes very small, and scattering is unimportant. For our purpose here, it is to be noted that both the coefficient and the argument of the logarithm can be written as a function of $Z$ times a function of electron energy times $\Delta x$.

The last interaction process to which I wish to call attention is the production of secondary electrones due to inelastic collisions with atomic electrons. The full mathematical expression is somewhat lengthy and need not be given here, but we note simply that the number of secondary electrons with kinetic energies between $T$ and $T + \mathrm{d}T$ produced by a primary electron of kinetic energy $T_0$ which traverses a thickness of material $\Delta x$, is given by

$$N(T_0, T)\,\Delta T \propto \frac{Z}{A}\,\Delta x \,\mathrm{fnct}\,(T, T_0)\,\Delta T$$

Again we note that the expression on the right is of the form of a function of $Z$ times a function of electron energy times $\Delta x$.

The four interactions can be summarized in the following expressions.

| | |
|---|---|
| inelastic collisions: | $-\Delta T = g_1 f_e \Delta x$ |
| radiative collisions: | $-\Delta T = \begin{cases} g_2 f_{rs} \Delta x & \text{(low energy)} \\ g_3 f_r \Delta x & \text{(high energy)} \end{cases}$ |
| elastic scatter: | $\overline{\Theta^2} = g_4 f_{rs} \Delta x \ln(g_5 f_s \Delta x)$ |
| second. elect. product: | $N = g_6 f_e \Delta x$ |

where now $g_i = \mathrm{fnct}\,(T)$, $f_j = (Z/A)\,\mathrm{fnct}\,(Z)$, and $\Delta x$ is in g/cm². In practice all four interactions take place together, and are in fact mixed up together in a very complex fashion. Nevertheless, the fact that the $T$-dependent and the $Z$-dependent functions are separable might lead us to ask, can we scale with respect to energy? That is to say, for a fixed absorbing material, is it possible to transform an electron depth dose curve for one energy into that for another energy, by simply multiplying the scale of depth by an appropriate factor? We known from experience that the answer is in fact, No, we cannot scale with respect to energy. Electron depth dose curves change shape from one energy to another, so that one cannot be transformed into another in this simple fashion. The reason lies in the great energy-dependence of the functions $g_i\,(T)$, as a result of which the relative importance of the different processes depends on the electron energy.

It is then logical to ask, can we scale with respect to atomic number? That is to say, for a fixed electron energy, is it possible to transform an electron depth dose curve for material of one atomic number into that for another atomic number, by simply multiplying the scale of depth by an appropriate factor? Experiment has shown that the answer to this question is, Yes, we can in fact scale with respect to atomic number. Electron depth dose curves maintain their shape over the range of atomic numbers of interest in medicine, and the transformation can be carried out in this simple fashion.

Let us look for a moment at the $Z$-dependent functions $f_j\,(Z)$, and for the same of completness I add one such function at the head of the list:

| | |
|---|---|
| $f_m = \Sigma\, p = 1$ | mass density, |
| $f_e = \Sigma\, p\, (Z/A)$ | electron density, |
| $f_s = \Sigma\, p\, (Z/A)\, (Z+1)\, Z^{-2/3}$ | "effective" density, |
| $f_{rs} = \Sigma\, p\, (Z/A)\, (Z+1)$ | |
| $f_r = \Sigma\, p\, (Z/A)\, (Z+\zeta)\, \ln 183\, Z^{-1/3}$ | radiation length. |

The function $f_j$ have been slightly generalized here, so as to apply to compounds and mixtures. The summation is over all the atomic species present, and $p$ is parts by weight of each. When $f_m$ is the relevant parameter, we are concerned with the conventional mass density. When $f_e$ is the relevant parameter, we are concerned with electron density. When $f_r$ is the relevant parameter, we are concerned with radiation lengths. These three are well-established usages. We have found experimentally that electron depth dose curves can be scaled from material of one atomic number to another by using an "effective density" which is simply the parameter $f_s$ relative to water. The explanation probably lies in the following. If similar "densities" relative to water computed from $f_e$, $f_{rs}$, and $f_r$, it is found that the "effective density" computed from $f_s$ is intermediate between the others, and thus seems to represent an approximate mean value. In any event, the values calculated from $f_s$ are in good agreement with the experimental values.

Based on our experimental work, the effective density can safely be used for the following calculation. Under circumstances where the beam is sufficiently wide so that the isodose curves are parallel to the plane entrance surface of the phantom, the central-axis depth dose curve is the same for all materials if it is plotted against the product of the actual depth by the effective density. This offers a convenient and precise method of correcting depth dose curves and electron ranges to water or tissue. On the other hand, the effective density cannot be used, without further experimental justification, for narrow fields or for scaling dose distributions in a direction normal to the central axis. The appropriate method for doing this remains open for future investigation.

It has been my purpose to review briefly the basic modes of the interaction of fast electrons with matter, and to remind you again how complex this interaction is. However, in spite of this complexity — or perhaps, indeed, because of it — it has been possible to extract one seemingly quantitative generalization, which I have chosen to call the "effective density". One must not exaggerate the usefulness of that concept. The detailed and elegant work of many people, including Pohlit, Breitling, and Marcus, have shown that the effect of inhomogenities in atomic number is too complex to be solved by assigning a single numerical parameter to each material.

Nevertheless, I wish to suggest that this is a small and modest example of the kind of generalization we must look for, if we are to bring some order into the complicated phenomena assoziated with the dosimetry of high-energy electrons.

(A quantitative discussion of the concept of effective density, the supporting experimental work, and reference to detailed discussions of the interaction processes, will be found in Loevinger, Karzmark, and Weissblut: Radiology 77, 906—927, 1961 [December].)

## 1.1.2. Über den Einfluß der Streuung auf den Dosisverlauf schneller Elektronen

Von

Gerhard Breitling und Karl-Heinz Vogel

Mit 3 Abbildungen

Bei der Bestrahlung mit schnellen Elektronen wird der Dosisverlauf von seiten des bestrahlten Mediums durch verschiedene Wechselwirkungsprozesse bestimmt. Ausschlaggebend ist bei niedrigen Energien die Energieabgabe durch Stöße und die Streuung der Elektronen. Mit zunehmender Elektronenenergie hingegen treten die Energieverluste durch Strahlungserzeugung immer stärker in Erscheinung und erweitern den Bereich der Energieabgabe über die Reichweite der Elektronen hinaus. Weitere Wechselwirkungen, wie Kernprozesse oder Paarbildung durch schnelle Elektronen, sind demgegenüber nur von untergeordneter Bedeutung. In dem bisher therapeutisch genutzten Energiebereich ist aber auch die Beeinflussung des Dosisverlaufes durch die von schnellen Elektronen erzeugte Strahlung unwesentlich. Es genügt daher, die Überlegungen auf die Bremsung der Elektronen durch Stöße und auf die Streuung zu beschränken. Die Wirkungsquerschnitte beider Prozesse sind der Elektronendichte proportional; die Streuung ist darüber hinaus noch — in stärkerem Maß als die Bremsung durch Stöße — von der Ordnungszahl des bestrahlten Mediums abhängig. In folgendem wird der Einfluß der Streuung auf den Dosisverlauf an Hand einiger Beispiele demonstriert.

Am einfachsten liegen die Verhältnisse bei der *Bestrahlung homogener Medien gleicher Ordnungszahl, aber unterschiedlicher Elektronendichte.* Wegen der Proportionalität von Energieübertragung und Streuung mit der

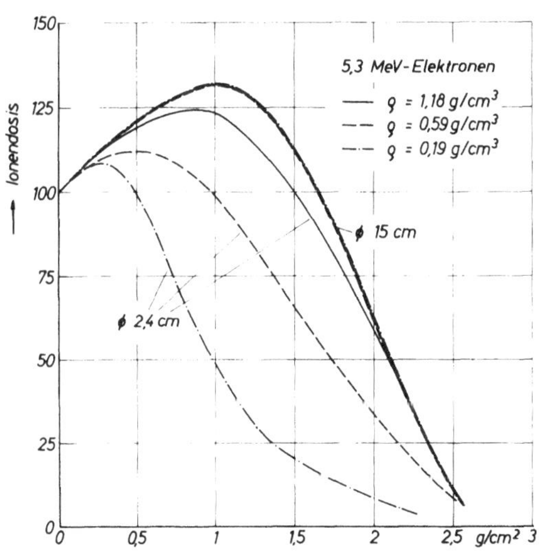


Abb. 1

Elektronendichte müssen die Tiefendosiskurven in Medien gleicher chemischer Zusammensetzung beim Auftragen über der Massenbelegung und unter Berücksichtigung des Abstandsgesetzes von der Elektronendichte unabhängig sein. Die Messungen an verschiedenen Kunststoffen in Abb. 1 bestätigen diesen Sachverhalt für einen Felddurchmesser von 15 cm. Bei kleineren Feldern aber kommt es unter verminderter Elektronendichte wegen der geringeren Einstreuung zu einer beträchtlichen Verringerung der Dosiswerte. In Übereinstimmung mit Ähnlichkeitsbetrachtungen ergaben weitere Messungen, daß sich die Dosisverläufe, sofern ein Gleichgewicht von Ein- und Ausstreuungen nicht bestand, nur dann entsprechen, wenn die Produkte aus Felddurchmesser und Dichte des bestrahlten Mediums gleich sind. Dies bedeutet, daß die Tiefendosiskurven in Lungengewebe — in g/cm² aufgetragen — annähernd mit den Kurven übereinstimmen, wie sie für Wasser mit einem Felddurchmesser von nur einem Drittel des Lungenfelddurchmessers gelten. Bei so kleinen Feldern ist aber das Plateau weitgehend abgebaut, und die Tiefendosiskurve zeigt einen stetigen Abfall, der dem Tiefendosisverlauf konventioneller Röntgenstrahlen nahekommt.

Etwas komplizierter sind die Gegebenheiten bei der *Bestrahlung homogener Medien gleicher Elektronendichte, aber verschiedener Ordnungszahl.* Hier beruhen die Abweichungen im Dosisverlauf im wesentlichen auf der unterschiedlichen Streuung. Als Beispiel sind in Abb. 2 Tiefendosiskurven

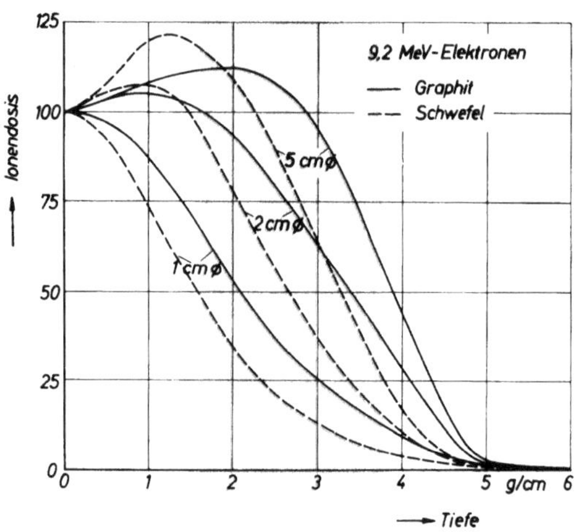


Abb. 2

von 9,2 MeV-Elektronen in Schwefel und Graphit wiedergegeben. Die stärkere Streuung der Elektronen im Schwefel führt bei großen Felddurchmessern im Anfangsbereich der Kurve infolge Erhöhung der Teilchenflußdichte zu einer Steigerung der Dosis gegenüber Graphit. Auf Grund der stärkeren Streuung kommt es aber schon bald zu Elektronenverlusten infolge der Rückstreuung, wodurch das Dosismaximum in geringere Tiefenlagen verschoben ist. Schließlich bringt die vergrößerte Streuweglänge im Schwefel trotz etwas geringeren Bremsvermögens eine Verringerung der praktischen Reichweite gegenüber Graphit mit sich.

Bei Verkleinerung des Felddurchmessers überwiegt die Ausstreuung, es kommt zu einer verminderten Teilchendurchflußdichte und damit zu einer Herabsetzung der Dosis, dies um so stärker, je größer das Streuvermögen der Substanz ist. Dementsprechend beobachtet man in Schwefel bei Verringerung der Feldgröße einen stärkeren Abfall der Dosiswerte als in Graphit. Diese — durch Streuung bedingte — Abhängigkeit des Tiefendosisverlaufes von der Feldgröße in Substanzen höherer Ordnungszahl ist insbesondere bei der Bestrahlung von Knochen zu beachten.

Bei *homogenen Medien verschiedener Elektronendichte* und *unterschiedlicher Ordnungszahl* überlagern sich die beschriebenen Effekte, wodurch es zu einer Summation der Veränderungen am Dosisverlauf kommt.

Die an homogenen Medien gewonnenen Ergebnisse lassen sich auf *inhomogene Medien* übertragen, sofern die verschiedenen Substanzen in Form von Schichten konstanter Dicke vorliegen, die senkrecht zur Einfallsrichtung der Elektronen angeordnet sind und seitlich über die Feldgrenzen hinausragen. Zur Klärung der Frage, inwieweit der Dosisverlauf durch die Tiefe bestimmt wird, in der eine Schicht anderer Zusammensetzung eingelagert ist, wurden Messungen an einem Plexiglasphantom durchgeführt, in das eine 6 mm dicke Schwefelschicht großer Ausdehnung in verschiedenen Tiefen eingebracht war. Dabei zeigte sich, daß es bei großem Felddurchmesser in der Schwefelschicht und unmittelbar dahinter infolge der verstärkten Streuung zur Ausbildung eines kleinen Dosismaximums kommt. Diese Dosiserhöhung tritt aber immer weniger hervor, je tiefer die Schwefelschicht angebracht ist. Die Richtungsverteilung der Elektronen strebt nämlich mit zunehmender Eindringtiefe dem Zustand der völlig diffusen Verteilung zu und kann dann durch die verstärkte Streuung im Schwefel nicht mehr wesentlich verändert werden. Der Abfall der Tiefendosiskurve in dem geschichteten inhomogenen Phantom ist dabei von der Tiefenlage der Schwefelschicht unabhängig. Die Situation ändert sich jedoch, wenn das Gleichgewicht von Ein- und Ausstreuung durch die Verkleinerung des Felddurchmessers gestört wird. Dann führt nämlich die stärkere Streuung der Elektronen im Schwefel bei oberflächennaher Lage der eingebrachten Schwefelschicht zu einer frühzeitigeren Abnahme der Teilchenflußdichte und damit zu einer wesentlichen Dosisverminderung. Tiefer gelegene Schwefelschichten sind hingegen von erheblich geringerem Einfluß.

Von besonderer Bedeutung ist die Modifizierung des Dosisverlaufes durch die Streuung dann, wenn räumlich begrenzte Inhomogenitäten vorliegen. Aus der Vielzahl der Möglichkeiten seien zwei charakteristische Anordnungen herausgegriffen und an Hand idealisierter Modelle diskutiert!

Bei der ersten Anordnung ist ein *stark streuender begrenzter Körper in ein schwächer streuendes Medium eingebettet,* vergleichbar mit Knochen in Weichteilen oder auch dichten Einschlüssen in Lungengewebe. In welcher Weise dabei der Dosisverlauf beeinflußt wird, ist in Abb. 3a schematisch dargestellt. Dabei ist zur Vereinfachung angenommen, daß die Streuung in dem Grundmedium gegenüber der in dem eingebetteten Körper vernachlässigbar klein ist. Die Elekronenbahnen sind daher als parallele Geraden gezeichnet, im Gegensatz zu den Zickzackbahnen in dem stark streuenden Medium. Infolge der Streuung tritt in den Randzonen des eingebetteten Körpers eine Verarmung an Elektronen ein. Gleichzeitig wird die Bahndichte in dem seitlich angrenzenden wenig streuenden Medium erhöht. Diese Differenzierung der Bahndichte und damit der Dosisverteilung bleibt auch

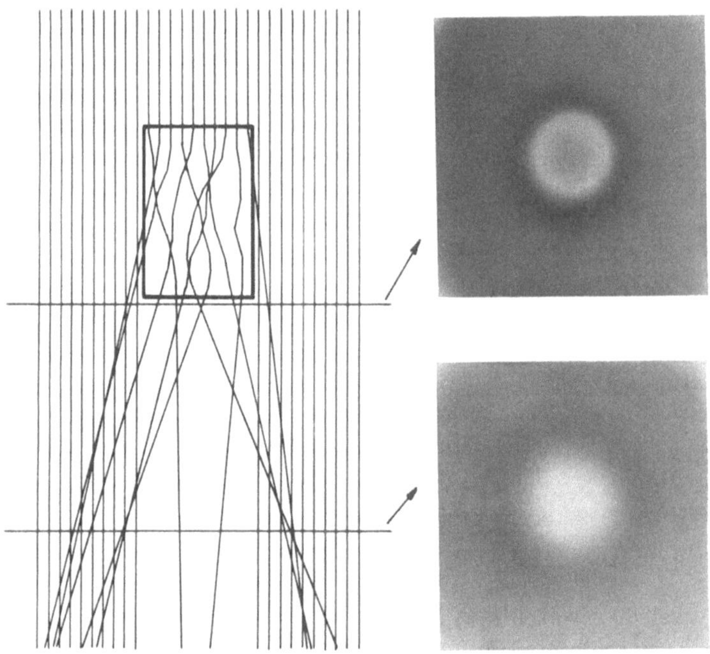

Abb. 3 a

in größeren Tiefen erhalten und führt zu einem ausgeprägten Dosisminimum hinter dem Streukörper. Zur Illustration der schematischen Darstellung sind in Abb. 3 a rechts zwei Aufnahmen wiedergegeben, die mit 16,2 MeV-Elektronen in einem Zellgummiphantom (Dichte 0,25 g/cm³) erhalten wurden, in das ein Plexiglaszylinder von 15 mm Durchmesser und 15 mm Höhe in einer Tiefe von 15 mm eingebettet war. Das obere Bild, das den Querschnitt unmittelbar hinter dem Plexiglaszylinder erfaßt, zeigt die Dosisverminderung in seinem Randbereich sowie die nach innen scharf begrenzte ringförmige Erhöhung der Dosis im angrenzenden Zellgummi. Auf der unteren Aufnahme, die 20 mm hinter dem Plexiglaszylinder gewonnen wurde, zeichnet sich die fortgeschrittene Ausstreuung als ausgeprägte zentrale Aufhellung ab. Die ringförmige Dosiserhöhung ist dagegen etwas diffuser geworden.

Bei der zweiten Anordnung ist ein *schwach streuender begrenzter Bereich in ein stark streuendes Material eingebracht*, etwa gasgefüllten Hohlräumen oder auch Röhrenknochen entsprechend. Nach Abb. 3b kommt es auch hier im Randgebiet des stark streuenden Mediums infolge der vermehrten Ausstreuung zu einer Verarmung an Elektronen und einer entsprechenden Dosisverminderung. Daraus resultiert eine Erhöhung der Bahn-

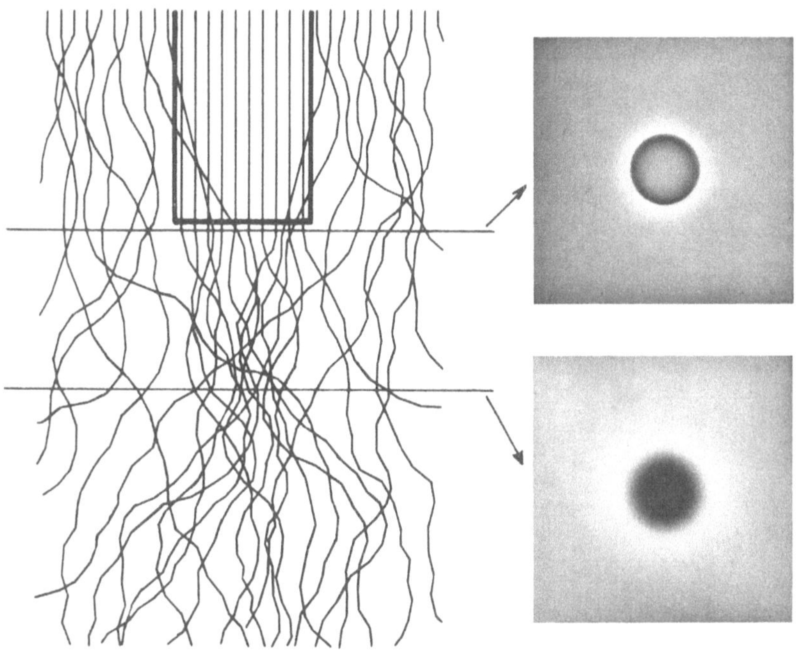

Abb. 3 b

dichte und damit der Dosis im angrenzenden weniger stark streuenden Medium. Wieder setzt sich diese Differenzierung hinter dem Einschluß in die Tiefe fort. — Die rechts angefügten Aufnahmen wurden mit 16,2 MeV-Elektronen in einem Plexiglasphantom angefertigt, das einen von der Oberfläche ausgehenden — achsengerecht zum Zentralstrahl angeordneten — zylindrischen Hohlraum von 10 mm Durchmesser und 20 mm Länge enthielt. Das obere Bild gibt die Dosisverteilung unmittelbar hinter dem Hohlraum wieder. Es zeigt die Einstreuung der Elektronen in diesen als intensiven, nach außen scharf abgesetzten Schwärzungsring. Er ist von einer saumförmigen Aufhellung umgeben, die der Dosisverarmung im Randgebiet des Plexiglases entspricht. Der Schwärzungsring wird mit zunehmender Tiefe immer mehr ausgefüllt und ergibt ein Dosismaximum, das bei entsprechenden Abmessungen des Hohlraumes ein Mehrfaches der Oberflächendosis erreichen kann. Dieses Dosismaximum ist auf dem unteren Bild, 20 mm hinter dem Hohlraum aufgenommen, deutlich zu erkennen.

Zusammenfassend ist festzustellen, daß die unterschiedliche Streuung der Elektronen in verschiedenen Medien die Dosisverteilung erheblich beeinflußt, insbesondere wenn begrenzte Inhomogenitäten im Bestrahlungsfeld liegen. Es kann dabei zu so ausgeprägten lokalen Dosismaxima und -minima kommen, daß in diesen Fällen sogar die Zweckmäßigkeit einer Anwendung von Elektronenstrahlen in Frage gestellt ist.

**Summary**

The influence of scattering on the isodose curve of electrons of high energy have been examined both in the case of irradiation of homogenous and inhomogenous media.

## 1.1.3. Energiespektren schneller Elektronen in verschiedenen Tiefen

Von

Dietrich Harder

Mit 6 Abbildungen

### *I. Einleitung*

Dringen schnelle Elektronen in Materie ein, so werden sie durch Wechselwirkungen mit den Atomen abgebremst und gestreut. Ein anfänglich annähernd monoenergetischer und paralleler Elektronenstrahl hat nach dem Durchlaufen einer Materieschicht wegen der statistischen Schwankungen bei den Energieverlusten und Richtungsänderungen ein verbreitertes Energiespektrum und eine verbreiterte Winkelverteilung. Es gehört zu den Aufgaben der Strahlungsphysik, diese Spektren und Winkelverteilungen zu untersuchen, um ein vollständiges Bild von dem Strahlungsfeld schneller Elektronen zu gewinnen. Im Zusammenhang mit der radiologischen Anwendung schneller Elektronen interessieren vor allem die Energiespektren in verschiedenen Tiefen: sie werden in der Dosimetrie zur Berechnung des im allgemeinen energieabhängigen Faktors $s$ in der Bragg-Gray-Gleichung benötigt, aber auch für die Klärung des RBW-Anstieges mit der Tiefe bedeuten die Energiespektren eine notwendige Information.

Da in dem hier interessierenden Energiebereich oberhalb etwa 10 MeV Anfangsenergie außer einigen Daten von DOLPHIN und Mitarb. [1] bisher keine Untersuchungen der Energiespektren hinter dicken Materieschichten bekanntgeworden sind, hat sich eine Arbeitsgruppe am Würzburger 35-MeV-Betatron [2] systematisch diesem Problem gewidmet, und es soll hier ein kurzer Überblick über die erhaltenen Ergebnisse gegeben werden.

## *II. Experimentelle Untersuchungen*

Zur Energieanalyse diente bei den vorliegenden Untersuchungen ein Szintillationsspektrometer, das mit einem plastischen Szintillator NE 102 A der Firma Nuclear Enterprises von 12,5 cm Durchmesser und 15 cm Länge, 4 Multipliern vom Typ Dumont 6292 und einem RCL-Impulshöhenanalysator ausgerüstet war. Das Auflösungsvermögen dieses Spektrometers ist für die Energieverteilungen hinter dicken Materieschichten gut geeignet und übertrifft erheblich das Auflösungsvermögen von NaJ-Szintillationsspektrometern, bei denen die Bremsstrahlungserzeugung im Szintillator zu einer störenden Linienverbreiterung führt. Die Spektrometerfunktion, d. h. die Impulshöhenverteilung beim Einschuß monoenergetischer Elektronen in das Szintillationsspektrometer, ist annähernd eine Gauß-Verteilung mit einer relativen vollen Halbwertsbreite von 10% bei 5 MeV und von 5% bei 20 MeV. An den unmittelbar gemessenen Impulshöhenverteilungen werden auf einer Rechenmaschine noch Korrekturen zur Elimination von Einflüssen des begrenzten Auflösungsvermögens angebracht. Auf diese Weise erhält man die wahren Energiespektren mit Fehlern in der Größenordnung von einigen Prozent.

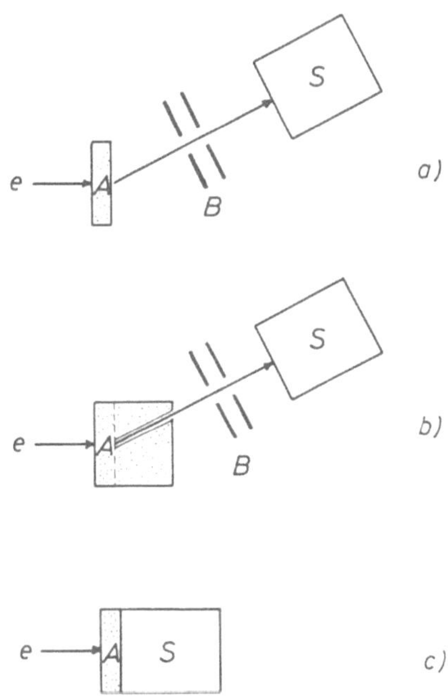


Abb. 1. Verschiedene geometrische Anordnungen bei den Messungen von Spektren. A = Absorber, B = Blendensystem, S = Szintillationsspektrometer

Für die geometrische Anordnung des Spektrometers bei einer solchen Messung gibt es verschiedene Möglichkeiten (Abb. 1), je nachdem, ob man eine winkelabhängige Messung der Spektren durchführen will (Anordnung

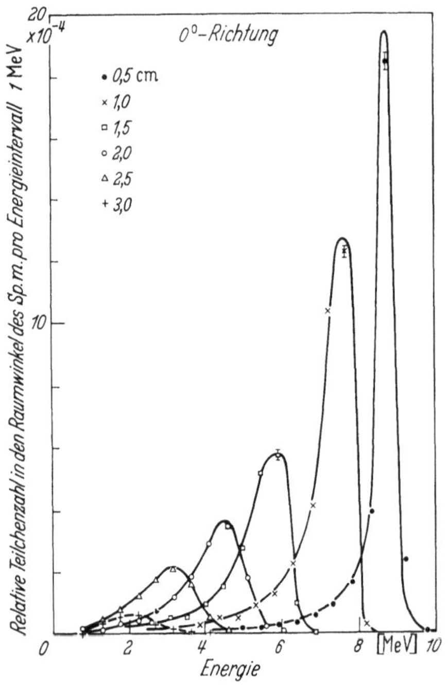


Abb. 2. Energiespektren hinter verschieden dicken Kohlenstoffschichten, gemessen unter 0° gegen die Strahlrichtung. Anfangsenergie 10 MeV

a und b) oder ob man alle aus der Materieschicht austretenden Elektronen ohne Rücksicht auf ihre Richtungen gleichzeitig erfassen will (Anordnung c). Dabei unterscheiden sich Anordnung a und b noch durch das Vorhandensein von rückstreuendem Material bei b.

Die Messungen wurden unter diesen verschiedenen Geometrien an verschiedenen Stoffen (Kohlenstoff, Wasser und Blei) und bei verschiedenen Anfangsenergien durchgeführt, um ein möglichst vollständiges Bild der vorliegenden Gesetzmäßigkeiten zu gewinnen. Bei allen Experimenten wurde auch die Stückzahl der einfallenden Primärelektronen mit Hilfe geeigneter Monitore mitgemessen. Bei einer Messung nach Anordnung c diente beispielsweise ein dünnwandiges Beta-Zählrohr, das nur unerhebliche Energie- und Richtungsänderungen verursachte, als Monitor. Es war unmittelbar vor dem Absorber aufgestellt. Alle folgenden Meßergebnisse sind daher jeweils auf ein einfallendes Primärelektron bezogen.

Einige typische Beispiele mögen die Ergebnisse erläu-

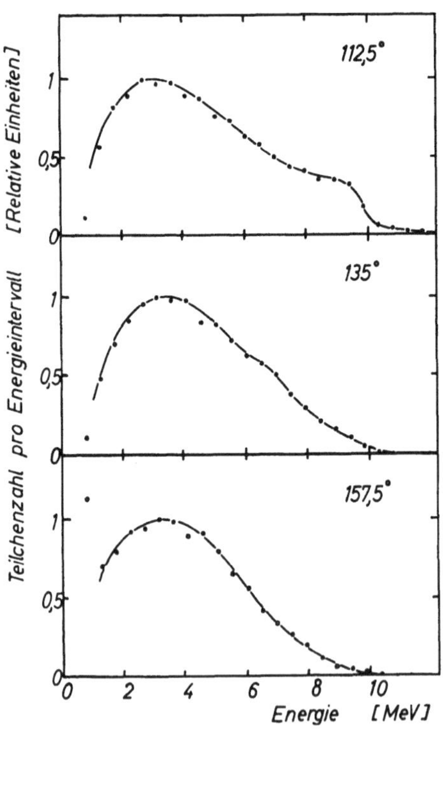


Abb. 3. Energiespektren der an Blei zurückgestreuten Elektronen. Anfangsenergie 10 MeV

tern. In Abb. 2 sind die Spektren hinter Kohlenstoffschichten bei Beobachtung unter 0° gegen die Strahlachse dargestellt. Die Hauptmerkmale dieser Spektren sind die Linksverschiebung, die Verbreiterung und die Flächenverkleinerung (Stückzahlabnahme) bei zunehmender Schichtdicke. Bei der Messung von Spektren unter verschiedenen Winkeln gegen die Strahlachse beobachtet man eine Stückzahlabnahme mit wachsendem Winkel. Bei großen Win-

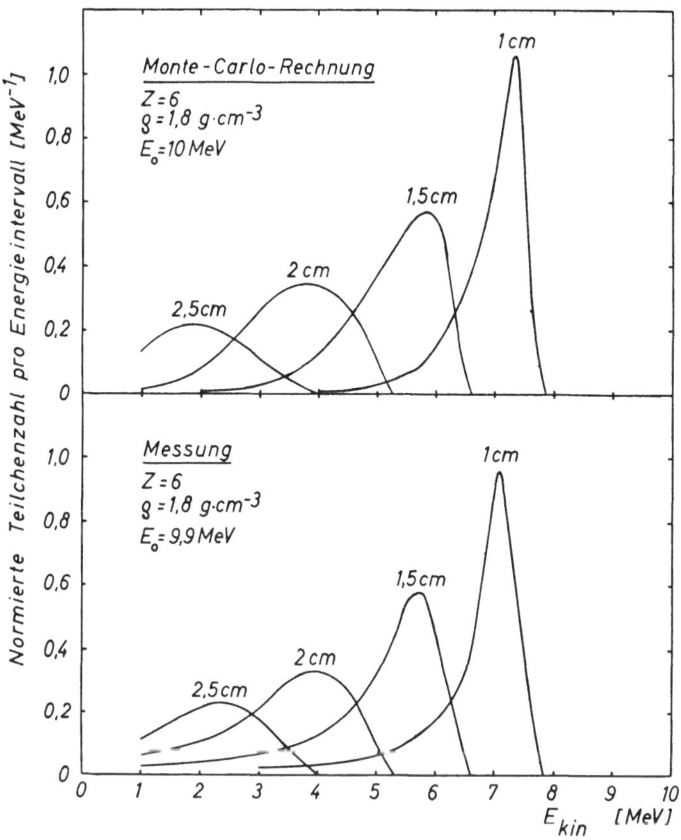


Abb. 4. Berechnete und gemessene Spektren schneller Elektronen hinter Kohlenstoffschichten. (Anordnung nach Abb. 1 c)

keln sind nur noch so wenige Primärelektronen im Spektrum vorhanden, daß man bereits deutlich einen etwa hyperbolisch mit wachsender Energie fallenden Anteil der Sekundärelektronen im niederenergetischen Teil des Spektrums erkennen kann. In Abb. 3 sind die bei Rückstreuung an Blei beobachteten Spektren dargestellt. Sie haben die typische Form, die aus dem Diffusionskontinuum (mit einem Maximum bei etwa $^1/_3$ der Anfangsenergie) und dem Einzelstreuungs-Buckel wenig unterhalb der Anfangsenergie zusammengesetzt ist. Eine weitere Schar von Spektren, gemessen in der Versuchsanordnung von Abb. 1 c, ist in Abb. 4 wiedergegeben.

Diese Spektren lassen sich nun unter verschiedenen Gesichtspunkten auswerten. So gewinnt man z. B. durch Integration den Teilchenfluß (s. Abb. 6) und durch Mittelwertsbildung die mittlere Energie als Funktion der Tiefe (s. Abb. 5). Von praktischer Bedeutung ist das Ergebnis, daß die wahrscheinlichste Energie exakt linear und die mittlere Energie annähernd linear mit wachsender Schichtdicke abnehmen. Durch Multiplikation des Teilchen-

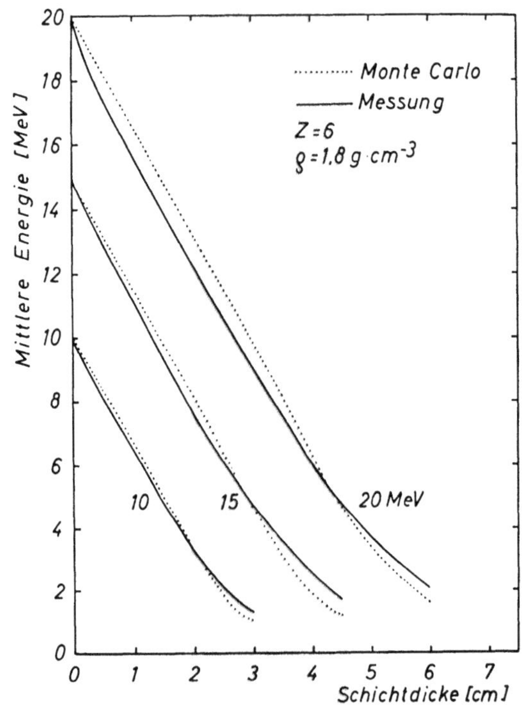


Abb. 5. Berechnete und gemessene mittlere Energie hinter Kohlenstoffschichten. (Anordnung nach Abb. 1c)

flusses mit der mittleren Energie ergibt sich auch der Energiefluß als Funktion der Tiefe, dessen Differentialquotient die Energieabgabe pro Schichtdickeneinheit darstellt.

## *III. Theoretische Untersuchungen*

Bei der Vielzahl der Parameter in diesen Messungen ist es selbstverständlich nicht möglich, für alle bei den Anwendungen in Frage kommenden Anfangsenergien und Stoffe diese Spektren auf experimentellem Wege zu bestimmen. Es ist hier, wie in vielen anderen Fällen, zweckmäßiger, theoretische Methoden anzugeben, die dann vielseitig angewendet werden können. Der Durchgang von geladenen Teilchen durch dicke Materieschichten ist ein bekanntes theoretisches Problem. Es handelt sich um die Lösung einer Transportgleichung, bei der die Überlagerung von Streuung und Energieverlusten erhebliche mathematische Schwierigkeiten hervorruft. Heute sind zwei Methoden bekannt, die eine Behandlung derartiger Transportprobleme unter Verwendung von Rechenmaschinen gestatten, die Momentenmethode und die Monte-Carlo-Methode [3], [4]. Da in diesen Rechnungen stets Näherungen enthalten sind, deren Einfluß auf das Ergebnis sich schwer abschätzen läßt, ist es zur Kontrolle notwendig, in einigen typischen Fällen Vergleiche mit experimentellen Resultaten durchzuführen.

Da Berechnungen von Energiespektren in dem hier interessierenden Energiebereich bisher noch nicht bekanntgeworden sind, wurde ein ent-

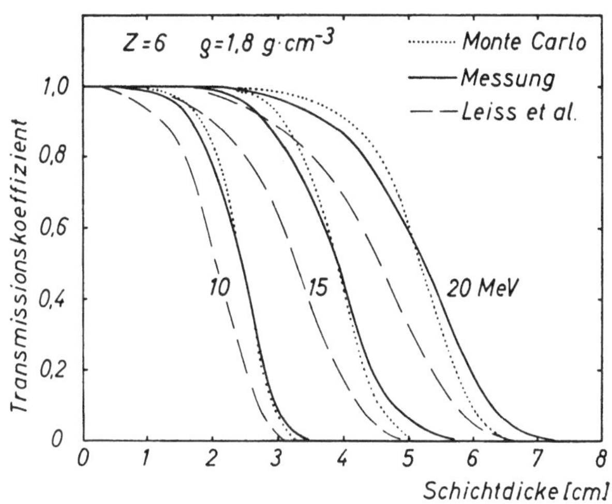


Abb. 6. Berechneter und gemessener Teilchenfluß pro Primärteilchen (Transmissionskoeffizient) hinter Kohlenstoffschichten. (Anordnung nach Abb. 1 c)

sprechendes Monte-Carlo-Programm aufgestellt und auf der Würzburger Rechenanlage Zuse Z 22 R für einige Anfangsenergien ausgewertet. Bei dem Monte-Carlo-Verfahren werden die Schicksale einzelner Elektronen numerisch durchgerechnet. Der Weg jedes Elektrons wird dabei in kurze Stücke eingeteilt, für welche die bekannten Gesetzmäßigkeiten der Streuung und der Energieverluste durch Ionisation und Bremsstrahlung in dünnen Materieschichten gelten. Die — eingangs erwähnten — statistischen Schwankungen werden durch sogenannte Zufallszahlen simuliert, die von einem besonderen Unterprogramm durch „Würfeln" erzeugt werden. Durch Berechnung einer großen Zahl von Elektronenschicksalen gewinnt man eine statistische Aussage über die Energie- und Winkelverteilungen in verschiedenen Tiefen. Die Rechenzeit beträgt an der Würzburger Maschine etwa 5 Sekunden für die Durchrechnung eines Elektronenschicksals bei 10 MeV

Anfangsenergie und bei einem mittleren Energieverlust von etwa 800 keV pro Bahnlängenschritt.

Einen Vergleich der berechneten und gemessenen Energiespektren von Elektronen der Anfangsenergie 10 MeV hinter verschieden dicken Kohlenstoff-Schichten ermöglicht Abb. 4. Die Übereinstimmung ist recht befriedigend, obwohl sie durch Verfeinerung des Rechenprogramms, die jedoch die Rechenzeit verlängern würde, noch verbessert werden könnte. In Abb. 5 ist die mittlere Energie als Funktion der Schichtdicke und in Abb. 6 der Teilchenfluß als Funktion der Schichtdicke nach den Ergebnissen von Messung und Rechnung eingetragen. Die Übereinstimmung ist auch hier befriedigend. Das gleiche gilt für die nach der Monte-Carlo-Methode berechneten Dosisverteilungen, auf die hier jedoch nicht näher eingegangen werden soll.

Eine Monte-Carlo-Rechnung dieser Art erweist sich also als geeignetes und vielseitiges Hilfsmittel zur theoretischen Behandlung der Elektronenabsorption in dicken Materieschichten. Nachdem das vorliegende Programm an Kohlenstoff mit den Experimenten verglichen ist, kann es auch auf andere Stoffe angewendet werden.

Als wichtigstes Ergebnis der Messungen und Rechnungen sei zum Schluß noch einmal die gefundene Abhängigkeit der mittleren Energie von der Tiefe erwähnt. Für alle Materialien niedriger Ordnungszahl kann in dem hier untersuchten Energiebereich die Regel aufgestellt werden, *daß die mittlere Elektronenenergie $E_m$ annähernd linear mit wachsender Schichtdicke $d$ abnimmt, und zwar längs einer Geraden, welche die Ordinatenachse bei der Anfangsenergie $E_0$ und die Abszissenachse bei der praktischen Reichweite $R_p$ schneidet:*

$$E_m = E_0\ (1 - d/R_p).$$

Der Fehler dieser Näherung in bezug auf den Faktor $s$ in der Bragg-Gray-Gleichung beträgt etwa 1%.

## *IV. Zusammenfassung*

Zur Bestimmung der Energiespektren schneller Elektronen in verschiedenen Tiefen wurden Messungen mit einem Szintillationsspektrometer und Monte-Carlo-Rechnungen durchgeführt. Sie stehen in guter Übereinstimmung, so daß das vorliegende Monte-Carlo-Verfahren zur Anwendung in praktisch interessanten Fällen geeignet ist. Aus den Untersuchungen ergibt sich eine einfache und genügend genaue Regel für die Abnahme der mittleren Elektronenenergie mit der Tiefe.

## Summary

In order to determine the energy spectra of fast electrons at different depths measurements by means of a scintillation-spectrometer and Monte Carlo calculations have been carried out. As they are in good agreement the above-mentioned Monte Carlo-procedure would appear suitable in cases of practical interest. From the experiments we can derive a simple and sufficiently accurate rule for the decrease of the average electron energy in relationship to depth.

## Literaturverzeichnis

1. DOLPHIN, G. W., N. H. GALE, and A. L. BRADSHAW: Investigations of high-energy electron beams for use in therapy. Brit. J. Radiol. **32**, 373 (1959).
2. HARDER, D., H. FEIST, and A. RAUSCHE: Slowing down of fast electrons. Second International Congress of Radiation Research, Harrogate 1962, Paper E-4-6-d.
   FEIST, H., u. D. HARDER: Energieverteilungen bei der Bremsung schneller Elektronen in dicken Materieschichten. Physik. Verhandlg. **14**, 133 (1963).
   — Messungen zur Abbremsung schneller Elektronen in dicken Materieschichten. Diplomarbeit, Würzburg 1963.
   BLEIFUSS, W.: Messung der Energieverteilung schneller Elektronen nach Abbremsung in Kohlenstoff bei Erfassung des vorderen Halbraumes. Zulassungsarbeit für das Staatsexamen, Würzburg 1964.
   MEININGER, R.: Winkelabhängige Energieverteilungen schneller Elektronen nach Abbremsung in Kohlenstoff und Blei. Zulassungsarbeit zum Staatsexamen, Würzburg 1964.
3. Zusammenfassung der Momentenmethode siehe BIRKHOFF, R. D.: The passage of fast electrons through matter. Handbuch der Physik, Band 34, Berlin-Göttingen-Heidelberg: Springer 1958.
4. Rechnungen nach der Monte-Carlo-Methode z. B. bei:
   LEISS, I. E., S. PENNER, and C. S. ROBINSON: Range straggling of high-energy electrons in carbon. Phys. Rev. **107**, 1544 (1957).
   PERKINS, J. F.: Monte Carlo calculation of transport of fast electrons. Phys. Rev. **126**, 1781 (1962).
   BERGER, M. J.: Monte Carlo calculations of the penetration and diffusion of fast charged particles. In Methods in computational physics, J. Statistical physics. Ed.: B. ALDER, S. FERNBACH u. M. ROTENBERG. New York: Academic Press.
   MEISSNER, G.: Berechnung des Durchgangs schneller Elektronen durch Materie durch eine Kombination von analytischen und stochastischen Methoden. Zeitschr. f. Naturforsch. **19 a**, 269 (1964).

# 1.1.4. + 1.2.7. Distribution of $\delta$-Electrons in a Body Irradiated with High Energy Electrons

By

ROLF WIDERÖE

We have postulated the hypothesis that a tumor cell can only be inactivated when the energy released in a small volume exceeds a certain value such as, for instance, 750 eV. When a body is irradiated with high energy electrons the average density of ions is about 6 ions per $\mu$ measured along the electron tracks. For the "primary ions", however, the density is only about one half of this, with a few ions being assembled in clusters along the track of the primary electron. The energy of such primary ions is too small and they can therefore only cause minor damage to the cell structures, without any fatal consequences. Only at the end of the electron track the concentration of energy will be high enough to break up the important protein molecules and in this way destroy mitochondriae, cell membranes and chromosomes.

This again means that only $\delta$-electrons (secondary electrons with energies above 750 eV) and the last 0.04 $\mu$ of the primary electron track is of importance for destroying and inactivating the tumor cells.

The number of $\delta$-electrons — $N_\delta$ — with energies in the interval from $W$ to $W+\mathrm{d}W$ produced in 1 cm of water by a primary electron of energy $E$ can be calculated by the Bethe formulae (1):

$$N_\delta \cdot \mathrm{d}W = \frac{2\pi N Z e^4}{m_0 v^2}\left(\frac{1}{W^2} - \frac{1}{W(E-W)} \cdot \frac{(2E+m_0 c^2)\, m_0 c^2}{(E+m_0 c^2)^2} + \frac{1}{(E-W)^2} + \frac{1}{(E+m_0 c^2)^2}\right)\mathrm{d}W \tag{1}$$

where the various symbols have their usual meaning. According to this expression the number of secondary electrons will decrease nearly by a value of $\frac{1}{W^2}$, and we will therefore have many more secondary electrons of small energies. Together they will represent the greater part of the energy losses of the primary electron due to ionization.

Integrating the number of $\delta$-electrons given by (1) from $W=W_0$ to $W=E/2$ gives us (2):

$$y = \int_{W_0}^{E/2} N_\delta \cdot \mathrm{d}W = \frac{2\pi N Z e^4}{m_0 v^2}\left(-\frac{1}{W} - \frac{(2E+m_0 c^2)\, m_0 c^2}{(E+m_0 c^2)^2 E} \cdot \ln\frac{W}{E-W} + \frac{1}{E-W} + \frac{W}{(E+m_0 c^2)^2}\right)_{W_0}^{E/2} \tag{2}$$

and it is now quite easy to calculate the total number of $\delta$-electrons along the track of the primary electron. The relationship between this number and the stopping power by ionization is not a constant but changes with the energy of the primary electron as shown in table 1 (the values being normalized to 1 for 30 MeV electrons).

Table 1. *Number of $\delta$-electrons with energies above 750 eV (first generation only) in relation to the ionization stopping power for primary electrons with energy E (normalized to 1 for 30 MeV-electrons)*

| $E$ = | 4 | 6 | 10 | 20 | 40 | 60 | 100 | 200 | 500 keV | 1 | 2 | 5 | 10 | 30 MeV |
|---|---|---|---|---|---|---|---|---|---|---|---|---|---|---|
| Relative number = | 1.33 | 1.57 | 1.60 | 1.71 | 1.66 | 1.60 | 1.54 | 1.46 | 1.34 | 1.28 | 1.19 | 1.10 | 1.05 | 1.00 |

Average value for the relative number from 4 to 100 keV = 1.62
Average value for the relative number from 4 to 1000 keV = 1.36

At such depths in the body where the dose begins to fall off we will have a mixture of primary electrons of all energies from zero up to high values, and we have to integrate the y-values over the energy range to get the number of the $\delta$-electrons at a certain depth. Such calculations show that this number, for 30 MeV-primary electrons (at the entrance of the body), will increase from 5 to about 30% in excess of the numbers calculated for a smaller depth. With 15 MeV primary electrons the difference might be about twice as much.

All $\delta$-electrons will be projected in a forward direction at an angle $\Theta$ where:

$$\cos \Theta = \sqrt{\frac{(E+2\,m_0\,c^2)\,W}{2\,m_0\,c^2\,(E-W)}} \tag{3}$$

and their range in the body has to be considered when transition effects are to be calculated.

The $\delta$-electrons will show a build-up effect close to the skin (skinsparing effect) and opposite effects in the depth where the primary electrons are stopped.

All calculations, however, are only valid for the first generation of $\delta$-electrons. The fast $\delta_1$-electrons will also produce a "second generation" of $\delta_2$-electrons, and so forth. A simple calculation based upon the expression (2), where E is now the energy of the $\delta_1$-electron and the number of the $\delta_2$-electron is calculated according to (1), shows that the number of second generation $\delta_2$-electrons will be about 50% of the first generation. Calculation of further generations seems necessary but will be increasingly complex and can only be carried out by means of cumputers. This is also the case when transition effects have to be calculated.

The biologically important part of the ionization energy (i.e. the last 750 eV of the electron tracks) corresponds to about 0,13 MeV/cm for 30 MeV primary electrons (calculated for two generations of $\delta$-electrons) amounting only to 6% of the total ionization energy. More exact calculations and further measurements might increase this percentage somewhat, but not substantially.

$\delta$-electrons can be measured by various methods of which we shall only mention a few:

Counting of bubbles produced by high energy electrons in bubble chambers whereby the conditions have to be chosen so that a bubble needs about 800 eV to be produced; pulse-height analysing with proportional counter chambers, as investigated by Rossi; and film dosimetry with special films which are insensitive to low ion densities. All these methods have to be further developed and investigated in order to obtain simple measuring devices which can be used for therapeutic dosimetry based on the number of $\delta$-electrons in a body.

**Zusammenfassung**

Die Verteilung der δ-Elektronen (Sekundärelektronen mit mehr als 750 eV Energie) in einem Körper ist von Wichtigkeit für die im Körper erzeugten biologischen Wirkungen. Bei Bestrahlung mit schnellen Elektronen ist die Zahl der δ-Elektronen den Energiedosen nicht proportional, direkt unterhalb der Oberfläche erhalten wir einen Aufbau und in der Tiefe eine Anhäufung der δ-Elektronen.

Die Zahl der von einem Primärelektron mit der Energie E erzeugten δ-Elektronen mit Energien im Intervall $W$ bis $W+dW$ läßt sich nach der von BETHE angegebenen Formel (1) berechnen. Hieraus ergibt sich die gesamte Zahl der δ-Elektronen mit Energien, die $W_0$ überschreiten nach der Gleichung (2). Die Zahl der δ-Elektronen längs der Primärbahnspur läßt sich hiernach leicht berechnen. Am Ende der Bahnspuren, wo die Energiedosen abnehmen, werden wir Primärelektronen mit verschiedenen Energien haben, und die Zahl der δ-Elektronen ergibt sich dann durch Integration über die Energien der vorhandenen Primärelektronen. Schnelle $\delta_1$-Elektronen werden ebenfalls $\delta_2$-Elektronen (eine „zweite Generation") erzeugen: sie lassen sich recht einfach berechnen und erhöhen am Anfang der Primärbahnspur (E = 30 MeV) die Zahl der $\delta_2$-Teilchen um etwa 50%. Weitere Generationen sowie auch Transitionseffekte infolge der Reichweite der δ-Elektronen lassen sich nur mit großer Mühe berechnen. Zum Schluß werden einige Meßverfahren für δ-Elektronen, von denen die von ROSSI angegebene Methode mit einem Proportionalzählrohr besonders günstig erscheint, kurz erwähnt.

## 1.2.1. Introduction on the Dosimetry of High Energy Electrons

By

WOLFGANG POHLIT

With 2 Figures

It is an interesting fact that you can buy an electron linear accelerator and you can buy a betatron for electron therapy, but you cannot buy an electron dosimeter. You can also get calibrated dosimeters at national laboratories, for example one for X- or Gammarays of all energies but you cannot get a dosimeter calibrated for electrons. The reasons for this are not only physical, and technical — but also commercial.

As a result of all this, the motto for the physicists in a medical department involved in electron therapy has become: "Do it yourself!"

During this conference we have all had also to deal with theoretical dosimetry, with practical standard dosimetry and with many different methods of measurements for special experiments. Thus we shall hear about ionization, photographical and chemical dosimetry and calorimetry.

It is of no use to discuss the question which method would be best for dosimetry. For the different purposes different methods are necessary; the theory is the same for every method.

The basic problem in dosimetry is twofold:
first: Determination of absorbed dose in the instrument used ($D^I$).
second: Calculation of absorbed dose in the surrounding medium ($D^M$).

There are many different instruments in use already and many new types can be expected in future. In the table these types had been collected

| Instrument | Dose Relation | Dimension |
|---|---|---|
| Calorimeter | $D^I = c \cdot T$ | $\left[\frac{\text{energy}}{\text{mass} \cdot \text{Temp.}} \cdot \text{Temp.}\right]$ |
| Ionisation-Chamber | $D^I = \frac{W}{e} \cdot J$ | $\left[\frac{\text{energy}}{\text{charge}} \cdot \frac{\text{charge}}{\text{mass}}\right]$ |
| Chemical Dosimeter | $D^I = \frac{1}{G} \cdot \frac{\varepsilon - \varepsilon_0}{m \cdot \varepsilon_m}$ | $\left[\frac{\text{energy}}{\text{molec.}} \cdot \frac{\text{extinct.}}{\text{mass}} \cdot \frac{\text{molec.}}{\text{extinct.}}\right]$ |
| Photographical Dosimeter | $D^I = K_{ph} \cdot \frac{\varepsilon - \varepsilon_0}{m \cdot \varepsilon_g}$ | $\left[\frac{\text{energy}}{\text{grain}} \cdot \frac{\text{extinct.}}{\text{mass}} \cdot \frac{\text{grain}}{\text{extinct.}}\right]$ |

together with the equations for the determination of the absorbed dose $D^I$ in the instrument from the quantity measured (temperature rise, ionization charge, change in extinction etc). In each case a conversion factor must be known ($c$ for the calorimeter, $W$ for the ionization chamber, $G$ for chemical dosimeters etc.). The difference between all these methods is only the precision attainable with the instrument and its applicability to practical use.

Secondly the absorbed dose in the surrounding medium $D^M$ must be calculated from the absorbed dose $D^I$ in the instrument. This relation is independent from the instrument used, but depends on the type of radiation involved as shown in Fig. 1. The connection between these two absorbed doses is made by radiation field, therefore a quantity of the radiation field, the fluence, is involved. For photons, the absorbed dose under electronic equilibrium (condition: $w$ $R_e$) in the material $I$ is:

$$D^I = (\mu_{en}/\varrho)^I \cdot F^I$$

($\mu_{en}/\varrho$ is the mass energy absorption coefficient).

In material $M$ (also under electronic equilibrium):

$$D^M = (\mu_{en}/\varrho)^M \cdot F^M .$$

Under the condition: $d \ll 1/(\mu/\varrho)$ the fluence in $M$ and in $I$ is the same, therefore:

$$D^M = \frac{(\mu_{en}/\varrho)^M}{(\mu_{en}/\varrho)^I} \cdot D^I.$$

For electrons the same principle can be used, only the electronic equilibrium must be exchanged for the equilibrium of $\delta$-particles. For electrons the absorbed dose under $\delta$-particle equilibrium ($w \geqq R_\delta$) in the material $I$ is:

$$D^I = (dE/\varrho \cdot dl)^I \cdot \Phi^I$$

In material $M$:

$$D^M = (dE/\varrho \cdot dl)^M \cdot \Phi^M .$$

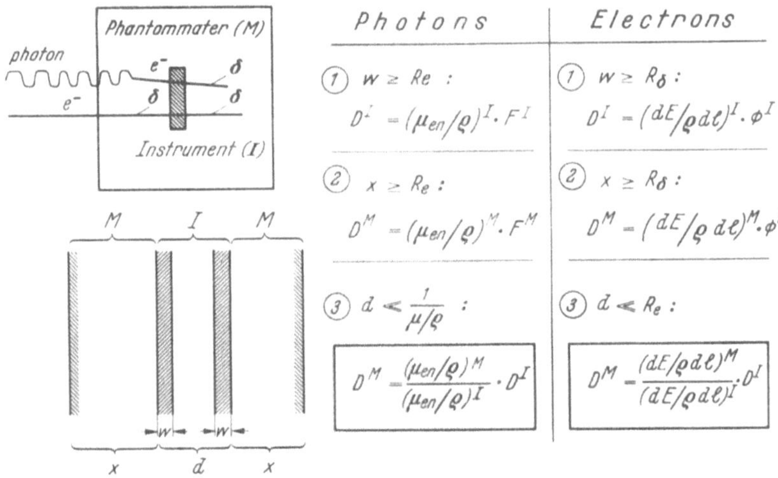


Fig. 1

If the particle fluence $\Phi$ is not changed by the instrument (condition: $d \ll R_e$):

$$D^M = \frac{(dE/\varrho \cdot dl)^M}{(dE/\varrho \cdot dl)^I} \cdot D^I .$$

The quotient $(dE/\varrho \cdot dl)^M / (dE/\varrho \cdot dl)^I$ depends on the energy of the primary electrons and the mean value of it is a linear function of the depth in the phantom. In case of electrons one can calculate the absorbed dose in the surrounding medium $D^M$ for all different instruments used, from the dose absorbed in the instrument $D^I$.

These various instruments are necessary for the different purposes in practical dosimetry and therefore a whole collection of instruments is needed in the laboratory. As these instruments have to be constructed and built in one's own laboratory, this is very time consuming and expensive. To obtain good dosimetry is only one of the tasks of the physicist in a radilogical department. Other — and probably more important tasks are those related to the development of better physical, radiobiological and technical methods for the treatment of patients. Therefore the physicist should not spend unnecessary time and money on dosimetry. In order to show, how all the necessary measurements can be made in a simple and precise manner with a minimum of instruments a procedure is described in Fig. 2.

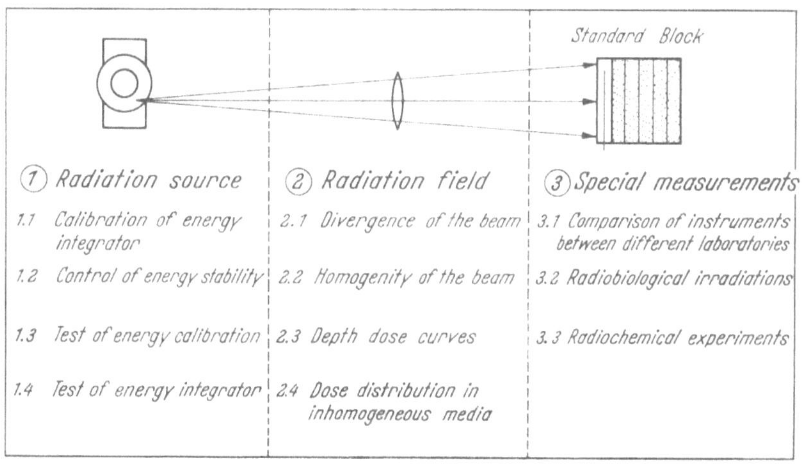


Fig. 2

It is extremely expensive for every laboratory to have a standard instrument. Therefore the question arises for the calibration of dosimeters and reference instruments in other laboratories. But there are some difficulties and this I should like to demonstrate by a little story:

In some town two laboratories exist, let us call them "A" and "B". Both have dosimeters for fast electrons and they compare these two instruments. Suppose, the data of both instruments are equal. Then "A" decides to get his instrument calibrated in another laboratory and for this purpose he sends his instrument there by mail. Some weeks later his monitor in the accelerator becomes defective and he must hire the dosimeter from "B" to calibrate his monitor again. "B" says: "An uncalibrated dosimeter at home is better than a dosimeter on the way to be calibrated!" "A" has a phone call with the laboratory involved in the calibration of his dosimeter but he gets the usual answer: "You will have to wait some more weeks, we are very busy." One day in a train he observes how packages are handled and he thinks with sorrow of his instrument. But when his instrument comes back, equipped with a document about the calibration with seal and stamp, he is very glad and invites "B" to compare his instrument again and thus to take over the calibration on his instrument. The comparison is done, but now there is a difference of 10% in the indication of the two instruments. One of them must have changed during the last weeks. Now the question is, which one — the one, which has travelled by railroad or the one which remained in the laboratory? Probably the former. But does this change happen before or after calibration? Nobody can tell, but "B" says: "An uncalibrated dosimeter is as good as a calibrated one". "A" agrees with this, especially when he receives the bill for the calibration.

There must be something wrong in this calibration procedure. Therefore we would propose a different method of comparison between laboratories, which is less expensive and can be done as often as is desired and also has educational value. The last report in this panel will treat this problem.

## 1.2.2. Berechnung der Energiedosis aus Ionisationsmessungen bei Sekundärelektronen-Gleichgewicht

Von

DIETRICH HARDER

Mit 9 Abbildungen

Ionisationskammern werden wegen ihrer meßtechnischen Vorteile auch in der Dosimetrie schneller Elektronen sehr häufig verwendet. Eine Schwierigkeit der Ionisationsmethode liegt in der Energieabhängigkeit des Umrechnungsfaktors $r$, der in der Gleichung

$$D = J \cdot \frac{W}{e} \cdot r \qquad (1)$$

die Beziehung zwischen der Energiedosis in der Luftfüllung der Kammer, $J \cdot \frac{W}{e}$, und der Energiedosis des die Kammer umgebenden Materials, $D$, herstellt. ($J$ = Ionenladung pro Masse; $W$ = Energieaufwand zur Bildung eines Ionenpaares; $e$ = elektrische Elementarladung.) Der Wert des Faktors $r$ ändert sich infolge des Dichte-Effektes in dem Energiebereich zwischen 1 MeV und 50 MeV um 20%. Bei der Anwendung von Gl. (1) muß daher das Spektrum der in die Ionisationskammer eindringenden Elektronen berücksichtigt werden. Dieses Spektrum besteht aus den Anteilen von Primär- und Sekundärelektronen und hängt außerdem von der Tiefe im bestrahlten Material ab. Die Berechnung des Faktors $r$ bei voller Allgemeinheit des Ansatzes bildet daher ein recht kompliziertes Problem. Dieses kann jedoch durch einen Kunstgriff — die Erzeugung von Sekundärelektronen-Gleichgewicht — wesentlich vereinfacht werden. Hiermit beschäftigt sich der folgende Beitrag.

## *I. Der Faktor r bei Sekundärelektronen-Gleichgewicht*

Die Energiedosis in einem Volumenelement des elektronenbestrahlten Materials ist durch die Differenz $\Delta E$ der hinein- und heraustransportierten kinetischen Energie von Elektronen (Kurzbezeichnung „Netto-Energiefluß"), dividiert durch die Masse des Volumenelements, gegeben. Ist der Netto-Energiefluß der Sekundärelektronen aller Generationen, $\Delta E_S$, gleich Null oder sehr klein gegenüber dem Netto-Energiefluß der Primärteilchen, $\Delta E_P$, so spricht man von Sekundärelektronen-Gleichgewicht zwischen dem Volumenelement und seiner Umgebung. Die Dosis wird in diesem Fall durch den Energieverlust der Primärelektronen allein bestimmt.

Herrscht sowohl zwischen der Luftfüllung der Ionisationskammer und ihrer Umgebung als auch an der gleichen Stelle im bestrahlten Material (bei Abwesenheit der Kammer) Sekundärelektronen-Gleichgewicht, so wird der Umrechnungsfaktor $r$ gleich dem relativen Massenbremsvermögen $s$ der Primärelektronen. Das Sekundärelektronenspektrum geht dann in den Umrechnungsfaktor nicht mehr ein.

## *II. Realisierbarkeit des Sekundärelektronen-Gleichgewichts*

Die Realisierbarkeit des Sekundärelektronengleichgewichts soll an Hand der Bedingung

$$\frac{\Delta E_S}{\Delta E_P} \ll 1 \qquad (2)$$

sowohl für das Umgebungsmaterial selbst (Fall 1) als auch für die Grenzschicht zwischen Luftfüllung und Wand einer Ionisationskammer (Fall 2) diskutiert werden. Ein dünner, annähernd paralleler Elektronenstrahl werde senkrecht in die ebene Oberfläche des Materials eingeschossen. Als Volumenelement werde eine in bestimmter Tiefe befindliche dünne Materialschicht betrachtet, die senkrecht zum Strahl beliebig ausgedehnt ist [1].

*Fall 1:* Den Verlauf des Sekundärelektronenflusses mit der Tiefe in Kohlenstoff bei 10 und 20 MeV Anfangsenergie zeigt Abb. 1. Diese Werte wurden als Differenzen der mit einem Szintillationszähler und einem Faraday-Auffänger gemessenen Kurven erhalten [2]. Hiernach baut sich der Sekundär-

---

[1] Diese geometrische Anordnung ist der eines breiten Parallelstrahl äquivalent, bei dem man ein in allen drei Dimensionen wenig ausgedehntes Volumenelement betrachtet.

[2] Wegen des Wiederaustritts rückläufiger Elektronen aus dem Faraday-Auffänger stellen die in Abb. 1 angegebenen Differenzwerte nur den Überschuß der Zahl vorwärts gerichteter Sekundärelektronen über die Gesamtzahl rückläufiger Elektronen dar. Die Differenzwerte geben daher den Sekundärelektronenfluß nur fehlerhaft wieder, und Messungen zur Verbesserung der vorliegenden Werte sind notwendig.

elektronenfluß im ersten Drittel der Primärelektronen-Reichweite nach Art einer Sättigungskurve auf und fällt zusammen mit dem Primärelektronenfluß gegen Ende der Reichweite wieder ab. Mit Hilfe des Sekundärelektro-

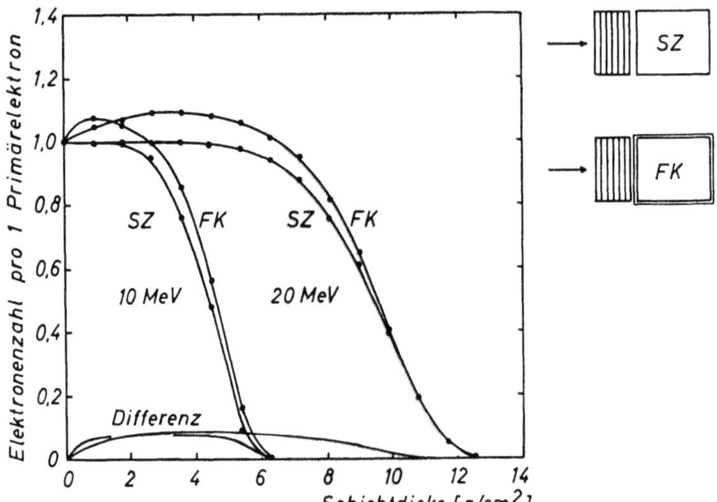


Abb. 1. Experimentelle Bestimmung des Sekundärelektronenflusses als Differenz der Meßwerte eines Szintillationszählers (SZ) und eines Faraday-Auffängers (FK). Die Meßwerte sind auf ein Primärelektron normiert. Absorbermaterial: Graphit

nenspektrums, das nach einer andernorts erläuterten Näherungsrechnung gewonnen wurde (Abb. 2), kann man nun den Energiefluß der Sekundärelektronen in jeder Tiefe berechnen. Durch Differenzieren gewinnt man

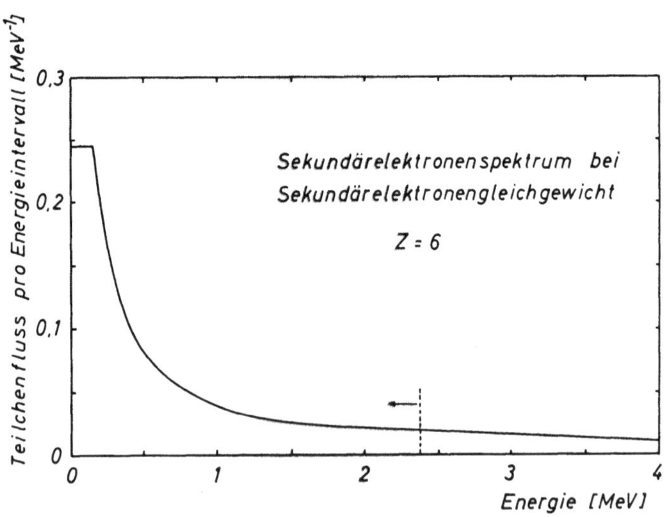


Abb. 2. Berechnetes Flußspektrum der Sekundärelektronen bei Sekundärelektronen-Gleichgewicht. Die obere Grenze dieses Spektrums (gestrichelte Linie) rückt mit wachsender Tiefe nach links. Nach einer Näherungsrechnung [4]

hieraus den Netto-Energiefluß der Sekundärelektronen, und vergleicht man diesen mit dem Netto-Energiefluß der Primärelektronen, so zeigt sich, daß das Verhältnis $\Delta E_S/\Delta E_P$ praktisch im gesamten bestrahlten Bereich innerhalb der Grenzen ± 2% liegt. Eine Ausnahme macht nur der steile Anstieg des Sekundärelektronenflusses, der innerhalb etwa 0,1 g/cm² Schichtdicke erfolgt. Die Tiefenabhängigkeit des Sekundärelektronenflusses bedeutet daher keine wesentliche Verletzung der Gleichgewichtsbedingung.

*Fall 2*: Eine weitere Störung des Sekundärelektronengleichgewichts kann innerhalb einer Ionisationskammer an der Begrenzungsfläche des Luftvolumens auftreten, wenn hier ein Sprung der Ordnungszahl vorhanden ist. Das

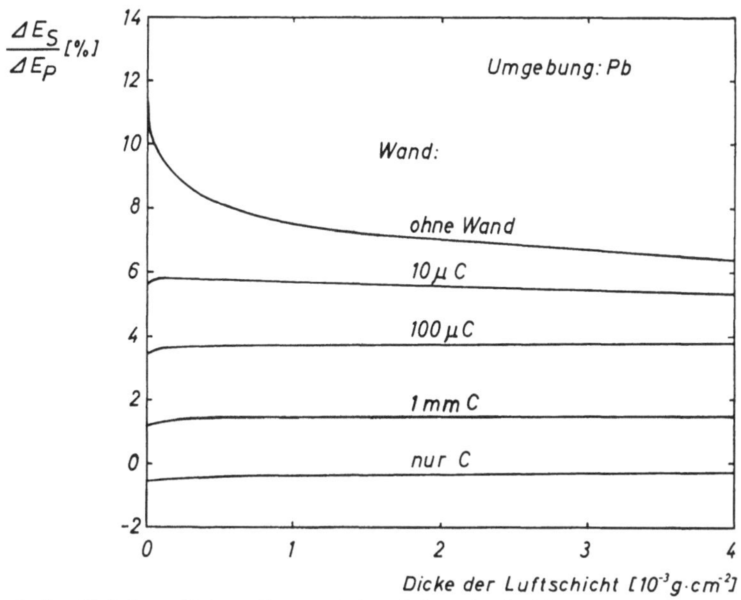


Abb. 3. Der Einfluß verschiedener Kammerwände auf das Sekundärelektronen-Gleichgewicht. Nach einer Näherungsrechnung [4]

läßt sich jedoch vermeiden, wenn man die Luftfüllung mit einer Kammerwand geeigneter Ordnungszahl umgibt. Nach dem Ergebnis einer (an anderer Stelle erläuterten) Rechnung ist in Abb. 3 der Einfluß einer Graphitwand variabler Dicke auf das Verhältnis $\Delta E_S/\Delta E_P$ bei verschiedener Stärke der Luftschicht dargestellt. Als Umgebungsmaterial ist Blei gewählt; es ist also ein besonders starker Sprung in der Ordnungszahl gegenüber Luft angenommen. Man sieht, daß bereits eine 10 $\mu$ starke Graphitschicht wirksam ist, offensichtlich vor allem auf die langsamen Elektronen. Der Anteil der schnellen Sekundärelektronen kann dagegen nur durch dickere Graphitschichten vermindert werden. Abb. 4 zeigt den Einfluß einer 100 $\mu$ starken Graphitschicht bei verschiedenen Umgebungsmaterialien. Bei Stoffen niedriger Ordnungszahl bis zum Aluminium liegt das Verhältnis $\Delta E_S/\Delta E_P$ unter

1%, ist also tolerierbar. Ähnliche Werte liefern dünne Plexiglaswände. Die Genauigkeit dieser Rechnungen wird auf ± 25% geschätzt. Sie gelten für den gesättigten Sekundärelektronenfluß bei etwa 10 MeV Anfangsenergie.

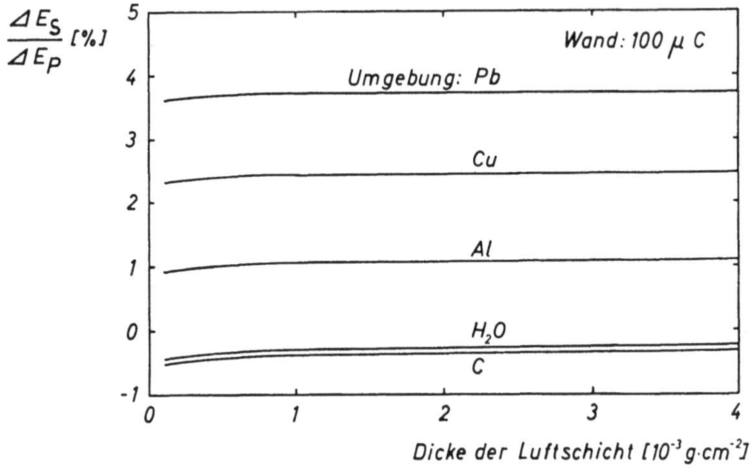


Abb. 4. Der Einfluß einer 100 μ starken Graphitwand auf das Sekundärelektronen-Gleichgewicht bei verschiedenen Umgebungsmaterialien. Nach einer Näherungsrechnung [4]

Aus diesen Überlegungen folgt, daß sich das Sekundärelektronen-Gleichgewicht sowohl für eine luftgefüllte Ionisationskammer (bei Benutzung geeigneter Kammerwände) als auch für das Umgebungsmaterial in guter Näherung realisieren läßt. Die Gleichsetzung des Umrechnungsfaktors *r* mit dem relativen Massenbremsvermögen *s* ist unter diesen Umständen gerechtfertigt.

## *III. Die Tiefenabhängigkeit des relativen Massenbremsvermögens*

Da die Tiefenabhängigkeit von *s* eine Folge der Energieabnahme der Primärelektronen ist, sei zunächst die Energieabhängigkeit von *s* besprochen. Diese läßt sich, wie Abb. 5 zeigt, in dem Energieintervall von 50 keV bis 50 MeV durch die Näherungsformel

$$s\,\frac{\mathrm{H_2O}}{\mathrm{Luft}} = 1{,}17 - 0{,}15\,\log_{10}(\varepsilon + 1) \tag{3}$$

darstellen, wobei $\varepsilon = E/1$ MeV. Die Genauigkeit dieser Formel beträgt 0,2% unterhalb 30 MeV, 1% bei 50 MeV und 4% bei 100 MeV. Für andere Stoffe als Wasser gelten lediglich andere Zahlenkonstanten. Noch etwas genauer ist die Näherung

$$\log_{10} s\,\frac{\mathrm{H_2O}}{\mathrm{Luft}} = 0{,}069 - 0{,}061\,\log_{10}(\varepsilon + 1), \tag{4}$$

die erst bei 100 MeV um 2% von dem exakten Wert abweicht.

Die mittlere Energie nimmt, wie in dem Referat 1.1.3. gezeigt wurde, annähernd linear mit der Tiefe ab:

$$E_m = E_0\ (1 - \mathrm{d}/R_p), \qquad (5)$$

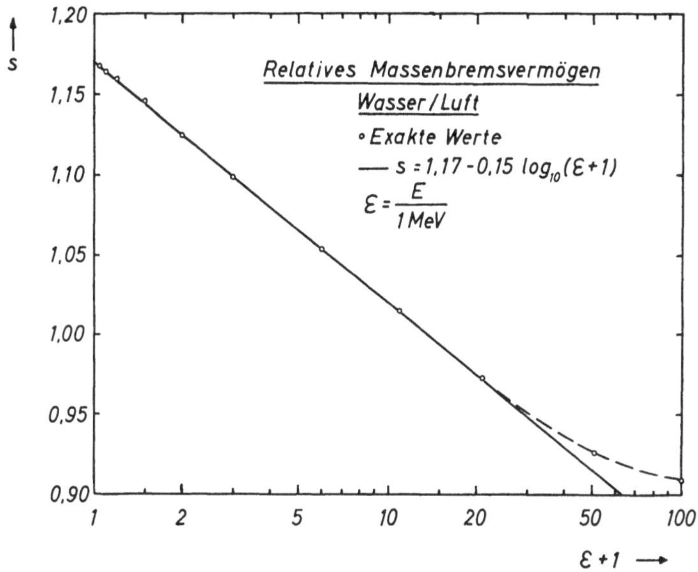


Abb. 5. Energieabhängigkeit des relativen Massenbremsvermögens $H_2O$/Luft

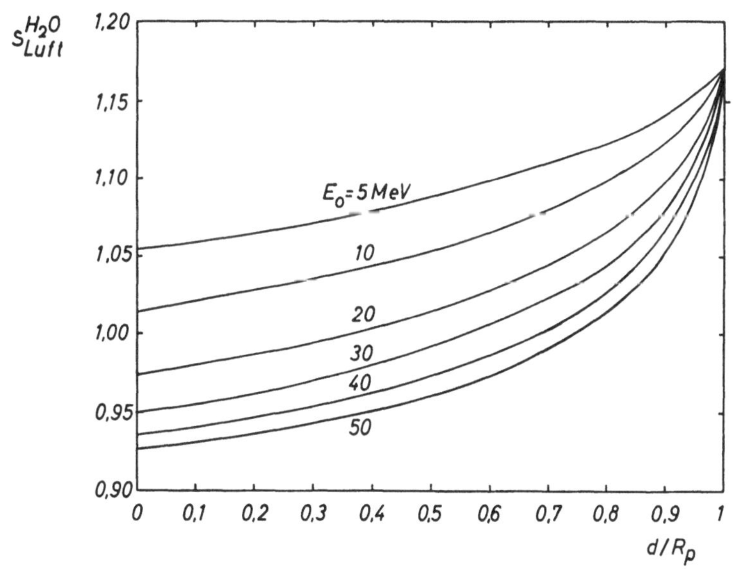


Abb. 6. Tiefenabhängigkeit des relativen Massenbremsvermögens von Wasser zu Luft bei verschiedenen Anfangsenergien

wobei $E_0$ die Anfangsenergie, $d$ die Tiefe und $R_p$ die praktische Reichweite ist. Vernachlässigt man die Breite des Spektrums, indem man annimmt, daß alle Elektronen in der Tiefe $d$ die Energie $E_m$ haben, so macht man bezüglich $s$ keinen 1% übersteigenden Fehler, wie sich aus der Halbwertsbreite der Spektren und der Energieabhängigkeit von $s$ ergibt.

Kombiniert man Gl. (5) mit der Energieabhängigkeit von $s$, so ergibt sich die Tiefenabhängigkeit von $s$, die in Abb. 6 für verschiedene Anfangsenergien dargestellt ist.

## *IV. Experimentelle Nachprüfung*

Die berechneten Werte des Umrechnungsfaktors $r$ können experimentell nachgeprüft werden, indem man neben einer Ionisationsmessung eine davon unabhängige Energiedosismessung durchführt. Als Ergebnis der Messung erhält man das Verhältnis $D/J$, das mit dem theoretischen Wert von $\frac{W}{e} \cdot r$, im Fall des Sekundärelektronengleichgewichts also mit $\frac{W}{e} \cdot s$, zu vergleichen ist.

Solche Messungen konnten an Graphit durchgeführt werden (Abb. 7 und 8). Die gesonderte Messung der Energiedosis erfolgte bei 10 und 20 MeV

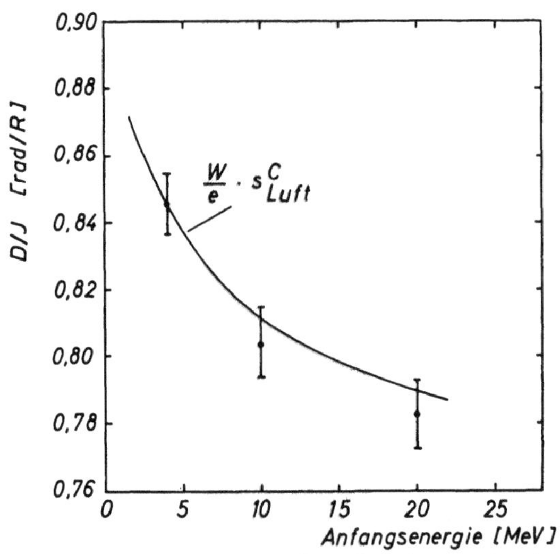


Abb. 7. Messung von D/J im Dosismaximum in Graphit und Vergleich mit dem theoretischen Wert bei Sekundärelektronen-Gleichgewicht

Anfangsenergie mit dem in Referat 1.1.3. erwähnten Szintillationsspektrometer durch Differenzbildung der gemessenen Energieflüsse. Bei 4 MeV wurde für die Energiedosis der von Spencer [*1*] nach der Momentenmethode berechnete Wert zugrunde gelegt. Man sieht, daß die unter Annahme von Sekundärelektronen-Gleichgewicht für die benutzte Ionisationskammer und für $W = 33{,}7$ eV/Ionenpaar berechneten Werte innerhalb 1% mit den Meßwerten übereinstimmen.

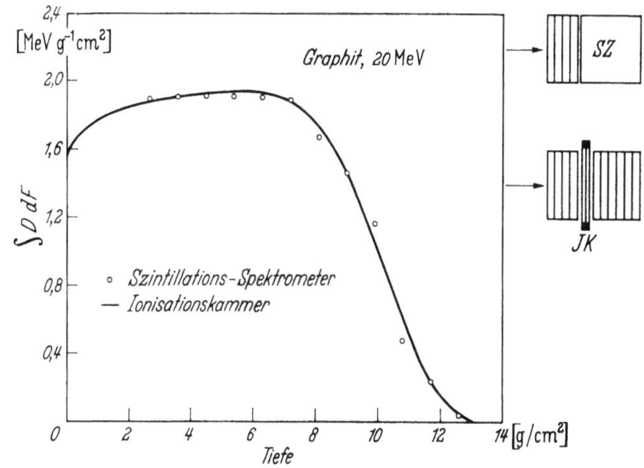


Abb. 8. Vergleich von Dosismessungen an Graphit. Glatte Kurve: Ionisationskammer mit Sekundärelektronen-Gleichgewicht. Meßpunkte: Szintillationsspektrometer. Mit einem sehr dünnen Strahl wurde das Flächenintegral der Dosis über eine zum Strahl senkrechte Fläche gemessen. Die Meßwerte entsprechen der bei einem unendlich breiten, parallelen Strahlenbündel gemessenen Tiefendosis, dividiert durch die Teilchenflußdichte der einfallenden Primärelektronen

Eine weitere Nachprüfung erlaubten die kürzlich von MARKUS [2] zusammengestellten Meßwerte von BREITLING und GLOCKER, RÖSINGER und LOEVINGER für Wasser (Abb. 9). Bei der Berechnung von $s$ wurde hier an-

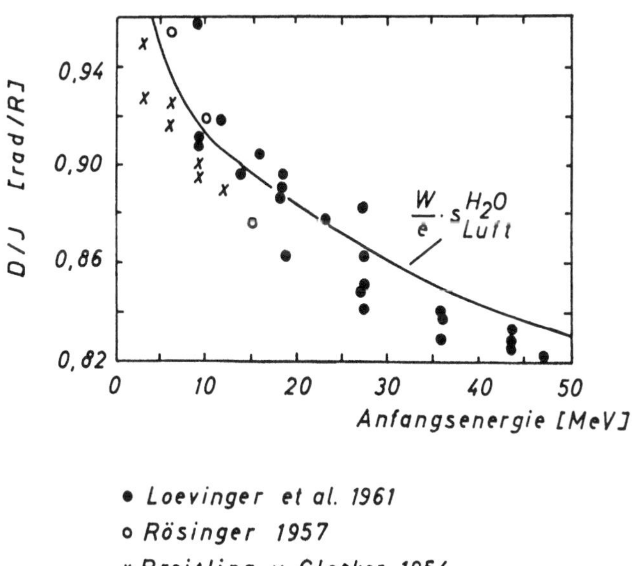


Abb. 9. Messung von D/J im Dosismaximum in Wasser (nach verschiedenen Autoren) und Vergleich mit dem theoretischen Wert bei Sekundärelektronen-Gleichgewicht

genommen, daß Sekundärelektronen-Gleichgewicht herrschte und der Meßort bei $d = R_p/2$ lag. Auch die von Loevinger [3] für *verschiedene* Tiefen gemessenen Werte von $D/J$ konnten mit etwa 2% Genauigkeit durch die für Sekundärelektronen-Gleichgewicht berechneten Werte wiedergegeben werden.

### *V. Zusammenfassung*

Die durchgeführte Diskussion und die experimentellen Nachprüfungen haben gezeigt, daß sich das Sekundärelektronen-Gleichgewicht bei der Dosimetrie schneller Elektronen mit Ionisationskammern in guter Näherung realisieren läßt. An die Stelle des Dosisumrechnungsfaktors $r$ tritt in diesem Fall das relative Massenbremsvermögen der Primärelektronen, dessen Energie- und Tiefenabhängigkeit ohne Schwierigkeiten zu berechnen ist. Die Genauigkeit dieses Verfahrens beträgt praktisch in allen Tiefen 2%.

### Summary

The discussion and the experimental verification have shown that in case of dosimetry of fast electrons by means of ionization chambers the equilibrium of secondary electrons can be reached with good approximation. Instead of the dose conversion factor $r$ one must calculate the relative mass stopping power $s$ of the primary electron which is energy and depth dependent. The precision of this method ist of the order of 2% for all depths.

### Literaturverzeichnis

1. Spencer, L. V.: Energy dissipation by fast electrons. Nat. Bur. Stand. Wash. Monograph No. 1.
2. Markus, B.: Beiträge zur Entwicklung der Dosimetrie schneller Elektronen. Strahlentherapie **123**, 508 (1964).
3. Loevinger, R., C. J. Karzmark, and M. Weissbluth: Radiation therapy with high-energy electrons. Radiology **77**, 906 (1961).
4. Müller, E.: Ergänzende Untersuchungen zur Messung der Energieabgabe schneller Elektronen in Materie. Zulassungsarbeit für das Staatsexamen, Würzburg 1965.

## 1.2.3. Measurement of the Polarization Correction Using the Fricke Dosimeter

By

David Kevin Bewley

With 1 Figure

One of the problems in the dosimetry of megavoltage electrons is the proper allowance to be made for the polarization correction. These electrons have a reduced stopping power in condensed media owing to the polarization correction, first discussed by Fermi in 1940. The stopping power per gm of gas is therefore greater than the stopping power per gm of solid or liquid. Consequently, an ionization chamber, which measures the energy deposited by electrons in a gas, indicates a larger absorbed dose than occurs in the walls of the chamber. This is one of the main corrections that must be taken into account when estimating the absorbed dose from megavoltage electrons or X-rays by ionization chambers.

In principle, absorbed doses are best measured calorimetrically. But another alternative is to use the Fricke dosimeter, based on the yield of ferric ion in $10^{-3}$ Molar $FeSO_4$ and 0.8 n $H_2SO_4$. The solution is very closely equivalent to water and so has the same polarization effect. Other advantages are that it can be used to fill any desired shape of vessel, and that no cavity is required. The cavity of an ionization chamber inevitably distorts the radiation field to some extent. The Fricke dosimeter is a nearly ideal method of dosimetry in energy regions where a roentgen calibration is not available.

We have used the Fricke dosimeter to compare the dosimetry of a beam of 8 MeV electrons with that of an X-ray beam generated at 7.5 MeV. In the latter case, the secondary electrons which cause the measured ionization have a much lower mean energy.

The cell used for the ferrous sulphate solution consisted of a solid piece of perspex with a pair of cavities machined in it. A small amount of chloride ion ($10^{-3}$ Molar) was added to the solution in one of the cavities to test for the presence of impurities which could vitiate the results.

The ionization was measured in a parallel plate chamber with a gap 1 mm wide, the electrodes being thin layers of graphite painted on perspex. Fig. 1 shows the dimensions of the cell and of the chamber in relation to the depth dose curves. Exposures were made at the peaks of the curves to ensure uniformity over the thickness of the cell. Readings with the ionization chamber were made with both polarities and the mean taken; this is an important precaution when working with electrons, as those electrons which come to rest in the collecting electrode and in lead give rise to a greater observed current with negative polarity. In fact this difference was found to be 3% with electrons and zero with X-rays.

The table gives a summary of the results. It will be seen that with X-rays the two methods give the same result for the absorbed dose, but that with electrons the chamber gives a dose nearly 10% smaller.

What difference would be expected theoretically? The electrons coming from the machine have an energy of around 8 MeV. At 1.2 cm deep their energy would be about 5.5 MeV in the absence of scattering, or perhaps 4.5 MeV allowing for scattering. The polarization correction at this energy is about 7%. With the X-ray beam, owing to the lower mean energy of the secondary electrons, the polarization correction is likely to be about 1%. Thus a difference of 6% would be expected. The measured value is rather larger, but probably not significantly so allowing for the possible errors in both.

Photographic film offers another method of estimating absorbed dose. An experiment was performed similar to that described above but using thin line film (Kodak KS 3) instead of the ferrous dosimeter. In this case the experiment indicated that the polarization correction of the electron beam was $1.00 \pm 0.02$. However, photographic film is a less satisfactory dosimeter than ferrous solution for three reasons — (a) the sensitivity of

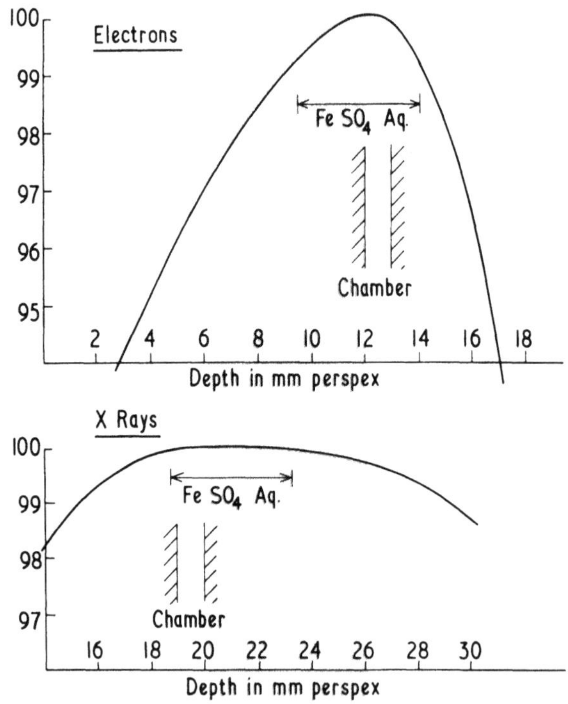


Fig. 1. Depth dose curves at constant focal distance

film to soft X-rays is about 30 times its sensitivity to fast electrons or megavoltage X-rays, so that a very small component of soft X-rays can lead to erroneous results, (b) film has a directional dependence, and (c) the polarization correction in silver bromide is much less than in water, i.e. it is not a tissue-equivalent material.

In conclusion, the Fricke dosimeter seems to be a good method for the dosimetry of megavoltage X-ray and electron beams. Its use has confirmed the importance of allowing for the polarization correction. Photographic film is less closely tissue-equivalent and can give rise to fallacious results.

**Summary**

The dosimetry of 8 MeV electron and X-ray beams has been compared using the Fricke dosimeter, photographic film, and an ionization chamber. Certain discrepancies were observed and the Fricke dosimeter is recommended as the best method.

*Comparison of absorbed dose by $Fe^{++}$ and ion chamber*

| Date | Radiation | O. D. at 20° C | Absorbed dose in water by $Fe^{++}$ | Absorbed dose in water by Chamber | Ratio $\frac{\text{dose by } Fe^{++}}{\text{dose by chamber}}$ |
|---|---|---|---|---|---|
| July 6 | X | .1111 | 3153 | 3169 | 0.995 |
| Sept 7 | X | .1092 | 3099 | 3092 | 1.002 |
| Mean | | | | | 0.998 |
| July 6 | $\beta$ | .1043 | 2960 | 3286 | 0.900 |
| Sept 7 | $\beta$ | .1084 | 3078 | 3340 | 0.921 |
| Mean | | | | | 0.910 |

Each figure is the mean of 2 observations.
Final ratio $.998/.910 = 1.097 \pm 0.02$.

# 1.2.4. Photographical Dosimetry

By

JULIEN L. GARSOU

With 3 Figures

This question has already been reviewed extensively by MARKUS and PAUL in 1953, by DUTREIX in 1958 and by BREITLING and SEEGER in 1963 as far as electrons are concerned, and by DUDLEY in 1956 and BECKER in 1962 in a more general way.

I plan briefly to review the various main factors acting on the effectiveness of the film irradiated with high energy electrons. It should be kept in mind that accelerators of various types are used all over the world as well as a whole range of photographic films with different properties. I have obtained my own data with Structurix $D_4$ Gevaert films and a Brown Boveri Asclepitron 35 working at 34, 25 and 15 MeV.

The optical densities are given by a Baldwin MK 3 radiological densitometer. The reference doses, expressed in "r" are read by a Baldwin Ionex MK 3 dosimeter, at the level of the maximum dose rate in water under the same irradiation conditions. The response of the ionization chamber is supposed to be linear from 15 to 34 MeV.

The films are irradiated in such a way that their plane contains the central axis of the beam.

*1. Effect of the visible light emitted by the irradiated transparent medium*

This component, of course, is responsible for an enhancement of the optical density.

a) DUTREIX mentions this effect already in 1958. With the Structurix $D_4$ Gevaert film we can see that, at 15 MeV the maximum of the optical

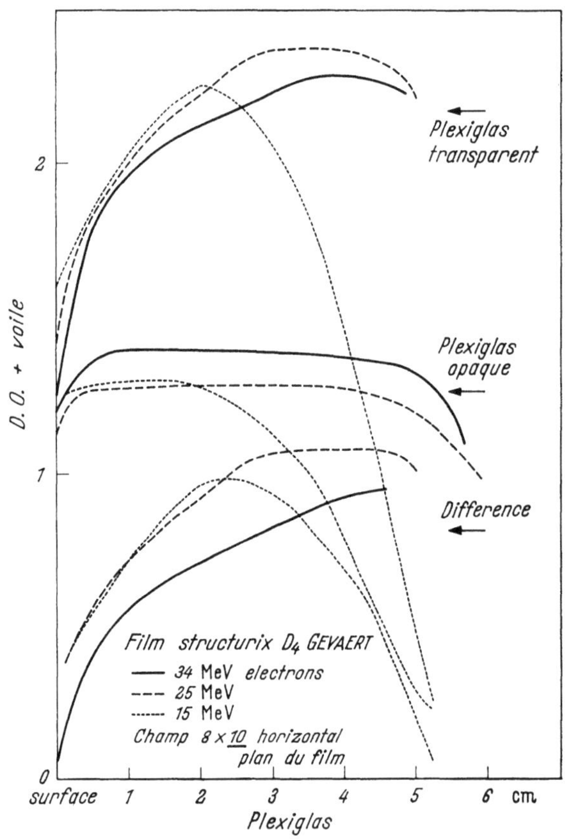


Fig. 1. Variation of the optical density of films irradiated in transparent and opaque plexiglas by electrons of 34, 25 and 15 MeV

density due to the visible light is observed about 8 mm beyond the depth of the maximum of the optical density due to the electron beam (Cerenkov radiation directed forward — Fig. 1).

As the response of the films presents a threshold for the slow exposures to visible light, the calibration curves relative to the films irradiated in transparent plexiglass tend in the small doses region to join the curves relative to the films irradiated in opaque plexiglass.

*2. Dependence of the sensitivity upon the electron energy*

MARKUS and PAUL in 1953 and BREITLING and SEEGER in 1963 point out a decrease of film sensitivity for an increasing electron energy.

According to the hypothesis put forward, calibration curves suggest the same effect.

*3. Dependence of the response on the incidence angle of the electrons*

DUDLEY (1956) mentions an effect at an angle of 700 and BREITLING and SEEGER (1961) between 75° and 90°.

LOEVINGER and co-workers (1961) observe that the ratio of the optical density recorded on the film irradiated in a plane parallel to the beam, to the optical density read on a film irradiated in a perpendicular plane, is different in transparent polystyrene and in "opaque" water.

*4. Effect of the density of the irradiated material*

Structurix $D_4$ Gevaert films have been irradiated in the air, in opaque plexiglass, in iron and in lead.

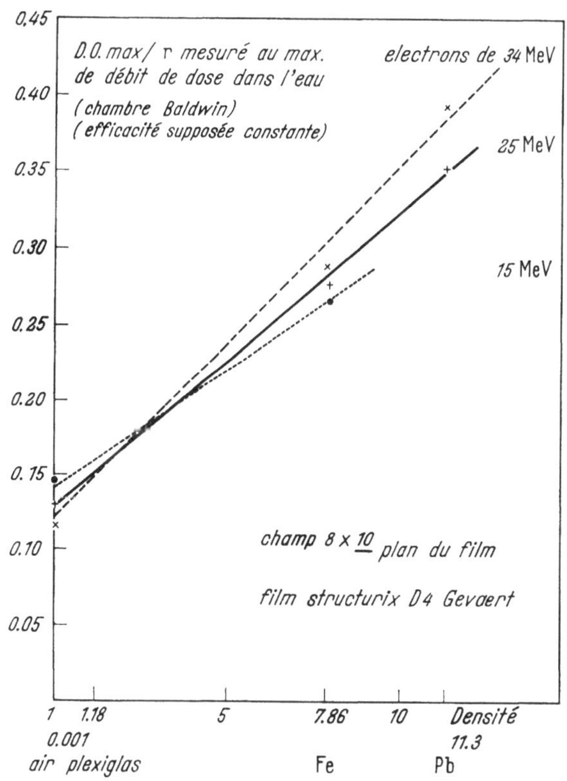


Fig. 2. Variation as a function of the density of the material of the maximum optical density obtained, per r measured at the level of the maximum dose rate in water, with films irradiated in air, opaque plexiglass, iron and lead, by electrons at 34, 25 and 15 MeV

We have sought the maximum optical density produced on each film by 1 "r", still measured at the level of the maximum dose rate in water.

As functions of medium density, we obtain for electrons of 34, 25 and 15 MeV three linear variations of optical density (Fig. 2).

### 5. *Agreement between isodose curves*

The isodose curves drawn from photographic films data are not quite similar to those obtained from ionization measurements, as has already been reported in 1958 by DUTREIX and by SEMPERT and WIDEROE seperately.

The isodose curves given by the Gevaert films for our 34 MeV electron beam in the opaque plexiglass generally lie under the isodose curves determined with the Baldwin chamber (depth expressed in g/cm² — Fig. 3).

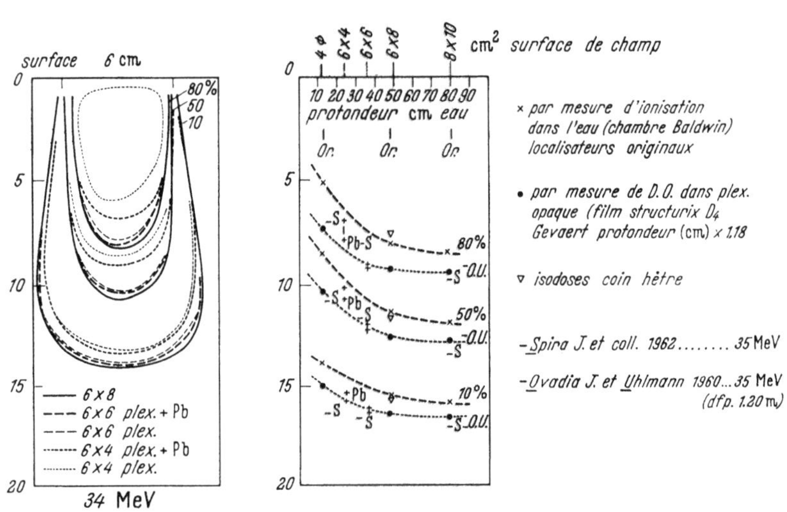


Fig. 3. Comparison as a function of the field area of the levels of 10, 50 and 80% isodose curves obtained in water for 34 MeV electrons with ionization measurements and in opaque plexiglas (depths in water equivalent cm)
SPIRA's data (—S.) are related to a 35 MeV electron beam at the same source skin distance: 1.10 m)
OVADIA's and UHLMANN's (—O. U.) concern a 35 MeV electron beam at a. s.s.d. of 1.20 m)

SPIRA's data (1962) obtained by films with an Asclepitron but at 35 MeV, overlaps ours. An isodose chart of OVADIA and UHLMAN (1960) for a 35 MeV electron beam at a distance of 120 cm, seem to be in agreement with the preceding set.

### 6. *Effect of the apparent or instantaneous dose rate*

I do not have any experimental data on this subject. However, with reference to DUDLEY (1956) and BECKER (1962) it would not be unlikely that among the available photographic emulsions with various properties, there certainly is one susceptible to present a response in accordance to the dose rate or to the pulsation characteristics of the beam.

## Summary

Even if many observations remain still to be explained, films can give useful indications when a plan of medical irradiation is to be tried. Practically every radiological laboratory has its own experience in this field.

## Bibliography

Markus, B., u. W. Paul: Photographische Dosimetrie in elektronenbestrahlten Körpern. Strahlentherapie **92**, 612—620 (1953).

Dutreix, J. M.: Mesures par films de la distribution en profondeur de la dose pour les électrons. In Becker, J., K. E. Scheer, Betatron und Telekobalttherapie, Berlin, Göttingen, Heidelberg: Springer 1958, 160—168.

Breitling, G., u. W. Seeger: Zur Filmdosimetrie schneller Elektronen. Strahlentherapie **122**, 483—492 (1963).

Dudley, R. A.: Photographic film dosimetry. In Hine, G. J., G. L. Brownell, Radiation dosimetry. New York: Academic Press 1956, 299—355.

Becker, K.: Filmdosimetrie. Berlin, Göttingen, Heidelberg: Springer 1962, 104 bis 114.

Loevinger, R., C. J. Karzmark, and M. Weissbluth: Radiation therapy with high energy electrons. Part I. Physical considerations, 10 to 60 MeV. Radiology **77**, 906—927 (1961).

Ovadia, J., and E. M. Uhlmann: Isodose distribution and treatment planning with electrons of 20—35 MeV for deepseated tumors. Amer. J. Roentgenol. **84**, 745—760 (1960).

Sempert, M., u. R. Wideröe: Untersuchungen über Dosimetrie und Ausblendung von 30 MeV-Elektronenstrahlen. In Becker, J., Scheer, K. E., Betatron und Telekobalttherapie. Berlin, Göttingen, Heidelberg: Springer 1958, 182—191.

Spira, J., C. Botstein, B. Eisenberg, and W. Berdon: Betatron: electron beam 10—35 MeV. Central depth doses and isodose curves. Amer. J. Roentgenol. **88**, 262—268 (1962).

# Diskussionsbemerkung zum Vortrag 1.2.4.

Von

Felix Wachsmann

Mit 3 Abbildungen

Filme bieten für die Dosimetrie schneller Elektronen grundsätzlich bessere Voraussetzungen als zur Dosimetrie insbesondere energieärmerer Quantenstrahlen (Abb. 1). Aber auch bei energiereicheren Quantenstrahlen entstehen im bestrahlten

Körper Sekundärstrahlen geringerer Energie (z. B. durch multiple Comptoneffekte), die eine stetige Änderung der auf die Dosiseinheit bezogenen Filmempfindlichkeit zur Folge haben können (Abb. 2). Trotzdem muß, wie an dem Beispiel der Aus-

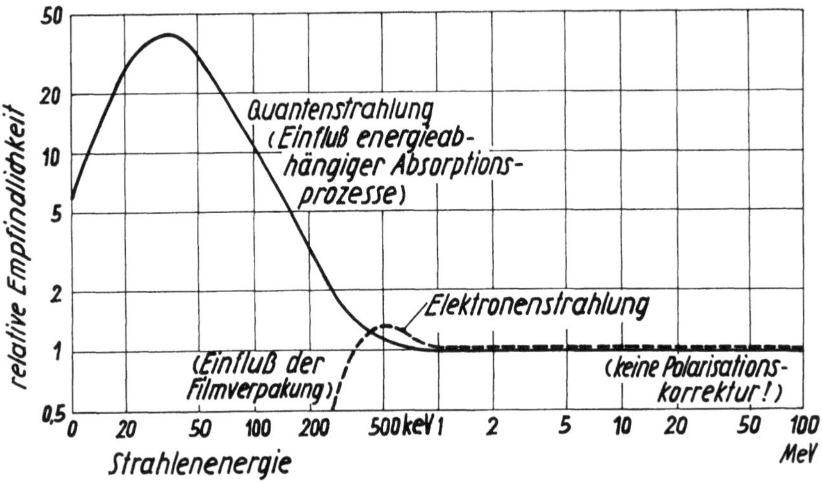


Abb. 1

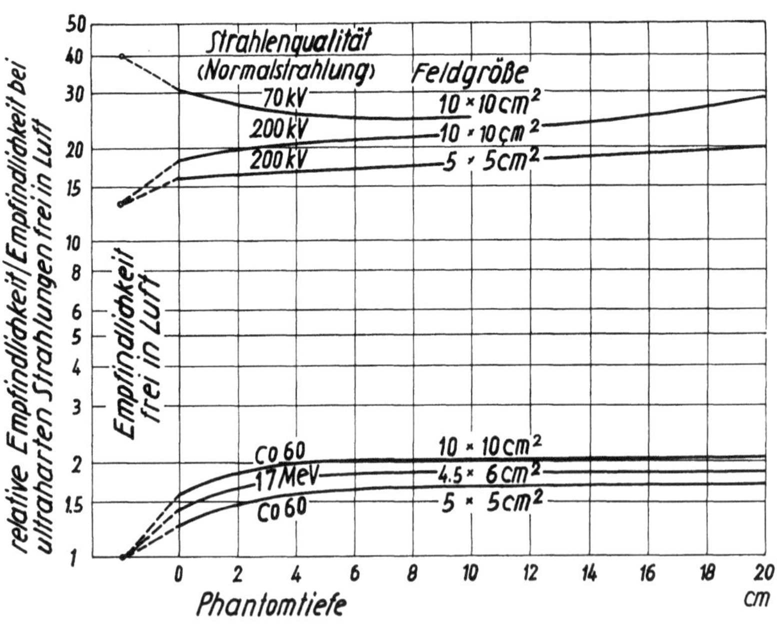


Abb. 2

messung einer Tiefendosiskurve schneller Elektronen mit Dosisfilmen gezeigt wird, auch hier mit dem Auftreten von Fehlern von mindestens ±10% gerechnet werden (Abb. 3).

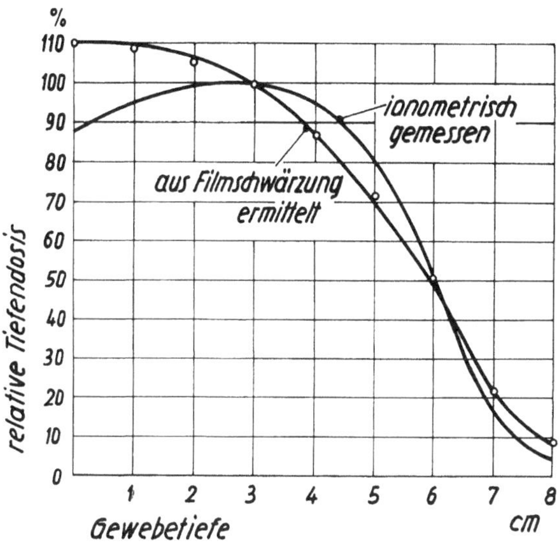


Abb. 3

# 1.2.5. Determination of the Fricke G-Value for 30 MeV Electrons with the Use of a Calorimetric Technique

By

GUNNAR HETTINGER and C. PETTERSSON

With 2 Figures

When measuring doses from high energy electrons beams in units of rad the ferrous sulphate dosimeter has turned out to be very useful. As the dosimeter solution and its container can be made very nearly equivalent to water, they introduce only a small perturbation in the electron field at that point in a water phantom where the dose is to be measured. It is true that the Fricke dosimeter has only a slow response, but on the other hand, it has a very good reproducibility and its energy dependence is probably inconsiderable in this energy range.

The G-value constitutes an essential part of the calibration factor of the ferrous sulphate dosimeter. Several determinations of the G-value are available for electron energies above 1 MeV (Table 1). However, the numerical values range from 16.3 down to 15.2 which corresponds to a total deviation of about 7%. This ist due to uncertainties in the experiments, but also to the fact that the response of the ferrous sulphate solution varies when different brands of analytical reagent grade sulphuric acid is used. Because of these factors it was considered necessary to make a calibration of the ferrous sulphate dosimeter used in our laboratory. A calorimetric technique was preferred as being the most direct way to measure absorbed radiation energy.

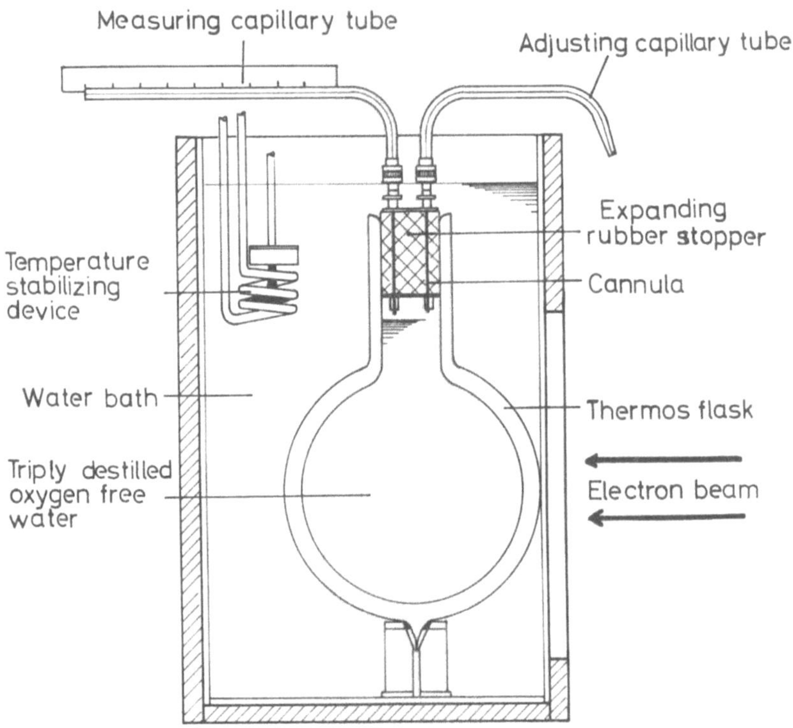


Fig. 1. Experimental arrangement of a water calorimeter suitable for the calibration of the Fricke dosimeter

The average temperature rise, during irradiation of a thermally insulated water volume was measured by studying the volume increase of the water with the aid of a capillary tube. The integral dose of the calorimeter water was thereafter compared with the change in optical density of a Fricke solution that was irradiated under identical conditions.

A calorimeter based on such a water thermometer has certain advantages. (1) Water and Fricke solution do not differ much from each other, so that the energy obsorption and the spectral distribution of the radiation field remain nearly the same when the water is exchanged for Fricke solution. (2) With known physical data the integral dose is calculated from the volume increase of the calorimeter water. This means that the present calorimeter does not need any calibration against a known input of electric energy.

The experimental arrangement of a water calorimeter is seen in Fig. 1. The thermos flask contains pure water and the volume expansion is measured in the left capillary. The right one is used when adjusting the water surface in the left one before the experiment. The right capillary is prolongated to a thin tip and it is always filled as a result of the surface tension. The capillaries have internal diameters of 0.1 up to 0.3 mm depending on the dose range to be measured. They communicate with the water volume through thin tubes in an expanding rubber stopper. This

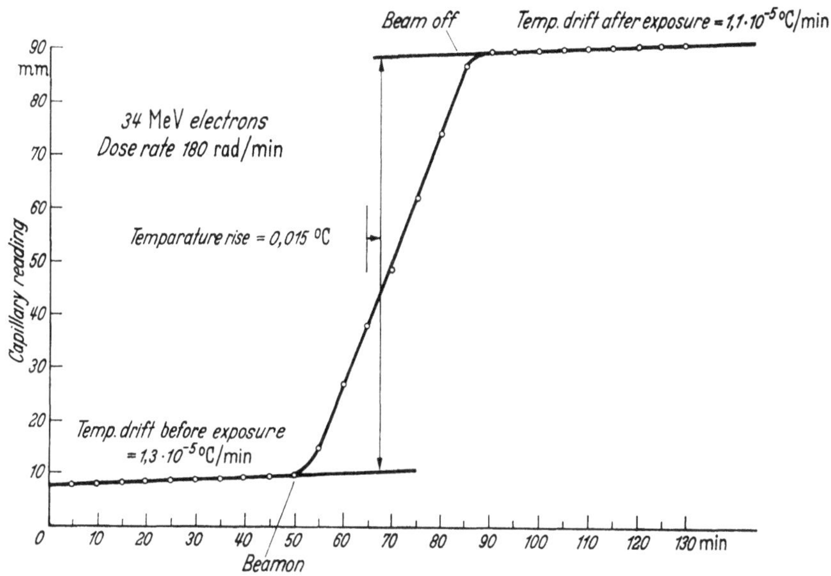


Fig. 2. Capillary reading plotted against time. The internal diameter of the capillary tube was 0.296 mm

stopper must be very tight as it is expedient to detect volume increases of the order of $\frac{1}{100}$ $\mu$l. The thermos flask has a volume of 1 dm³, but the system would even work with a volume 10 times less.

The thermos flask is immersed in a water phantom which, at the same time, forms a part of the isothermal shield around the measuring volume. The bath has a temperature somewhat above room temperature and it is stabilized to within $\pm 1/1000$ °C with the aid of a servo arrangement that continuously compensates the heat loss to the surroundings.

Through vacuum distillation and pre-irradiation the calorimeter water is nearly free from oxygen. It is therefore to be expected that practically all of the absorbed radiation energy is converted into heat.

A typical result of a measurement is shown in Fig. 2 where the position of the water column is plotted against time. The calorimeter has a certain drift that can be measured very accurately. The reproducibility of the measurements of volume expansion was surprisingly good (better than 1%).

When converting the volume increase into integral dose a correction must be applied for the heat current from the glass container to the water. Because of its lower specific heat the glass gets a higher temperature rise than the water during irradiation.

The calibration of the Fricke dosimeter was determined with the center of the calorimeter volume placed at two depths, 7 and 13 cm. No significant difference was found in the calibration factor at the two positions. Preliminary calculations resulted in G-values which are close to, or somewhat higher than the G-value reported for Co-gamma radiation.


### Summary

With the above mentioned water calorimeter the Fricke dosimeter can be calibrated directly in rad per O.D. unit. The calibration factor includes both the G-value of the actual dosimeter solution and the calibration of the photometer used. The calorimeter is therefore a standard for Fricke dosimetry of betatron electron and photon radiation under the reasonable assumption that the energy dependence of the Fricke dosimeter is inconsiderable inside the thermos flask. Comparison with other standards will be made in the near future.


Table 1. *Experimentally determined G-values for electron energies above 2 MeV. For comparison the G-value for Co-60 gamma rays is included*
*Fricke G-values* (0.8 N $H_2SO_4$, $10^{-3}$ mol $Fe^{++}$)

| Author | Method | Energy | G-value |
|---|---|---|---|
| MINDER (1961) | charge input | 30 MeV, $e^-$ | 16.3 ± 0.3 |
| MINDER (1961) | charge input | 10 | 15.7 ± 0.3 |
| SCHULER et ALLEN (1956) | charge input | 2 | 15.5 ± 0.2 |
| LIESEM et POHLIT (1962) | ionization | 25 | 15.9 } ± 0.3 |
| LIESEM et POHLIT (1962) | ionization | 20 | 16.0 } ± 0.3 |
| LIESEM et POHLIT (1962) | ionization | 17 | 15.8 } ± 0.3 |
| ANDERSON, A. R. (1962) | calorimetry | 15 | 15.2 ± 0.4 |
| LAUGHLIN (1963) | calorimetry | 20 | 15.2 } ± 0.3 |
| LAUGHLIN (1963) | calorimetry | 10 | 15.3 } ± 0.3 |
| ICRU-ref., etc. (1962) | calorimetry | Co-60, $\gamma$-rays | 15.5—15.8 ± 0.3 |

## 1.2.5. Discussion — Dosimetrie Chimique

Par

JULIEN L. GARSOU

Nous avons préparé un film plastique, contenant en solution solide un halogénure organique et une leucobase donnant un colorant par réaction avec l'halogène libéré par radiolyse.

Ce système est très souple, puisqu'on peut modifier la nature des trois constituants en vue d'une application bien déterminée.

Nous l'avons utilisé pour une étude de rayons X monochromatiques et nous avons commencé de l'appliquer à la dosimétrie des électrons: des études de cinétique sont en cours.

# 1.2.5. A Lithium Fluoride Thermoluminescent Dosimeter

By

Arthur F. Holloway and E. M. Campbell

With 5 Figures

Report in the literature of the use of a thermoluminescent dosimeter using Lithium Fluoride have been most encouraging particularly in view of the nearness of the atomic number of the detecting material to that of tissue. The reported size of a satisfactory dosimeter too added considerably to its promise as a clinical instrument.

A commercially produced thermoluminescent dosimeter using Lithium Fluoride became available at approximately the time that we wished to carry out calibration of the electron beam of our betatron at energies up to 35 MeV. We were fortunately able to purchase one and proceeded to investigate its properties with a view to using it for this purpose.

The dosimeter system consists of a heating unit (150 amps 0.4 volts); planchets through which the heating current passes; a reader consisting of a photomultiplier with stable power supply, an integrating device and a digital volt meter; and a dispenser for measuring out amounts of Lithium Fluoride for dosimetry purposes.

A $C^{14}$ activated phosphor is supplied which fits into the reader and permits calibration of the electrical readout components thus permitting corrections for drift.

Our first results are shown in Fig. 1 in which a histogram of the readings of 119 different capsules subjected to the same exposure is presented. The abscissa for this diagram is the dosimeter reading, the ordinate $^0/_0$ of total readings. The notable feature of this distribution is the pronounced low reading tail. The mean of the readings is 243.1 with a standard deviation of 9.2 or 3.8$^0/_0$.

Many of the parameters involved in the measurement were investigated in an attempt to improve the reliability of the dosimeter. At first it appeared that low readings were associated with poor distributions of the Lithium Fluoride in the planchet. This idea was eliminated however when it was discovered that the reading was directly proportional to powder weight for equal radiation exposure at least up to 2 capsule weights. The reproducibility of the powder dispenser was also investigated and it was found that for the powder as supplied the mean sample weight was 57.68 with a standard deviation of 1.6%. Thus some of the variation may be accounted for by this means but not all. After reprocessing the powder this standard deviation was reduced to 0.5%. The heater voltage was increased slightly. It was found that this had no effect on the mean reading but there

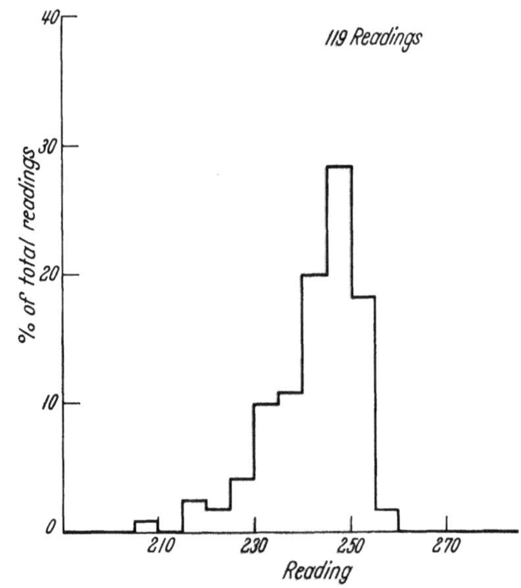


Fig. 1

appeared to be an improvement in reliability. Finally it was found that occasionally there would be an appreciable amount of powder left unannealed after the first heating, a condition recognizable by a low reading. A second and sometimes a third heat run was required to complete the release of stored energy.

A second experiment was the run. An improvement in distribution was obtained and the mean of the readings, given the same dose except for decay of $Co^{60}$ in 1½ months is 263.4 with a standard deviation of 2.3%. There is a hint however that more improvement is possible since for convenience the 120 readings were divided into groups of 20 by calibration checks. The variation between groups of 20 was found to be significantly different than within groups of 20. Thus there appears to be a variation in our readings introduced by the calibration process.

Mention should be made at this point that the Lithium Fluoride used for the second distribution had been reprocessed several times. This introduces the subject of calibration.

The instrument was originally supplied with a calibration curve for the powder used in this work. This calibration curve is reproduced as the bottom curve of Fig. 2. The middle curve is our calibration curve for the powder as supplied. The differences could probably be explained by differences in calibration procedure. The upper curve is typical of many different curves which have been obtained for the same powder after reprocessing. It has been found that the quicker the powder is cooled after heating to empty the electron traps the greater is the sensitivity probably indicating the freezing of some electrons in the traps. Our practice now is to heat the powder to 350 °C and allow it to cool slowly down to room temperature. This results in a much more reproducible calibration approximating the middle curve. One further point in this figure is that the values of the top curve were normalized to the center by multiplying by 0.73. This procedure yields the crosses showing that the change in sensitivity by changing annealling procedure is a linear one.

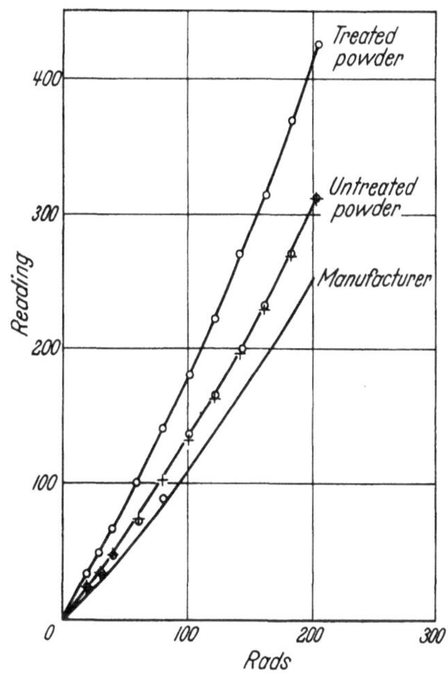

Fig. 2

I should like to speak now of the use to which we have put this dosimeter. Our first procedure was to caibrate the dosimeter from 20 rads to 100 rads with $Co^{60}$ $\gamma$-rays and then to measure the absorbed dose in a phantom which was exposed to the electron beam at energies from 10 MeV to 35 MeV. The exposure was monitored by an ionization chamber and integrating circuit built into the betatron. Similar measurements were made with an ionization chamber an integrating circuit (Baldwin Ionex) and also with a ferrous sulphate dosimeter.

The results are shown on Fig. 3. The triangles represent the value of the ratio of the rads measured by the ferrous sulphate dosimeter to the reading of the Baldwin Ionex to which the $Co^{60}$ correction has been applied shown as rads per „R"; the circles are the same ratios where rads have been measured by the lithium fluoride dosimeter. The abscissa is the electron energy which was determined as the incident electron energy (according to the supplier) corrected for the appropriate energy loss in the phantom material to the depth of the dosimeter.

Although one cannot say for sure from these results, there would appear to be slight energy dependence for the Lithium Fluoride dosimeter when used in an electron beam. This dependence however does not appear to exceed 7¹/₂⁰/₀ (the divergence between the Lithium Fluoride and ferric sulphate reading at 10 MeV). The advantage of the Lithium Fluoride system

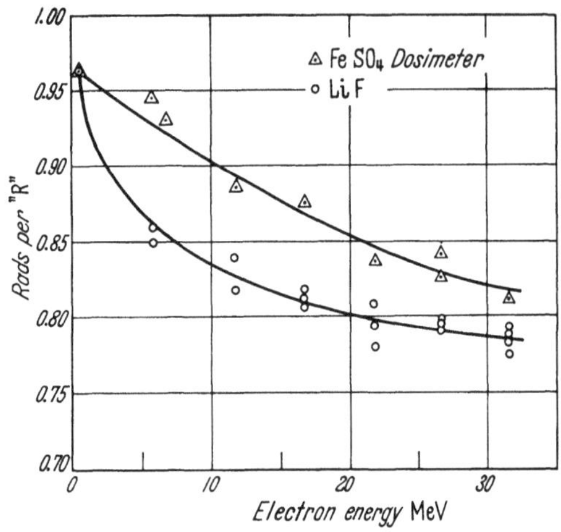


Fig. 3

becomes apparent when one realizes that the exposures used to obtain the data for figure 4 were 4 hours for ferrous sulphate und 4 minutes for Lithium Fluoride at 10 MeV.

One other application which we have investigated is shown in Fig. 4 where results of three different methods of measuring central axis depth dose data for a 10×8 cm field of 35 MeV electrons are displayed. Each

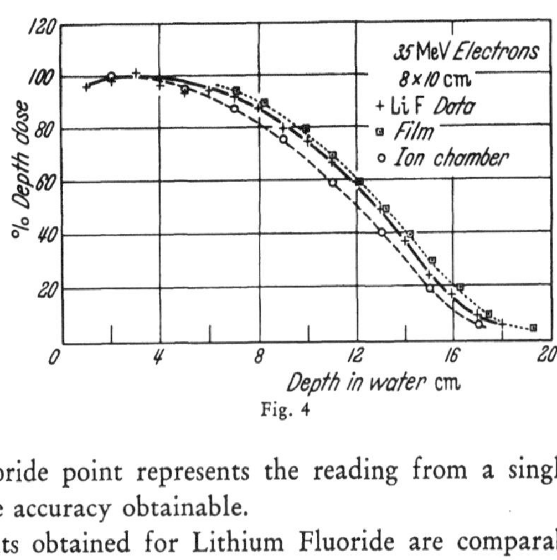


Fig. 4

Lithium Fluoride point represents the reading from a single capsule and illustrates the accuracy obtainable.

The results obtained for Lithium Fluoride are comparable with those obtained from film dosimetry. The ion chamber measurements however clearly show the errors which occur if ion chambers are used for high energy electron measurements without paying due attention to density corrections.

The advantage over film measurements can be seen in Fig. 5 in which the data measured by the Lithium Fluoride dosimeter at identical points along the axis of an 8×10 field is displayed both for the wide open field,

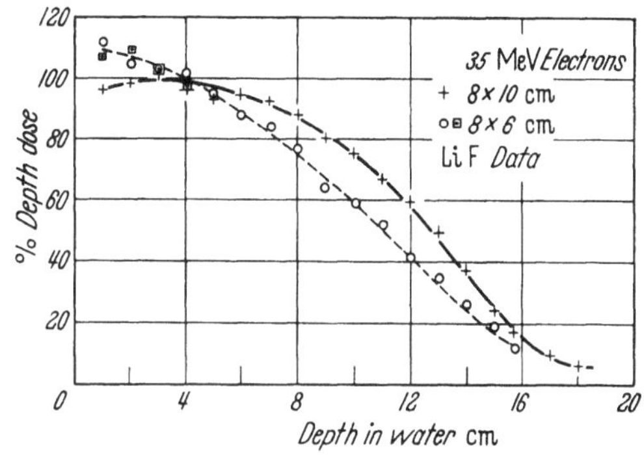


Fig. 5

shown by crosses, and for the partially blocked field in which a plug 15 cm. deep of perspex has blocked one end of the field reducing it to an 8×6 cm. field. These two sets of data would have been difficult to compare by films since, unless great care was taken in developing, one would not have been certain about the increase in dose rate near the surface presumably due to scatter.

## References


1. CAMERON, J. R.: Science **134**, 333 (1961).
2. FOWLER, J. F.: Nucleonics **21**, (10), 60 (1963).


# 1.2.6. Calorimetric Determination of Absorbed Dose with Electrons

By

JOHN S. LAUGHLIN

With 2 Figures

The local absorbed dose micro-calorimeter has provided a direct and absolute method for the determination of the absorbed dose produced by electron beams in various materials. Features of the construction and operation of such a micro-calorimeter will be briefly described together with results obtained. The micro-calorimeter was first [*1, 2, 3, 4, 5, 6, 7, 8, 9*] developed for energy fluence and intensity measurements and the absorbed dose micro-calorimeter was based on these developments. The measurement of absorbed dose is probably more important than that of energy fluence but is, by definition, specific to the absorbing material employed. The calorimetric measurement of absorbed dose should involve the measurement of the temperature rise in a relatively small segment of a larger absorbing mass of the same material. This corresponds to the determination of the absorbed dose at a particular point inside an absorbing medium, which is the situation of biological and clinical interest. This segment should be thermally isolated, but this isolation should not be such as to perturb the absorption of the primary radiation or the spectral distribution of the secondary radiation. It is further essential that all of the dissipated energy be degraded to

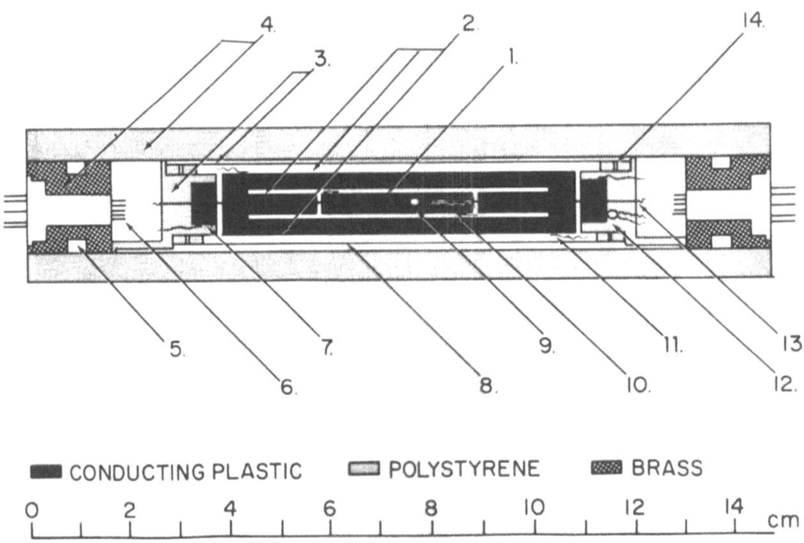


Fig. 1. Adiabatic adsorbed dose calorimeter. 1. Absorber, 2. Adiabatic shield, 3. Thermal control shield, 4. Vacuum chamber, 5. "O" rings, 6. Electrical connections, 7. Thermal control heater, 8. Aluminium baffle, 9. Absorber detecting thermistor, 10. Absorber heater connections, 11. Adiabatic shield heater connections, 12. Thermal control thermistor, 13. Nylon string support, 14. Aluminium foil clamp

thermal energy, rather than otherwise utilized. If the thermistor and calibration heating wire are imbedded in the segment in question, the amount of material in them must be a very small fraction of the segment mass. A further problem is sensitivity. For most biological and clinical applications the dose rates employed correspond to temperature changes of the order of $10^{-6}$ °C per minute and are usually less than 50 rads per minute.

The feasibility of a calorimeter designed to meet these requirements was demonstrated in 1955 [*10*] and the construction of the polystyrene tissue-equivalent extended-medium micro-calorimeter followed (see Fig. 1). Inside a relatively large absorbing block of polystyrene, a wafer of the same material (3 mm deep and 3 cm in diameter) was isolated with 1 mm evacuated gaps from the surrounding block. Measurements with a conducting polystyrene (polyethylene and carbon) calorimeter utilized conduction through the segment for the calibration heating current and thus obviated the heating wire. The successful operation of the local absorbed dose microcalorimeter was reported at the 1958 International Atoms for Peace Conference [*11*]. Since a discrepancy with cobalt-60 measurements between the calorimeter and ferrous-sulphate dosimeter was determined, Barr [*12*] con-

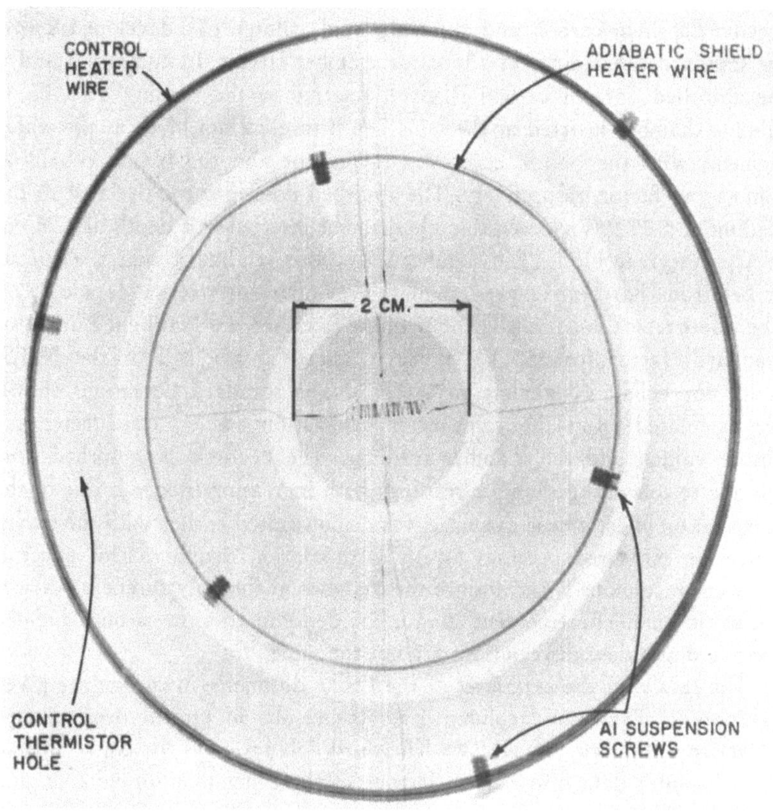


Fig. 2

cluded that an endothermic radiation-chemical reaction was occurring in the conducting polystyrene. Endothermic radiation chemical reactions occur in many materials (estimated to about 3 per cent for polyethylene cobalt-60 gamma-rays). Measurements with the Fricke ferrous sulphate dosimeter under identical geometry in comparison with the absorbed dose calorimeter [*11*] confirmed the existence of endothermic reaction of this amount. This endothermic chemical reaction was eliminated by the construction of pure carbon absorbed dose calorimeters [*12*] which have been used with both gamma-ray and electron beams (see Fig. 2).

The sensitivity of these calorimeters was 50 rads/minute with a standard deviation of one per cent. Construction and operational details are given in the literature.

The micro-calorimeter has been used for the calibration of secondary dosimeters including ionization chambers and radiation chemical reactions. Tables 1 and 2 give results of the calibration of Victoreen chambers and the Fricke ferrous-sulphate dosimeter with high energy electrons. In column 2 of Table 1 the results are given [*21*] in terms of the absorbed dose at a specific depth in carbon and the integrated voltage (V) developed across the standard capacitance in a monitor chamber circuit. In columns 3 and 4 the absorbed dose in carbon is given relative to the reading of a 25 R thimble chamber inserted at the same depth in a carbon block as the wafer segment, with the N.B.S. 250 kV x-ray factor and the N.B.S. cobalt 60 gamma-ray factor, respectively. The absorbed dose in carbon related to the reading of a 25 R Victoreen thimble chamber inserted at a depth of 1.25 cm in a polystyrene block. The significance of this reading is that the output of betatrons has been expressed in this manner for over a decade [*22*]. The reference calibration for the chamber is either the National Bureau of Standards factor for 250 kV x-rays (designated as "R") or the N.B.S. factor for cobalt 60 gamma rays ("R"). The standard deviations shown are calculated from the calorimeter calibration values, calorimeter exposure values, and the chamber readings. The decrease in absorbed dose relative to ionization chamber readings with increasing energy is due to the polarization effect whose existence was demonstrated earlier with the cavity ionization measured precisely in an extrapolation chamber. This effect is not seen in columns 5 and 6 since the chamber in the polystyrene block was not at the same effective depth as for the determination in carbon, and the relative depth dose distributions are not the same.

The results of the exposures of the Fricke dosimeter in carbon are given in Table 2. The second column gives the results in optical density units (ODU) per monitor voltage (V). The third column gives the conversion of the calorimter data into rads in ferrous sulphate per monitor voltage, and the final column gives the quotient expressed as the value of $G_{F+++}$ in ions oxidized per 100 e.v. absorbed. The uncertainties indicated are the resultants of the standard deviations of the calorimeter runs, and calibrations of both the calorimeter and the Beckman spectrophotometer.

It is pertinent to comment now on related studies of the polarization phenomenon. Fermi [*23*] first postulated that the energy loss by charged particles in ionization and excitation collisions should be reduced at relativistic energies. The Lorentz contraction of the electric field causes a concentration of the electric field normal to the direction of distant motion. This involves more distant interactions from the particle trajectory than are important at lower velocities. In media of low density (gaseous) no appreciable change in energy loss per gm/cm$^2$ is involved. However, in more dense media the longer range of interaction increases the probability of polarization of neighboring molecules. This polarization tends to neutralize the strength of the electron field and decreases the number of distant interactions. STERNHEIMER [24] has formulated this correction more precisely. Since electrons achieve relativistic velocities at relatively low energies the existence of the postulated polarization effect could be tested with electrons of energies available in our laboratory. Accordingly, an experiment was designed to compare cavity ionization and energy deposition produced under the same experimental conditions by electrons at two different energies, both relativistic. This experiment was carried out in 1956 with

Table 1. *Local absorbed dose calorimeter results in carbon*

| Electron beam energy | rads/V | rads/R (250 kV) | rads/R ($Co^{60}$) | rads/"R" | rads/'R' |
|---|---|---|---|---|---|
| 20 MeV | 17.70 ± 0.17 | 0.811 ± 0.020 | 0.784 ± 0.020 | 0.740 ± 0.012 | 0.715 ± 0.011 |
| 10 MeV | 20.67 ± 0.31 | 0.957 ± 0.020 | 0.925 ± 0.019 | 0.743 ± 0.019 | 0.718 ± 0.017 |

Table 2. *Ferrous sulphate dosimeter calibration*

| Electron beam energy | O.D.U./V. | rads/V | G |
|---|---|---|---|
| 20 MeV | $7.10 \pm 0.08 \times 10^{-4}$ | 20.04 ± 0.36 | 15.17 ± 0.28 |
| 10 MeV | $8.38 \pm 0.11 \times 10^{-4}$ | 23.30 ± 0.51 | 15.32 ± 0.34 |

16 and 6.3 MeV electrons. With the inclusion of the polarization effect, the observed ratio of energy absorbed in water and in air was compatible with a "G" value for the oxidation of ferrous ion of about 15.5 eV. Without the assumed correction the "G" value would have been 14.2 for 6.3 MeV electrons and 13.5 for 16 MeV electrons. This constituted the first experimental verification of the validity of the polarization effect for electrons, and was published in Radiation Research in 1957 [25]. The more recent calorimetric results given in Table 2 confirm the original measurements and their interpretation.

The absorbed dose calorimeter is a complex instrument and the presence of endothermic chemical reactions determines the choice of material. It has provided a direct determination of the absorbed dose under specific conditions and has demonstrated its significance as a primary laboratory standard for absorbed dose for x-rays and electrons. A portable field microcalorimeter has also been constructed on this contract which should facilitate the use of this method for intercomparisons between laboratories.

## References


1. LAUGHLIN, J. S.: Physical significance of the roentgen for 22.5 MeV x-rays. Brit. Radiol. **25**, 12—16 (1952).
2. —, and J. W. BEATTIE: Calorimetric determination of the energy flux of 22.5 MeV x-rays. Rev. Sci. Instrum. **22**, 572—674 (1951).
3. —, S. GENNA, M. DANZKER, and S. J. VACIRCA: Absolute dosimetry of cobalt-60 gamma rays. Proc. Internat. Conf. Peaceful Uses of Atomic Energy **14**, 163—168 (1955).
4. — — Calorimetric methods. Radiation Dosimetry. Ed.: G. J. HINE and G. L. BROWNELL. New York: Academic Press 1956 (Chapter 9, 411—453).
5. MCELHINNEY, J., B. ZENDLE, and S. DOMEN: A calorimeter for measuring the power in a high-energy x-ray beam. J. Res. NBS **56**, 9—16 (1956).
6. EDWARDS, P. D., and D. W. KERST: Determination of photon flux for energies between 150 MeV and 300 MeV. Rev. Sci. Instrum. **24**, 490—495 (1953).
7. DOLPHIN, G. W., and G. S. INNES: A calorimetric method used in the dosimetry of x-ray beams from a 1 MeV generator. Phys. Med. Biol. **1**, 161—174 (1956).
8. GOODWIN, P. N.: Calorimetric measurements on a cesium-137 teletherapy unit. Radiation Res., **10**, 6—12 (1959).
9. POHLIT, W.: Max-Planck-Institut, Frankfurt, Private communication.
10. GENNA, S., and J. S. LAUGHLIN: Calorimetric measurement of the energy locally absorbed in irradiated medium. AEC Contract Report AT 930-1)-1451 (1956), and Calorimetric determination of intensity and absorbed dose rate. Proc. of the ICRU Seminar, Geneva, April 5 (1956).
11. MILVY, P., S. GENNA, N. F. BARR, and J. S. LAUGHLIN: Calorimetric determination of local absorbed dose. Proc. 2nd Internat. Conf. Peaceful Uses of Atomic Energy **21**, 142—146 (1958).
12. MILVY, P., N. F. BARR, J. GEISSELSODER, and J. S. LAUGHLIN: The calorimetric determination of local absorbed dose. IXth International Congress of Radiology, Munich, 1959, Vol. II, 1348—1360. Stuttgart: Georg Thieme 1960.
13. BERNIER, J. P., L. D. SKARSGARD, D. V. CORMACK, and H. E. JOHNS: A calorimetric determination of the energy required to produce an ion pair for cobalt 60 gamma rays. Radiation Res. **5**, 613—633 (1956).
14. REID, W. B., and H. E. JOHNS: Measurement of absorbed dose with calorimeter and determination of W. Radiation Res. **14**, 1—16 (1961).
15. SKARSGARD, L. D., J. P. BERNIER, D. V. CORMACK, and H. E. JOHNS: Calorimetric determination of the ratio of energy absorption to ionization for 22 MeV x-rays. Radiation Res. **7**, 217—228 (1957).
16. PETREE, B.: Absorbed dose calorimetry for high dose rates. Abs. No. 215. Radiation Res. **9**, 166 (1958).
17. BRYNJOLFSSON, A., and N. W. HOLM: Calorimetric measurements of gamma rays and calibration of ferrous-sulphate radiation dosimeter. "Metrology of Radionucleides": IAEA, Vienna, 1960.
18. GENNA, S., R. G. JAEGER, A. SANIELEVICI, and J. NAGL: Quasi-adiabetic calorimeter for the direct determination of radiation dose in rad. Atomic Energy Rev. **1**, 239—254 (1963).
19. BEWLEY, D. K.: The measurement of locally absorbed dose of megavoltage x-rays by means of a carbon calorimeter. Brit. J. Radiology **36**, 865—878 (1963).
20. Physical Aspects of Irradiation. Handbook 85 ICRU.

21. GEISSELSODER, J., K. KOEPKE, and J. S. LAUGHLIN: Calorimetric determination of absorbed dose and $G_{F+++}$ of the Fricke dosimeter with 10 MeV and 20 MeV electrons. Radiation Res. 20, 423—430 (1963).
22. LAUGHLIN, J. S.: Physical Aspects of Betatron Therapy. Springfield, Ill: Chas. C. Thomas 1954.
23. FERMI, E.: The ionization loss of energy in gases and in condensed materials. Phys. Review 57, 485—493 (1940).
24. STERNHEIMER, R. M.: Energy loss of a fast charged particle by Cherenkov radiation. Phys. Review 89, 1148 (1953).
25. ZSULA, J., A. LIUZZI, and J. S. LAUGHLIN: Oxidation of ferrous sulphate by high energy electrons and the influence of polarization effect. Radiation Res. 6, 661—665 (1957).

## 1.2.8. Integral Dose in Electron Therapy

By

J. C. JONES

With 3 Figures

Since the introduction by MAYNEORD in 1940 [1] of the concept of integral dose, each new technique of radiotherapy has been subject to scrutiny from this point of view. Treatment with electron beams clearly produces an appreciably lower integral dose for very superficial tumours but as we go deeper into the body and the necessary electron energy increases the matter is not so simple.

Fig. 1 shows the variation of the integral dose per square centimetre of field area produced by a dose of one rad at the maximum value below the skin, with different radiation energies. The unit used is the gramme rad which, of course, represents 100 ergs of energy absorbed. The direct use of ergs would perhaps have emphasized the physical concept but gramme rads have been kept as more familiar and more readily comparable with their parent the gramme-roentgen.

The top curve shows the integral dose of X-rays for a body thickness of 25 cm, a reasonable average for the irradiation of the pelvis and thorax. These values are computed by calculations of saturated scatter and of differential energy fluxes. The lower curve for a body thickness of 15 cm is more suitable for head irradiation with small fields since the scatter is calculated from the depth dose values of a 20×20 cm field by MAYNEORD's formula [1].

The integral dose for electrons is calculated from the average value of the stopping power of water, including STERNHEINER's polarisation correction [2], (together with an allowance for bremsstrahlung production). Strictly speaking, it refers to a dose of one rad near the surface. The maximum dose is slightly larger than this but the values published for the "build up" under the skin show considerable variation and, in any case, the difference would not amount to more than 5—8% for the higher energies in which we are most interested.

Above 25—30 MeV, appreciable amounts of electron energy are transmitted through a body 15 cm thick and this is indicated by the broken line.

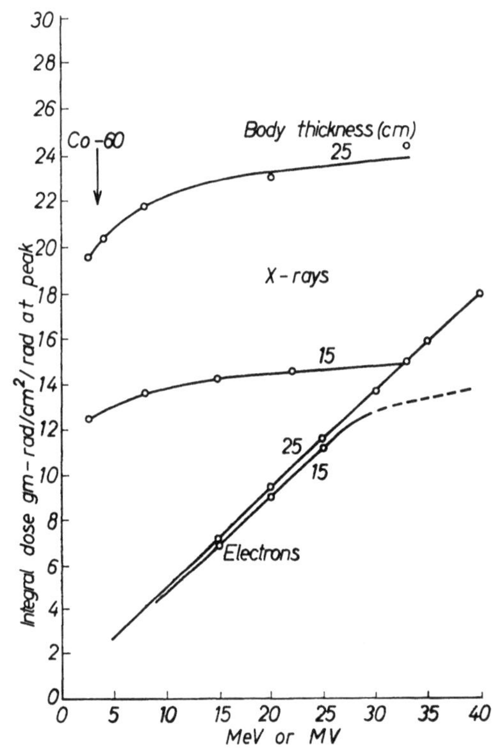

Fig. 1. Integral dose in gm-rads per cm² of field for one rad at peak

No attempt has been made, however, to calculate this accurately since it represents a situation which would very seldom be used in practice.

Fig. 2 shows a comparison of integral dose produced by different radiations for varying treatment depths and the same depth dose. Following other authors, all the other radiations have been compared with Cobalt-60 at a source skin distance of 80 cm.

The electrons have been treated by a method used by WIDEROE and SCHITTENHELM [3, 4]. The electron energy necessary to produce a depth dose of 80% at each depth has been determined and the integral dose calculated for this energy. If the base of the tumour lies at this depth, then the whole tumour (together with any overlying tissue) would be irradiated to a dose which only varies by 20%. It is perhaps unfortunate that the depths of the 80 and 90% isodose curves appear to depend more critically on collimator design and scatterer than any of the other percentiles and variations in the values published have been considerable. The percentage depth doses used for all the radiations have been taken from the British Journal of Radiology — Supplement 10. Later work would appear to indicate that for electrons these are probably too low but no attempt has been made to revise them at this stage.

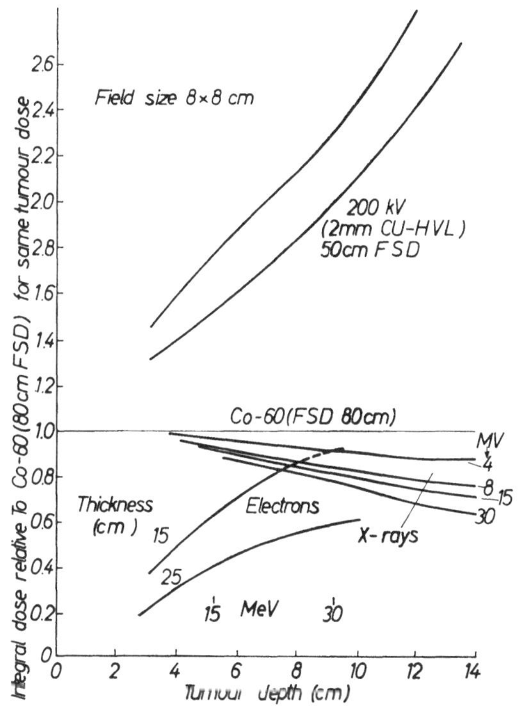


Fig. 2. Integral dose relative to Co-60 (80 cm FSD) for the same tumour dose

For depths less than about 10 cm with a body thickness of 25 cm and less than 7 cm for a body thickness of 15 cm, electron therapy has the advantage but the precise value of these depths would depend on the values of the percentage depth doses used.

SCHITTENHELM [5] has criticised the simple use of depth dose values in this comparison on the grounds that the shape of the isodose curves differs considerably between electrons and supervoltage X-rays. The electron dose contours show considerable curvature even on the central axis whereas the X-ray curves are nearly flat over most of the field area. Thus at a given depth the X-rays would treat at a larger area to a uniform dose or conversely, for the same uniformity a larger electron field would have to be used.

To illustrate this, we have taken two treatment plans for electrons similar to those published by OVADIA and UHLMANN [6] and attempted to match them with a 6 MV X-ray distribution covering the same treated volume to the same uniformity. The first example (Fig. 3a), compares the treatment of a nasopharynx with two opposed electron fields and with three X-ray fields. It is clear that the curvature of the electron isodose contours necessitates the use of appreciably larger fields and if this is taken into account in both planes, the difference in integral dose between the two radiations is small.

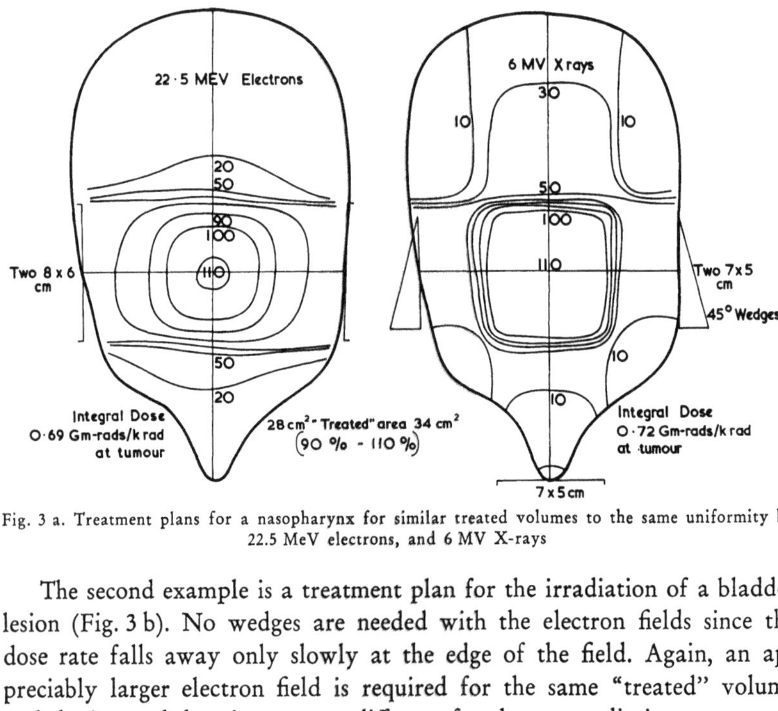


Fig. 3 a. Treatment plans for a nasopharynx for similar treated volumes to the same uniformity by 22.5 MeV electrons, and 6 MV X-rays

The second example is a treatment plan for the irradiation of a bladder lesion (Fig. 3 b). No wedges are needed with the electron fields since the dose rate falls away only slowly at the edge of the field. Again, an appreciably larger electron field is required for the same "treated" volume and the integral dose is not very different for the two radiations.

Although the "treated" volume is similar, the type of distribution is obviously different. The X-rays show a rapid fall in dose just outside the volume but a large amount of tissue is irradiated to a much lower dose. With electron fields, the doses fall away more gradually so that tissue close to the tumour receives a higher dose.

Alternatively, this lesion could be treated with a single electron field, the whole of the treated area lying just inside the 80% contour. This would reduce the integral dose by about 20% at the expense a considerably increased skin dose.

In conclusion, it would seem that while electron therapy provides a considerable reduction in integral dose for lesions not extending beyond the first three or four centimetres below the skin, this advantage rapidly decreases with depth and disappears completely if an attempt to produce a reasonably uniform dose over a volume below the skin by treatments with two or more fields.

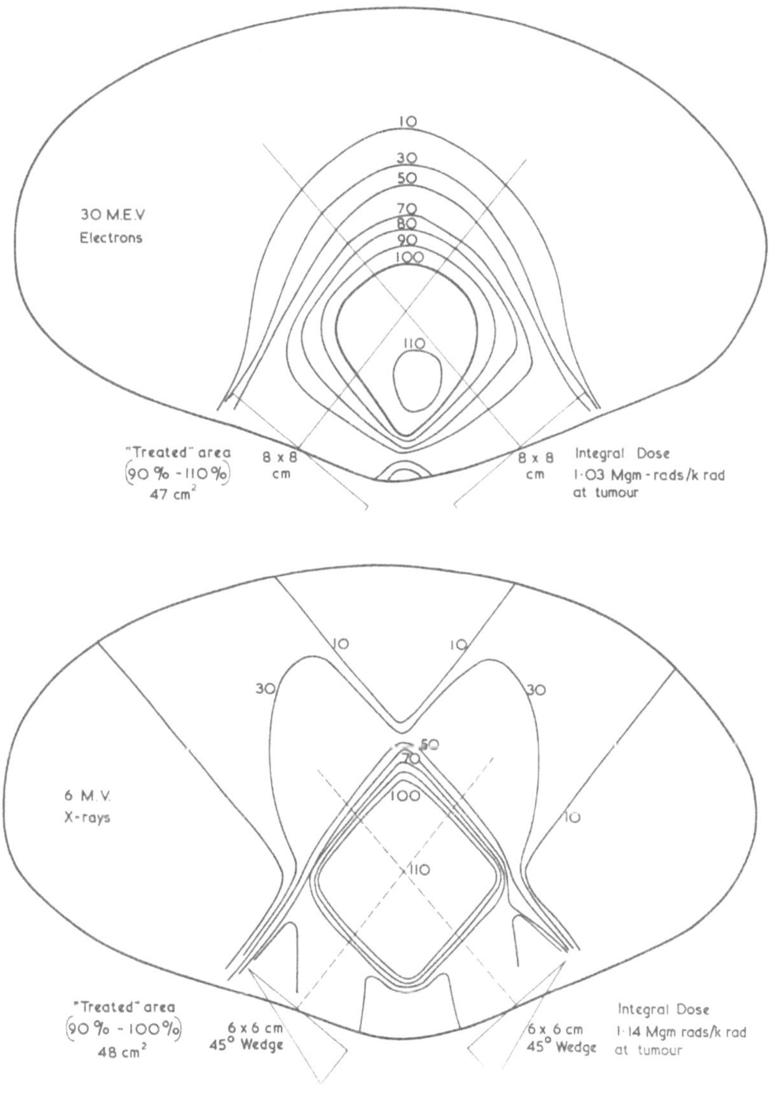


Fig. 3 b. Treatment plans for a bladder for similar treated volumes to the same uniformity by 30 MeV electrons and 6 MV X-rays

## References

1. Mayneord, W. V.: Brit Journal of Radiology **13**, 235 (1940).
2. Sternheiner, R. M.: Phys. Rev. **103**, 511 (1956).
3. Wideroe, E.: Strahlentherapie **111**, 1 (1959).
4. Schittenhelm, R.: Strahlentherapie **112**, 389 (1960).
5. Schittenhelm, R.: Strahlentherapie **116**, 39 (1961).
6. Ovadia, J., and E. M. Uhlmann: Am Journal. Roent. LXXXIV, 754 (1960).

# 1.2.9. Dosimeter-Vergleich zwischen verschiedenen Beschleuniger-Stationen

Von

J. Kretschko

Mit 3 Abbildungen

Will man die wissenschaftlichen Ergebnisse der einzelnen strahlenbiologischen Institute und Strahlenkliniken miteinander quantitativ vergleichen, so ist es erforderlich, daß die Dosimeter dieser Institute übereinstimmen, d. h. mit einem entsprechenden Standardinstrument, welches sich in einem zentralen Standardlaboratorium befindet, verglichen worden sind. Ein solcher Vergleich kann nach drei verschiedenen Methoden erfolgen (siehe Abb. 1).

1. Die erste Methode ist die älteste und zur Zeit die gebräuchlichste. Das Dosimeter der Klinik wird in ein Standardlaboratorium geschickt, dort mit dem Standard verglichen und wieder in die Klinik zurückgeschickt. Durch den Transport können Beschädigungen des Gerätes auftreten, die man zunächst nicht feststellen kann. Man hat dann zwar ein „kalibriertes" Dosimeter, auf welches man sich doch nicht verlassen kann.

2. Bei der zweiten Methode wird das Standardinstrument gemeinsam mit dem notwendigen Zubehör in ein Auto verpackt und zu den einzelnen Instituten gefahren, wo an Ort und Stelle die Kalibrierung durch geeignete Fachkräfte vorgenommen wird.

Diese Methode ist die genaueste und sicherste; sie hat außerdem den Vorteil, daß neben den Vergleichsmessungen noch andere Messungen, wie eine genaue Energiebestimmung, durchgeführt werden können.

3. Eine bedeutend einfachere und billigere Methode besteht darin, daß von einem zentralen Standardlaboratorium Proben mit einer strahlenempfindlichen Substanz an die einzelnen Institute verschickt werden, dort mit einer bestimmten Dosis unter vorgegebenen Bedingungen bestrahlt und an

das Standardlaboratorium zur Auswertung zurückgeschickt werden. Auf diese Methode soll im folgenden etwas näher eingegangen werden.

Bei der Wahl der entsprechenden strahlenempfindlichen Substanz haben wir uns für das bekannte Fricke-Dosimeter entschieden, welches aus einer $10^{-3}$-molaren Eisenammoniumsulfatlösung in 0,8 normaler Schwefelsäure mit einem Zusatz von $10^{-3}$ Mol/Liter Natriumchlorid besteht und in verschließbaren Polyäthylenbehältern verschickt werden soll. Dieses Dosimeter

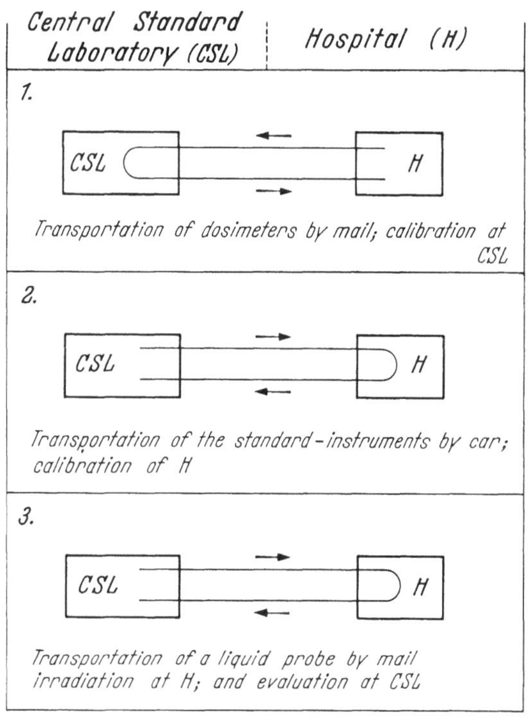


Abb. 1. Methoden zur Durchführung von Vergleichsmessungen

besitzt in dem uns interessierenden Dosisbereich eine ausreichende Empfindlichkeit und zeigt in einem weiten Bereich keine Abhängigkeit von der Dosisleistung und der Eisen(II)-Konzentration. Die Konzentration der durch Strahlung erzeugten Eisen(III)-Ionen wird spektralphotometrisch durch eine Extinktionsmessung bei 304 nm bestimmt.

Um die Eignung dieses Dosimetersystems für den vorgesehenen Zweck zu prüfen, war es erforderlich, eine Reihe von Vorversuchen durchzuführen. Diese Versuche sollten zeigen, daß sich die Anzeige des Dosimeters bei einer Aufbewahrung der Lösung in verschlossenen Polyäthylenbehältern über einen längeren Zeitraum nicht ändert. Außerdem darf eine längere Lagerung der unbestrahlten Lösung in den betreffenden Behältern keinen Einfluß haben. In Abb. 2 ist die Abhängigkeit der Extinktion, gemessen mit einer 2 cm-Quarzküvette, von der Lagerungszeit dargestellt. Mißt man die Extinktion von bestrahlten Lösungen gegen eine Kontrolle, die in einem identischen Behälter aufbewahrt wurde, so stellt man fest, daß über einen Zeitraum von 21 Tagen die Extinktion innerhalb der Fehlergrenzen konstant bleibt.

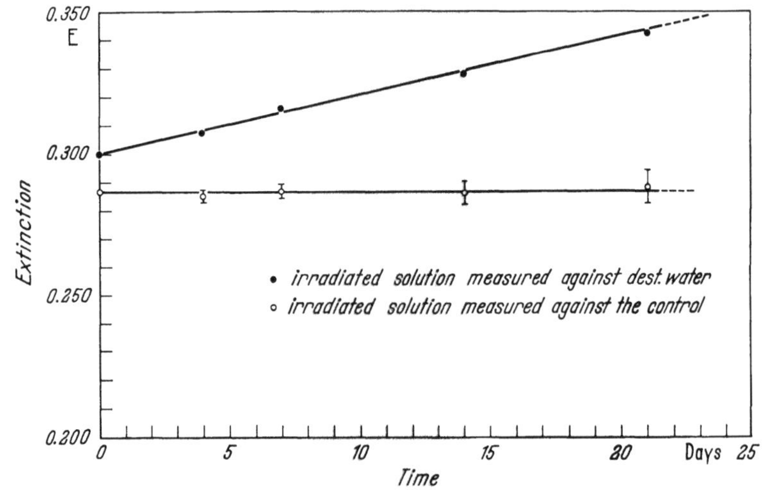


Abb. 2. Die Abhängigkeit der Extinktion bestrahlter Lösungen in verschlossenen Polyäthylenbehältern von der Lagerungszeit

Die Aufbewahrung unbestrahlter Lösungen in Polyäthylenbehältern über einen Zeitraum von 7 Tagen hatte keinen Einfluß auf das Dosimetersystem.

Zur praktischen Durchführung eines solchen Dosimetervergleichs dienen die in Abb. 3 dargestellten Meßanordnungen. In der linken Hälfte ist die Meßanordnung im Standardlaboratorium und in der rechten die Anordnung in der Klinik dargestellt. Der aus dem Beschleuniger austretende Elektronenstrahl durchläuft zunächst eine Monitorkammer, danach eine 2 cm dicke Plexiglasschicht und gelangt schließlich auf das Standardinstrument. Durch die vorhandene Plexiglasschicht wird erreicht, daß der Meßort im Maximum der Tiefendosiskurve liegt. Mißt man mit dem Standardgerät die Dosis $D$, so möge der Monitor den Wert $A$ anzeigen. Jetzt wird der Standard durch die Meßprobe ersetzt. Erreicht der Monitor den gleichen Wert $A$, so möge die Extinktion der bestrahlten Probe $\varepsilon$ sein. In der Klinik wird nun ähnlich verfahren. Die Meßanordnung ist hier mit der im Standardlaboratorium identisch, nur befindet sich an der Stelle des Standards das zu kalibrierende Dosimeter. Zeigt dieses Dosimeter den Wert $D^x$ an, so sei die entsprechende Monitoranzeige $A^x$. Das zu kalibrierende Dosimeter wird nun ebenfalls durch eine Meßprobe ersetzt, die die Klinik vom Standardlaboratorium erhalten hat. Die Meßprobe wird so lange bestrahlt, bis der Monitor wieder den Wert $A^x$ anzeigt, und an das Standardlaboratorium zurückgeschickt. Im Standardlaboratorium wird die Extinktion dieser Probe $\varepsilon^x$ bestimmt und mit der Extinktion der Meßprobe im Standardlaboratorium verglichen. Die wahre Dosis, die das Dosimeter anzeigen sollte, ist dann

$$D^* = \frac{\varepsilon^x}{\varepsilon} \cdot D.$$

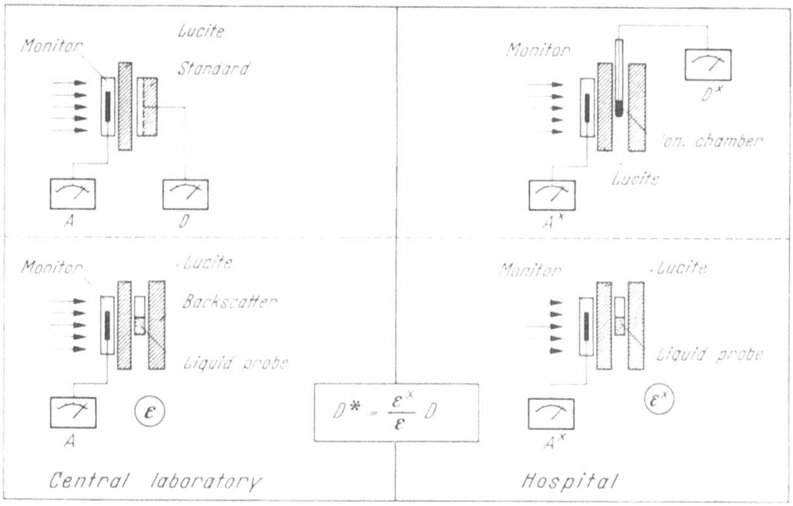


Abb. 3. Meßanordnungen zur praktischen Durchführung des Dosimetervergleichs mit flüssigen Meßproben

Da es sich hierbei um eine Relativmessung handelt, hat das Material des Bestrahlungsgefäßes und damit verbundene Wandeffekte keinen Einfluß auf das Kalibrierungsergebnis. Um eine bessere Genauigkeit zu erzielen, werden jeweils drei Proben zur Bestrahlung und drei Kontrollproben an die jeweilige Klinik verschickt.

Die von uns durchgeführten Versuche haben gezeigt, daß sich das Fricke-Dosimeter durchaus für solche Vergleichsmessungen eignet. Die Genauigkeit ist kleiner als 5%. Entsprechende Vergleichsmessungen können auch mit einem Festkörperdosimeter durchgeführt werden, doch sind hierzu noch weitere Versuche erforderlich.

## Summary

For the comparison of treatment results and radiobiological experiments between different institutes it is necessary to have dosimeters calibrated by a standard instrument of a central standard laboratory (CSL). Therefore a simple and non-expensive calibration procedure is proposed. Radiation-sensitive probes should be sent by mail from the CSL to different institutes. In these institutes the probes have to be irradiated under special conditions and have to be sent back to the CSL for evaluation. The well-known Fricke-solution in little polyaethylene capsules is suitable for this purpose. Preliminary experiments have shown that the calibration value is not affected by storage of the irradiated solution in polyaethylene capsules for 21 days. The storage of non-irradiated solution in these capsules for 7 days has no influence on the radiation effect of the solution. The arrangement for carrying out comparative measurements by this method is fully described. The accuracy in such experiments is better than 5%; this is sufficient for the use of dosimeters in hospitals.

# 1.3.1. Introduction on Depth Dose Curves and Isodose Distribution in Homogeneous and Inhomogeneous Media

By

MAX SEMPERT

With 3 Figures

The problem of the use of the appropriate dose distribution is most important in radio-therapeutic treatment of every tumour. The best solution of course, would be to be able to use an appropriate distribution for each single tumour situation; that is to say the distribution judged by the radiologist as giving the best results. Can this objective be reached? It is possible in certain cases, but in the majority of cases we have to be content with approximations; and then again other problems arise, for which a possible solution is extremely hard to find. The aim of the following papers (1.3.2. to 1.3.9.) is to indicate and discuss such possibilities, in the light of the means at our disposal today.

Fig. 1 shows the characteristic behaviour of the depth-dose curves for energies between 5 and 35 MeV in homogeneous material (water). A gradual increase of the relative dose can be observed at the beginning of the curve, from a depth of penetration of 0 to about 2 cm. The entry dose for the Rudolf-Virchow-Krankenhaus 35-MeV betatron is, according to FROST and WÜRTHNER [1], slightly over 90%, and is to a slight extent dependant on the size of the field and the energy. The following, horizontal part of the depth-dose curve reaches to a depth corresponding to about one third of the extraplated range, after which it falls off to values below 5%. The flattened tail of the depth-dose curve outside the extrapolated

[1] K. WÜRTHNER und D. FROST: Strahlentherapie 123, 503—507 (1964).

range is a consequence of the X-ray radiation produced in the phantom. For most clinical cases reference is given to a curve having the flattened part (80—100%) reaching a little beyond the furthermost contour of the tumor, followed by a steep fall-off. The skin dose should be either 100% or as small as possible, dependant on whether the tumor is present right up to the surface or not. Substantially lower values of the skin dose than 90%, such as is the case in high energy X-ray radiation, cannot be obtained with electrons using the normal fixed-field therapy. The fall-off of the curve cannot be made as steep as desired; this is due to the fact that for a given energy the single electrons have different ranges. The best curve is obtained when the electron beam is monochromatic.

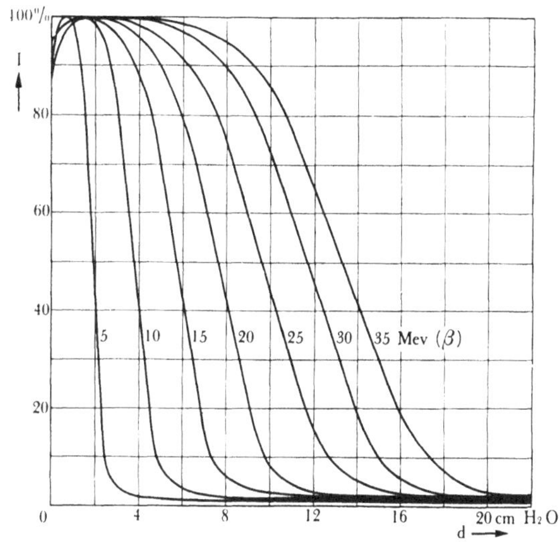


Fig. 1. Depth-dose curves for electron irradiation in water

The beam issuing from the betatron can practically be considered as being monochromatic. Accelerator parts in the vicinity of the path of the beam, such as for example collimators, localizers, etc. can now, however, give rise to stray electrons which contaminate the original "clean" beam with electrons of various energies. It is the task of the manufacturer to keep disturbing effect of such parts as low as possible. The characteristics of the depth-dose curves is dependent on the focus-skin distance. The smaller the focus-skin distance the more divergent is the electron beam and, consequently, the smaller is the depth of penetration of the 80% isodose.

By measuring the depth-dose curve we obtain the dose distribution along the beam axis. What is interesting, however, is the space distribution, and in particular the conditions at the edges of the beam. The exact measurement of the space distribution is an extremely time-absorbing task. During routine operation this can, consequently, only be done when one disposes of complicated and, unfortunately, expensive automatic equipment. We have, therefore, very often to be satisfied with the measurement of distribution in two *planes,* perpendicular to each other and having the beam axis in common. Normally we take the plane of the equilibrium orbit and the one perpendicular to it. P. LERCH reports on the measurements made at the Hôpital Cantonal of Lausanne (1.3.3.).

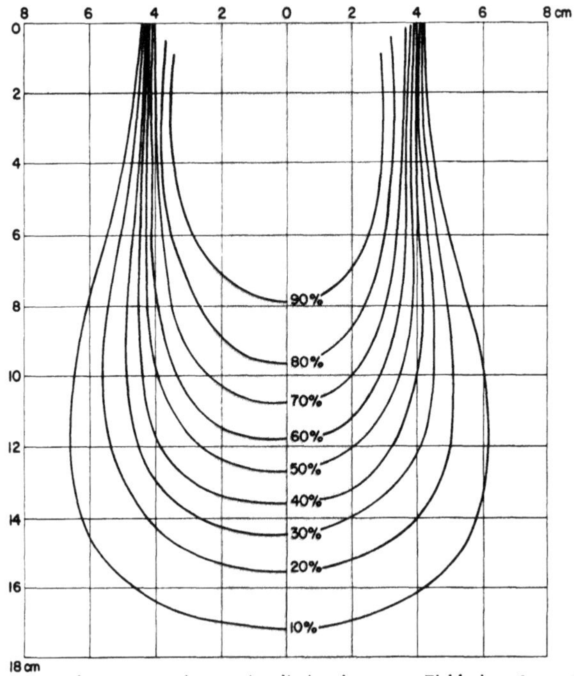


Fig. 2. Isodose curves for 35 MeV electron irradiation in water. Field size: 8 cm $\phi$; Focus-skin-distance: 1.1 m

The spatial dose distribution depends on a number of factors. For a given energy and a given phantom material, the following are the most important:

— dose distribution of the beam at the entrance of the collimator (in a plane perpendicular to the beam axis);
— multiple scattering;
— design of collimator;
— focus-skin-distance.

The primary dose distribution is *flattened* by the use of appropriate scatterers. Poor flattening gives rise to asymmetry of the isodose curves or unfavourable edge fall-off. Multiple scattering gives the characteristics pear-shaped widening of the 10 to 30% isodoses and the narrowing of the 70 and 80% isodoses, as a function of the depth (Fig. 2).

The design of the collimator can influence the behaviour of the isodose curve, particularly along the edge of the field, to a notable degree. Stray electrons, originating in the collimator walls, mostly contribute to a worsening of the dose distribution. It is possible to obtain favourable conditions, in particular very good homogeneity of the entry dose, by collimating the field desired directly at the entrance to the phantom. The dimension of the collimator in the direction of the beam must be small in order to keep the stray radiation effects along the edges down. Such a collimator, consisting for example of a brass-plate a few centimetres thick — approximately 20×30 cm — is not suitable, however, for practical therapy as the large dimensions of the collimator do not permit of useful positioning of the patient. Consequently we often resort to tubus-like localizers, fitted onto pre-collimators. The design of such pre-collimators and localizers is important for the isodose distribution. A. Dahler reports (1.3.5.) on a series of experiments in which cylindrical brass tubes were used instead of conical plexiglass localizers.

Normal dose distribution with electron radiation, a. e. isodose curves shown in Fig. 2, are used in many clinical cases with success. There are, however, situations for which radiologists would like to have other and better conditions, such as, for example, isodose curves having:

- asymmetrical distribution (certain parts of the field should be more intensively irradiated than the rest of the field),
- limited zones within the limits of the field which are to be protected (irradiation through the eye, protection of the eye itself),
- different depth requirements over a given field,
- minimum skin effect,
- steeper dose fall-off in the depth,
- "hot-spot" type of distribution (irradiation of the pituitary) etc.

A number of irradiation methods by means of which such tasks can be carried out, some of them with the aid of xiliary apparatus, are already known today. Some of these methods have already been in use for some time, others are only now beginning to be tried out. Some of the numerous possibilities are mentioned below:

**Movement irradiation.** As in the case of conventional and high-energy X-ray irradiation certain dose distributions obtainable by the use of movement therapy can also be obtained for electron irradiation. Irradiation planning for treatment with electrons is, however, considerably more difficult than for X-rays since both the more complicated form of the isodose curves and the frequently variable distance between the collimator and the skin have to be taken into consideration. T. Ishida deals with an interesting case (1.3.9.) observed during pendulum irradiation.

**Filters, moulages.** See paper by G. P. Tosi (1.3.6.).

**Focusing of the electron beam.** Fig. 3 shows how the maximum depth of penetration of the 80% isodose for 35 MeV irradiation can be increased by about 1.5 cm with the aid of a rotating magnet. The dose fall-off in the depth is noticeably steeper with normal irradiation.

**The grid method,** in which the skin is not irradiated homogeneously but through the meshes of a grid, should be remembered as a further possibility.

The use of the methods already known and also of the more recent ones requires a certain amount of time and expenditure. Either additional apparatus is required or the preparatory work that has to be carried out

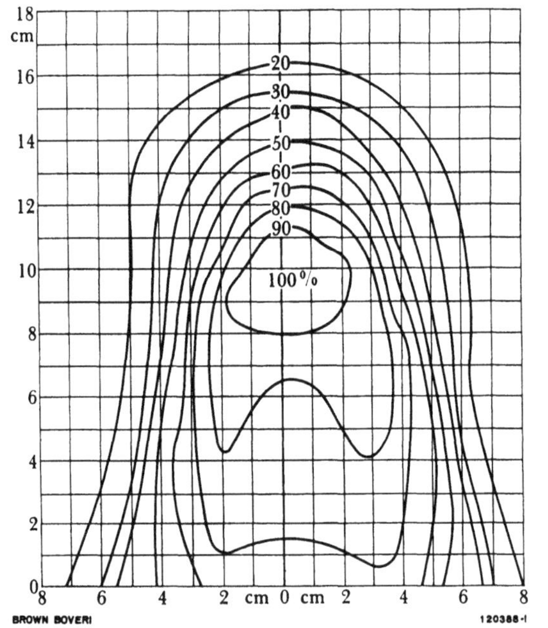


Fig. 3. Isodose curves for magnetically focussed 35 MeV electron irradiation ("Lens") in water

before irradiation is far more involved than in the case of normal electron irradiation.

In general dose distribution and how to measure it in a homogeneous phantom are quite well known today. The production and measurement of a desired distribution in *inhomogeneous* bodies entails substantially higher requirements; we do not dispose of the voluminous data desirable for the therapeutic application of such methods. It is almost impossible for every single case to be considered separately, not as a matter of principle but because of the time-consuming procedure. We are consequently limited to the development of the general aspects of the problem in order to be able to lay down the main guiding principles for practical therapy. (See the reports J. S. LAUGHLIN — 1.3.7, C. NETTELAND — 1.3.8.1 and G. G. PORETTI — 1.3.8.2.)

A given dose distribution, as would be useful for a particular case both in a homogeneous and in an inhomogeneous medium, would, of course, have to be maintained *constant* during the whole duration of the treatment. This is generally the case with the accelerator installations available today. A constant control might, however, be useful as for example the continuous control of the field flattening perpendicularly to the beam axis.

# 1.3.2. Continuous or Periodical Control of Field Homogeneity

By

ARNOLD VON ARX

With 1 Figure

The practical realization of *field flattening* for electron beams largely depends on the specific way the beam is produced; the problems presented by linear accelerators are thus quite different from those of circular accelerators, which are the ones on which I should like to concentrate.

With the *methods of extraction* currently used, with the aid of magnetic perturbation fields or magnetic channels, the electron beam emerging from a *circular accelerator* is by no means rotationally symmetrical but fan-shaped, in contrast to its x-ray beam. The non-influenced beam has a divergence of some degrees in the plane of the doughnut and, generally, almost one order of magnitude less in the direction perpendicular to this plane. Furthermore, also in contrast to the x-ray beam, a fixed focus, independent of the specific process of beam production, is *missing* in the case of electron extraction. New is finally the fact that the beam will be influenced by the stray field of the magnetic guiding field even after it has left the acceleration region.

This influence can be strongly dependent on the beam energy in installations in which the polepieces of the guiding field are heavily saturated at higher energies.

These brief indications on the characteristic peculiarities of circular accelerators show that the problems of field flattening in the horizontal direction, i. e. in the plane of the doughnut and in a direction perpendicular to this plane, which will subsequently be called the vertical direction, must be treated separately.

The field flattening in the *vertical direction* is greatly simplified by the symmetrical properties of the accelerator. Since the plane of the donut is a *symmetry* plane of the machine, the influence of the magnetic field on the electrons is identical above and below this plane. This influence is incidentally quite small since the respective component of the magnetic field is small. Thus, as far as the machine is concerned, there are no reasons for an asymmetrical field distribution in the vertical direction.

The field flattening problems are similar to those encountered for x-rays; the maintenance of the field homogeneity is essentially a purely *mechanical problem* of correct geometrical adjustment of the field flattener. Our practical experience with the Asklepitron has shown that the tolerance for geometrical adjustment of the profiled electron beam scatterer in the vertical direction is of the same order of magnitude as for the field flattener for an x-ray beam of the same energy, namely a few tenths of a millimeter.

In reply to the question raised under the title "continuous or periodical field control" I would like to say, with reference to the vertical distribution, that in my opinion *periodical controls* at intervals of one to two weeks are sufficient.

The physical reactions controlling the field flattening in the *horizontal* direction are much more complex. Let me first give you an idea of the way the extraction mechanism of a specific installation, the Asklepitron, operates. For other installations of comparable energy the general behaviour will probably not be very different.

At the end of the acceleration cycle the equilibrium conditions of the revolving electrons are disturbed by means of a momentary magnetic field acting along a small part of the circumference. As a consequence the electrons carry out oscillations which slowly increase in amplitude, and then finally leave the equilibrium region through a window in the accelerating tube glass wall. The direction of the extracted electron beam depends to a certain degree on the amplitude of the disturbing magnetic field. The beam geometry and, particularly, the intensity distribution on the horizontal direction can thus be modified by varying the *extraction pulse amplitude*. The influence of the magnetic stray field on the electron trajectory is, on the other hand and contrary to what happens in the case of other machines, independent of the energy.

An intensity criterion is in practice adopted for adjustment of the extraction amplitude:

The beam intensity, measured with the aid of a transmission-type ionization chamber, is adjusted to its maximum value in function of the extraction amplitude. Extensive experiments have shown that this method allows the reproducible adjustment of a horizontally equalized field to a tolerance of a few percent if the chamber cross section is chosen properly.

For a short irradiation time, of the order of magnitude of 30 seconds or less, the switching-on effects are of course important and corrections of the extraction amplitude due to variations of the mains have a relatively large influence. Differences of up to $\pm 7\%$ between one measurement and another may thus appear for the marginal points of a large irradiation field and for a measuring time of 30 seconds, while a mean error of $2\%$ at the most is obtained if we consider a series of 10 measurements.

In conclusion, we claim that faults in the field equalization as a consequence of a non-optimal setting of the extraction amplitude will be evened-out over the course of a complete irradiation treatment.

The exact setting of the extraction amplitude and its control requires a certain technical understanding and the constant attention of the operator. In order to relieve the latter it may in many cases be desirable to

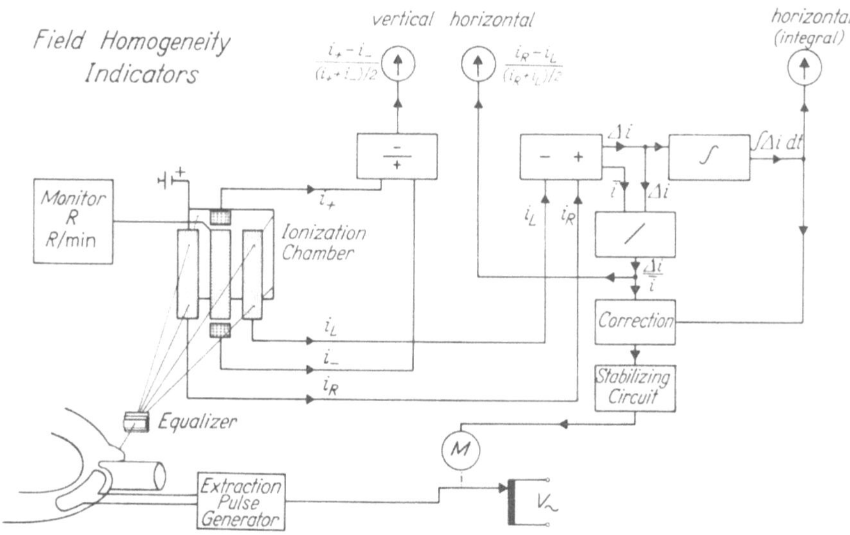


Fig. 1. Schematic diagram of a device which automatically regulates the extraction amplitude so as to obtain optimum field homogeneity

simplify the operation and to render the operation as automatic as possible. The realization of a completely automatic control of the extraction amplitude is shown in Fig. 1.

The electrons emerging from the donut first cross the field equalizing plate and then penetrate a *triple ionization-chamber*. The central electrode feeds the monitor for the measurement of intensity and dose. The two electrodes on the left- and right-hand sides form a twin ionization-chamber for the *control* and *regulation* of the *horizontal beam equalization*. Both ionization-chamber currents $i_R$ and $i_L$ are first amplified, then subtracted and averaged; in the circuit that follows the ratio of the difference and the mean value is formed. This value, being a criterion for the horizontal field inhomogeneity, is on the one side indicated on a measuring instrument on the control desk. On the other side the corresponding signal will, after the introduction of a correction (to be explained subsequently) and after being transformed in a special circuit to assure regulation stability, be used for the direct regulation of the extraction amplitude. This amplitude will thus be automatically adjusted in such a manner that at each instant the beam intensities on the left- and right-hand sides will be equal in the space average within the accuracy of the regulation system. It is possible to increase the accuracy of this procedure still further so that, in addition to the comparison of the instantaneous value, the *time integral* of the *difference* of the beam intensities (left/right) is formed and this integral value is introduced in the regulating system as a correction. This method of regulation is based on the consideration that for practical therapy the best possible field homogeneity for the *totality* of the applied dose is decisive.

As far as the system of integration is concerned we prefer, because of the long integration time, an electro-mechanical device, e. g. a stepping motor, in place of an electronic circuit.

In a simplified version the regulation system can of course be omitted and the extraction amplitude can be adjusted by hand on the basis of the readings of the measuring instruments. This procedure of course also presumes a continuous supervision of the extraction amplitude as does the normal procedure, but the adjustment is much simpler since it is a setting-to-zero rather than a maximum-seeking method. In addition one has a continuous check of the horizontal field homogeneity and consequently frequent checks by means of thimble chambers or film are unnecessary.

For the sake of completeness an indicator for the vertical field homogeneity is added.

## Summary

For a circular accelerator the vertical field flattening of electron beams involves problems similar to those of the flattening of its x-ray beams. On the other hand the horizontal field equalization depends on the specific extraction parameters. For betatrons with extraction coils the adjustment to a maximum of intensity results in a reproducible field distribution. A periodical control of the complete field equalization is sufficient. To simplify the operation of a betatron the direct measurement of the horizontal field homogeneity by means of a differential radiation detector is useful, whereby the value of the measurement is used as a criterion for the manual adjustment of the extraction pulse amplitude or for feeding a fully automatic regulation device.

For a maximum of precision the integral difference of the left/right dose is measured and introduced into the regulation.

# Discussion 1.3.2. — A Balancing Chamber for Stabilizing the Homogeneity of the Electron Field between 10 and 35 MeV

By

C. PETTERSSON and GUNNAR HETTINGER

With 3 Figures

After the installation of the BBC Asklepitron 35 the homogeneity of the electron field and the isodose pictures inside a tissue equivalent phantom had to be measured before the betatron could be used for clinical treatment and research. However, the results of these measurements were not reproducible due to difficulties in correctly adjusting the extraction pulse that guides the deflection of the electrons after acceleration.

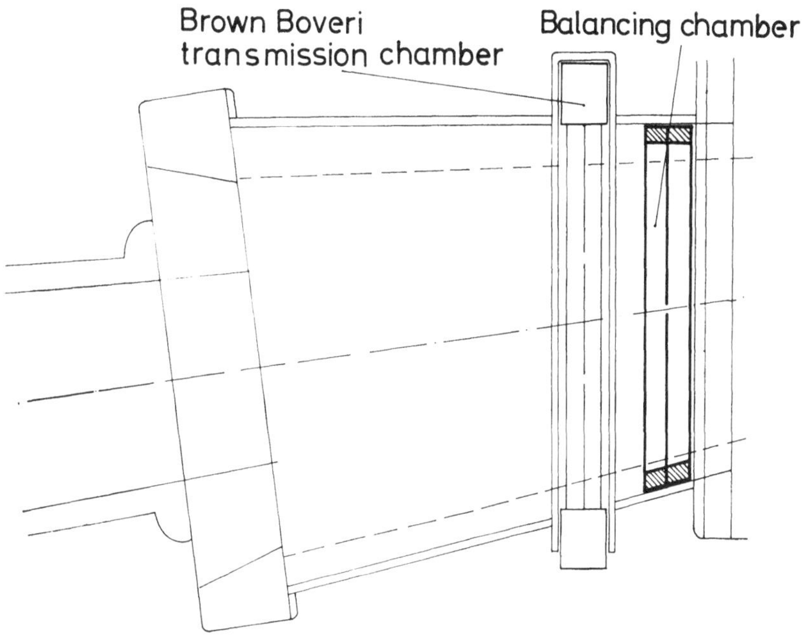


Fig. 1. Position of the balancing chamber inside the master collimator

The betatron is delivered with a transmission ion chamber that monitors the electron beam. The measuring electrode of this chamber covers a small area around the central axis of the beam. With a correctly adjusted extraction pulse the electron beam is centered around the measuring electrode of the monitoring chamber and the ratemeter shows a maximum output. Consequently the ratemeter can be used for adjustment of the extraction pulse. But this method, recommended by the manufacturer of the betatron, was not accurate and fast enough. There are also other parameters besides the extraction pulse that influence the momentary electron output. A separate device was therefore constructed which made it possible to check and adjust the homogeneity of the electron field during exposure.

A balancing ion chamber with two separate electrodes was built in close to the original monitoring chamber (Fig. 1). The volume of the extra chamber was made large enough to use a galvanometer as a current measuring instrument in order to give a simple and reliable measuring arrangement. The build-up of the balancing chamber is illustrated in Fig. 2. Two rectangular frames of lucite surround the electron beam and carry the measuring electrodes of thin aluminium foils. The electrodes cover a left and a right part of the electron field and are connected to

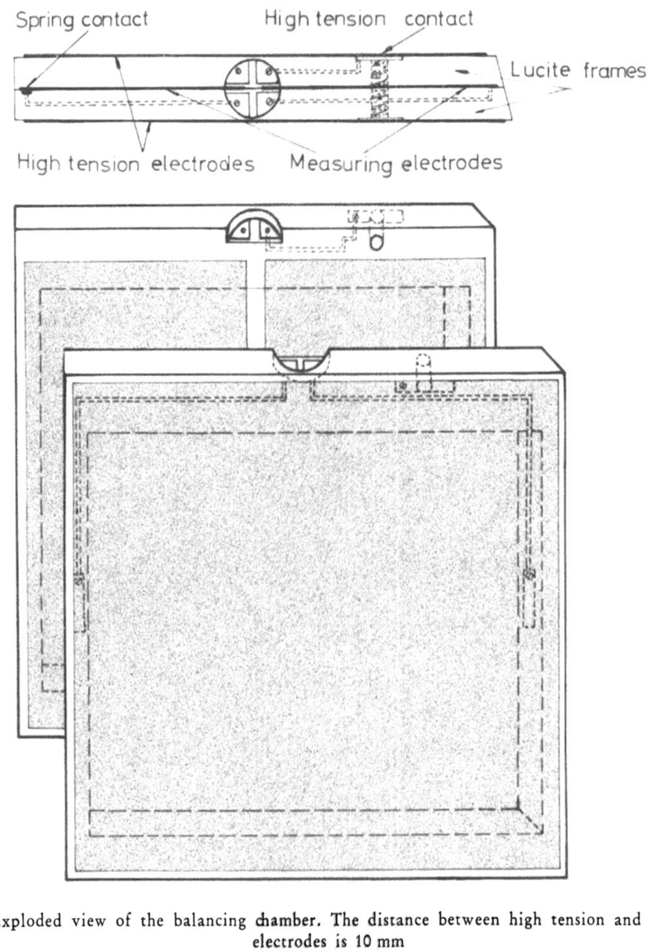


Fig. 2. Exploded view of the balancing chamber. The distance between high tension and measuring electrodes is 10 mm

the measuring circuit by a four-pin panel jack. The soldering pins are prolongated with spring contacts in order to make demounting without soldering possible.

The connection between electrodes and galvanometer is shown in Fig. 3. The currents from the two electrodes pass through a Helipot to earth. The resistance is chosen to give critical damping. If the currents in the two circuits are equal and if the Helipot is centered the galvanometer shows no deflection. This would indicate a completely symmetrical radiation field through the balancing chamber. However, the outer parts of the electron beam are not equivalent. The various positions of the Helipot that give zero deflection on the galvanometer were therefore determined when the electron beam was at its best homogeneity. In routine the Helipot is preset to a certain position that depends on the electron energy, and the extraction pulse is adjusted until the galvanometer deflection is zero.

The reproducibility and accuracy of this simple device is satisfactory even for research work. During the past year the calibration of the balancing circuit showed a very good long-term stability.

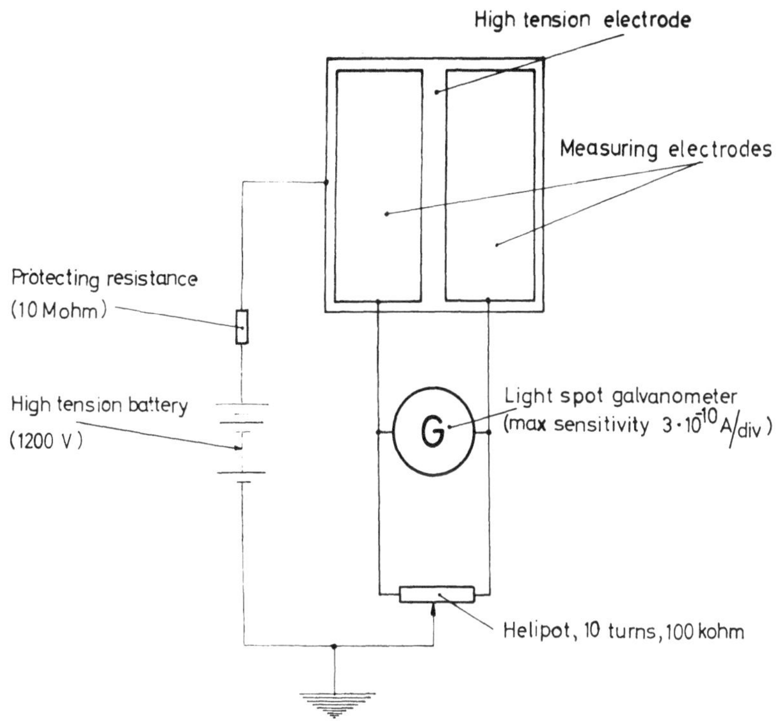


Fig. 3. Measuring circuit

The belancing chamber makes it also possible to define the homogeneity of the electron field at low dose rates, e. g. when taking isodose curves with fast films. Between 20 and 25 MeV the X-ray contamination of the electron beam was found to be strongly dependent upon the extraction pulse. With the above described equipment the X-ray contamination can be kept under control. It is also possible to fix an oblique isodose distribution if such is needed in therapy with multiple fields.

With the balancing chamber it was possible to check the accuracy of the extraction pulse adjustment when using the electron monitor and ratemeter as recommended by the manufacturer. With no significant change in ratemeter deflection we found dose variations of up to 6% in the electron field at points left or right of the central axis. In routine work such deviations may be still more pronounced.

# 1.3.3. Determination of the Isodose in Water of High Energy Electron Beams

By

PIERRE LERCH and H. TRAN HOANG

With 2 Figures

## *I. Introduction*

At the present time, the dosimetry of high energy electron beams of a betatron can be realized, more or less exactly, in various manners. For the current measurements two detectors can be used: the ionization chamber and the photographic emulsion, both of which show beside their advantages some inconveniences.

Regardless of the care given to its construction, the ionization chamber brings a certain disturbance to its surroundings; even to a water-equivalent material, or a soft tissue — which is realizable with quite a good approximation — the inconvenience of the volume of the chamber remains. For electrons of 5 to 35 MeV, the isodose curves are quite narrow, so that the volume may be too big to allow of sufficient accuracy of localization. Besides all this, the ionization chamber entails an other error; its response depends on the direction of the beam. Last, but not least, the measurements are slow, even with the aid of a teleoperated apparatus, so that the determination of a number of isodose curves demands considerable time.

The photographic emulsion has the advantage of giving the possibility of a much finer localization and a faster method of measuring the isodose curves. However even this type of detection can only give relative values, as the blackening of the film can be influenced by various experimental factors: such as temperature, age of the developer and time of the development, or intrinsic age and non-uniformity of the emulsion in particular.

The attempt of combining the two detectors in view of the exploitation of the advantages of both and the limitation of their inconveniences is not new. In order to obtain the best results it is very important to take a certain number of precautions.

## *II. Experiments*

For every field distance from the source to patient (DSP), and for the energy chosen, one has first of all to obtain the central axis depth dose curve. In order to secure sufficient accuracy this curve must be obtained with a calibrated ionization chamber. We chose water as the media for the measurements owing to its universality and as the chamber may be placed in it with accuracy and at any point desired. For this type of measurements the inconveniences of the ionization chamber, such as the finite volume and the directional dependance of the chamber, are practically of no importance. With a convenient apparatus, the central axis depth dose curve can be obtained quite rapidly.

For the determination of the distribution of the dose at any non-central point within the beam and at a reasonable time without sacrificing accuracy, photographic films may be used. The relative values obtained are adjusted to that of the central axis depth-dose curve. To make this compatible with the ionization measurements, the determination should be made in the same media, which again means water.

In order to obtain the central-axis depth-curve, speedily and with better accuracy, we have built a plexiglass vessel 42×32×30 cm, which represents a volume of 40 liters of water. The thickness of the entrance window is reduced to 3 mm. On top of the plexiglass vessel a rolling bridge is mounted to which the ionization chamber can be attached so that it may be plunged at a fixed depth. This bridge is operated from the distance in each of the two perpendicular directions from the room where the control desk of the betatron is placed.

The two coordinates of the chamber appear on the control panel on two mechanical registers within an accuracy of ± 0.1 mm. During the irradiation of the photographic film in the vessel, we have to be sure that the lack of uniformity in the field is reduced to a minimum and especially avoid all air pockets which may possibly remain between the photographic emulsion and its wrapping, and protect it from humidity in between the latter and the envelope. The envelope is made of polyethylene 0.1 mm thick and welded on all sides. After the introduction of the film and the welding of the remaining side, the vacuum is made inside the envelope. This vacuum lasts for 24 hours. Besides the suppression of the air pockets, this gives a certain stiffness to the film which makes its placing easier and more exact. For this a plexiglass support holds the film at the four corners in the vessel.

After a standard development of the irradiated film, the exploration is made with an optical transmission densitometer (Baldwin). The measuring apparatus we have built is equipped with a pantograph giving a direct picture of the isodose curve.

## *III. Results*

The BBC-Asklepitron 35 functioned at Lausanne for eigtheen months. When we were working with this betatron during the first year, we obtained deformed isodose curves that showed more or less a marked lack of symmetry, although great care as was taken in the regulation of the extraction potentials, which give the correct direction to the electron beam. This dissymmetry arises mostly in the field of the acceleration orbit.

The results of SPIRA et al. in New York showed the same dissymmetry, and first we thought that this mistake was proper to the construction of the Asklepitron. Nevertheless we passed on our impressions to the BBC, telling them that the inexact position of some of the pieces of the collimator may have been at the root of the lack of symmetry observed. In fact after an adjustment of this part in the factory, the dissymmetry mentioned was practically eliminated and we have undertaken

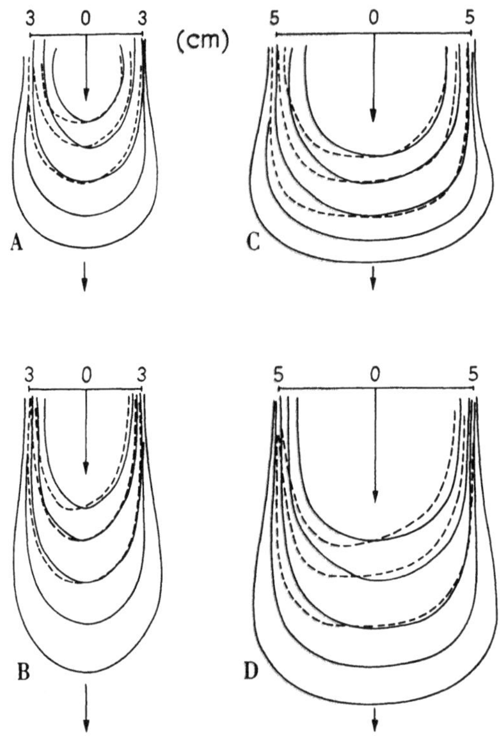


Fig. 1. ———— old position of the localizator-holder; ——— new position of the localizator-holder

the measurements of new isodose curves which are shown in the following plate beside the former one (Fig. 1).

The following isodose curves were established for the following conditions (Figs. 1 and 2):

| | | |
|---|---|---|
| A: 25 MeV | field 4×6 | DSP 1 m |
| B: 35 MeV | field 4×6 | DSP 1 m |
| C: 25 MeV | field 8×10 | DSP 1 m |
| D: 35 MeV | field 8×10 | DSP 1 m |

During the adjustment the BBC made the measurements of a set of isodose curves. For their determination, the photographic films were placed between plates of presswood during the time of irradiation.

We thought it might be of interest to give a comparison between the BBC's isodose curves and ours, obtained by the method described herewith.

For this comparison we have chosen the values of the central axis depth dose obtained by the BBC, so that the central points of the curves would correspond (Fig. 2).

The following table shows that comparison under the same conditions as shown before.

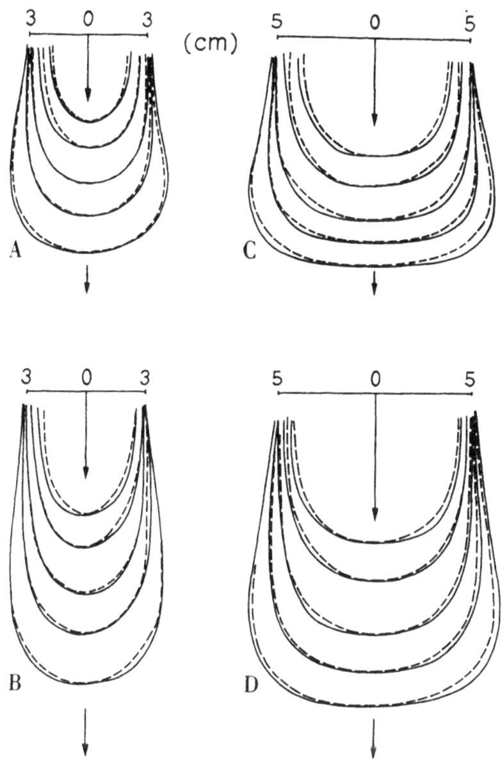


Fig. 2. — — — — isodose curves in solid water-equivalent medium (by BBC); ———— isodose curves in water (by our method)

## 1.3.4. The Use of Decelerators in Electron Therapy

By

David Kevin Bewley

With 2 Figures

This note concerns the production of electrons at a lower energy than the lowest at which the electron generator will operate. At Hammersmith Hospital, electrons of 8 MeV are reduced by passing them through carbon decelerators placed just beyond the vacuum window of the machine, remote from the patient. Satisfactory depth dose curves are produced in this way (SZUR, SILVESTER and BEWLEY 1962). The decelerator also produces some X radiation, although the use of carbon keeps this to a minimum.

Fig. 1 shows the X-ray dose at 10 cm deep as a percentage of the electron dose at the peak of the depth dose curve. When 2.25 cm of carbon is used the fraction of the electron beam reaching the patient becomes so

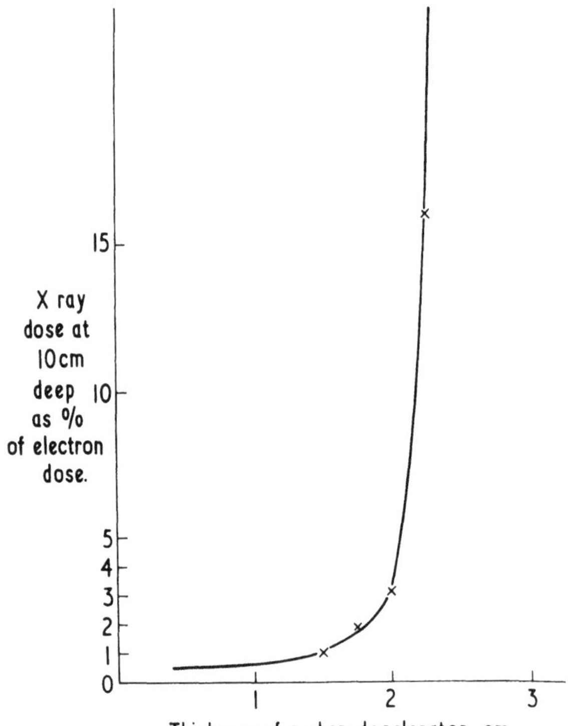


Fig. 1

low that the contribution to the dose from X-rays becomes excessive. With smaller thicknesses of carbon the X-ray dose can be tolerated.

This graph refers to the central axis of the beam. Conditions off the axis are also important. We have used these beams of lower energy electrons to treat the whole body surface, in cases of mycosis fungoides and exfoliative dermatitis. Owing to the small size of the treatment room the patient cannot be placed at more than two metres from the scattering foil or decelerator, and to give a uniform dose at this distance it is necessary to use two overlapping beams (SZUR, SILVESTER and BEWLEY 1962). The two beams are 150 cm apart and are aimed at the head and feet of the patient, the trunk receiving a contribution from each. Fig. 2 shows how the X-ray dose at 10 cm deep varies as one moves away from the axis. The X-ray dose is given as per cent of the peak electron dose at the same distance off the axis. This shows that the X-rays are peaked in the forward direction to a greater extent than the electron beam. As a result, the treatment

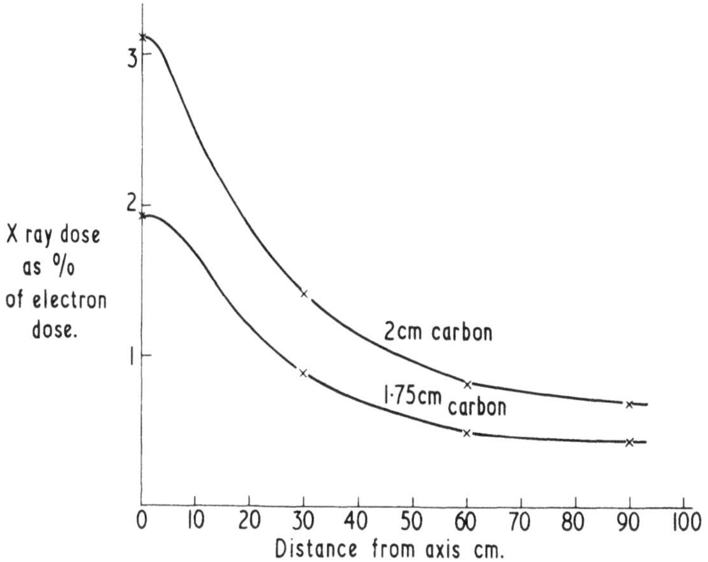


Fig. 2

with two overlapping beams of electrons involves a lower X-ray dose to the centre of the patient than if one field only had been used, and the method is quite practical.

## Summary

The use of decelerators remote from the patient is discussed, with particular reference to the effect of X-ray production in the decelerator.

## Reference

SZUR, L., J. A. SILVESTER, and D. K. BEWLEY: Treatment of the whole body surface with electrons. Lancet, June 30, 1373 (1962).

# 1.3.5. Effect of Collimator-Shape on Electron Depth Dose Curve

By

ARNE DAHLER [1]

With 3 Figures

As part of the collimating system of our betatron we studied the influence of two different applicator materials on the depth- and isodose curves for electrons.

The comparison was made with chromium-plated brass applicators made in our own workshop, and in use at our old Brown Boveri 31 MeV unit, and perspex applicators which accompany the latest 37 MeV Brown Boveri Asklepitron. The measurements were all made with the Asklepitron for energies of 15, 25 and 33 MeV, and a single F.S.D. of 115 cm.

As expected, there was no great difference between the depth dose curves for the two types of applicators. In Fig. 1 comparison between depth dose curves was made with four applicators (33 MeV electrons) two with an area of about 40 $cm^2$ and two with an area of about 90 $cm^2$. It is obvious from this graph that the brass applicators give a "deeper" depth dose than those of perspex without losing the typical shape of electron depth dose curves.

From the lower part of Fig. 1, it can be seen that the applicator's influence on the depth dose curve is very small. For therapeutic purposes it should practically be of no consequence whether we do or do not use applicators. As we shall later see from the isodose curves this is not really so.

The most interesting finding to us was the shape of the isodose curves and we will take a more careful look at these measurements.

Before showing the results, I should like to draw attention to the 80% isodose curve as being the representative curve in the comparison between the two types of applicators. The 80% isodose curve is often the limit in treatment planning. Fig. 2 shows the isodose curves for 15 and 33 MeV respectively.

From this figure (15 MeV) one could perhaps draw the conclusion that a superficial tumor would — with a perspex applicator — be incompletely treated if the radiation field were expected to agree with the geometrical field. For brass applicators the radiation field and the geometrical field for the 80% isodose curve is about the same, especially in small fields

---

[1] Present address: Montefiore Hospital and Medical Center, New York.

(40 cm²). For perspex, the figure shows that the geometrical field is reduced by 25—30%. In other words a field can be reduced by as much as 3 cm in its diameter.

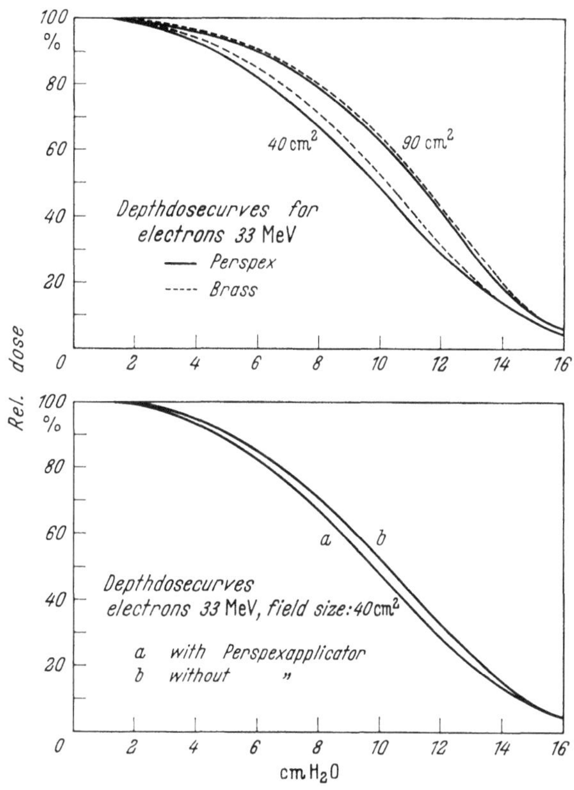


Fig. 1

With an electron energy of 33 MeV we find the same tendency, and it can be readily seen that the brass applicators give a more ideal isodose curve also in depth.

We have therefore come to the conclusion that the type of brass applicator that we measured gives both a better depth dose-curve and, what might even seem more significant, wider isodose curves.

It has been maintained, however, that the reasons for the use of perspex applicators was their transparency and less induced activity than brass and other related types. To test the last point we measured the induced activity of the two types of applicators in a scintillation counter with low background, and indeed the induced activity is 6—7 times greater in the brass applicator. This magnitude ist of the order of 30 $\mu$C. It must also be admitted that the transparency of perspex applicators is a distinct advantage.

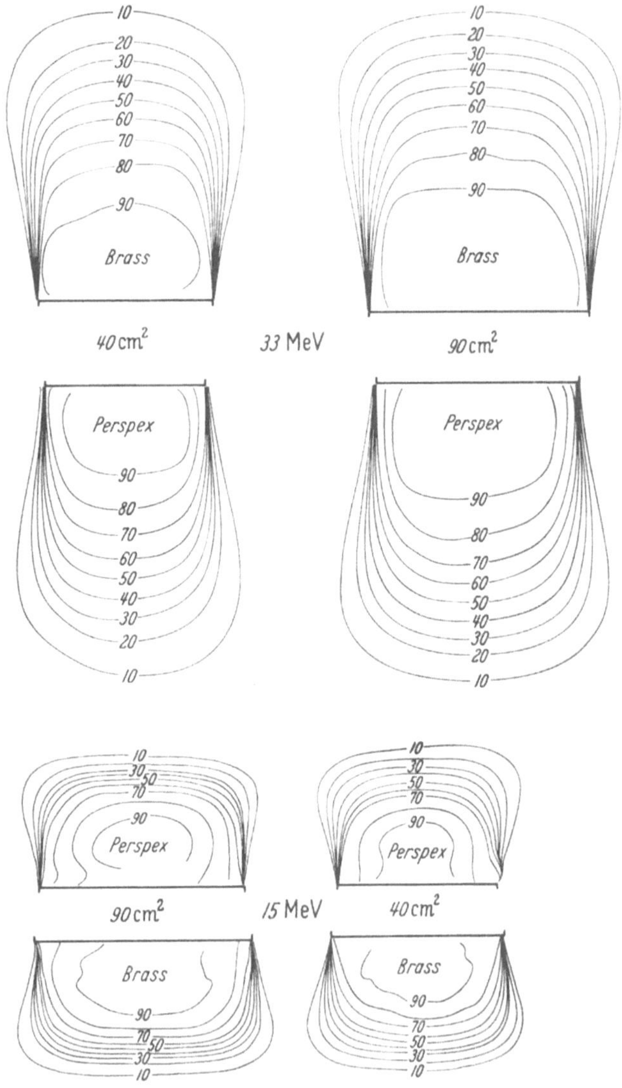


Fig. 2

In Fig. 3 (left) we see the construction of the two types of applicators that were tested. The perspex applicator has an edge at about 10 cm from the open end. This is supposed to decrease stray and scattered electrons.

Its weak point is that the radiation beam parallels the perspex in the last 10 cm. The radiation direction is marked with dotted lines.

As a result of these measurements we should like to suggest what we should consider a better type of applicator made of perspex (Fig. 3). It should have a closely fitting ring of brass or lead along the open edge and furthermore, this brass edge should make the field 0.5—1.0 mm smaller than the field indicated by the perspex. We have endeavoured to indicate

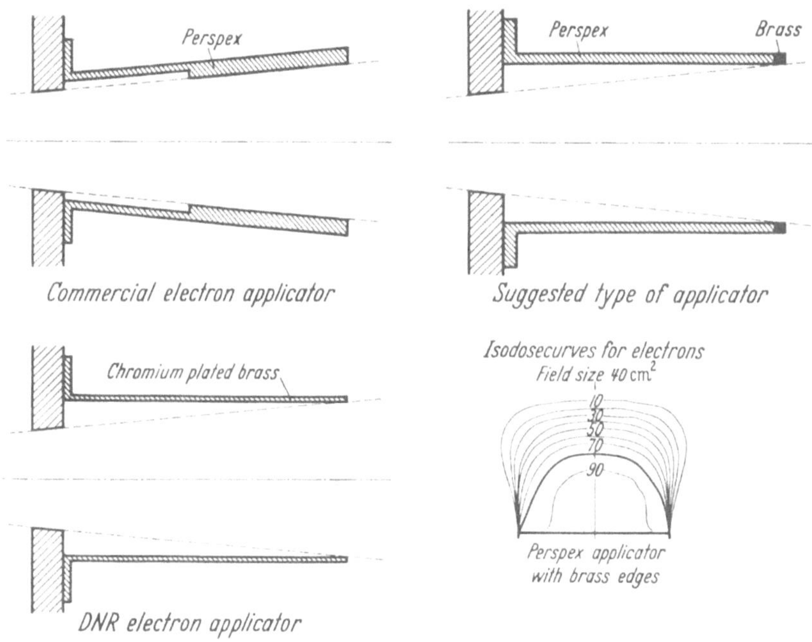


Fig. 3

this in the diagram. We did not have time to explore the full consequence of these findings, but we did make a cut in the perspex applicator which was used in these measurements, and put in a brass edge 5 mm deep which decreased the field by 0.5 to 1.0 mm just to see whether this would confirm this suggestion. The result is also presented in Fig. 3. We can see that with this simple little improvement the 80% isodose curve agrees with the geometrical field at the opening of the applicator.

# 1.3.6. Effect of Wedge Filters, Moulages and Protection Devices in Radiation Therapy with High Energy Electron Beams

By

Gianpiero Tosi and A. Maestro

With 3 Figures

Design and construction methods of compensating wedge filters, and protection devices to be interposed across high energy electron beams, give rise to new peculiar problems, both of a physical and technical nature, compared to the methods known of filters and protection devices for any type of electromagnetic radiation. These devices have the aim of shielding part of the beam, or to reduce or modify it before it is made use of clinically. In this paper our purpose is to outline the physical problems connected with the realization and the use of the filters, as well as to show possible solutions. Besides merely physical considerations, it is necessary to remember that every electron source (both betatron, and linear accelerator) has an output with peculiar characteristics, so that we can assert that it is highly improbable to find two sources with identical beams.

High energy electron beams from a betatron are not homogeneous, as regards both energy, which distributes spectrally, and intensity, when one refers to bo beams of a large cross-section, as those employed in therapy: appreciable unevenes can be found proceeding from the field's centre towards its boundaries, on a beam section orthogonal to the direction of radiation. This phenomenon depends on the type of betatron, though to a greater or smaller degree on the quality of focussing system.

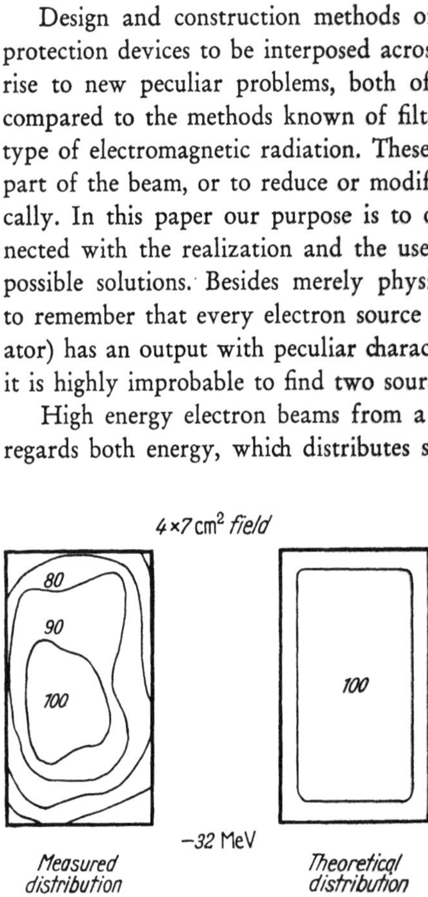


Fig. 1

Fig. 1 shows the beam distribution over its normal section, for a $4 \times 7\ \mathrm{cm}^2$ field, and, for comparison, the ideal distribution. Moreover, such distribution is not constant; it can vary, even during treatment, according to the extraction potential.

The second fundamental problem, in the design of the filter, is the choice of the material. In this choice the main consideration goes to the various possible ways whereby high energy electrons can lose energy in matter. When travelling through matter, a charged particle loses energy by electromagnetic interaction, which brings the matter's electrons to excited energy levels. Such energy increase, occurs at the cost of the kinetic energy of the travelling particle. The energy is therefore lost by ionization and by radiation. Neglecting polarization effects, due to electrons being influenced by the simultaneous motion of the neighbouring electrons, the following relation is valuable:

$$\frac{(\mathrm{d}E/\mathrm{d}x)_{\mathrm{rad}}}{(\mathrm{d}E/\mathrm{d}x)_{\mathrm{ion}}} = \frac{Z \times \mathrm{MeV}}{800}$$

where $(\mathrm{d}E/\mathrm{d}x)_{\mathrm{rad}}$ is directly proportional to energy. This formula displays how the ratio between loss of energy by radiation and loss of energy by ionization, is proportional both to energy and to atomic number. Since loss by radiation involves the production of x and gamma radiation having secondary effects difficult to be evaluated, it is wise to choose $Z$ in such a way as that the previous ratio is as small as possible: that is low $Z$ materials. On the other hand, when multiple elastic scattering phenomena are studied, one finds that the average deflection angle of the incident-charged particle is proportional to the square of the atomic number: in other words, the greater the side-scattering of the beam in a medium, the higher its atomic number. A further reason for using low $Z$ materials is to avoid useless and detrimental beam side-scattering and contamination. We have therefore chosen as materials for the filters, tissue-like substances, such as plexiglass, press-wood and paraffin wax.

When constructing a filter, one must keep in mind that it must be calculated in function of the particular beam to be employed, after having considered its characteristics of homogenity and depth penetration. Owing to these inhomogenities, it therefore does not make sense to speak, as in the case of wedge filters for x and gamma radiations, to define the isodose's angle, meaning thereby the angle between isodose of 50%, and the beam's central axis. Often a "classical" wedge filter, that is a filter shaped like a prism with triangular base, is not suited to modify as desired the isodose's shape. Filters for electron beams are usually moulded. It is therefore not worth while to show oll the possible types of filters; they are innumerable and can be obtained not so much on the basis of theoretical considerations, as from experimental observation in phantom: while wedge filters for x-rays, both of low and high energy, can be planned only on the grounds of theoretical considerations, every filter for high energy electron beams, must not only be designed in function of the particular beam, but must also be tested on an equivalent phantom before being directly employed in therapy: the phantom must be similar to the part of the body which must be irradiated. The presence of different discontinuous structures can, owing, to multiple elastic scattering phenomena and differential absorption phenomena, modify the desired effects beyond expectations.

On the ground of our experience, we can conclude by saying, that moulded wedge filters may be useful in all radiation treatments, in order to avoid "hot spots" at the intersection of beams, as well as to make depth doses uniform as much as possible, and to confine the dose volume within comparatively low limits. As an example, Fig. 2 shows the isodose curve of a 32 MeV energy electron beam, in a homogeneous tissue-like phantom. For comparison, the isodose curve without filter is also drawn sideways.

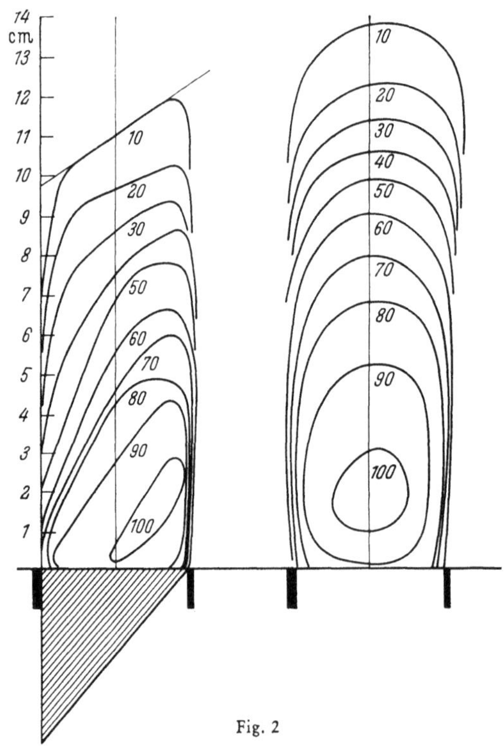


Fig. 2

Also in other cases it is necessary to shield part of the beam. For example this is a case that occurs when the central structures of the face are radiated, and one must spare the eyes. We employ a lead plate, of thickness equal to the extrapolated range of the electron beam. Below such a plate, in contact with the patient's skin, it is advisable to put another plate of low Z materials (for instance Al+plexiglass) in order to absorb secondary low energy and scattered radiations. Sometimes, moreover, it is necessary to limit the tube section, in order to obtain a field size not available. Two types of solutions are possible (see Fig. 3):

1. At the end of the applicator, appropriate slabs of lead or other heavy metals are inserted: the beam delimination is good, but on the surface a

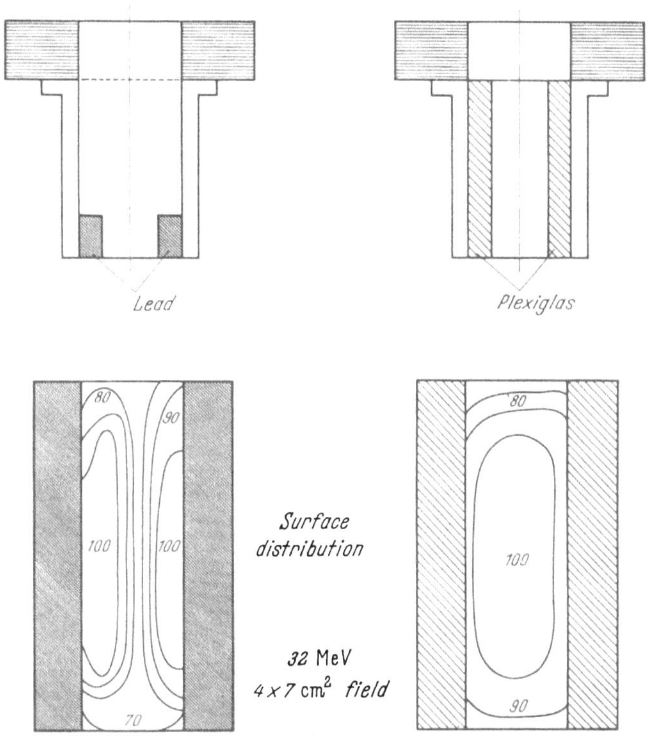


Fig. 3

sizeable amount of secondary low energy radiation is present, which modifies the depth distribution and increases the skin-dose.

2. Inside the applicator, plexiglass slabs are inserted at full length.

## Discussion 1.3.6. — Scattering Screens for Beam Delimitation and Protection of Sensitive Organs

By

JEAN DUTREIX and J. CHAVAUDRA

It may be useful for a better adjustment of the field to the shape of the tumor or for protecting some sensitive organ, to block some parts of the beam.

This can be achieved by a thick layer of absorbing material (for instance 10 cm of Perspex for 20 MeV electrons).

Another way is to place a relatively thin layer of scattering material in the beam, at some distance from the entrance surface. The dose is then considerably reduced in the "shadow" of this screen.

Lead was chosen as scattering material, since for the same dispersion of the electrons it is lighter than other available materials.

A thickness of 1 mm gives satisfactory results and the dose due to the Bremsstrahlung does not exceed 10% of the dose given by the electrons behind the screen.

The scattering screen must be placed farther than 5 cm from the entrance surface.

For a screen diameter larger than 15 mm the dose is reduced to 15% at 2 cm in depth. The dose tends to recover its uniformity at larger depths. The screens of diameter smaller than 15 mm are less effective, by reason of the source of electrons not being punctal.

The contribution of the scattered electrons in the peripheric regions of the beam is very small.

The scattering screen is as much effective as the absorbing block. Its main advantage is its small weight which allows more flexibility and an easier setting.

The *Figure* shows an example of application for protection of the anterior part of the eye when irradiating a peri-orbital tumor.

## Bibliographie

1. ENNUYER, A., J. BATAINI, P. DHERMAIN et D. SCHWARTZ: Protection des milieux radiosensibles de l'oeil au cours de l'irradiation des épithéliomas des paupières. Ann. Radiol. 7, 242 (1964).
2. PLANIOL, T., et A. DUTREIX: Problèmes dosimétriques posés par la protection des organes critiques au cours de la radiothérapie transcutanée. Ann. Radiol. 5, 711 (1962).
3. OVADIA, J., and E. M. UHLMANN: High Energy Electrons in the treatment of malignant tumors of the thorax. Radiology 74, 265 (1960).
4. HAGEMANN, G., und E. LÖHR: Beitrag zur Frage des Oberflächenschutzes bei Bestrahlung mit hochenergetischen Elektronen eines Betatrons. Strahlentherapie 115, 333 (1961).
5. BECKER, J., und F. K. BAUM: Der Schutz der Augenlinse bei Bestrahlung intraorbitaler Tumoren mit schnellen Elektronen. Strahlentherapie 113, 351 (1960).
6. REGOURD, D.: Contribution à la dosimetrie par films dans des faisceaux d'électrons de haute énergie. Application à l'étude des surfaces irrégulières. Paris: Mémoire E. R. 1962.
7. BREITLING, G., und K. H. VOGEL: Dosisverteilung bei der Bestrahlung inhomogener Medien mit schnellen Elektronen. Strahlentherapie 122, 321 (1963).
8. LOEVINGER, R., C. J. KARZMARK, and M. WEISSBLUTH: Radiation therapy with high energy electrons. Physical considerations-10 to 60 MeV. Radiology 77, 906 (1961).

# Discussion 1.3.6. — Effect of Wedge Filters and Protection Devices

By

JULIEN L. GARSOU

With 2 Figures

Wedge filters have been realized in beech wood. The following figure gives the isodose curves on a Stucturix $D_4$ Gevaert Film irradiated in opaque plexiglass with a $6 \times 8$ cm field and with a beech wood wedge 8.3 cm high (Fig. 1).

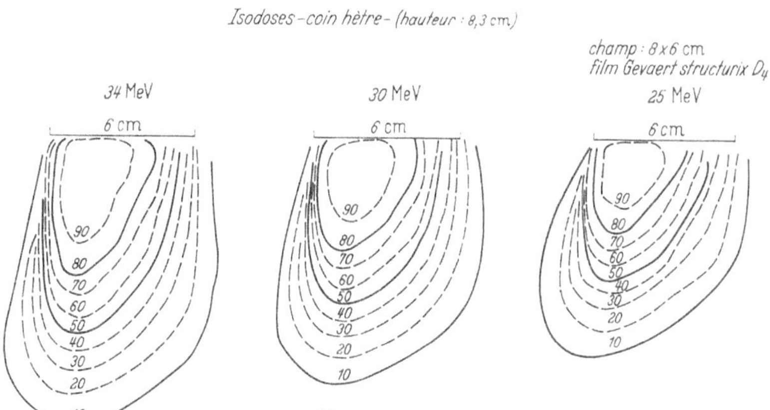
Isodoses-coin hêtre-(hauteur: 8,3 cm)
champ: 8x6 cm
film Gevaert structurix $D_4$
34 MeV
30 MeV
25 MeV
6 cm
6 cm
6 cm
90
80
70
60
50
40
30
20
10

Fig. 1

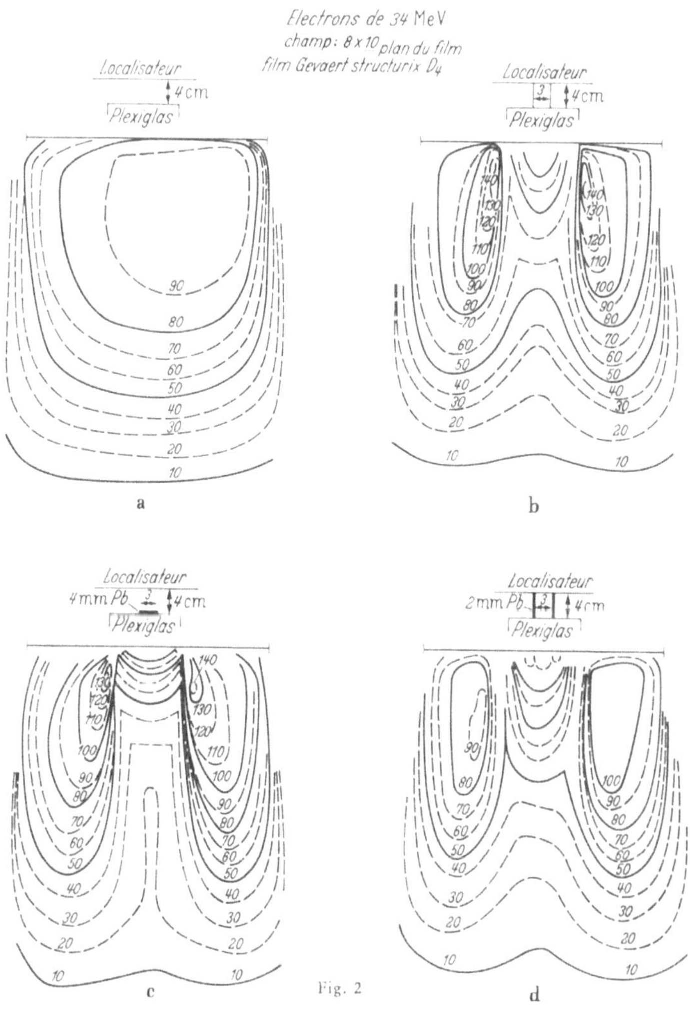
Electrons de 34 MeV
champ: 8 x 10 plan du film
film Gevaert structurix $D_4$
Localisateur
4 cm
Plexiglas
3
4 mm Pb
2 mm Pb
140
130
120
110
100
90
80
70
60
50
40
30
20
10
a
b
c
d

Fig. 2

We have observed moreover that the introduction of a protection block of plexiglass 4 cm thik in the center of a field produces lateral overdosage lobes (Figs. 2 a and 2 b).

The result was the same if the plexiglass block was replaced by a lead sheet of same superficial density (about 4 mm thip Fig. 2 c).

The overdosage lobes are avoided if the plexiglass is sandwiched with a lead sheet 2 mm thick (Fig. 2 d).

On the basis of these results, we have realized a protection device by inserting longitudinally in the medical localizator of 4 cm of diameter, a plexiglass rod covered with a layer of lead, 1 mm thick.

## 1.3.7. Depth Dose Data in Inhomogeneous Media

By

JOHN S. LAUGHLIN

With 4 Figures

The purpose of this report is to describe measurements with high energy electrons in homogeneous and inhomogeneous media for application to treatment planning. As far as this discussion is concerned high energy electrons are those with a penetration in tissue of at least 2.5 cm, and therefore are those electrons with energies of 6 MeV or above. Therapy with such high energy electrons was initiated in 1950 at the University of Illinois College of Medicine and is still being carried on there [*1, 2, 3*]. High energy electrons are being employed in many other institutions [*4, 5, 6, 7, 8, 9, 10*], and since 1955 over 1600 patients have received such therapy at Memorial Hospital.

The Memorial Sloan-Kettering Betatron is an Allis-Chalmers machine and is used at energies from 6 MeV up to 24 MeV. All energies throughout this range have proved very useful for the treatment of lesions in various sites. The energy of the electron beam is easily adjustable from 6 MeV to 24 MeV. Field sizes are determined by either aluminium or Lucite collimators which range in size from a 3 cm diameter circle to 24 cm $\times$ 20 cm. Details of this betatron installation, the beam extraction features, monitoring methods, and measurement procedures for dose distribution have been described before [*11, 12*] and will not be repeated here. Our measurements on scattering and collimation have also been reported previously [*11, 12, 13*] and will be only briefly referred to here. Scattering material is introduced in the path of the beam close to the window to cause the beam to diverge so that the electrons will be spread over a useful field area, and also to flatten out the isodose surfaces. High atomic number material is more efficient for scattering relative to the amount of energy lost and thin foils of gold, lead, or aluminium are used. The amount and material of the scatterer have a limited effect on the shape of the depth-dose distribution. This effect has also been described by TURANO and co-workers [*8*]. The magnitude of this dependence emphasizes the importance of this specification of scattering material and indicates one reason that real differences will exist between different installations with regard to depth dose distributions. The material of the cone or diaphragm system employed to define the field size also affects the depth-dose distribution. This has been previously reported by TURANO [*8*], LOEVINGER [*14*], as well as by us [*13*]. Depth-dose data are compared in our earlier work which were obtained with aluminium or Lucite cones for 10 MeV, 15 MeV, and 20 MeV electrons. A limited decrease in depth for the higher percentiles was demonstrated for the Lucite cone as compared with the aluminium. The effect is more pronounced for small field sizes where the scatter contribution from the cone is more important.

Calibration procedures have been discussed elsewhere [*15*] and will not be repeated here. The most reliable method is the measurement of thresholds of electro-disintegration reactions, although range measurements are more convenient [*16*].

The dose distributions reported here have been made either in water, Presdwood, or Presdwood containing various amounts of specified inhomogeneities. Control axis depth dose data in homogeneous media, as well as isodose distribution for many different field sizes, different energies, and different angles of incidence have been measured and many of these published [*11, 12, 13*]. Even with the axis of the electron beam at an angle of 30 degrees with the normal to the water surface the contours of the isodose distribution are essentially parallel with the surface which is a feature of the method of absorption of electrons. The use of a polystyrene wedge to control the configuration of isodose contours has been previously illustrated [*12*]. To a first approximation the wedge angle, which we define as the angle of the normal to the 90 per cent isodose contour with respect to the normal to the surface, is the same as the physical apex angle of the wedge itself. Over the years, a large number of measurements have been made for different angles, shapes of wedges for different combinations of fields, and some of these have been published in the literature [*11, 12, 13*].

In order to examine the influence of inhomogeneities, the distributions of dose produced in a Presdwood phantom, in which various materials were inserted, were measured by either film or cavity ionization chamber methods. The data on the following figures were all obtained with 20 million electron volt electrons through a 10 cm $\times$ 10 cm field. These data will illustrate the principles and are representative of data taken at other energies and other field sizes and for other dimensions of inhomogeneities.

In order to simulate lung tissue different thicknesses of cork (0.38 gms/cm³) were used. As will be developed later it is fully recognized that lung often has densities greatly different from 0.38 gms/cm³. In Fig. 1 the data obtained with 20 MeV electrons incident on phantoms of either presdwood or cork are shown. Fig. 2 shows the ratio of percentage depth-dose produced by 20 MeV electrons in a cork phantom relative to that produced

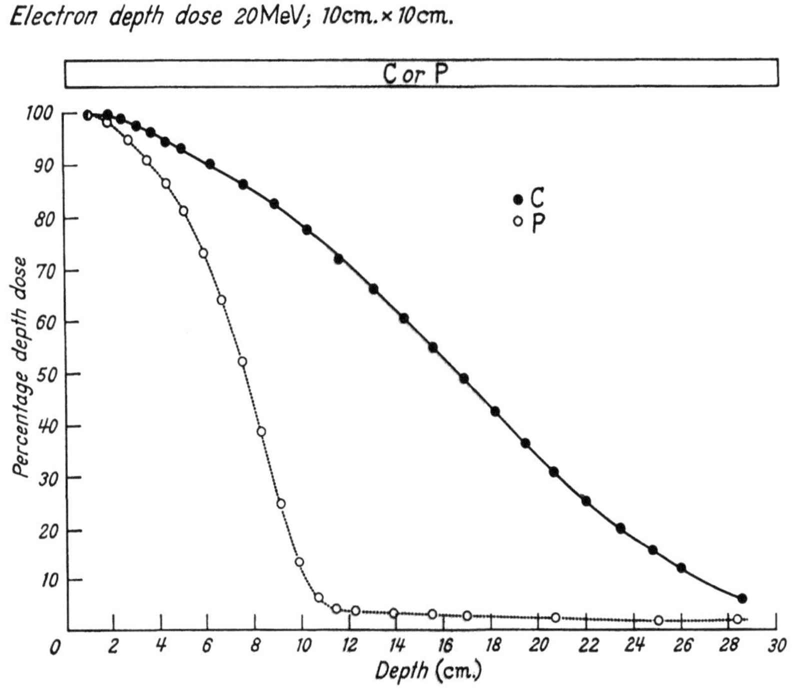

Fig. 1

in presdwood. The much higher percentage depth dose in cork is due to the greater penetration of the electrons. Fig. 3 shows similar measurements for two presdwood phantoms in one of which 3.2 cm of cork have been inserted at a depth of 1.5 cm. Analysis shows that following the discontinuity the penetration ratio approaches unity illustrating that electrons are absorbed primarily on the basis of the amount of the material traversed. Data have been obtained and analyzed for a large variety of configurations of presdwood and cork.

The enhancement of dose in water in the immediate neighborhood of higher atomic number material had also been studied earlier [11].

In order to study further the effect of bone, magnesium or aluminum sheets of various thicknesses were inserted. In order to obtain information on the dose inside or adjacent to the aluminum or magnesium, films were employed in addition to cavity chambers. Magnesium and aluminum were selected because of the proximity of their atomic numbers to that of bone, and the fact that their densities bracket that of most bones.

Fig. 4 shows data obtained with 20 MeV electrons incident on Presdwood phantoms, one of which contained aluminum 4 mm thick inserted at

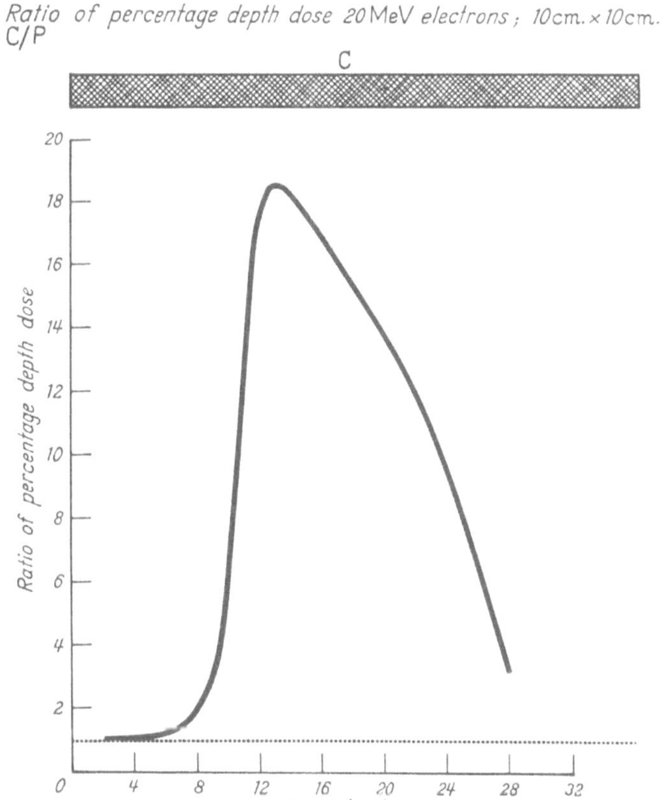


Fig. 2

a depth of 1.6 cm. The dashed plot shows the solid Presdwood dose data whereas the solid plot shows the influence of the aluminum. In this instance one sheet of film was inserted in the aluminum. The circles represent cavity ionization chamber measurements taken at various points. All data are normalized to 100% at a depth of 8 mm. The data illustrate the greater attenuation of electrons by the presence of aluminum because of its density and also the increase in dose inside the aluminum due to increased scattering. Analysis of the ratio of penetration under these circumstances plotted on a gm/cm² basis shows that the change in depth dose following the discontinuity is primarily determined by the amount of material with only a minor dependence on the atomic number. Extensive data have been obtained with different thicknesses and locations of aluminum and magnesium.

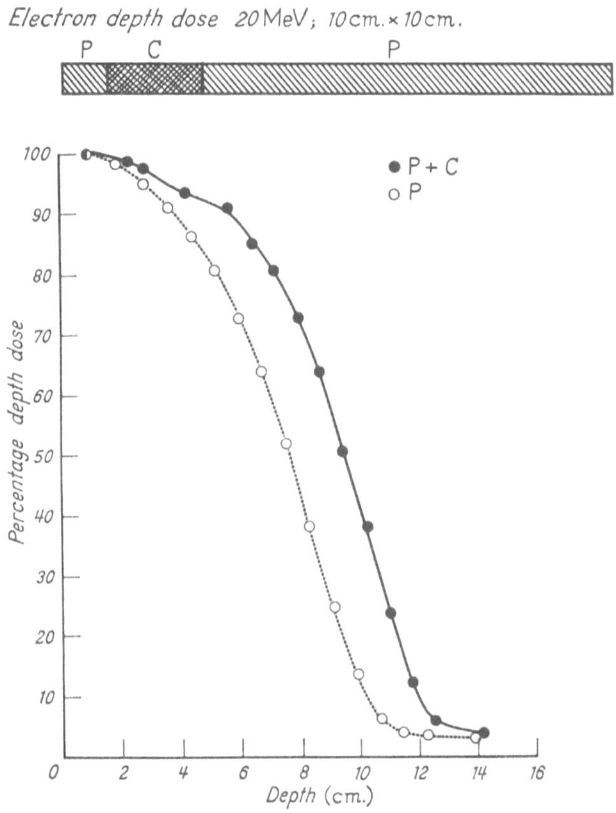


Fig. 3

The increase in percentage depth-dose within the aluminum does not exceed 6% and is due to the increased scattering produced by the somewhat elevated atomic number. This is the maximum enhancement that would be expected with high energy electrons in solid bone.

On the basis of these data it was determined that effect of an inhomogeneity on the dose at greater depths depended upon the geometry. However, it is adequate for the purpose if a single factor is employed independent of depth which allows for the decrease or increase in attenuation and the increase or decrease in scattering. This factor is designated as the absorption equivalence thickness (A.E.T.) and is taken as 1.3 times the density of the inhomogeneity. Increase in dose inside bone ranges from

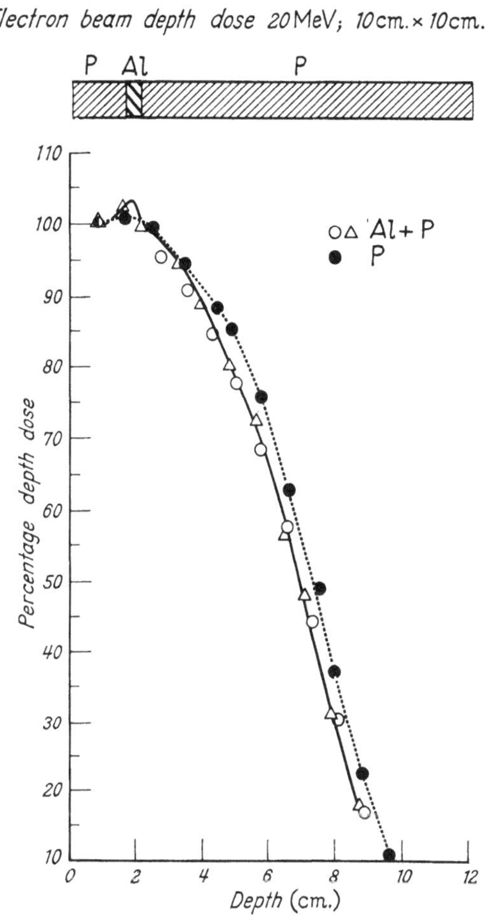


Fig. 4

2—8 per cent depending upon its thickness and is not important for most applications. The actual application of these factors in the treatment planning procedure will be described separately.

## References

1. HARVEY, R. A., L. L. HAAS, and J. S. LAUGHLIN: Effects of x-ray and electron beam from the betatron on head and neck cancer. Proc. 2nd Nat. Cancer Conf. I, 440—444 (1952).

2. LAUGHLIN, J. S., J. OVADIA, J. S. BEATTIE, W. J. HENDERSON, R. A. HARVEY, and L. L. HAAS: Some physical aspects of electron beam therapy. Radiology 60, 165—184 (1953).
3. LIEBNER, E. J.: Refrigeration and irradiation: Air cooling of the skin field during electron beam therapy. Amer. J. Roentgenol. 89, 559—566 (1963).
4. SCHINZ, R. H.: Experience with the 31 MeV betatron and its further development to the asklepitron. Roentgenstrahlen 86, 194 (1957).
5. ZUPPINGER, A., P. VERAGUTH, G. PORETTI, M. NOTZLI, and H. J. MAURER: Erfahrungen der Therapie mit 30 MeV-Elektronen. Strahlentherapie 111, 161 (1960).
6. OVADIA, J., and E. M. UHLMANN: Isodose distribution and treatment planning with electrons of 20—35 MeV for deepseated tumors. Amer. J. Roentgenol. 84, 754—760 (1960).
7. CARPENDER, J. W. J., L. S. SKAGGS, L. H. LANZL, and M. L. GRIEM: Radiation Therapy with high energy electrons using pencil beam scanning. Amer. J. Roentgenol. 90, 221—230 (1963).
8. TURANO, L., C. BIAGINI, C. BOMPIANI, and P. G. PALEANI-VETTORI: Radiobiologische, dosimetrische und klinische Grundlagen der Therapie mit schnellen Elektronen eines 15 MeV-Betatrons. Strahlentherapie 109, 489 (1959).
9. ZATZ, L. M., C. F. VON ESSEN, and H. S. KAPLAN: Radiation Therapy with high energy electrons. Part II. Clinical experience, 10—40 MeV. Radiology 77, 928—939 (1961).
10. GUND, K., and H. BERGER: The 15 MeV Siemens-Reiniger betatron for medical use. Strahlentherapie 92, 489 (1953).
11. LAUGHLIN, J. S.: Physical Aspects of Betatron Therapy. Springfield, Ill.: Charles C. Thomas 1954.
12. BEATTIE, J. W., K. C. TSIEN, J. OVADIA, and J. S. LAUGHLIN: Production and properties of high energy electrons for therapy. Amer. J. Roentgenol. 88, 235—250 (1962).
13. LAUGHLIN, J. S.: Review of electron depth dose data ICRU, WHO, and IAEA Conference; Geneva 1960.
14. LOEVINGER, R., C. J. KARZMARKIC, and M. WEISSBLUTH: Radiation Therapy with high energy electrons. Part I. Physical considerations 10—60 MeV. Radiology 77, 906 (1961).
15. LAUGHLIN, J. S., and J. S. BEATTIE: Ranges of high energy electrons in water. Phys. Rev. 83, 692—693 (1951).
16. WIDEROE, R.: Private communication.

## Discussion 1.3.7. — Treatment Planning in Inhomogeneous Media

By

PIER LUIGI COVA, GIGI SKOFF, GIANPIERO TOSI, and A. MAESTRO

With 2 Figures

### *Dose Distribution in Irradiation of the Thorax with High Energy Electron Beams and Roentgen Radiation from a Betatron*

The aim of this research was to find the depth-dose distribution of high energy electrons and Roentgen radiation from a Betatron up to 32 MeV, used to irradiate pulmonary or mediastinal neoplasia. The depth isodose curves for a treatment with high energy electron beams cannot be obtained, as in the case of X-ray or Cobalt-therapy, by simple superposition on the profile chart of the patient of absorption curves previously calculated by using a homogeneous phantom of tissue equivalent material. The reason for this is that the distribution of corpuscular radiation, and especially of electrons, depends on the density and on the atomic number of the irradiated material, as well as on the energy, whereas electromagnetic radiation is only slightly modified when passing through non-homogeneous and discontinuous structures, such as those of the human body.

In order to understand the physical basis of this phenomenon better, previously it must be remembered that electrons can lose energy in two fundamental ways: by ionisation and by radiation. (S. previously paper of G. Tosi and A. Maestro.)

In addition to this purely physical phenomenon, there is a technical complication. In the betatrons used for clinical work, and especially in our unity (Asklepitron 34 BBC), the system of focussing and collimation adopted gives rise to a beam of imperfect homogeneity. In the most unfavourable cases, the non-uniformity of dose between the centre and the periphery of the field can amount to 30% or more. The isodose curves which we obtained were therefore interpreted with this fact in mind.

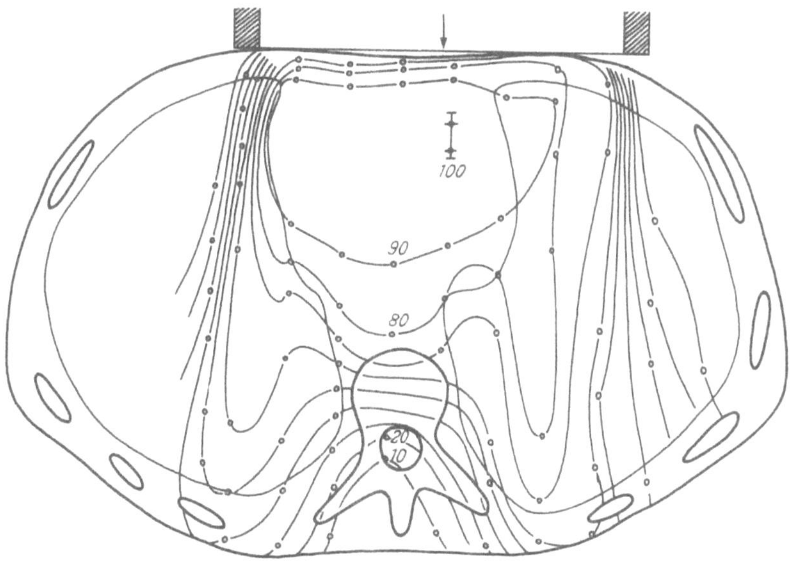


Fig. 1. Irradiation of the anterior mediastinum: anterior field 14×14 cm² of electrons at 32 MeV

In order to estimate the dose distribution accurately, it was necessary to use a phantom corresponding as closely as possible to the anatomical constitution of the region to be irradiated. Such a phantom has the shape and dimensions of an average human torax, with a maximum antero-posterior diameter of 22 cm, and a maximum latero-lateral diameter of 34 cm. It was subdivided by transverse sectioning into various superposable strata, so that it was possible to insert a film between one strata and the next, in order to allow photodensitometric measurements.

The single strata were composed of:

1. — press-wood, which formed the frame-work, corresponding to the soft tissues and mediastinum.

2. — bone-equivalent paste (composed of a mixture of the component salts of human bone, in the correct proportion) corresponding to the bones and spinal column.
3. — araldite (synthetic resin) representing the spinal medulla.
4. — pressed foam rubber, representing the pulmonary parenchyma.

The following diagrams show the isodose curves obtained using electrons and x-rays (32 MeV) superposed on the maximum section of the phantom described above (Figs. 1 and 2).

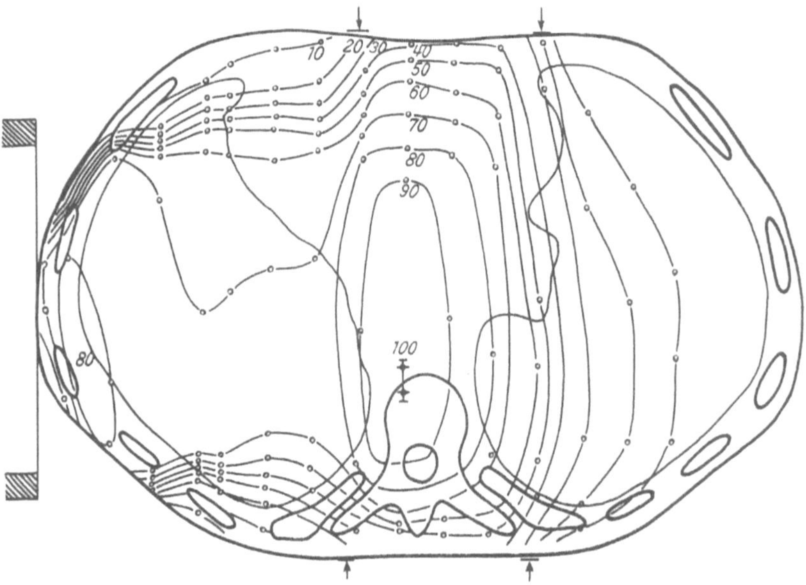


Fig. 2. Irradiation of the left lung with a lateral field of 14×14 cm² of electrons at 32 MeV, and irradiation of mediastinum with two opposing Roentgen fields at 32 MeV, of 7×14 cm². Ratio of doses: 2 in the lateral field, and 1 and 1 in the two opposing Roentgen fields

In Fig. 2 the clear difference in the curve corresponding to the lateral electron field can be seen as a result of the difference in density of the various structures traversed. On the other hand no such differences are observed in the distribution of beams of x-rays at 32 MeV.

# 1.3.8.1. Isodose Measurements in Inhomogeneous Matter

By

Olav Netteland

With 4 Figures

Systematic investigations on the absorption and scattering of high energy electrons in inhomogeneous media are very scarce, and especially a representation of the physical data in a manner directly intended for practical dose calculation and treatment planning in electron therapy. It seems therefore perhaps not so useful to discuss the present situation in this field from a general point of view. I prefer to give a short preliminary report on some photographic isodose measurements in inhomogeneous media, recently started at The Norwegian Radium Hospital in Oslo.

The experimental method and equipment are a simple modification of a photographic method for isodose measurements in homogeneous media, standardised and used at this hospital for more than 5 years. The film to be exposed, in general Kodak Microtex, is placed without paper cover in the pressed wood phantom shown in Fig. 1. The two halves of the phantom can be separated or firmly pressed together by means of a large perspex

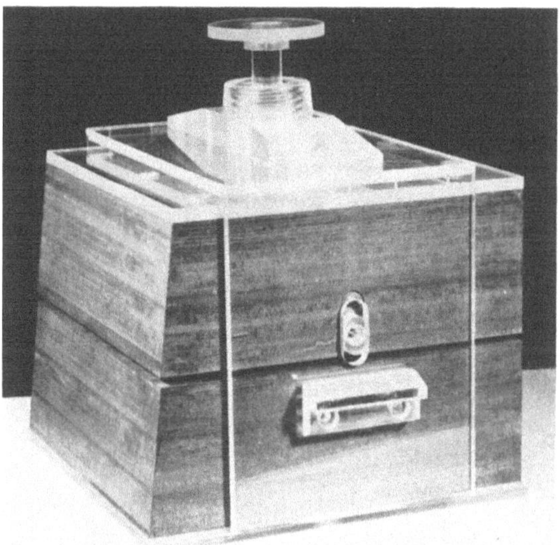

Fig. 1. Standard pressed wood phantom for photographic isodose measurements. The uncovered film is placed in the slit between the two phantom halves, which are firmly pressed together

screw. It is very important that the contact planes are perfectly flat and well polished. With the polished front pressed against the applicator end the beam incidence angle will be 5°. The geometrical distortion is therefore very small. In our experiments with inhomogeneous media, small pieces of different materials are imbedded symmetrically in both phantom halves, and the contact surfaces are carefully ground flat and polished. In the preliminary experiments the different material pieces were inserted in a canal mashined in the phantom-halves, 30 mm broad, 15 mm deep and parallel to the central beam with its center line at a distance 35 mm from the central axis of the beam. By this means size, density and location of the imbedded pieces can easily be varied, but smaller imperfections of the surfaces are very difficult to avoid and may cause unintended distortion of the isodose. In precision experiments the different parts of the phantom will have to imbedded permanently and very carefully levelled and polished.

Before giving a few of our results, it is necessary to emphasize that the diagrams are mostly intended to demonstrate some effects of importance to practical electron therapy, not to give quantitative physical data. All measurements are made at 3 different energies, 11 MeV, 18.5 MeV and

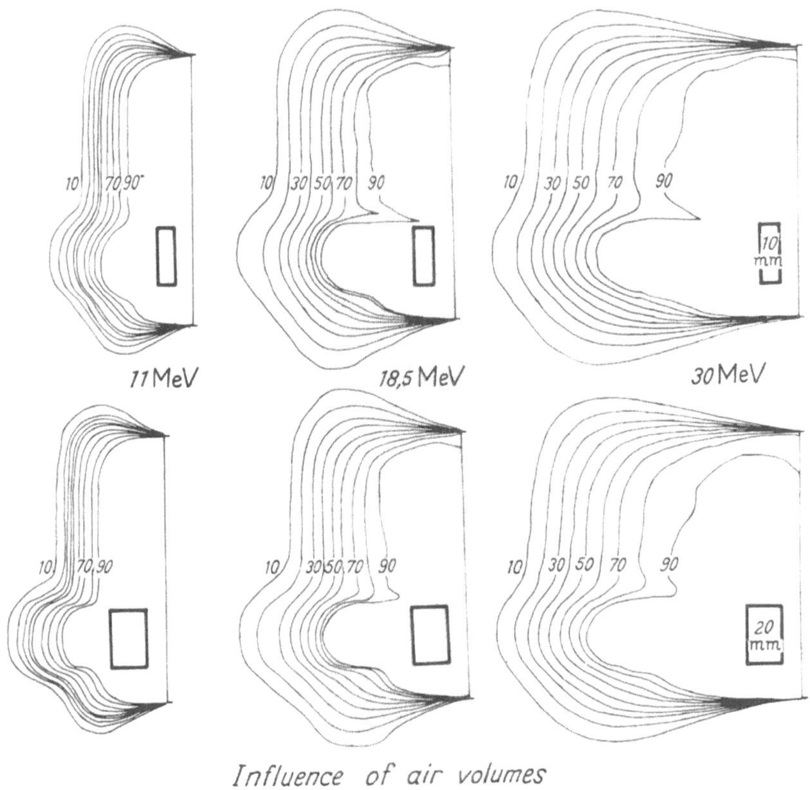


Fig. 2. Influence of relatively small air volumes, respectively 10 mm and 20 mm long in the beam direction, located in a homogeneous pressed wood phantom 10 mm behind the phantom surface

30 MeV, one single large electron field, 13.5 cm broad in the betatron orbit plane and 9 cm high. The betatron is a BBC machine, installed in 1952 and equipped for electron therapy in January 1960. All exposures are made in such a way that the central beam and one half of the diagram represents standard isodoses in homogeneous medium. The other half of the diagram represents dose distribution in inhomogeneous medium, the effect of which can be studied by means of the distorsion of the normal isodoses.

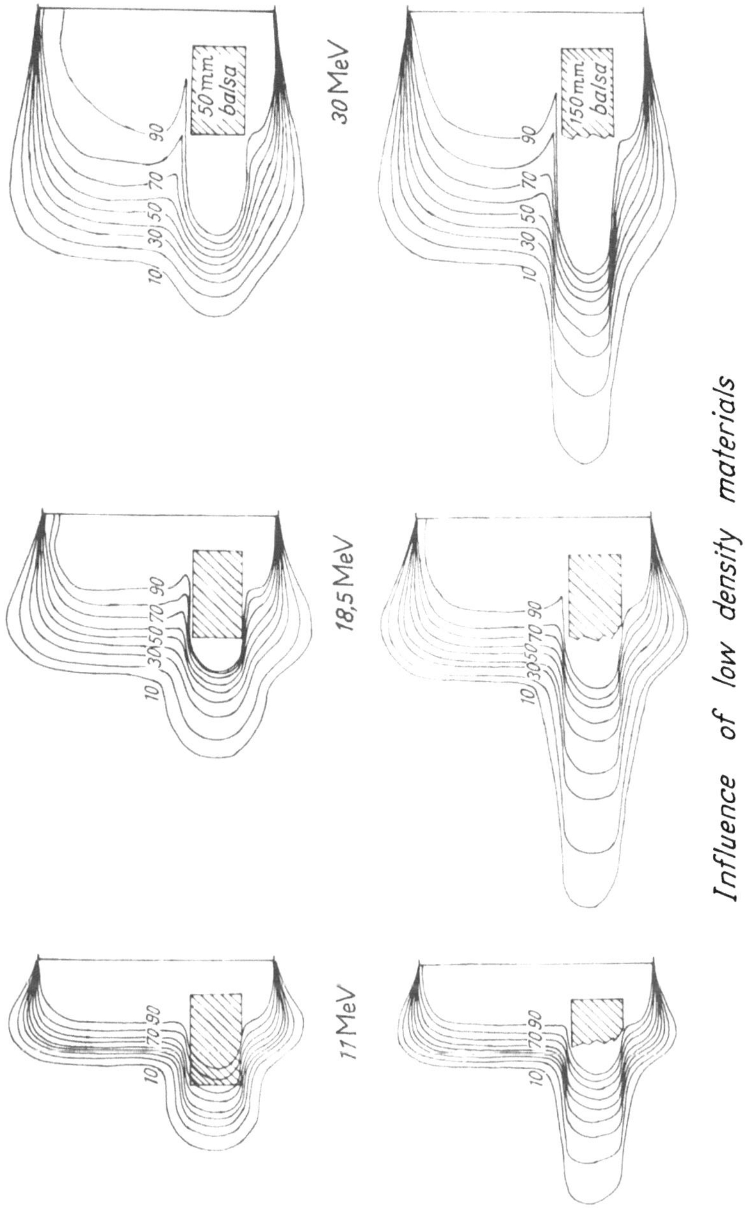


Fig. 3. Influence of low density materials, represented by respectively 50 mm and 150 mm long pieces of balsa wood imbedded in a homogeneous pressed wood phantom 20 mm behind the surface

Fig. 2 shows the influence of small air volumes in a homogeneous medium and demonstrates quite clearly that even small air volumes may cause very considerable distortion and displacement of the isodoses. The two airvolumes are respectively 10 mm and 20 mm long and imbedded 10 mm behind the front surface of the phantom.

These effects are even more pronounced in Fig. 3, which demonstrates the effect of low density materials, in this case pieces of balsa wood, respectively 50 mm and 150 mm long and located 20 mm deep in the phantom material. In this case the density is only 0.1, and the isodoses are very much distorted. The low scatter in the light material is clearly visible

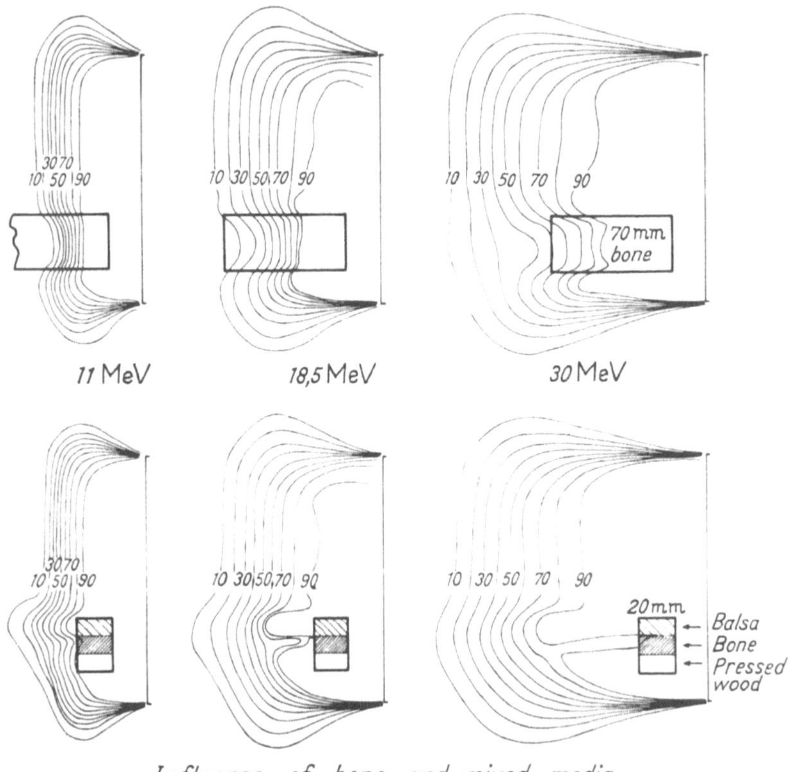


Fig. 4. Influence of large volumes of dense bone (upper curves) and a more complex mixture of materials, balsa, dense bone and pressed wood, (lower curves)

and the electron beam in the inhomogeneous region is strongly concentrated and at the same time the reduced sidescatter into the heavier phantom material distorts original isodoses along the contact surfaces of the two materials.

Fig. 4 shows the influence of large volumes of dense bone (2 and 7 cm) and of a more complex mixture of materials (balsa, dense bone and pressed wood). The isodose are compressed in the bone. The curves are displaced outwards in the vicinity of the pressed wood: this is coused by the relatively larger side scatter from the heavy bone material.

The method described is not intended only for investigations on simple geometrical arrangements, and complex structures and treatment fields in anatomic phantoms can easily be measured at well defined physical conditions.

## 1.3.8.2. Depth Dose Measurements in a Radiation Equivalent Manikin[1]

By

GUELFO G. PORETTI

With 2 Figures

The behaviour of high energy electrons in a strongly inhomogeneous medium, such as the human body, is indubitably very important for therapeutic applications.

The loss of energy of the electrons in the various organs of the body (muscles, lungs, bones), depends on the electron-energy, on the density and atomic number $\overline{Z}$ of the media. The electron scattering is also influenced by the inhomogenities of the body [s. for instance *1*]. In practical therapy, cases often occur in which layers of different composition and thickness are not necessarily superimposed, but cover only a small part of the irradiated area.

Owing to the large number of possibilities, there can be no question of reproducing in phantoms every case occurring in practice.

Various authors have carried out measurements with water phantoms into which materials of various thicknesses and numbers were built in [s. for instance *2*] as substitutes for lungs and bones. Measurements were even carried out with bones of animals placed in water [*3*].

It is however a great advantage when appropriate phantoms are made available for the therapeutists with which the considerable changes in the radiation depth dose or the isodose distribution can be measured *before* the patient ist treated.

A phantom has been marketed by the Alderson Research Lab. Inc. USA of great fidelity as patient substitutes, to find dose distribution directly under treatment conditions.

We report briefly here on some measurements which we have carried out with 35 MeV electrons and with such a phantom. For reasons connected with publication, we confine ourselves to reproducing examples of measurements of only two sections of the body (s. Fig. 1 and 2).

[1] Mit Unterstützung des Schweizerischen Nationalfonds zur Förderung der wissenschaftlichen Forschung.

### *Method*

The Rando phantom is an average man, 170 cm tall and 73 kg (if complete with arms and legs), sliced transversely into sections 2,5 cm thick. The phantom is instrumented either by insertion of ion chambers into holes (for example 11 respectively 59 for the two sections of Fig. 1 and 2), or by film sheets placed between adjacent sections.

All materials are radiation equivalent to corresponding human tissues *.

Ion chamber dosimetry is very precise but in our case has the disavantage that only one datum point is available for each chamber used. The 3×3 cm ion chamber spacing adopted in the Rando phantom is more adequate for checking out depth dose curves then for constructing detailed isodose curves.

### *Results and discussion*

A Rando phantom was irradiated with 35 MeV electrons and with a field of 14×7 cm$^2$.

In the sections shown in Fig. 1 and 2, measurements of depth doses were carried out with the help of 15 and 31 Sievert BG-chambers respectively **.

The measurements take up a good deal of time as, in order to achieve a good degree of stability of the chambers, they cannot be made too often in succession. If a chamber is irradiated and recharged during an interval of about an hour, it is advisable to let it stand fully charged for another hour.

The results of the measurements may be seen from Fig. 1 and 2. From the depth dose curves shown on the right, it can be seen how irregularly they behave as compared with a normal dose curve measured in perspex.

The depth dose curves of Fig. 1 show following results:

1. The difference between depth dose curve D also taken with an ionization chamber in perspex and curve A, in which the three points of measurement are situated behind the Os occipitalis, is obvious.

---

* "Rando" soft-tissues are moulded from a thermosetting isocyanate rubber, adjusted both physically and chemically to the desired value of $\overline{Z} = 7.30 \pm 0.018$. Density $0.985 \pm 0.012$.

Rando lungs are moulded from a uniform microcellular, rigid foam with $\overline{Z}$ identical to soft tissues and a density of $0.30 \pm 0.01$.

Rando bones are natural human preparations from a single individual. The marrow cavities are filled with the soft tissue equivalent to plastic.

The small size Sievert BG chambers permit a measurement in closely-spaced grid arrays without introducing appreciable field distortions.

** Some properties of the Sievert BG ion-chambers used: 20 mm length, 5 mm diameter, sensitive volume about 25 cm$^3$ — dose capacity, 300 r — angular dependence, negligible at angles of 90° ± to axis of chambers — reproducibility of dose measurement, 1% for doses above 30% of capacity [4].

In the middle of the head, the depth dose falls from 93% to 66%, which corresponds to a decrease in the dose of about 1/3.

It should be noted that the depth dose for direction C, which is almost free of bone, takes in practice the same course as in D.

The most noteworthy fact is the increase in the dose caused by the greater degree of scattering behind the mandibula and the sudden fall in the dose in the air-filled region of the pharynx.

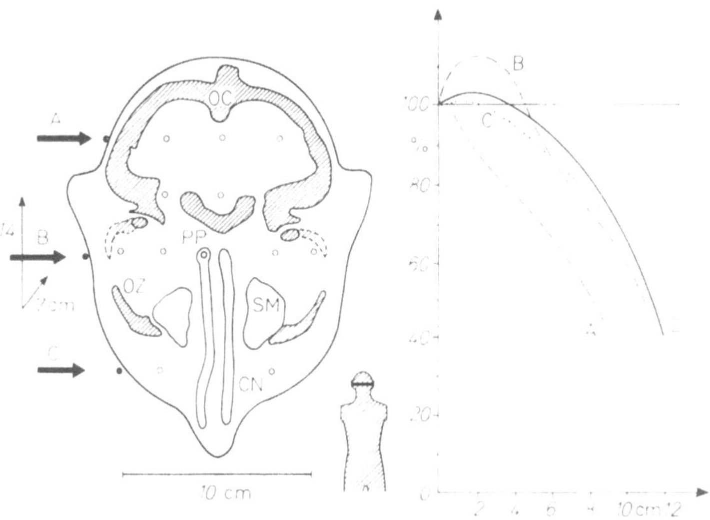


Fig. 1. Irradiation (from left to right) with electrons of 35 MeV energy. Irradiation field 7×14 cm². *Left:* A, B and C, depth dose measurements with small ionization chambers (circles). Dark circles: Surface chambers. DN = Ductus nasolacrimalis, OZ = Os zygomaticus, SM = Sinus maxillaris, PP = Pharynx. *Right:* Depth dose curves for the three irradiation directions A, B, and C. Abscissa: tissue depth in cm. Ordinate: % of the surface dose. D shows the depth dose curve for a perspex phantom measured with a small Siemens ionization chamber (6 mm diameter)

2. In the thorax section the depth dose can be followed more easily (Fig 2)

The points of measurement in direction A are nearly all in the bone or near the bone tissue. The course of the curves, as in Fig. 1, is conspicuously different from that in perspex.

Noteworthy is the increase in the dose in the middle of the thorax, after the rays have traversed the lungs. It should be mentioned that in the "Rando phantom", this region is simply filled with soft-tissue plastic.

The difference in the dose between Perspex-phantom and "Rando-phantom" is particularly appreciable in the case of greater depths. In a depth of 14—15 cm, a tumour would receive not 13% of the surface dose but 55%.

The course of the depth dose in these two instances shows how careful a therapeutist should be in appraising the data of measurement in inhomogeneous media and what an advantage it would be to be able to effect a corresponding phantom measurement in each case. Such measurements with ionization chambers take up a great deal of time and are scarcely capable

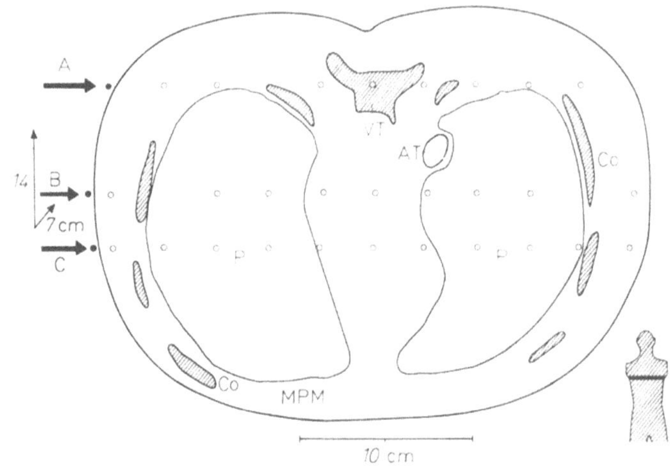


a

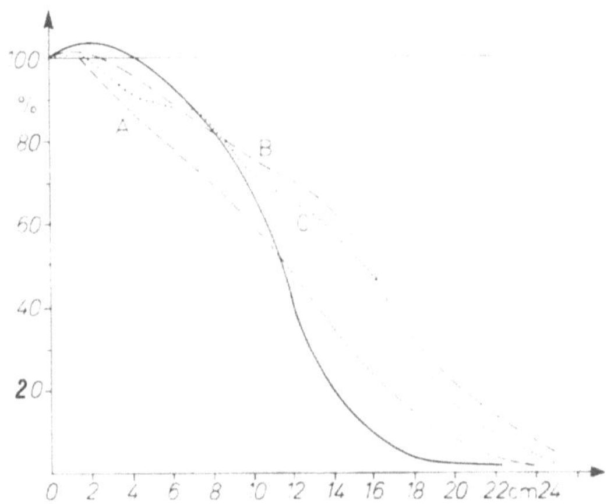


b

Fig. 2. Irradiation (from left to right) with electrons of 35 MeV energy. Irradiation field 7×14 $cm^2$. *a:* A, B and C, depth dose measurements with small ionization chambers (circles). Dark circles: Surface chambers. VT = Vertebra thoracalis, C = thoracalis, C = Costa, AT = Aorta thoracalis, P =Pulmo, PMP=M. pectoralis major. *b:* Depth dose curves for the three irradiation directions A, B und C. Abscissa: tissue depth in cm. Ordinate: % of the surface dose. D shows the depth dose curve for a perspex phantom measured with a small Siemens ionization chamber (6 mm diameter)

of producing isodose curves. It is however easily possible to obtain photographically, within two to three hours, a practically complete dose distribution according to a definite radiation plan.

## Bibliography


1. LOEVINGER, R.: Radiology **77**, 906 (1961).
2. POHLIT, W.: Fortschritte Röntgen. **93**, S. 631 (1960).
3. Ergebnisse der medizinischen Strahlenforschung, Elektronentherapie von A. Zuppinger, G. Poretti, B. Zimmerli. Stuttgart: G. Thieme-Verlag, Band I, S. 350, 1964.
4. Factory communication and SKÖLDBORN, H.: On the design, physical properties and practical application of small condenser ionization chambers Acta Radiol. Supplementum 187, Anno 1959.


# Discussion on 1.3.8.
# Automatic Device for the Determination of Isodose Curves

By

G. SKOFF and GIANPIERO TOSI

With 1 Figure

We have studied a new device to plot instantaneously the isodose curves of the electron and gamma ray beams of a Betatron. With this instrument it is also possible to control the beam's homogeneity on a section orthogonal to the direction of radiation, which plays an important role in therapy. At the present time all the routine methods (films, ionization chambers) to determine the beam's homogeneity and depth-dose curves require much time, and, for this reason, do not allow of continuous control. The homogeneity of a beam of our Betatron is directly controlled by "contraction" and "extraction" of the magnetic fields, which, in our Betatron, are not always constant and reproducible.

We have therefore studied a system that allows an easy and instantaneous control of the beam's distribution. We have made a simple prototype, which has given us visible images of isodose curves. It also enables us to obtain a better homogeneity of the beam by controlling the "extraction" and "contraction" of the magnetic fields during irradiation.

The main characterstics of the instrument are shown in Fig. 1. The scintillator consists of a thin sheet of 3 mm thickness. The phantom is made of Lucite, which is practically tissue-equivalent.

An optical divice allows the light emitted to be sent by the scintillator to a divice which converts the light into a two-dimensional image of electronic signals, the height of which is proportional to the light intensity. This fact is realized by means of a telecamera. From the latter the electronic signals pass into a balanced amplifier which is controlled by the instantaneous intensity of the beam. After amplification the signals are analized in a multi-channel device, where they are codified, mixed, and collected on a television monitor. The code of the analyser was selected so that a light maximum of 10% per channel was obtained. The image appearing on the monitor represents the effective curves of the absorbed dose. An automatic device may be inserted to shift the phantom, in order to allow the spatial isodose curves of the beam to be obtained. This device may also be employed for diagnostic purposes: for example for the determination of the distribution of radioactive isotopes in thyroid, liver, and so on. It may also be useful for industrial problems, in all the cases in which the distribution of a radiating source must be investigated.

Note: the possible uses of this instrument are covered by a patent entered on 19—6—1964 under the names of: Cova Pier Luigi, Novi Alessandro, Skoff Gigi, Tosi Giampiero.

N. 1—2 Phantom (1 Scintillator — 2 Lucite)
N. 3 45° Mirror
N. 4. Optical device or image amplifier
N. 5. T.V. camera
N. 6. Synchronizing device
N. 7. Balanced amplifier
N. 8. Magnetic memory
N. 9 Height signal analyser (10 channel)
N. 10 Coder
N. 11 Mixer
N. 12 Height signal level indicator
N. 13 T.V. monitor
N. 14 Cinecamera for recording curves
N. 15 Position transductor transducer
N. 16 Movable table
A: to source control unit

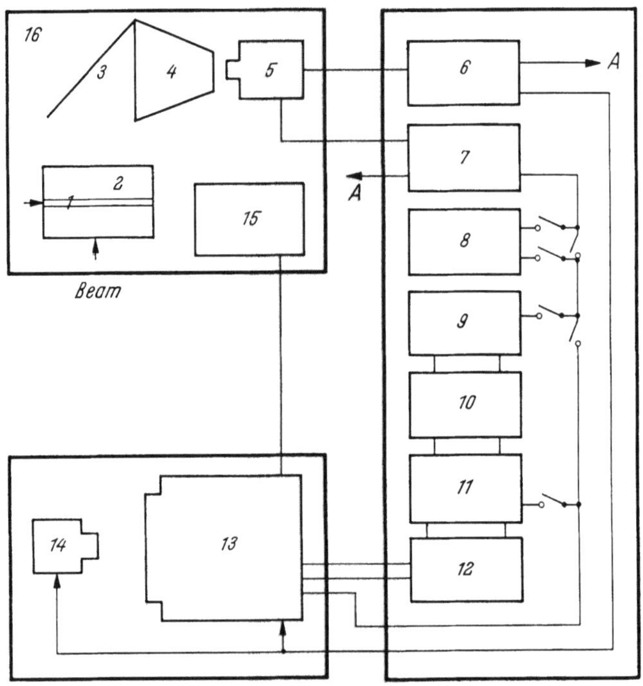


Fig. 1. Block diagram of the automatic plotting device for isodistribution of radioactive sources

# 1.3.9. Dose Distribution of Betatron Electron Beam by Pendulous Technique

By

T. Ishida

With 3 Figures

Satisfactory results for the determination of the dose distribution of high energy electrons can be obtained with fluoro-glass dosimeters.

We have measured the electron beam of our betatron by pendulous technique (made by Tokyo Shibaura Electric Co. Ltd.) with energy between 6 and 18 MeV.

The application of pendulous irradiation is most effective in cases of post operative irradiation of breast and laryngeal or hypopharyngeal tumors.

This report concerns the latter case and deals with experimental data obtained by using a neck phantom.

*Method*

The size and form the phantom, first designed by JONES, was adapted to the average values for Japanese (Fig. 1). The radiation dose was estimated with about 200 fluoro-glass rods inserted in small holes in the phantom. Two blocks of Mix D of the same shape were placed above and below the phantom during irradiation.

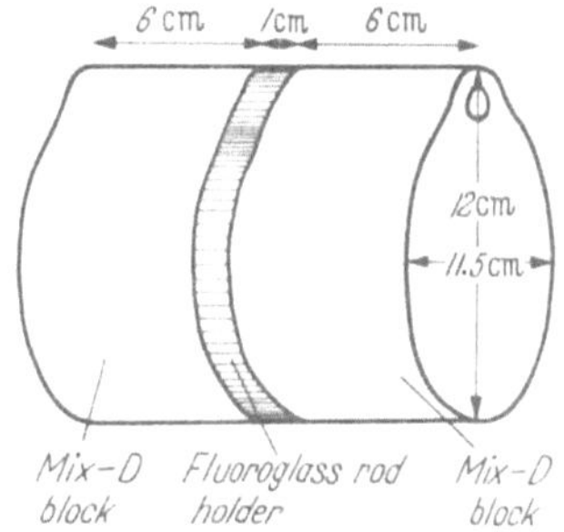


Fig. 1. Phantom of Neck-Material Mix-D

The principle of fluoro-glass-dosimetry is as follow: the silver ions contained in the fluoro-glass rods are changed by irradiation into silver atoms which release photoluminescence with a spectral peak at 6400 Å when activated by ultraviolet rays of 3300 Å. The main parts of a fluoro-glass-dosimeter are a high voltage mercury lamp and a photomultipler system. We used instrument made by Tokyo Shibaura Electric Co., Ltd.

As the intensity of photoluminescence is proportional to the radiation dose, it is possible to estimate the latter by measuring the intensity of the former.

The composition for the fluoro-glass rods is 45% aluminum metaphosphate $(AlPO_3)_3$, 45% Lithium metaphosphate $(LiPO_3)$, 7% Silver metaphosphate $(AgPO_3)$, and 3% Boron oxide $(B_2O_3)$. Three different types of fluoro-glass rods were at our disposal: in this experiment, a cylindrical type, 1 mm in diameter and 6 mm in length, was used.

The absorption of radiation energy is lower in our glass rod than in that of SCHULMAN, which contains 25% Barium metaphosphate. In this report we shall designate the fluoro-glass rods of SCHULMAN as "Barium glass" and those used by us in this experiment as "Lithium glass". There is no apparent energy dependence for our "Lithium" fluoro-glass rods in air for electron beams between 6 MeV and 18 MeV.

A comparison between Ba-glass and Li-glass for sensitivity to X-rays of low energy (30—250 KW) shows that the curve for Li-glass is flatter than that of Ba-glass. For energies higher than 70 KeV it is possible to flatten the curve by applying a gold sheath to the rods. We use a thickness of 0.25 mm and eight holes of 0.5 mm diameter are arranged in the sheath.

With Li-glass rods, a good linearity between fluorescence reading and radiation dose is observed in a range of 10 R to 10,000 R in the case of $\gamma$-rays and 10 R to 12,000 R in the case of electron beams.

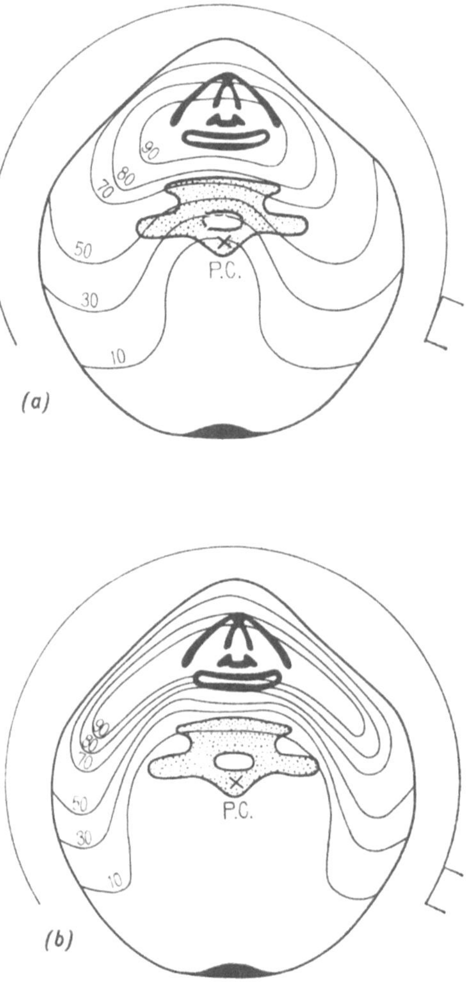


Fig. 2. a Isodoses by 10 MeV electrons; b Isodoses by 6 MeV electrons

## *Results*

The isodose curves shown in the left part of Fig. 2 (A) are obtained by irradiating the neck phantom placed at the centre of a pendulous movement of 220 degrees. The energy is 10 MeV. The dose distribution in the tissues surrounding the larynx and hypopharynx is not satisfactory, because a fairly large radiation dose is given to the surrounding tissues and about 30$^{0}/_{0}$ is given to the spinal cord.

Part B of Fig. 2 shows the isodose curves under the same conditions as before, except that the energy was lowered to 6 MeV. The advantages of 6 MeV electrons over the 10 MeV are:

1. The maximum dose distribution is restricted to the larynx and hypopharynxs.
2. The high radiation dose in the area of the cervical lymph nodes makes it possible to irradiate cervical metastases and primary lesions simultaneously.
3. The spinal cord receives almost no radiation.
4. The skin dose is relatively small.

Fig. 3 shows the influence of the distance between cone and phantom for electron energy of 6 MeV. The dose is strikingly reduced at the periphery of the irradiation field for a distance of 16 cm. At 5 cm distance, the dose distribution is satisfactory from the standpoint of clinical application.

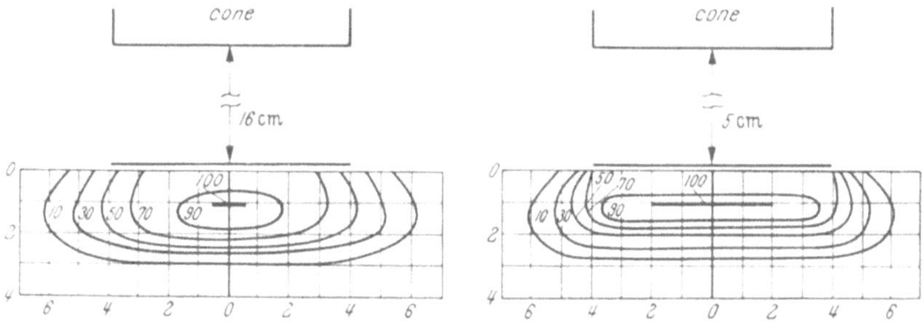


Fig. 3. Isodose distribution pattern in planes perpendicular to the direction of moving with the cone for pendolous therapy. Geometrical field size: 8×3 cm. Energy: 6 MeV. Distance from the cone to the irradiated surface: 16 cm and 5 cm

### *Conclusion*

Pendulous irradiation with supervoltage electron beams can give a characteristic dose distribution that cannot be produced by any other radiation source.

In clinical application of pendulous irradiation for treatment of laryngeal and hypopharyngeal malignant tumors, maximum effectiveness may be expected by using the energy of 6 MeV and the distance of 5 cm from the cone to the irradiated surface.

### Bibliography

JONES. D. E. A.: Brit. J. Radiol. 22, 549 (1949).

## Discussion 1.1. to 1.4. — Electron Dosimetry Standardization Intercomparisons

By

JOHN S. LAUGHLIN

At the time of the initial use of high energy x-ray and electron radiations, it was necessary to establish conventions for the standardized monitoring of output, as well as procedures for the correlation of output with absorbed dose delivered in treatment. The conventions for output were necessarily specialized [*1, 2*] since the roentgen was not defined or measurable above 3 MeV. In order to obtain uniformity of dosimetry between high energy radiation installations at different institutions, both in this country and abroad some intercomparison meetings have been reported [*3, 4*]. These intercomparisons have been most frequently on the basis of the response of such dosimeters as the Baldwin-Farmer substandard dosimeter, Victoreen chambers, and the Fricke ferrous sulfate dosimeter, all exposed under specified conditions as surrounding material, depth, field size, reference calibration, etc. These intercomparisons have been carried out between all of the institutions in our country in which there are continuing electron beam therapy programs, as well as with the Gustav Roussy Cancer Institute at Villejuif, France.

In order to facilitate more periodic intercomparison, it was decided to examine the feasibility of the use of mailed dosimeters. This is being undertaken as an extension of the personal courier intercomparisons and to assist the scientific committee of the American Association of Physicists in Medicine in its consideration of methods for more general periodic comparison of high energy dosimetry.

Some of the associated calibration measurements in which both the Fricke and Victoreen dosimeters have been calibrated with our micro-calorimeter have been described in an earlier paper in this symposium (Session 1.2.).

## References

1. Protection against Betatron — Synchrotron radiations up to 100 million electron volts. Nat. Bureau Standards, Handbook 55, Feb. 1955.
2. LAUGHLIN, J. S.: Physical aspects of betatron therapy. Chas. Thomas 1954.
3. JOHNS, H. E., G. D. ADAMS, H. L. ANDREWS, C. H. LANZL, J. S. LAUGHLIN, and W. K. SINCLAIR: Clinical dosimetry. Radiology 70, 96—97 (1958).
4. SINCLAIR, W. K., J. S. LAUGHLIN, H. H. ROSSI, M. TER-POGOSSIAN, and W. S. MOOS: Intercomparison of x-ray exposure dose using Victoreen dose meters at various energies, particularly 22 Mevp. Radiology 70, 736—744 (1958).

# Discussion on 1.1. to 1.4. — Discontinuous Electron Dose Distributions

By

JOHN S. LAUGHLIN

The possible existence of either "hot spots" or "cold spots" is not a new problem but is actually an old problem in the use of high energy electrons, and to some extent in the use of high energy x-rays as well. The possibility of such high dose regions outside the lesion or low dose regions within the region can be avoided by proper planning. Of course, the most sophisticated planning can be vitiated by poor alignment of the fields relative to the patient at the time of treatment. In order to minimize the misalignment possibilities for "hot spots" we prefer to use large fields rather than adjacent fields. When adjacent fields are necessary we often use small polystyrene wedges on the periphery of the fields so that the combination of dose contours in the interface generally sum up to slightly less than the surrounding dose. When the patient's contours are quite irregular, or when internal air passages are present, or when the internal anatomy is complicated, it is necessary to resort to tissue equivalent phantoms containing a representation of the inhomogeneity. We normally use film in such phantoms to assess the relative dose distribution. Our phantom most suitable for film work consists of unit density pressed wood sheets contoured to represent the human body with bone inserts for the skeleton and with cork inserts to represent lung. Air passages are represented by appropriate cavities. Through the use of appropriately designed polystyrene wedges it has generally been possible to avoid "hot spots" and to modify internal dose distributions so as to avoid "cold spots" in the target volume.

# 1.4.1. L'absorption des électrons dans la matière. Signification biologique

Par

Jean Dutreix

Le programme de cette séance soumet à votre discussion une série de sujets dont la particularité est de faire appel simultanément à la théorie et à la technique expérimentale physique et radiobiologique.

Nous serons amenés à discuter à nouveau les courbes de rendement en profondeur qui ont été longuement étudiées hier, et à aborder quelques problèmes dont la discussion sera approfondie dans la séance suivante.

Cependant, il me semble possible de situer le cadre général des sujets qui sont inscrits à notre programme. Les exposés annoncés sur les numéros 3 et 4 ouvrent la discussion sur un sujet qui préoccupe les nombreux expérimentateurs qui, ayant tracé la courbe de rendement en profondeur du même faisceau d'électrons avec divers détecteurs physiques, chimiques ou biologiques, obtiennent des résultats différents et se trouvent très perplexes pour choisir lequel il est le plus représentatif de la pénétration du rayonnement.

Pour les détecteurs dosimétriques, il s'agit de rechercher celui qui exprime le plus exactement la variation en profondeur de la *dose absorbée* et pour les tests biologiques de juger s'il y a une variation de l'E.B.R. en profondeur.

Lorsque en 1956, dans le service du Docteur Laughlin (1954, 1956) nous avons utilisé la dosimétrie par film (Dutreix 1958), nous avons observé pour les électrons de 22,5 MeV une différence avec la courbe de rendement en profondeur obtenue à la chambre d'ionisation. Ce fait a été observé par Loevinger (1961) avec le film et la dosimétrie chimique.

Il était évidemment logique de confronter ces faits à l'expérimentation radiobiologique. En 1961, Mme Fritz Niggli (1961) utilisant comme test la léthalité des oeufs de Drosophile, ne constante pas de différence entre la surface et la profondeur pour des électrons de 30 MeV, Markus et Sticinsky (1961, 1963) l'observent pour les électrons de 17 MeV. Schulz et al. (1963) ne constatent pas de différence dans la léthalité de la souris pour des électrons de 35 MeV. Recemment, Wachsmann et Korb (1964) observent une différence pour la croissance des racines de pois exposées à des électrons de 17 MeV. Peters et Breitling (1963) ont fait des constations analogues.

Des constatations cliniques, non publiées, en particulier de Schinz et Zuppinger ont montré une discordance entre l'effet biologique constaté et l'effet attendu d'après la courbe de rendement en profondeur obtenue à la chambre d'ionisation.

Ainsi les faits expérimentaux sont assez contradistoires mais certains montrent que le comportement, la réponse des divers détecteurs ne se modifie pas de la même façon en profondeur.

Ouvrons ici, une parenthèse.

Des phénomènes analogues ont été observés avec les faisceaux de RX et $\gamma$ (par exemple: MAUDERLI [1960] a étudié la réponse du film pour les $\gamma$ du $^{60}Co$). Cette variation est attribuable à la modification du spectre des photons en profondeur par filtration et diffusion. Le spectre en profondeur a éte analysé dans quelques importants travaux qui ont permies d'assigner à la composition spectrale en profondeur une énergie équivalente exprimée par une CDA et si on applique au détecteur lo coefficient de correction relatif à cette CDA, la variation de la réponse des différents détecteurs se trouve interprétée.

Nous sommes bien loin d'une compréhension aussi nette des phénomènes par les électrons.

Ces phénomènes ont évidemment une origine physique dans la modification du spectre des électrons au cours de leur pénétration:

— à l'entrée dans le milieu le spectre énergétique se réduit à une raie extrêmement étroite.

— à mesure que le faisceau pénètre dans le milieu cette raie se déplace vers les faibles énergies et surtout elle s'élargit.

Cet élargissement est du pour une faible part aux fluctuations sur les transferts d'énergie au cours des interactions avec le milieu, mais il est essentiellement du à la diffusion des électrons (PERKINS 1962).

La trajectoire des électrons qui parviennent à une profondeur determinée a été plus ou moins incurvée ou sinueuse et l'abcisse curviligne de ces électrons au long de leur trajectoire, c'est-à-dire leur énergie, présente une certaine fluctuation.

Cependant, dans le premier tiers de leur pénétration cet effet doit être limité et la largeur de la raie doit être minime. A une profondeur de l'ordre de la moitié du parcours pratique, on commence à observer des fins de trajectoires c'est-à-dire que le spectre s'étend alors jusqu'à l'énergie zéro.

Cette modification du spectre énergétique s'accompagne de variations du pouvoir d'arrêt, de l'effet de polarisation et du T.E.L. auxquelles les différents détecteurs peuvent réagir de façon distincte. Ajoutons encore que les détecteurs présentant un effet directionnel peuvent être sensibles à la modification de la distribution angulaire des électrons.

Le fait dominant dans cette modification du spectre au cours de la pénétration des électrons, est son étendue puisque l'énergie varie de la valeur initiale à zéro. Dans un large domaine d'énergie, la variation relative de la réponse des différents détecteurs est lente. Cependant, nous avons constaté que le rapport des indications de la chambre d'ionisation et du sulfate ferreux diffère de 3% entre 20 MeV et 10 MeV. Cette différence s'explique parfaitement par la variation du pouvoir d'arrêt relatif entre l'eau et l'air. Mais, il est difficile de prévoir quelle sera la variation a des profondeurs ou le spectre n'est pas déterminé, en particulier dans le troisieme tiers de la pénétration, lorsque les fins de trajectoire, c'est-à-dire les parties très basses du spectre, prennent une importance relative de plus en plus grande à l'absorption d'énergie (WIDEROE 1960).

Le problème serait donc de déterminer la composition spectrale du faisceau d'électrons en fonction de la profondeur. Lorsqu'on présente des clichés de trajectoire à la chambre à bulles, aussi excellents que ceux obtenus par HARDER et al. (1961), on a le sentiment que la détermination expérimentale de ce spectre est possible et elle été effectivement entreprise par KESSARIS (1964) et HARDER (1963, 1964).

L'étude théorique de cette modification spectrale a été entreprise malgré sa difficulté. HAYNES et DOLPHIN (1958) ont étudié les électrons de 14 MeV; ce problème a fait l'objet d'un très important travail de WIDEROE en 1960 et il a été également reconsidéré par MARKUS (1964). Il est donc particulièrement heureux que ces derniers auteurs aient accepté de présenter ici les résultats de leur récent travaux.

Le deuxième sujet concerne les *neutrons* et deux aspects seront soumis à la discussion.

Le Dr. BRENNER exposera le problème de la contamination du faisceau d'électrons qui est particulièrement important pour la protection et peut éventuellement se poser dans l'expérimentation radiobiologique.

L'exposé du Dr. FROST sur les effets biologiques des neutrons complète ce symposium sur les électrons de haute énergie. Les électrons ne sont pas une fin dans les techniques d'irradiation et c'est un choix heureux des organisateurs de ce symposium de terminer cette réunion par une ouverture sur un autre type de rayonnement dont les propriétés sont, à l'heure actuelle, encore insuffisament exploitées.

Tous les sujets de ces exposés sont, en définitive, orrientés vers l'interprétation et l'application radiobiologique et chacun d'entre eux comporte une part d'expérimentation radiobiologique.

Il était indispensable de rappeler les exigences, les servitudes et les difficultés propres de cette expérimentation. Le Dr. RAJEWSKI a bien voulu accepter de traiter ce problème de méthodologie difficile; il nous sera particulièrement précieux de l'entendre souligner les problèmes techniques que son autorité et son expérience lui ont permis d'analyser et de résoudre.

## Bibliographie

DUTREIX, J.: Mesures par film de la distribution en profondeur de la dose pour les électrons de haute énergie. Betatron u. Telekobalttherapie. J. Becker und K. E. Scheer. Berlin-Göttingen-Heidelberg: Springer-Verlag 1958.

FRITZ NIGGLI, H.: Biologische Wirksamkeit von 30 MeV Elektronen in Abhängigkeit von der Gewebetiefe und im Vergleich mit 180 keV und 31 MeV Photonen. Strahlentherapie **115**, 379 (1961).
HARDER, D.: Energiespektrum schneller Elektronen in verschiedenen Tiefen (Actes du Symposium de Montreux 1964).
—, G. HARIGEL und K. SCHULTZE: Bahnspuren schneller Elektronen. Strahlentherapie **115**, 1 (1961).
HAYNES, R. H., and G. W. DOLPHIN: The calculation of LET with special reference to 14 MeV electron beam and 10 MeV per nucleon ion beams. Phys. Med. Biol. **4**, 148 (1958).
KESSARIS, N. D.: Calculated absorbed dose for Electrons. Rad. Research **23**, 630 (1964).
LAUGHLIN, J. S.: Physical aspects of Betatron therapy. Springfield, Ill.: Charles C. Thomas 1954.
— High energy Electron Beams in Radiation Dosimetry, p. 597. G. J. Hine and G. L. Brownell. New York: Academic Press 1956.
LOEVINGER, R., C. J. KARZMARK, and M. WEISSBLUTH: Radiation Therapy with high energy Electrons. Radiology **77**, 906 (1961).
MARKUS, B.: Beiträge zur Entwicklung der Dosimetrie schneller Elektronen. Strahlentherapie **123**, 350 (1964).
—, u. E. STICINSKY: Experimente zum Einfluß des Energiespektrums schneller Elektronen auf biologische Reaktionen. Strahlentherapie **115**, 394 (1961).
— — Der Einfluß des Energiespektrums von 14 MeV Elektronen und die vergleichsweise Wirkung von 14 MeV Elektronen, 14 MeV und 200 kV Röntgenstrahlen auf Drosophila-Eier. Strahlentherapie **120**, 263 (1963).
MAUDERLI, W., D. M. GOULD, and J. W. LANE: Film Dosimetry of $^{60}$Co Radiation. Am. Jal Rontg., **83**, 520 (1960).
PERKINS, J. F.: Monte Carlo Calculations of transport of fast electrons. Phys. Review **126**, 1781 (1962).
PETERS, K., et G. BREITLING: Biologische Studien zur Energieübertragung hochenergetischer Elektronen. Strahlentherapie **122**, 83 (1963).
SCHULTZ, R. J., S. SCHULTZ, and C. BATSTEIN: Clinical and Physical aspects of Electron beam Therapy. Radiology **80**, 301 (1963).
WACHSMANN, F., u. G. KORB: Zunahme der biologischen Wirksamkeit schneller Elektronen in der Tiefe. Biophysik **2**, 11 (1964).
WIDEROE, R.: Physikalische Untersuchungen zur Therapie mit hochenergetischen Elektronenstrahlen. Strahlentherapie **113**, 1 (1960).

# 1.4.2. Some Biophysical Aspects of Biological Experiments

By

BORIS RAJEWSKY

With 1 Figure

The aim of the radiobiological experiments is to connect the exact measurable physical quantity — the radiation dose — with very complicated reactions due to irradiation of living organisms, which lead to the desired success in radiotherapy.

The biophysical approach to the radiobiological experiments and measurements consist accordingly in searching the measurable quantities in the fullness of observed biological phenomena which allow to characterize these phenomena and to persue by measurements their development. Such quantities must naturally be selected considering the physical points of view and corresponding to the biological conceptions. They can be of many kinds, e. g. a definite quantity of substance, a definite amount of energy, well defined forces and fields of force. In any case they have to fullfill two conditions: They must have definite well defined dimensions in one of the physical system of units and they must be measurable by the possibilities of natural science, essentially of physics.

Different types of observations about the phenomena in biological systems and objects lead only to the establishment and to a systematical description of certain effects of the radiation action. One must always be conscious that the radiation effects in the world of living organism are very complex and the reactions last over a long span of time. But they always form a continuous sequence of single reactions which can be measured separately only in ideal cases and which produce different observable or unobservable effects of radiation action during their development. These effects must not be decisive for the development of the following reactions and for the final effects. Their signification in each single case must be specially investigated. It is not always possible to find out it clearly.

One usually selects a definite succession of reactions which are to be investigated in detail. This chain of reactions starts generally with the absorption of the radiation energy in the choosen medium. The final effect will be mostly fixed arbitrarily, according to the purpose of the investigation.

Naturally this "final effect" need not be the last effect of the whole chain of reactions set into motion by radiation.

The simpler the object to be investigated (e. g. bacteria, cell and cell-nucleus etc.), the clearer it shows the connection with the physical process of energy absorption. But it is more difficult to find the connection of the reactions in such simple objects with the reactions in the composite living tissues. Often it is not possible at all because the reactions of complicated systems can prodeed in a completely different way than those of a simple system. I would like to explain this with an example. If one irradiate a bacteria-culture by a small dose, a small amount of bacteria is killed. So, if the irradiate culture after a certain time after irradiation is compared with another bacteria-culture that is not irradiated, then the irradiated culture shows lesser amount of bacteria. In a complex system (e. g. a cell-complex, parts of animals or plants or an organism) the effect of radiation can be inverse, namely that the irradiated system becomes larger and gains more vitality than the system not irradiated. This can easily be observed:

In complicated objects the process of regulation plays a great role, e. g. the production of cells will be controlled by the number of cells present. If the number of cells is diminished by irradiation then an increased new production of cells takes place which can result in the increasing of the number of cells normally present in the object. Therefore, a certain time after irradiation with a smaller dose, one can find in the irradiated object a larger tumor, a greater number of cells and increased vitality. In other words, two different objects can respond in entirely different ways by the same dose of radiation. In the same way even relatively small differences in the mechanism of the action of radiation can affect the "final effect" substantially. In this connection I only wish to remind that the radiotherapy of present days with fractionated irradiation is essentially based upon the small differences between irradiation effects in normal and tumorcells. Therefore also it is not, or only with greatest care, possible to transfer the results found on the simple object to the other complicated objects.

Not only the dose is important for the radiation reaction, but also its distribution in time and space used in applying it to the object. It can be easily shown that for instance the increase of dose rate results in a greater effect in one object and another object shows at this dose rate the same or a lesser effect. The explanation here is more complicated, because the *dose rate* dependent on chemical primary reactions and the *time* dependent following biological reactions, must be considered.

The distribution of absorbed radiation energy in space can also produce different effects in different objects. The same can also be valid for other differences in the method of irradiation, such as fractioning of the dose, changes of temperature, pressure and so on. Therefore it can generally be said, that the objects with different biological compounds and structure react to an irradiation in different ways; the term "the biological reaction" cannot be used. The transfer of effects from one object to another can be possible only by exact knowledge of the object and of the reaction which occur after irradiation. In case of simple objects these effects can be very easily separated from each other, but in case of complex objects, according to the rule, these effects are non-separably connected with each other. For the discussion of biological radiation reactions one must always consider these basic facts for which one has numerous confirmations. This is specially valid for the above problem of different biological radiation reactions due to fast electrons compared with other types of irradiation and for fast electrons in different depths of the phantom or body. Often one speaks about a "biological depth dose curve". I would like to say that a "biological dose" does not exist, and therefore we cannot have a "biological depths dose curve". We have an exactly defined physical quantitiy "dose". (In English it is called "absorbed dose" — this term contains a tautology — and in German it is called "energy dose".) But the difference between the two is only in name. For the "biological dose" we have not an exact definition. If one wants to speak about, and apply "biological dose", one must define it exactly. But that will not be an easy task, because to do that, one must consider somehow the basic facts about the biological reactions of irradiation. Care is also to be taken about the fact that the "biological dose" must be a quantity and consequently have a dimension. In spite of my criticism on the "biological dose" I would like to try to explain why this expression is so often used in the literature. Perhaps some misunderstandings can be thus removed.

The radiation dose and radiation action (effect) are often confounded. This comes from the fact in a lot of simple cases the effect is proportional to the radiation dose.

Let us take as example the case of an ionisation chamber. Here the number of ion pairs of the ioncharge by saturation voltage is exactly proportional to the radiation dose. Therefore, the ionisation chamber, i. e. the effect of ionisation by radiation can be used for the relative measurement of radiation dose. This apparatus has, of course, its limitations. In case of too high dose rate or of too small chamber voltage the ionisation charge is no more proportional to the dose and the effect is therefore dependent on the dose rate. In similar ways other radiation effects can be found, which are proportional to the dose, e. g. the heating of a calorimeter, the change of extinction of a solution in case of chemical dosimetry etc. Nearly always there exists a dose limit for the application of a method of measurement. For example, if the double-valued iron is used up by Fricke-dosimetry, the reaction is no more proportional to the dose. But basically all these radiation effects, e. g. the heating, the ion-producing in gases etc. are over a wide range of radiation proportional to the dose and are independent of dose rate, its fractionation etc. and are therefore quite suitable for the measurement of dose. But on this ground one is not permitted to confound radiation effect with the dose. A biological reaction does practically in no case show the proportionality to the dose. At least, in a relatively small range of the dose-effect-curve such a proportionality can be found. And so the biological reaction is generally not suitable for the measurement of dose. In any case one must not confound the biological reaction of radiation with the radiation dose. If one speaks about depths-dose-curve the dependence of the biological action on the depths on phantom is meant.

Therefore, from the observations it is established that the "biological reaction" — to say correctly, another "biological effect" — for the same physically measured radiation dose in the depth of the phantom is different from the effects in outer levels of the phantom. To realize such an experiment there are very different possibilities:

A) The biological test objects can be deposed in the different depth of the phantom and can be irradiated at the same time. This would be an arrangement which exactly corresponds for irradiating a patient. In this case the objects on the surface of the phantom get a high dose with high dose rate and the objects in the depths a smaller dose with a smaller dose rate. As it is also generally assumed that the radiation quality changes with the depths, so the 3 parameters: radiation-dose, radiation-dose-rate and radiation-quality, are different. Only the time of irradiation is the same. This kind of irradiation experiment which corresponds to therapeutical use, is in consequence not easy to analize from radiobiological point of view.

B) One can proceed now to equalize the radiation dose for all objects in different depths and thereby to irradiate the objects at different depths of the phantom over a corresponding different time. In such an experiment the duration of irradiation, the dose rate and the radiation quality are still different, and therefore the radiobiological relations remain complicated.

C) It is possible to irradiate the objects in the different depths one after another with the same dose rate in the object. In this case, the dose, the dose rate and the duration of irradiation are in all objects the same. The difference of the effect in the different depths can therefore depend, besides the radiation dose, only on the change of the radiation quality. This kind of experiment is radiobiologically the clearest one.

But one can see that, from radiobiological point of view, that the most simple experiments differ widely from the condition at the therapeutical irradiation, at which all the different parameter are effective at the same time. The different effects in the therapy can depend upon the dose, the dose rate as well as on the quality of radiation and it is to expect different results of measurement according as the experimental method of A, B and C. In consequence, in no case, and generalized "biological depth dose curve" can be set up. The biological reaction depends, as shown above, from the objects used, and, as we see now, from the method of experiments choosen. Here, also the difference b between the so called "biological depth dose curve" and the "physical depth dose curve" can be most clearly recognized. The physical depth dose curve gives the same value with different measurement methods and the different experimental arrangements irrespective of the different effects, whether the ionisation of the gas in ionisation chamber or the oxidation of iron Fricke-Dosimetry or the heating in a calorimeter is used. Also the curve remains always the same with different dose rates and with different durations of irradiation. This is not valied for the biological reactions. For this reason the use of the term "biological depth dose curve" cannot be recommended.

In any case one cannot deal lightly with such term, which is not yet exactly defined and contains many unclear factors. Specially in discussions unnecessary misunderstandings can be originated through this. But there is no doubt that the different biological reactions and effects in different depths in a phantom are very interesting, because they furnish us important informations about the mechanism of reaction of the fast electrons which is still to-day very little known.

The biological effect which changes according to the depth in phantom, is mostly related to different LET of the electrons present. This means that a definite energy concentration produce in certain objects the action which can be correlated to the density of energy. But the introduction of such a model allows to consider the following facts about the various effects in the depth: Electrons entering into the matter run at first all parallely; a cell is traversed by one or several parallel electron tracks. But at greater depth, because of electron scattering, these tracks fly not parallely. At the points they cross each other and results higher concentration of energy in the affected cells at these points. This crossing over of the electron tracks can have a similar effect as the higher density of the ionisation by single particles. In this additional observation you find that still other possibilities existeto explain the varied effects in depth and a series of experiments are still have to be carried out to explain the above mentionned unclarified questions.

My previous explanations referred to the radiation action on the elements of living tissues, as cell-elements, cells and cell-complexes. In the higher living organisms, specially mammals, the reactions due to irradiations are much more complicated. Hereby, generally numerous irradiation effects are produced, which can occur independent or dependent from each other at the same time, or they can follow each other in different sequences of time. They can also form a compound chain of successive closed reactions. These radiation effects can lead to the same "final effect" of irradiation. The observable manifestations of these effects which can be based on differen mechanisms of radiation action have, as a rule, different velocities. The dose effect curves for these different radiation effects have consequently also different forms. In the following figure some possible dose effect curves have been shown for illustration on the principal consideration (Fig. 1). One can conclude from this, that in different dose

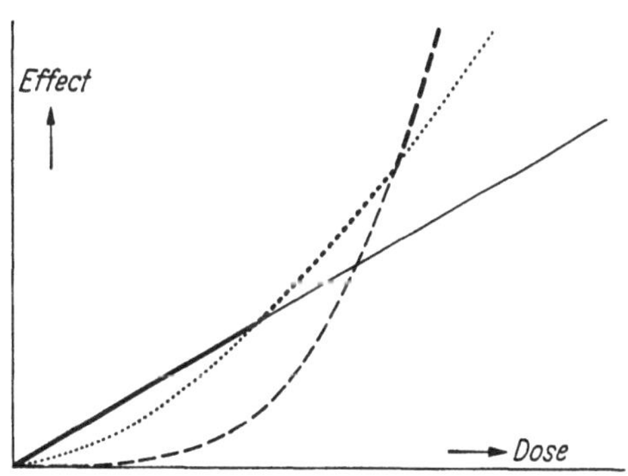

Fig. 1. Superposition of different dose-effect-curves. The observed effect is produced by different mechanisms of radiation action in the different dose ranges

ranges different effects or mechanisms can predominate according to the course of the dose effect curve, i. e. according to the velocity of manifestation. In any case one can establish that the intensity or the degree of the concerned effect is generally different in different dose ranges. This fact must in any case be taken into consideration in comparing observations or measurements. A direct comparison and quantitative relation of effects which are situated in the different dose ranges, it not always admissible, because it leads to wrong conclusions in most of the cases. This fact had not been considered in many experiments, hitherto known. Some of the differences in experimental results can definitely be thereby accounted for.

In my explanations I have tried to clarify some conceptions used in physical and biological researches about radiation — effects on living tissues and living organisms which may help to establish some principal directions for the method of such researches. I believe that this is specially important for a field of research, just beginning but fast developing as this is the case with the biological effects of fast electrons.

## 1.4.3. Depth Dose Curves Determined by Ionization, Film Density, Ferrous Sulphate and Survival Rate of Coli Bacteria and Diploid Yeasts Using a 20 MeV Electron Beam

By

A. WAMBERSIE, A. DUTREIX, J. DUTREIX and M. TUBIANA

With 1 Figure

Depth dose curves in a 20 MeV electron beam were determined by using physical, chemical and biological detectors. Measurements were made in Perspex under similar reproducible geometric conditions.

### *Methods*

1. Ionization measurement were performed with a Balwin Ionex Chamber 6 mm in diameter.

2. Kodak M emulsion was used for film dosimetry, the film being parallel or perpendicular to the beam. The values of the optical densities were corrected according to the response curve : optical density versus dose.

3. Ferrous sulphate was irradiated in Perspex cells. The layer of the $FeSO_4$ was 2 mm thick so that the dose was sufficiently uniform in the whole volume of the detector.

4. Survival of E-Coli and Diploïd Yeast was used as test of biological response. Samples of the same biological suspension were irradiated at different depths simultaneously, at 0° C, and in the same geometrical condition as for the $FeSO_4$.

"The biological depth response curves" or the relative values of RBE in the depth was determined from the survival dose curves at different depths.

## *Results*

1. The agreement between the different detectors was quite satisfactory exept in the 90—80% region where the ionisation chamber showed a little lower response (Fig. 1).

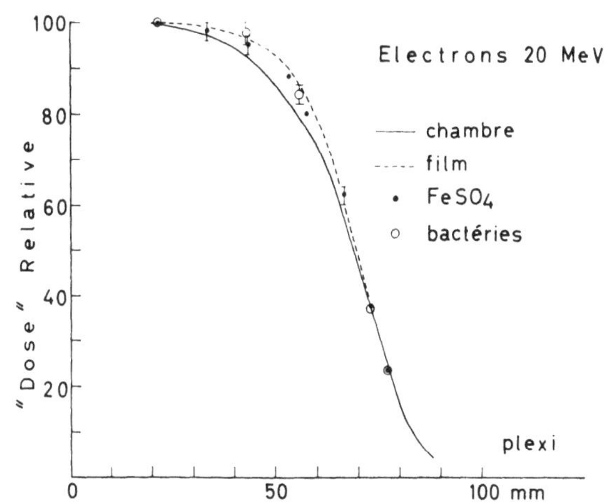


Fig. 1. Depth response curves in a 20 MeV electron beam

We assume that this is due mainly to the greater variation of the response of the chamber with the energy spectrum of the electron beam (which could be explained by the polarisation effect). The calibration factor of our Baldwin chamber is at 10 MeV, 4% higher than at 20 MeV.

Ferrous sulphate seems to be less energy-dependent as confirmed by the calorimetric measurements of GEISSELSODER et al. (1963):
($G_{10\ MeV} = 15.32 \pm 0.34$ and $G_{20\ MeV} = 15.17 \pm 0.28$).

2. Film dosimetry can provide actual depth dose curves if some technical precautions are taken.

3. As far as the bacterial survival rate is concerned we did not find any significant variation of RBE with depth (Table 1). As mentioned elsewhere, absolute RBE of 20 MeV electrons determined by survival curve of E. Coli was found equal to 0.87 and identical to RBE of 20 MeV photons.

Table 1. *Relative RBE at different depths as determined by bacterial survival rate (the doses are measured with $FeSO_4$)*

| Depth (perspex) | Isodose | Relative RBE |
|---|---|---|
| 22 mm | 100% | 1.00 |
| 43 mm | 95% | 0.98 $\sigma=0.03$ |
| 56 mm | 84% | 1.00 $\sigma=0.02$ |
| 73 mm | 37% | 0.99 $\sigma=0.02$ |
| 77 mm | 24% | 0.98 $\sigma=0.03$ |

Table 2. *Relative RBE at different depths as determined by diploïd yeast survival rate (the doses are measured with $FeSO_4$)*

| Depth (perspex) | Isodose | Relative RBE |
|---|---|---|
| 58 mm | 80% | 1.01 $\sigma=0.06$ |
| 73 mm | 37% | 0.95 $\sigma=0.07$ |

4. Experiments with diploïd yeasts did not show variation of RBE with depth (Table 2).

*Conclusion*

The ionisation chamber seems to be less suitable than the ferrous sulphate dosimeter to measure the depth dose curve in an electron beam, because of its greater dependence on the energy spectrum of the electrons.

Moreover the depth dose curve can vary from one chamber to another. No difference of the RBE with depth was found for simple biological systems such as bacteria or diploïd yeasts. However the extrapolation of these results to more complex systems such as mammalian cells requires caution.

## 1.4.3. Diskussionsbemerkungen zur Deutung des Anstiegs der RBW mit der Tiefe

Von

DIETRICH HARDER

Mit 3 Abbildungen

Aus den strahlenbiologischen Erfahrungen mit schweren Ionen, welche im allgemeinen für die Zelltötung ein RBW-Maximum in der Nähe des hohen LET-Wertes 100 keV/$\mu$ ergeben, kann man den Schluß ziehen, daß der von HAYNES und DOLPHIN [1] für schnelle Elektronen berechnete Anstieg des LET-Mittelwertes mit der Tiefe einen entsprechenden Anstieg der RBW bestimmter biologischer Reaktionen zur Folge haben müßte [1]. Das LET-Spektrum der Elektronenstrahlung bei Berücksichtigung der Deltateilchen [2] ist jedoch so breit, daß die Diskussion des LET-

[1] Siehe Referat 1.4.4. (MARKUS).

[2] Sekundärelektronen mit einer Anfangsenergie von mehr als etwa 100 eV werden in der Strahlenbiologie als Deltateilchen bezeichnet.

Mittelwertes nur ein erster Anhaltspunkt sein kann. Die Charakterisierung einer Strahlenqualität durch das LET-Spektrum ist außerdem nur dann für eine nähere strahlenbiologische Untersuchung verwertbar, wenn die betreffenden Teilchen beim Durchgang durch die empfindlichen Bereiche des bestrahlten Materials keine wesentliche LET-Änderung erleiden. Diese Forderung ist bei den langsamen [3] Deltateilchen nicht erfüllt; ihre Reichweiten können sogar klein gegenüber oder vergleichbar mit den Abmessungen empfindlicher Bereiche in der Zelle sein, wie ein Blick auf die Tabellen von LEA zeigt. Zur Beschreibung der räumlichen Verteilung von Energieübertragungsereignissen sind hier die $P(\Delta Z)$-Verteilungen nach Rossi [2] besser geeignet; es liegen aber noch keine entsprechenden Messungen für Elektronenstrahlung, insbesondere über Veränderungen mit der Tiefe, vor.

Die Diskussion des physikalischen Sachverhalts wird jedoch erheblich vereinfacht, wenn man mit WIDEROE [3] von vornherein die sehr plausible Annahme macht, daß nur hohe lokale Energieabgaben, wie sie bei Röntgen- und Elektronenstrahlung ausschließlich an den Enden der Elektronenbahnen auftreten, für die Zelltötung und ähnliche Wirkungen auslösend sind. Diese Hypothese wird durch die Befunde von ALEXANDER und Mitarbeitern über DNS-Hauptkettenbrüche durch Deltateilchen gestützt [4]. Auch eine treffertheoretische Diskussion der Rolle der Deltateilchen bei der Zelltötung im Laufe einer Bestrahlung mit Ionen von relativ niedrigem LET und die Vergleichbarkeit der Zahl getöteter Zellen mit der Zahl von Deltateilchen-Treffern in Zellkernen bei Röntgenbestrahlung sprechen für diese Annahme [5].

Geht man von dieser „Bahnenden-Hypothese" aus, so ist offenbar die Ausnutzung der dem biologischen Objekt zugeführten Strahlungsenergie zur Bildung von Bahnenden für die RBW entscheidend. Diese Ausnutzung wird sinngemäß durch die Zahl der Bahnenden pro Dosis- und Masseneinheit charakterisiert, was gleichbedeutend ist mit der Zahl der Bahnenden pro Einheit der absorbierten Energie [5]. WIDEROE hat diese Größe besonders hervorgehoben. Man kann sie auch als G-Faktor der Bahnenden bezeichnen; wir wollen sie daher im folgenden kurz „Bahnenden-Ausbeute" nennen.

Direkte Messungen der Bahnenden-Ausbeute sind bisher nicht durchgeführt worden. Aus den Ladungsmessungen, die von LAUGHLIN in seiner Einführung und von mir in dem Referat 1.2.2 geschildert worden sind (wobei die Kurven von LAUGHLIN jeweils den Differentialquotienten meiner Kurven darstellen) läßt sich jedoch die Bahnenden-Ausbeute bei Kenntnis des Deltateilchen-Spektrums berechnen. Diese Methode hat den Vorteil, daß Transitionseffekte der Deltateilchen mitberücksichtigt werden können. Die bisher leider geringen Kenntnisse über das Deltateilchenspektrum (siehe 1.1.3. und 1.2.2.) erlauben jedoch die praktische Durchführung dieser Auswertung noch nicht.

Als einzige zuverlässige Methode zur Ermittlung der Bahnenden-Ausbeute steht im Moment die theoretische Berechnung zur Verfügung. Die wesentliche Komplikation besteht in der Theorie in der Berücksichtigung sämtlicher Generationen von Deltateilchen. Dieses Problem ist in der Literatur als „slowing-down"-Problem oder als Degradationsproblem bekannt. Es handelt sich, mathematisch gesehen, um eine Integralgleichung, die den Transport der Elektronen längs der Energieskala beschreibt. Dieses Problem wurde von BURCH [6] für einige Fälle rein numerisch, von SPENCER und FANO [7] nach einer analytischen Umformung in eine für Rechen-

[3] Langsame Elektronen: $\beta < 0{,}1$ bzw. $E_{kin} < 2{,}5$ keV. Mittelschnelle Elektronen: $0{,}1 < \beta < 0{,}9$ bzw. $2{,}5\,\text{keV} < E_{kin} < 600$ keV. Schnelle Elektronen: $\beta > 0{,}9$ bzw. $E_{kin} > 600$ keV. Diese Definitionen sind nicht scharf festgelegt. In diesem Text werden sie in der hier angegebenen Weise verwendet.

automaten besonders günstige Form ebenfalls numerisch und von SCHNEIDER und CORMACK [8] nach der Monte-Carlo-Methode mit übereinstimmenden Ergebnissen behandelt. Diese Methoden wurden von verschiedenen Autoren übernommen und angewendet. Das Ergebnis einer nach diesen Methoden durchgeführten Berechnung der Bahnenden-Ausbeute für verschiedene Photonen- und Elektronenstrahlungen zeigt Abb. 1. Die Berechnung bezieht sich bei Röntgen- und Gammastrahlung auf

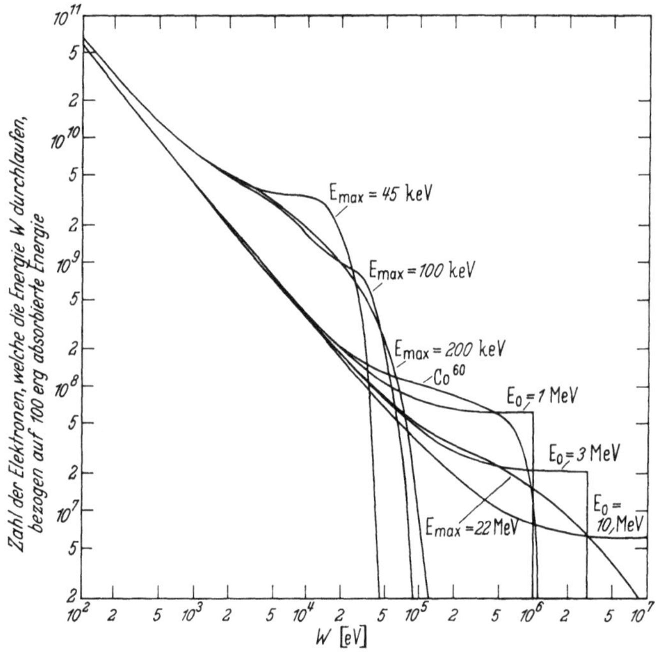


Abb. 1. Bahnenden-Ausbeute verschiedener Strahlenarten in Wasser nach [5]. Elektronenstrahlung: Angabe der Anfangsenergie $E_0$. Röntgenstrahlung: Angabe der maximalen Quantenenergie $E_{max}$

die Verhältnisse bei Elektronengleichgewicht; bei Elektronen auf den räumlichen Mittelwert über die gesamte Eindringtiefe. Es sind Primärelektronen und Deltateilchen gleichzeitig berücksichtigt. Die Bahnenden-Ausbeute ist in Abhängigkeit von der Energie W dargestellt, die auf dem betreffenden Bahnende abgegeben wird. Es handelt sich um integrale Verteilungskurven, d. h. die Ordinate stellt die (auf 100 erg Energieübertragung bezogene) Zahl aller Elektronen dar, die die Energie W bei ihrer Abbremsung durchlaufen. Die Zunahme der Bahnenden-Ausbeute mit abnehmendem W ist die Folge der Sekundärelektronenerzeugung. Die Abbildung zeigt, daß die konventionellen Röntgenstrahlen und die energiereichen Strahlungen zwei getrennte Kurvenscharen bilden, die sich in bezug auf die Bahnenden-Ausbeute an langsamen und mittelschnellen Elektronen deutlich unterscheiden. Hierin kann man den physikalischen Grund für die unter 1 liegende RBW der energiereichen Strahlungen gegenüber konventioneller Röntgenstrahlung für diejenigen Strahlenwirkungen erblicken, auf die die Bahnenden-Hypothese zutrifft.

Das Ergebnis einer tiefenabhängigen Berechnung der Bahnenden-Ausbeute für Elektronenstrahlung zeigt Abb. 2. Bei dieser Rechnung wurde die Energie- und Stückzahlabnahme der schnellen Elektronen mit der Tiefe entsprechend den in Referat 1.1.3. erläuterten experimentellen Ergebnissen berücksichtigt. Die Berechnung der Deltateilchenzahl aller Generationen erfolgte nach der Methode von Spencer und Fano. Die Energie $W$, die auf einem Bahnende abgegeben wird, dient hier als Kurvenparameter. Für Bahnenden mit kleinem $W$ (langsame Elektronen) tritt nur ein sehr schwacher relativer Anstieg mit wachsender Tiefe ein; für die Bahnenden mittelschneller Elektronen prägt sich dieser Anstieg jedoch kräftig aus. Der Grund für diese Erscheinung liegt darin, daß in die Bahnenden-Ausbeute zwei Anteile eingehen, der Anteil der Deltateilchen und der Anteil der Primärelektronen. Der Deltateilchen-Anteil erweist sich als praktisch unabhängig von der Tiefe, sofern man alle Deltateilchen-Generationen berücksichtigt, da die Erzeugung von Deltateilchen für nicht zu hohes $W$ der gesamten Energieabgabe annähernd proportional ist. Der Anstieg der Kurven mit zunehmender Tiefe kommt dagegen vorwiegend durch den Anteil der Primärelektronen zustande. Da die Absolutwerte dieses Anteils von $W$ unabhängig sind — jedes Primärelektron durchläuft alle Werte von $W$ genau einmal — macht sich der Primärteilchenanteil relativ zum Deltateilchenanteil um so stärker bemerkbar, je kleiner der Deltateilchenanteil ist, d. h. je größer $W$ gewählt wird.

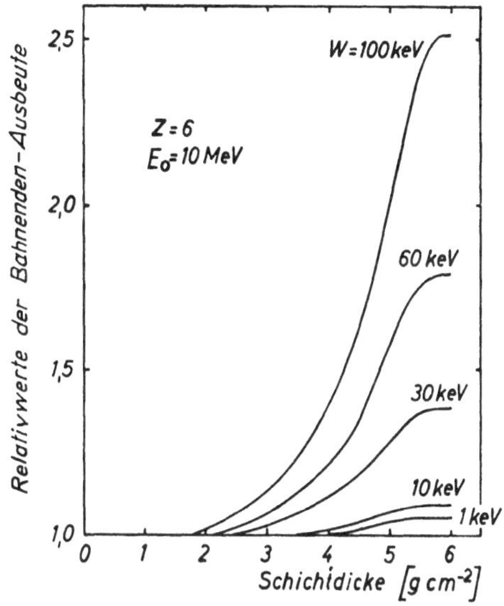


Abb. 2. Bahnenden-Ausbeute schneller Elektronen als Funktion der Tiefe in Kohlenstoff, nach [5]. (Der Wiederabfall der Kurven am Reichweitenende ist nicht eingezeichnet)

In dem Referat 1.1.4 + 1.2.7 wurde ebenfalls ein Anstieg der Bahnenden-Ausbeute mit der Tiefe berechnet, und zwar für den Deltateilchenanteil allein. Hierbei wurde jedoch nur die erste und zweite Deltateilchen-Generation berücksichtigt. Die Genauigkeit dieser Approximation nimmt mit wachsender Energie der Primärelektronen ab, da die mögliche Zahl von Generationen bis zur Abbremsung auf die Energie $W$ zunimmt; d. h. die Genauigkeit dieser Approximation ist tiefenabhängig. Eine Erweiterung dieser Rechnungen auf alle Generationen und die zusätzliche Berücksichtigung der Primärteilchen müßte jedoch das gleiche Resultat haben, wie es in Abb. 2 dargestellt ist.

Der Transport von Deltateilchen von ihrem Entstehungsort in größere Tiefe ist übrigens sowohl in Abb. 2 als auch in der Rechnung von Ref. 1.1.4 + 1.2.7 vernachlässigt. Transitionseffekte bezüglich der Bahnenden-Ausbeute verdienen jedoch eine nähere Untersuchung, da sie eine Abweichung von der behaupteten Tiefenunabhängigkeit des Deltateilchen-Anteils verursachen. Es ist jedoch zu erwarten, daß diese Abweichungen bei kleinem $W$ sehr gering sind, da die Zahl der Bahnenden langsamer Elektronen stets annähernd proportional der absorbierten Energie ist. Auch Transitionseffekte können nur die Bahnenden-Ausbeute mittelschneller Elektronen in ihrer Tiefenabhängigkeit merklich beeinflussen.

Es sei noch erwähnt, daß der Anstieg der Bahnenden-Ausbeute mittelschneller Elektronen um so steiler ist, je steiler die Zahl der Primärelektronen (s. Ref. 1.1.3., Abb. 6) mit der Tiefe abfällt.

Das Ergebnis dieser Rechnungen und Überlegungen zur Tiefenabhängigkeit der Bahnenden-Ausbeute läßt sich nach dem gegenwärtigen Stand also in der Weise formulieren, daß die Bahnenden-Ausbeute für langsame Elektronen nur sehr wenig, für mittelschnelle Elektronen jedoch beträchtlich mit der Tiefe zunimmt. Hierbei ist allerdings zu bedenken, daß die Absolutausbeute an langsamen Elektronen gemäß Abb. 1 die größere ist. Es tritt nun die strahlenbiologische Frage auf, ob und wie diese zunächst rein physikalische Erscheinung mit der Tiefenabhängigkeit der RBW kausal zusammenhängt.

Für eine solche Diskussion kann man einmal experimentelle Erfahrungen und außerdem bewährte strahlenbiologische Modellvorstellungen heranziehen. Experimente mit langsamen und mittelschnellen Elektronen definierter Energie lassen sich an biologischen Objekten am einfachsten mit Hilfe monochromatischer Röntgenstrahlen durchführen, von denen sie als Photoelektronen im bestrahlten Material gebildet werden. Die klassischen strahlenbiologischen Experimente nach dieser Methode sind allgemein bekannt. Das Experiment von Lea und Catcheside über Chromosomenaberrationen and Tradescantia-Pollen durch monochromatische Röntgenstrahlen wurde übrigens kürzlich von Neary, Savage und Evans wiederholt [9], wobei die früheren Ergebnisse nur teilweise bestätigt werden konnten. Bei einer Reihe der klassischen Experimente, jedoch nicht bei allen Objekten, und speziell auch für die von Neary und Mitarb. studierten Isochromatid-Brüche ergab sich ein Anstieg der Wirksamkeit mit wachsender Quanten- bzw. Elektronenenergie im Bereich von einigen keV. Dies ist zunächst ein experimenteller Hinweis auf die Bedeutung der mittelschnellen Elektronen.

Die Frage der strahlenbiologischen Modellvorstellungen ist genau die gleiche wie bei den soeben genannten Experimenten und wird in den entsprechenden Arbeiten in extenso diskutiert. So findet man im Modell der Treffertheorie häufig das Bild des unterteilten Treffbereichs, bei dem beide Teilbereiche eine gewisse Entfernung voneinander haben. Dieses Bild wird z. B. bei denjenigen Chromosomenaberrationen gebraucht, bei denen zwei Chromosomen oder zwei Chromatiden beteiligt sind. Man vergleicht den Abstand der beiden Teilbereiche mit der Reichweite langsamer und mittelschneller Elektronen und findet, daß die Chance eines Elektrons, beide Teilbereiche in einem Durchgang zu treffen, in einem bestimmten Energiebereich mit wachsender Energie bzw. Reichweite zunimmt. Langsame Elektronen, deren Reichweite hierzu nicht ausreicht, können dagegen die beiden Teilbereiche nur in zwei voneinander unabhängigen Ereignissen treffen. Hierbei ist natürlich zu beachten, daß mit wachsender Energie bzw. Reichweite der LET abnimmt. Dies ist jedoch nur eine Aussage über den mittleren LET-Wert. Betrachtet man die Bahn eines mittelschnellen Elektrons (Abb. 3), so beobachtet man längs dieser Bahn in immer kleiner werdenden Abständen die Zweigbahnen langsamer Deltateilchen; der mittlere Abstand des letzten Deltateilchens vom eigentlichen Bahnende beträgt nur noch einige hundert Å. Das mittelschnelle Elektron erscheint also gewissermaßen als ein Transportmittel der notwendigen Reichweite, das für eine bestimmte räumliche Anordnung von gleichzeitig auftretenden langsamen Elektronen hoher lokaler Energieabgabe sorgt. Man kann sagen, daß mittelschnelle Elektronen kleine räumlich und zeitlich zusammenhängende *Gruppen* von langsamen, dicht ionisierender Elektronen erzeugen, während dieser Zusammenhang bei den von Photonen oder schnellen Elektronen *vereinzelt* erzeugten langsamen Elektronen fehlt.

Ein anderes treffertheoretisches Modell ist das des ungeteilten Treffbereiches, der zu seinem „Ansprechen" jedoch eine gewisse Mindestzufuhr an Energie benötigt. Diese Energie kann von mittelschnellen Elektronen unter Umständen in einer geringeren Zahl von Durchgängen abgegeben werden, als es bei langsamen Elektronen der Fall ist.

Diese Überlegungen zeigen, daß es nach der Erfahrung mit langsamen und mittelschnellen Elektronen durchaus Möglichkeiten für eine kausale Beziehung zwischen dem Anstieg der Bahnenden-Ausbeute mittelschneller Elektronen und dem RBW-Anstieg mit der Tiefe gibt. Als Probe der erläuterten Modellvorstellungen hätte man z. B. zu untersuchen, ob bei biologischen Objekten, die den RBW-Anstieg zeigen, mit wachsender Tiefe eine Formänderung der Dosis-Effekt-Kurve im Sinne einer Zunahme des exponentiellen Anteils und eine Abnahme der Dosisleistungsabhängigkeit auftreten. Eine Bestätigung der bevorzugten Wirksamkeit von mittel-

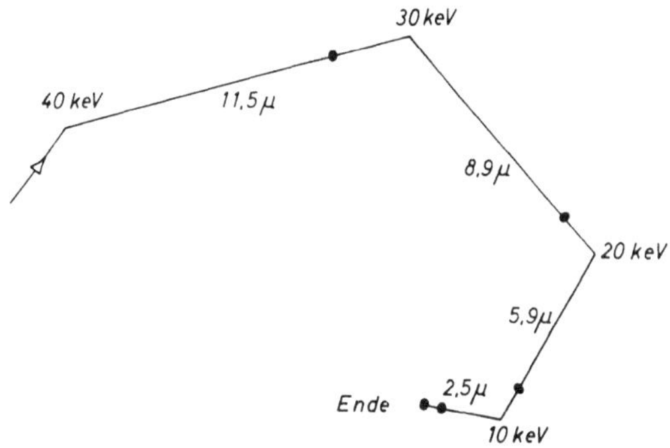


Abb. 3. Schema der Bahn eines mittelschnellen Elektrons in Wasser. ● langsames Deltateilchen von etwa 1 keV Anfangsenergie

schnellen Elektronen würde übrigens auch einen besonderen Aspekt für die biologischen Wirkungen der von inkorporierten Betastrahlern wie z. B. Tritium ausgesandten mittelschnellen Elektronen schaffen.

## Zusammenfassung

Nach der Bahnenden-Hypothese ist die Bahnenden-Ausbeute, d. h. die Zahl der Bahnenden von Elektronen pro Dosis- und Masseneinheit, für die RBW von Röntgen- und Elektronenstrahlung bezüglich der Zelltötung und ähnlicher Wirkungen maßgeblich. Theoretische Berechnungen der Bahnenden-Ausbeute zeigen, daß bei Elektronenstrahlung die Bahnenden-Ausbeute der mittelschnellen Elektronen, nicht aber diejenige der langsamen Elektronen, mit wachsender Tiefe zunimmt. Anhand eines Rückblicks auf strahlenbiologische Untersuchungen mit langsamen und mittelschnellen Elektronen werden die Möglichkeiten einer besonderen Wirksamkeit mittelschneller Elektronen diskutiert. Mittelschnelle Elektronen sind in der Lage, räumlich und zeitlich zusammenhängende Gruppen von langsamen Elektronen hoher lokaler Energieabgabe im biologischen Material zu erzeugen.

## Summary

According to the so called "trajectory end"-hypothesis for electrons in matter, the number of trajectory-ends per dose and mass unit is responsible for the value of the RBE as regards destruction of cells and similar effects. Theoretical calculations of the yield of the trajectory-ends for electrons show that this quantity increases for medium energy electrons — not however for slow electrons — with increasing depth. In connection with radiobiological experiments with slow and medium energy electrons the biological efficiency of the latter is being discussed. Medium energy electrons have the possibility of creating in biologial material groups of low energy electrons with high local energy deposition.

## Literatur

1. HAYNES, H., and G. W. DOLPHIN: The calculation of linear energy transfer, with special reference to a 14 MeV electron beam and 10 MeV per nucleon ion beams. Phys. Med. Biol. **4**, 148 (1959).
2. ROSSI, H. H.: Distribution of radiation energy in the cell. Radiology **78**, 530 (1962).
3. WIDEROE, R.: Physikalische Untersuchungen zur Therapie mit hochenergetischen Elektronenstrahlen. Strahlentherapie **113**, 161 (1960).
4. LETT, J. T., K. A. STACEY and P. ALEXANDER: Crosslinking of dry deoxyribonucleic acids by electrons. Rad. Res. **14**, 349 (1961).
5. HARDER, D.: Physikalische Grundlagen zur relativen biologischen Wirksamkeit verschiedener Strahlenarten. Biophysik **1**, 225 (1964).
6. BURCH, P. R. J.: Calculations of energy dissipation characteristics in water for various radiations. Rad. Res. **6**, 289 (1957).
7. SPENCER, L. V., and U. FANO: Energy spectrum resulting from electron slowing down. Phys. Rev. **93**, 1172 (1954).
8. SCHNEIDER, D. O., and D. V. CORMACK: Monte Carlo Calculations of electron energy loss. Rad. Res. **11**, 418 (1959).
9. NEARY, G. J., J. R. K. SAVAGE, and H. J. EVANS: Int. J. Radiat. Biol. **8**, 1 (1964).

# 1.4.4. Physikalische und biologische Tiefendosiskurven schneller Elektronen

Von

BENNO MARKUS

Mit 2 Abbildungen

Was eine physikalische Tiefendosiskurve ist, wollen wir dem heutigen Stand der Dosimetrie entsprechend als bekannt voraussetzen. Was aber ist eine biologische Tiefendosiskurve? Zunächst ist dieser Begriff in Verbindung mit biologischen Dosismaßen zu bringen, also geeigneten biologischen Reaktionen, welche eine eindeutige Funktion der (physikalischen) Dosis sind. So kann der physikalischen Tiefendosis eine biologische Tiefendosis zugeordnet werden, wenn die Dosis-Effekt-Kurve bekannt ist. Im allgemeinen stimmt die relative Verteilung der biologischen nicht mit der relativen Verteilung der physikalischen Tiefendosis überein. Diese gilt nur in dem Sonderfall, in welchem die Dosiseffektkurve linear ist, also der biologische Effekt streng der physikalischen Dosis proportional. Ist die Dosis-Effekt-Kurve nichtlinear, so hängt die relative biologische Tiefendosiskurve selbstverständlich auch noch vom Bereich der physikalischen Dosis ab.

Es ist historisch interessant, daß gerade für schnelle Elektronen die erste gemessene Tiefendosiskurve eine biologische Tiefendosiskurve war. Sie stammt von GLOCKER, KUGLER und LANGENDORFF (1934) und wurde aus der Abtötung von Drosophila-Eiern ermittelt.

In unseren folgenden Betrachtungen meinen wir nun nicht diese einfache biologische Tiefendosiskurve.

Ausgang ist die Idee, welche in den Jahren 1959/60 gleichzeitig an mehreren Stellen unabhängig voneinander auftauchte: daß eine bestimmte Dosis schneller Elektronen, in verschiedenen Körpertiefen verabfolgt, gar nicht a priori den gleichen biologischen Effekt geben muß, im Gegenteil, dies gar nicht erwartet werden kann, wenn man weiß, daß die betrachtete biologische Reaktion merklich vom LET abhängig ist. Auf Grund von gemessenen Elektronenspektren in verschiedenen Körpertiefen und Berechnungen des LET für schnelle Elektronen durch HAYNES und DOLPHIN (1959) zeigt der mittlere LET schneller Elektronen eine deutliche Zunahme mit der Körpertiefe. Wie Sie wissen, wurde von WIDERÖE (1960) für ein einfaches biologisches Modell theoretisch gezeigt, daß die relative biologische Wirkung in der Tiefe dort anzusteigen beginnen sollte, wo die ersten primären Elektronenbahnen enden, also die Tiefendosiskurve abzufallen beginnt. Die erhöhte biologische Wirkung wurde dabei den Elektronenbahnenden zugeschrieben und so für 30-MeV-Elektronen eine „biologische Tiefendosiskurve" konstruiert.

Der Effekt wurde, wie Sie ebenfalls wissen, auch gleichzeitig experimentell nachgewiesen durch die Wirkungszunahme in der Tiefe bei der Abtötung von 1- und 4stündigen Drosophila-Embryonen (MARKUS und STICINSKY, 1961, 1963); ferner aus der Beobachtung von Mitosestörungen an Mäuse-Fibroblasten (PETERS und BREITLING, 1963) sowie an Erbsenkeimlingen und einigen anderen Testobjekten durch Wachstumseffekte von WACHSMANN und KORB (1964); sämtliche Experimente mit Elektronenenergien zwischen 14 und 17 MeV, Tiefen bis 20% rel. Tiefendosis.

Demgegenüber trat kein Effekt in Erscheinung in den sehr umfassenden Versuchen von FRITZ-NIGGLI und SCHINZ (1961, 1962), durchgeführt mit 30-MeV-Elektronen, ebenfalls an 1- und 4stündigen Drosophila-Embryonen, Tiefen etwa 45 bzw. 85% rel. Tiefendosis, sowie von SCHULZ, SCHULTZ und BOTSTEIN (1963), gemessen an der LD 50/30 d an Mäusen mit 35-MeV-Elektronen in der Tiefe von 60% rel. Tiefendosis. Eine Diskussion zu diesem Ausbleiben des Effekts kann vielleicht anschließend erfolgen.

Eine weitere theoretische Untersuchung des Effektes, ausgehend von der quantitativen Zunahme langsamer und mittelschneller Elektronen in der Körpertiefe wurde in der ausführlichen Diskussion zur RBW ionisierender Strahlen von HARDER (1964) durchgeführt. Der Verf. erwartet danach, daß der Effekt wesentlich durch Sekundärelektronen mit Energien oberhalb von 1 keV erzeugt wird, nicht von langsameren Elektronen, und dadurch ein

Maximum in einer bestimmten Körpertiefe vor Ende der Reichweite aufweisen sollte. Die Experimente von Peters und Breitling (1963) mit 250 „R" Ionisationsdosis ergaben tatsächlich ein Maximum des Effekts in etwa 60% der maximalen Reichweite.

Vor dem kurzen Bericht über einige weitere Ergebnisse sei nun zunächst die Frage nach einer zweckmäßigen quantitativen und allgemeineren Beschreibung des Effekts diskutiert. Dazu bieten sich zwei Möglichkeiten an:

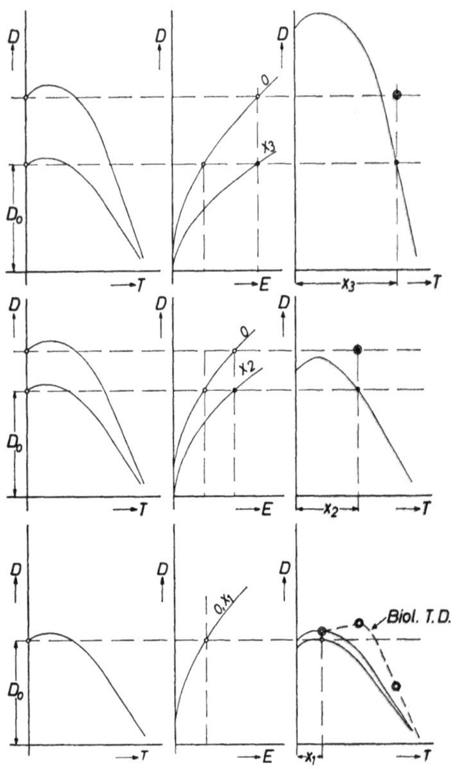


Abb. 1. Zur Konstruktion „Biologischer Tiefendosiskurven" (Biol. T.D., strichliert) bei konstanter Objektdosis $D_0$ in den verschiedenen Bestrahlungstiefen $T$ (0, $x_1$, $x_2$, $x_3$); die äquivalenten Dosen bei Bestrahlung in der Bezugstiefe (im Beispiel die Oberfläche) folgen aus den Dosis-Effektkurven ($D$ über $E$)

a) Mit einem „Wirkungsfaktor" oder „Wirkungsquotienten" kann beschrieben werden, wievielmal größer der Dosiseffekt in der betrachteten Tiefe gegenüber der Oberfläche oder einer anderen Bezugstiefe ist; in Abhängigkeit von der Tiefe könnte man dann die Einzelwerte zu einer „Tiefenwirkungskurve" zusammenfassen.

b) Es wird eine Bezugsbestrahlung angegeben, welche den *gleichen* Effekt erzeugt wie die Bestrahlung in der betrachteten Tiefe. Dieses Vorgehen entspricht der Alternative bei der Definition der RBW zweier Strahlungen, wobei entweder auf gleiche Dosis oder auf gleichen Effekt bezogen wird. Heute wird wohl ausschließlich die letztere Konzeption verwendet, und man kann dann dementsprechend von der RBW der Strahlung in der Tiefe gegenüber der Strahlung an der Oberfläche (oder anderen Bezugstiefe) sprechen. Es muß jedoch berücksichtigt werden, daß die RBW von der Tiefe und von der jeweiligen Dosis abhängen kann.

Im praktischen Vorgehen bestehen für b) weiter noch zwei folgende Möglichkeiten: 1. Es wird mit einer bestimmten, konstanten Dosis bestrahlt und die Tiefe variiert (der Zeitfaktor sei in allen Fällen durch die

Wahl geeigneter Bestrahlungsbedingungen eliminiert); sodann wird diejenige Dosis bestimmt, welche in der Oberfläche bzw. Bezugstiefe den gleichen Effekt macht; mit dem so gegebenen RBW-Wert wird die jeweilige physikalische Tiefendosis in der betrachteten Tiefe multipliziert. Abb. 1 zeigt dies schematisch für 3 verschiedene Beobachtungstiefen mit den zugehörigen Dosis-Effekt-Kurven. Die konstante Dosis ist mit $D_0$ bezeichnet. In diesem Falle braucht zur Konstruktion des ebenfalls als „biologische Tiefendosiskurve" bezeichneten Ergebnisses nur die Dosis-Effekt-Kurve für Bestrahlung an der Oberfläche bekannt sein, in allen Tiefen nur der Wert des Effekts für die Dosis $D_0$.

2. Es wird bei konstanter Oberflächendosis in jeder Tiefe mit dem jeweils vorhandenen Wert der Tiefendosis bestrahlt (Abb. 2). Mit diesem individuellen Wert wird der Effekt bestimmt und dann wieder diejenige Dosis, welche an der Oberfläche denselben Effekt ergibt. Diese so bestimmte Ersatzdosis ist unmittelbar der Wert der „biologischen Tiefendosis".

In diesem Falle 2. ist zur Aufstellung der vollständigen biologischen Tiefendosiskurve außer der Oberfläche auch die zu jeder Tiefe gehörige Dosis-Effekt-Kurve erforderlich. Die biologische Tiefendosiskurve enthält entsprechend mehr an Informationen und verdient nach der persönlichen Ansicht des Verf. allein die Bezeichnung „biologische Tiefendosiskurve".

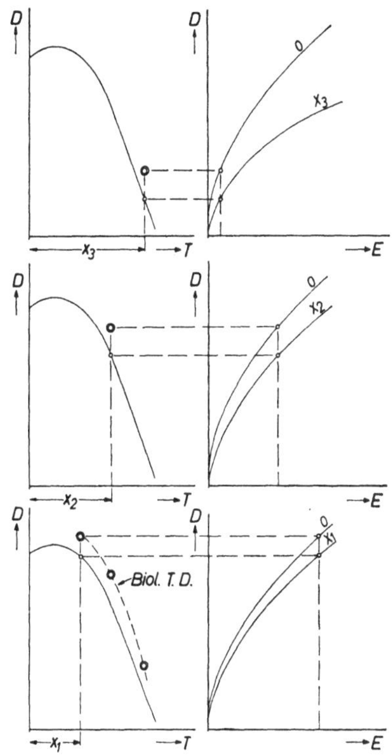


Abb. 2. Zur Konstruktion „Biologischer Tiefendosiskurven" (Biol. T.D., strichliert) bei Bestrahlung mit konstanter Oberflächendosis, somit Objektdosen ($D$), welche dem zur jeweiligen Tiefe ($x_1$, $x_2$, $x_3$) gehörigen Wert der Tiefendosiskurve entsprechen; die äquivalenten Dosen in der Bezugstiefe (im Beispiel die Oberfläche) folgen aus den Dosis-Effekt-Kurven ($D$ über $E$)

Wir bemerken, daß in beiden Fällen die biologische Tiefendosiskurve jeweils nur für einen ganz bestimmten Wert der Oberflächendosis gilt mit den Ausnahmen, wenn beide Dosiseffektkurven linear oder rein exponentiell sind, d. h. die RBW entlang der gesamten Dosis-Effekt-Kurve konstant bleiben.

Aus dem Gesagten erkennen wir, wie wichtig für ein vollständiges Bild die Kenntnis der gesamten Dosis-Effekt-Kurve ist. Die Abhängigkeit der

RBW von der Dosis wurde von uns ermittelt, und zwar aus den Dosis-Effekt-Kurven für die Sterilisierung von HeLa-Zellen in den Tiefen von 100 und 30% rel. Tiefendosis bei 14,2 MeV Elektronenenergie, und analog für das Auftreten von Mitose-Aberrationen der Ana- und Telophasen in Wurzelspitzenzellen von Allium cepa; ferner vergleichsweise die Bestrahlung von HeLa-Zellen (an der Oberfläche) gegenüber 200-kV-Röntgenstrahlung (Marquardt und Markus, 1964). Bemerkenswert erscheint hierbei, daß gerade im Bereich kleiner Dosen die RBW bei den praktisch so bedeutsamen sigmoiden Dosis-Effekt-Kurven relativ kleine Werte annimmt, das bedeutet, mit fortschreitender Körpertiefe einen verstärkten Effekt erwarten läßt.

Aus unseren Beobachtungen geht hervor, daß die Strahlung in der 30%-Tiefe in ihrer Wirkung zwischen derjenigen von 200-kV-Röntgenstrahlen und von 14,2-MeV-Elektronen liegt.

Wir sehen dies auch nochmals in einem Bild unserer früheren Drosophila-Versuche (Markus und Sticinsky, 1963).

Aus diesem letzten Bild erkennen wir weiterhin nochmals, wie stark der Effekt der verstärkten Wirkung in der Tiefe von der jeweils beobachteten Reaktion abhängt (Eialter, Dosis). Dasselbe erkennen wir aus dem Verlauf der genannten Allium-Aberrationen in Abhängigkeit von der Restitutionszeit nach Bestrahlung mit 100 „R“; die RBW ändert sich von Werten kleiner 1 auf Werte größer 1 (wir beziehen unsere RBW, da unsere Elektronenstrahlung in der Tiefe in der Wirkung der der konventionellen Röntgenstrahlung recht nahe kommt, in Analogie zum üblichen Vorgehen auf die Strahlung in der Tiefe).

Abschließend noch kurz zur Dosimetrie: Ihre Genauigkeit kann entscheidend sein für den Nachweis des Effekts. Gemeint ist die Messung und Umrechnung der Ionisationsdosis in Werte der Energiedosis. Wir sind selbst so vorgegangen, daß wir zur Dosisbestimmung in der Tiefe die effektive Elektronenenergie aus der Restreichweite berechnen und für diese Energie den Umrechnungsfaktor rad/„R“ unseren letzten Berechnungen (Markus, 1964) über das vollständige Elektronenspektrum entnehmen. Bei Messung mit einer kleinen Phantom-Ionisationskammer (Simplex-Weichstrahlkammer) glauben wir, mit dem absoluten Dosisfehler unter 10% und mit dem relativen entsprechend darunter zu liegen. Damit erscheinen uns die gezeigten Effekte reell. Die Relativwerte der Dosis entlang der Tiefendosiskurve werden durch diese Umrechnung nicht sehr stark beeinflußt.

## Summary

A biological depth dose curve gives us the possibility to correlate always every point of a physical depth dose curve with the biological effects. In case of fast electrons the effect of a distinct dose, but given in different depths is not the same.

Two irradiation possibilities are discussed:

a) irradiation with an equal constant dose in every depth (equal irradiation time),

b) constant surface dose and different dose in every depth with determination of the dose which gives equal effect as on the surface.

Experiments with HeLa and Allium Cepa cells irradiated at different depth in a phantom shows that especially for small doses the RBE is far from unity e. g. an increasing biological effect with increasing material depth is to be expected. Furthermore the efficiency of electrons in a depth corresponding to 30% — value of the phantom depth dose curve lies between that of 200 KeV x-rays and that of electrons at the surface of the irradiated phantom.

The importance on an accurate physical dosimetry is stressed.

### Literatur

FRITZ-NIGGLI, H., und H. SCHINZ: Strahlentherapie **115**, 379 (1961); **118**, 503 (1962).

GLOCKER, R., G. KUGLER und H. LANGENDORFF: Strahlentherapie **51**, 129 (1934).

HARDER, D.: Biophysik **1**, 225 (1964).

HAYNES, R. H., und G. W. DOLPHIN: Phys. Med. Biol. **4**, 148 (1959).

MARKUS, B., und E. STICINSKY: Strahlentherapie **115**, 394 (1961); **120**, 262 (1963). — Strahlentherapie **123**, 350, 508 (1964); **124**, 33 (1964).

MARQUARDT, K., und B. MARKUS: Dtsch. Röntg.-Kongr. 1964 (im Druck Strahlentherapie).

PETERS, K., und G. BREITLING: Strahlentherapie **122**, 83 (1963).

SCHULZ, R. J.: Radiology **80**, 301 (1963).

WACHSMANN, F., und G. KORB: Biophysik **2**, 11 (1964).

WIDERÖE, R.: Strahlentherapie **113**, 161 (1960).

## 1.4.5. Neutron Contamination of Electron Beams

By

MÅRTEN BRENNER

With 2 Figures

In an electron accelerator a considerable part of the electrons strike atoms of medium or high atomic numbers. By the stopping of the electrons, neutrons are produced by absorption of the Bremsstrahlung due to the acceleration of the electrons in the field of the atoms.

Our experience in Helsinki of the neutrons accompanying the electrons of a 35 MeV Asklepitron show that the neutron dose as calculated close to the skin in the centre of the field is less than 3.6 per mille of the corresponding electron dose. This figure can be considered a cautious upper limit of the neutron dose rather than a probable estimate of the real value. In other words the neutron dose corresponding to a 1000 rad electron dose is less than 3.5 rem. Because of the slowly decreasing depth-dose curve this figure applies also roughly to the situation in the depth.

This result is calculated from the 9.5 min activity of $Mg^{27}$ produced in aluminium plates 1 mm thick and 3 cm diameter when irradiated during 15 min with 34 MeV electrons with a dose rate of 340 rad/min using a small field with 3 cm diameter. The reaction leading to the magnesium activity is written $Al^{27}$ $(n,p)$ $Mg^{27}$. The maximum energies of the two beta disintegrations of $Mg^{27}$ are 1.50 MeV (42%) and 1.75 MeV (58%) resp. A smooth (simplified) cross-section curve is shown in Fig. 1. The cross-

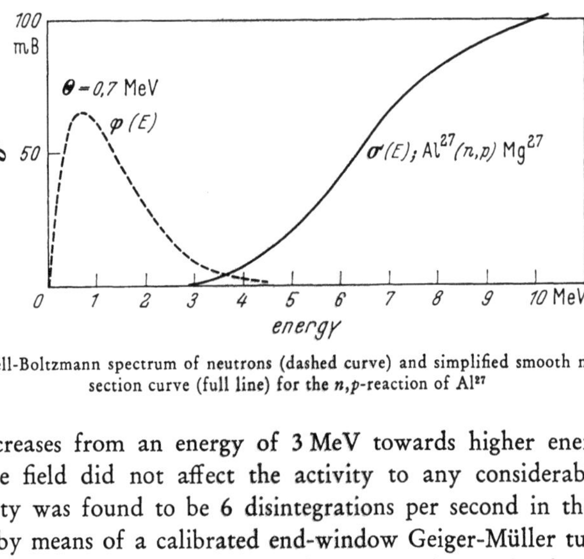


Fig. 1. Maxwell-Boltzmann spectrum of neutrons (dashed curve) and simplified smooth neutron cross-section curve (full line) for the $n,p$-reaction of $Al^{27}$

section increases from an energy of 3 MeV towards higher energies. The size of the field did not affect the activity to any considerable extent. The activity was found to be 6 disintegrations per second in the plate as measured by means of a calibrated end-window Geiger-Müller tube.

The first step in the calculation of the neutron dose is the determination of the effective cross-section for the reaction producing the activity while taking into account the spectrum of the neutrons. The effective cross-section can be written

$$\bar{\sigma} = \frac{\int \varphi(E)\,\sigma(E)\,dE}{\int \varphi(E)\,dE}$$

where $\varphi(E)$ is the flux of the neutrons per unit energy interval for the energy $E$ and $\sigma(E)$ the cross-section. For calculating $\bar{\sigma}$ the experimental cross-sections published by LISKIEN and PAULSEN [3] were used. We assumed a Maxwell-Boltzmann shaped neutron spectrum corresponding to a temperature [1] of 0.7 MeV for the $Mg^{27}$ nucleus in its excited state (Fig. 1). This is a pessimistic assumption giving a low effective cross-section because the high energy part of the cross-section curve overlaps only in a small region (Fig. 1). A more realistic temperature of 0.9 MeV would give a longer tail and correspondingly a higher cross-section. This is illustrated in Fig. 2. A more detailed study of the Maxwell-Boltzmann-type spectrum of photo-neutrons has been given by DIVEN and ALMY [2].

The second step of the calculations is to determine the neutron flux using the obtained effective cross-section. The third step is the calculation of the neutron dose in rem per neutron impinging on a cm² area taking a mean value for the neutrons of the assumed spectrum. We have used the values of SNYDER and NEUFELD [4] which assume a RBE-value or a QF (quality factor) of 10.

As we see our estimate of the neutron dose depends much on the neutron spectron assumed. The validity of our choice of a Maxwell-Boltzmann spectrum can be discussed theoretically. Neutrons are produced by absorption of photons in the collimators and other heavy parts. The nuclear process can happen in two ways.

1. By compound nucleus formation in which case the energy of the incoming photon is delivered to the entire nucleus whereupon the neutrons "boil off" the nuclear surface. The momentum of the incoming photon is given to the heavy nucleus so as to give an isotropic distribution of the neutron in the space around the source. The spectrum is of a Maxwell-Boltzmann-type.

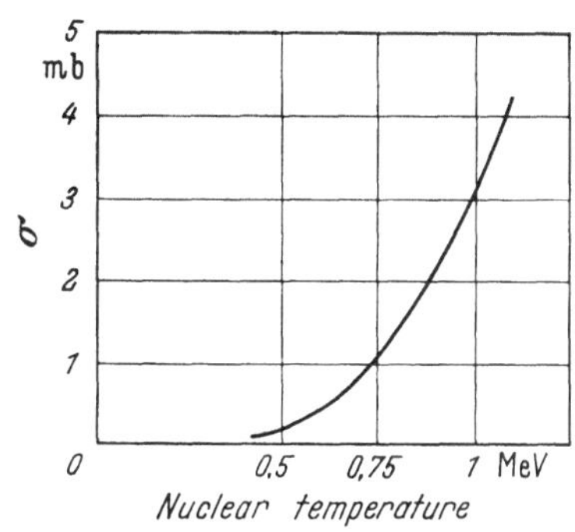

Fig. 2. The effective $Al^{27}$ $n,p$-cross-section in mb for Maxwell-Boltzmann distributed neutrons as a function of the nuclear temperature in MeV

2. The process can be a direct interaction between a photon and a neutron of the nucleus. The distribution of the neutrons will have a peak in the forward direction because the momentum of the photon will be carried away by the neutron ejected. This type of reaction has repeatedly been observed by investigators studying photon absorption in lead and other heavy nuclei within this energy region [5]. The spectrum resembles the photon spectrum. Its upper limit equals the electron energy less approx. 7 MeV or the binding energy of the neutron in the nucleus. Thus 35 MeV electrons would be accompanied by neutrons of energies up to 28 MeV.

The measurement of the distribution of the neutrons can give evidence for a direct interaction process just mentioned. The activity of $Mg^{27}$ as measured at different distances from the centre of a betatron field shows a broad maximum at the central axis of the field. The presence of neutrons of high energies is typical for the direct interaction process. These neutrons make the neutron spectrum harder than the Maxwell-Boltzmann spectrum assumed in our calculations. It will make the effective cross-section used in our calculation higher and will reduce the estimated value of the neutron dose even more.

Thus in therapy the importance of the contaminating neutrons may be considered negligible. Although the distribution of the high energy neutrons goes forward so as to coincide with the direction of the field they will not be limited by the collimators, in which the mean free path of the neutrons is of the order of 10 cm. Thus the neutrons will be present outside the field, but their dose is also less than the 3.5 per mille mentioned. Even if we apply a *QF* of 30 instead of 10 used by Snyder and Neufelt the neutron dose would be less than 60 rem outside a 6000 rad field applied in a treatment in the vicinity of the eyes.

## References

1. Blatt, J. M., and V. F. Weisskopf: Theoretical Nuclear Physics. First edition p. 368. J. Wiley 1952.
2. Diven, B. C., and G. M. Almy: Phys. Rev. **80**, 407 (1950).
3. Liskien, H., and A. Paulsen: Complication of Cross-sections for Some Neutron Induced Threshold Reactions, European Atomic Energy Community-Euratom, EUR 119.e (1963).
4. Snyder, W. S., and J. Neufeld: Brit. J. Radiol. **28**, 347 (1955).
5. Asada, I. T., M. Masuda, M. Okumura, and J. Okuma: J. Phys. Soc. Japan **13**, 1—4 (1958). Cf also ref. of this article.

# 1.4.6. Über die Zusatzdosis durch Betatron-Neutronen

Von

Dietrich Frost und Lothar Michel

Mit 2 Abbildungen

Die Neutronendosis außerhalb des Zentralstrahls ist im Rahmen der Strahlenschutzmessungen mehrfach bestimmt worden. Über die Neutronenkomponente innerhalb des Strahlkegels sind die Angaben der Literatur nur sehr ungenau und selten. Wir haben uns daher die Abschätzung dieser Zusatzdosis zur Aufgabe gemacht.

Wie in [*1*] erwähnt, haben wir eine Trennung in die von der Maschine kommenden und die im Gewebe erzeugten Neutronen vorgenommen. Im Bestrahlungsabstand von 1,1 m liefert das Asklepitron 35:

etwa $10^5$n/cm$^2$·sec im Bremsstrahlbetrieb
und etwa $10^4$n/cm$^2$·sec im Elektronenstrahl.

Unter Anwendung der Neutronendosisfunktion von Snyder und Neufeld [*2*] kann man dann die Dosis von 1,1 m Abstand angeben. Sie beträgt:

etwa 1,8 rem/100 rad Einstrahldosis durch Bremsstrahlung
und 0,1 rem/100 rad Einstrahldosis durch Elektronen.

Diese Neutronen-Komponente ist strahlenschutzmäßig wenig bedeutend. Bei der Bestrahlung von Patienten überlagert sich jedoch die Neutronen-Quellstärke des Gewebes durch $\gamma, n$-Effekt bzw. Elektronendisintegration — und $\gamma, n$-Effekt sowie durch $\gamma, n$-Prozesse. Diese Zusatz-Komponente ist nicht unerheblich. Sie erhöht die Gesamtdosis durch Neutroneneinfall auf:

9,5 rem/100 rad für Bremsstrahlung und
0,35 rem/100 rad für Elektronenstrahlung.

Hinzu kommt nun die Dosiskomponente durch die Gewebeaktivierung. Hier lagen bisher nur die Messungen von Joyet und Wäffler [3] vor.

Das Gammaspektrum eines Patienten nach Betatronbestrahlung mit 34 MeV mit 1500 R Eintrittsdosis (Thorax) und einer Feldgröße von 14×14 cm zeigt Abb. 1 im 10 g-Maßstab bei 10 min Zähldauer.

Der Vernichtungsstrahlungs-Peak überragt alle übrigen um etwa 2 Zehnerpotenzen. Er kennzeichnet damit die dominierende Dosis-Komponente.

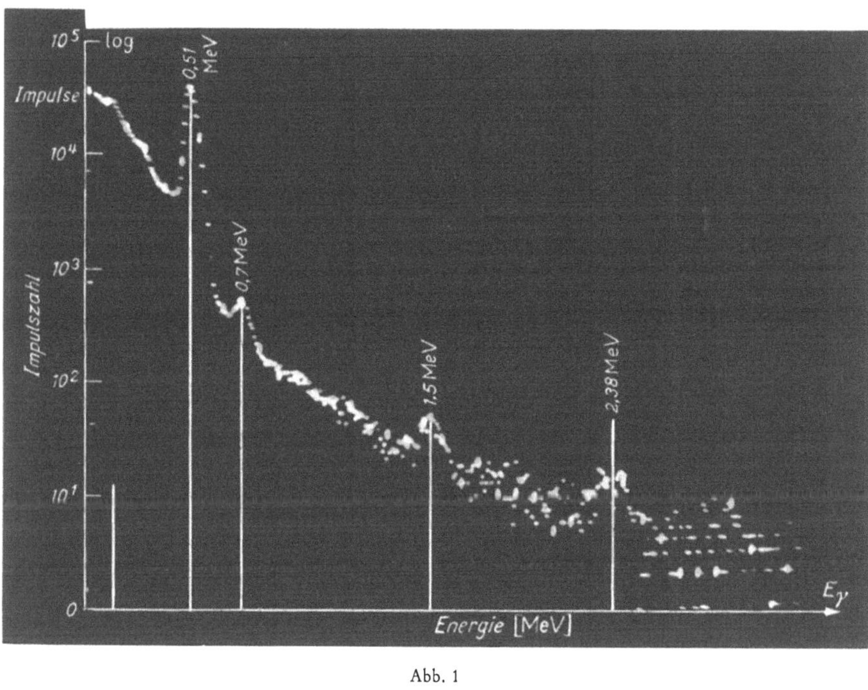


Abb. 1

Sie entsteht durch die Umwandlungen

O—16 ($\gamma, n$) O—15; C—12 ($\gamma, n$) C—11; N—14 ($\gamma, n$) N—13.

Die entstehenden Kerne sind Prositronenstrahler. Eine Zeitanalyse des Vernichtungsstrahlungs-Peaks zeigt Abb. 2. Danach ergeben sich die drei Komponenten in unterschiedlichen Anfangsaktivitäten. Diese charakterisieren nicht die Gewebezusammensetzung. Erst bei Berücksichtigung der Wirkungsquerschnitte für den Kernfotoeffekt und Extrapolation der experimentell ermittelten Anfangsaktivität auf die Sättigungsaktivität ergibt die bekannte Kerndichte des menschlichen Gewebes. Diese Übereinstimmung mit den Tabellenwerten nach SCHALNOW [4] war eine gute Kontrolle, um den Vernichtungsstrahlungs-Peak sozusagen als Sonde aus dem menschlichen Gewebe zu benutzen.

Über den experimentellen Faktor der Meßgeometrie läßt sich dann die umgewandelte Anzahl der Kerne pro Zeiteinheit bestimmen. Da je 2 Photonen einen Positronenzerfall begleiten, kennen wir damit die Anzahl der Positronen pro Zeiteinheit im Gewebe. Wegen der vollständigen Gewebsabsorption der Positronen können wir nun die Umwandlung mit 1,0 MeV/g $= 1{,}6 \cdot 10^{-8}$ rad vornehmen. Für das bestrahlte Volumen des Patienten von etwa 1 Ltr. ergibt sich eine Raumdosis von 3,3 rad Ltr. bei 1500 R eingestrahlter Elektronendosis in 7 min.

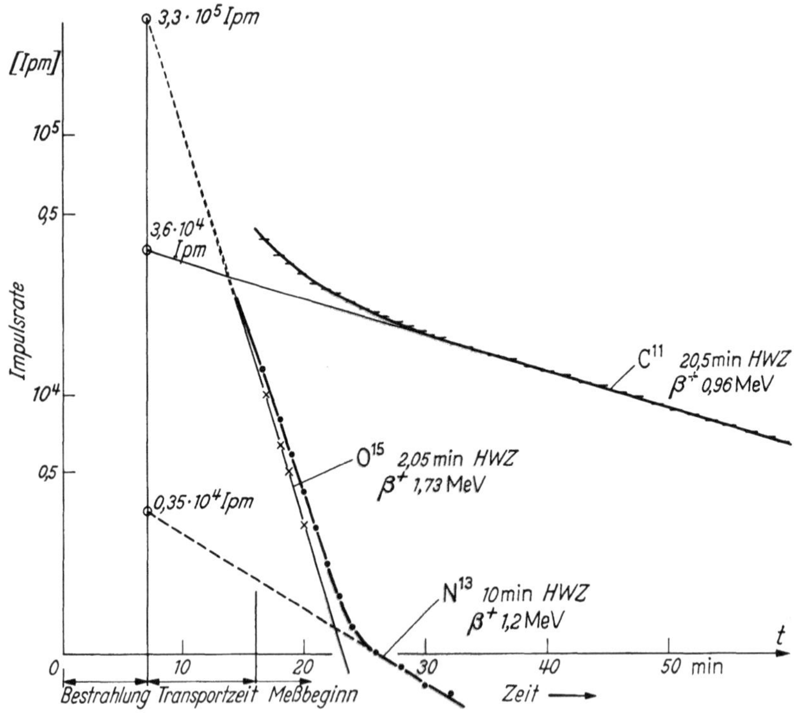


Abb. 2

Die Messung der Patienten erfolgte von der einstrahlungsabgewandten Seite. Nach experimenteller Bestimmung betrug die Selbstabsorption des Patienten bei dieser Meßanordnung für den 0,51 MeV-Peak etwa 50%. Damit erhöht sich die wirksame Raumdosis auf 6,6 rad/Ltr. Zu dieser durch

Corpuscularstrahlung erzeugten Dosis kommt nun die Komponente durch Vernichtungsstrahlung. Sie wird zweckmäßig mit 20%, also 1,3 rad×Ltr., also mit 1,3 mrad berücksichtigt.

Damit beträgt die Dosis-Komponente aus den O-, C- und N-Zerfällen:

8 mrad.

Für die 20%ige Berücksichtigung der Gamma-Komponente gelten folgende Argumente:

Für $^{131}$J wird allgemein mit 10% Gammawirkung gerechnet. Da im vorliegenden Fall je 2 Photonen einen Positronenzerfall begleiten, erscheinen 20% gerechtfertigt. Dieses haben wir experimentell zu prüfen versucht.

Als Phantom fand ein Plexiglaswürfel von 20 cm Kantenlänge Verwendung. Nach Bestrahlung mit 1500 rad Elektronendosis emittiert jede Fläche 0,22 mrad Gesamtdosis. Da die Ionisationskammerfläche 20 cm ∅ besaß, gilt somit für die Gesamtwürfelfläche eine Austrittsdosis von 1,3 mrad. Das sind aber exakt 20% der durch Corpuscularstrahlung wirksamen Dosis. Diese genaue Übereinstimmung kann zufällig sein, bestätigt aber zumindest die Berechtigung obiger Annahme.

Im Falle der Elektronenbestrahlung entsteht also durch die Aktivierung des Gewebes nur die unbedeutende Zusatz-Komponente von

0,5 mrem/100 rad.

Im Falle der Therapie mit ultraharten Rö.-Strahlen von 34 MeV erhält man eine Zusatzdosis von etwa

13 mram/100 rad.

Diese Zusatzdosen zeigen, daß sie gegenüber der direkten Neutronendosis innerhalb des Gewebes des Bestrahlungsvolumens vernachlässigt werden können.

**Summary**

The additional neutron dose values in tissue produced during irradiation with photons and electrons of a 35-MeV-Betatron are for 35 MeV and FSD = 1.1 m:

9.5 rem/100 rad in case of Bremsstrahlung
0.35 rem/100 rad for electrons.

Further dose values are produced by activated tissue. The highest activities in tissue are those of O—15, C—11 and N—13. These isotopes emit low-energy positrons which annihilate in 2 quanta. If absorption of corpuscular-radiation and annihilation quanta is regarded, the additional dose is:

13 mrem/100 rad in case of Bremsstrahlung
0.5 mrem/100 rad for electrons.

These doses can be neglected in comparison with the neutron dose values.

## Literatur

1. FROST, D., u. L. MICHEL: Über die zusätzliche Dosiskomponente durch Neutronen bei der Therapie mit schnellen Elektronen sowie mit ultraharten Röntgenstrahlen. Strahlentherapie **124**, 321 (1964).
2. SNYDER, W. S., u. J. NEUFELD: Brit. I. Radiol. **27**, 342 (1955).
3. JOYET, G.: BBC-Denkschrift 2320-XII. 2 (7.53) L 1244.
4. SCHALNOW, J. M.: Neutronengewebedosimetrie. Berlin: VEB Deutscher Verlag der Wissenschaften 1963.

# 2.1.1. Einleitung zur RBW

Von

HEDI FRITZ-NIGGLI

Mit 2 Abbildungen

Die Erforschung, d. h. die Bestimmung der relativen biologischen Wirksamkeit ist eine aufschlußreiche und nützliche Arbeit. Sie ist aber auch ein recht schwieriges Unterfangen, das allen RBW-Forschern schon viel Kummer und Kopfzerbrechen bereitet hat. — Ich glaube, diese Feststellung dürfte die einzige sein, in welcher wir RBW-Leute vollständige Übereinstimmung zeigen. Die große Schwierigkeit besteht zunächst in der Abhängigkeit der biologischen Messungen, der Ergebnisse von den physikalischen Messungen. Und wie komplex diese Meßergebnisse sein können und von welchen Faktoren sie abhängen, haben wir in der gestrigen Sitzung gehört.

Ich möchte deshalb vorerst zwischen einem Pseudo-RBW-Faktor und dem echten RBW-Faktor unterscheiden. Eine vorgetäuschte verschiedene biologische Wirksamkeit kann sich einstellen:

1. Durch eine Messung, die nicht der absorbierten Energie entspricht. Wir haben gesehen, daß die Konversionsfaktoren von R zu rad von etlichen Parametern abhängen, und wir freuen uns auf das tragbare Kalorimeter von LAUGHLIN. Allerdings war für uns bereits eine weitere erfreuliche, hoffnungsvolle Nachricht die Demonstration der erstaunlichen Nützlichkeit des Fricke-Dosimeters.

2. Die Lage und die Lagerung der Objekte kann die tatsächlich absorbierte Dosis ändern. Ein Luftspalt vor dem Objekt könnte bereits nach den Demonstrationen von gestern das Ausmaß des biologischen Effektes ändern.

3. Die Inhomogenität der bestrahlten Körper kann eine unterschiedliche relative biologische Wirksamkeit vortäuschen. Je größer und komplizierter die Objekte, um so schwieriger wird die Bestimmung der RBW.

Sehen wir von all diesen verschleiernden Faktoren ab, dann zeigen uns Arbeiten der verschiedenen Forscher, daß die RBW kein starrer Wert ist.

Sie hängt von den verschiedenen Faktoren ab.

1. Vom Objekt, dem Reaktionssystem und der zu untersuchenden Reaktion. Sie werden einen erfahrenen RBW-Forscher, Herrn Prof. WACHSMANN, über dieses wichtige Problem sprechen hören. In Tabelle 1, die unsere früheren Versuche zusammenfaßt, möchte ich Ihnen die verschiedenen RBW-Werte für 31 MeV-Photonen und 30 MeV-Elektronen an einigen Objekten zeigen. Die Abhängigkeit der RBW vom Objekt gilt auch für die Tumoren, deren RBW je nach Typ und Strahlenempfindlichkeit verschieden sein kann.

Tabelle 1. *RBW-Werte für 31 MeV-Photonen und 30 MeV-Elektronen (Versuche im Strahlenbiologischen Laboratorium Zürich)*

| Objekt | Reaktion | Dosis-Bereich in R | Art der Betatron-Strahlen | RBW-Effekt | RBW-Dosis |
|---|---|---|---|---|---|
| Drosophila Embryonen Alter 1 Std. | Nichtausschlüpfen aus der Eihülle | 30—1000 | Photonen | | 1 |
| Alter 1 Std. | Nichtausschlüpfen aus der Eihülle | 30—1000 | Elektronen | | 1 |
| Alter $1^3/_4$ Std. | Nichtausschlüpfen aus der Eihülle | 30— 400 | Photonen | | 1 |
| Alter 3 Std. | Nichtausschlüpfen aus der Eihülle | 30—1400 | Photonen | | 0,76 |
| Alter 4 Std. | Nichtausschlüpfen aus der Eihülle | 30—1200 | Photonen | | 0,74 |
| Alter 7 Std. | Nichtausschlüpfen aus der Eihülle | 30—1800 | Photonen | | 0,75 |
| Drosophila Vorpuppen | Nichtausschlüpfen aus der Puppenhülle | 4000 | Photonen | 0,22 | |
| Maus | Tod | 800 | Photonen | 0,8 | |
| Vicia Faba-Wurzelspitzen | Mitosehemmung | 250— 500 | Photonen | | 0,5 |
| Ehrlich Carcinom (Ascites) | Mitosehemmung | 150 | Photonen | 0,6 | |
| Drosophila reife Spermien | Dominante Letalfaktoren | 1000 | Photonen | 1 | |
| Drosophila reife Spermien | Dominante Letalfaktoren | 1000 | Elektronen | 1 | |
| Drosophila Spermatocyten | Dominante Letalfaktoren | 1000 | Photonen | 0,3 | |
| Drosophila Spermatocyten | Dominante Letalfaktoren | 1000 | Elektronen | 0,8 | |
| Drosophila Spermatiden | Rezessive Letalfaktoren | 1000 | Elektronen | 0,5 | |
| Drosophila Spermatiden | Chromosomenbrüche | 1000 | Elektronen | 0,5 | |

Ebenso besteht die Möglichkeit, daß das gesunde Gewebe eine andere RBW aufweisen kann als der Tumor.

2. Die Dosis und die Dosis-Rate kann die RBW verändern, wie Ihnen Dozent HAGEN in einer interessanten Zusammenstellung demonstrieren wird. Dieses Problem ist deshalb besonders interessant, weil die Elektronenstrahlung in den meisten Fällen eine gepulste und nicht kontinuierliche Strahlung darstellt. Darüber in der nächsten Sitzung.

3. Die RBW hängt vom Entwicklungsstadium und vom physiologischen Zustand des Reaktionssystems ab. Dasselbe Objekt wird bestrahlt und lediglich sein Alter, sein mitotischer Zustand oder sein Stoffwechsel sind ver-

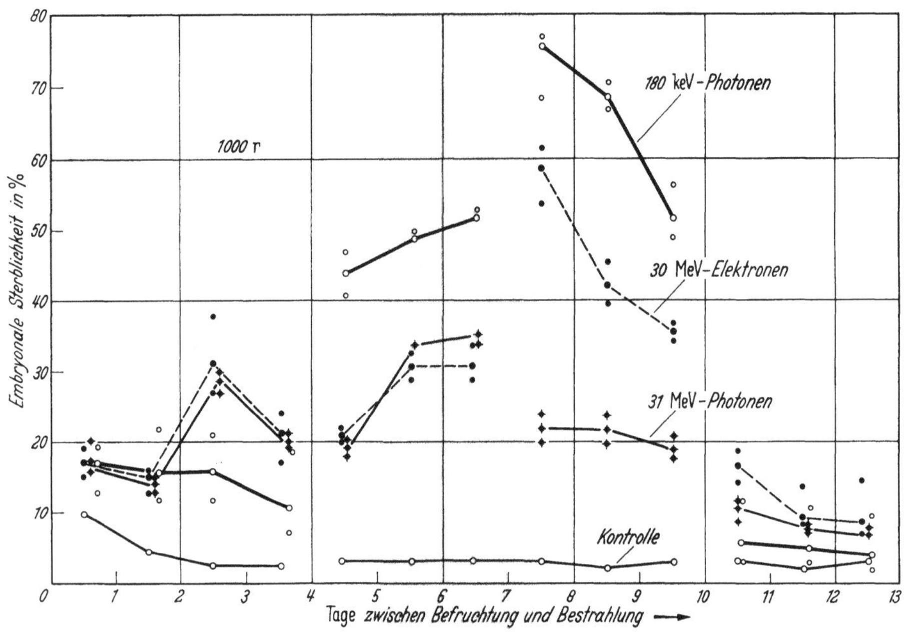


Abb. 1. Erzeugung dominanter Letalfaktoren bei Drosophila durch verschiedene Strahlenarten. Bestrahlt wurden Männchen, die zu verschiedenen Tagen wieder mit neuen unbefruchteten Weibchen gekreuzt wurden. Die verschiedenen Zuchten stellen Keimzellen dar, die zu verschiedenen Stadien der Spermatogenese bestrahlt worden waren

schieden. Mir scheint gerade diese Abhängigkeit der RBW besonders interessant zu sein, da sie unabhängig von etwaigen Meßfehlern ist. Herr WACHSMANN wird Ihnen interessante Daten zeigen. Wir konnten selber diese Abhängigkeit an verschiedenen Objekten feststellen, so an Drosophila-Embryonen verschiedenen Alters, bei denen auch die Art des Todes vom Alter abhängt (Abb. 1) und noch viel besser bei der Erzeugung dominanter Letalfaktoren.

Wir sehen, daß die 30 MeV-Elektronen den 31 MeV-Photonen in ihrer Wirkung überlegen sind, wenn Spermatozyten bestrahlt werden. Es wäre nun durchaus möglich, daß durch die Bestrahlung mit schnellen Elektronen mit ihrer geringen Ionisationsdichte die mutationstragenden Zellen geschont werden. Der Zelltod tritt nicht ein. Eine gewisse Energiekonzentration muß vorhanden sein. Mutationen hingegen werden ausgelöst, wenn auch viel weniger als bei 180 keV-Photonen. In bezug auf den Zelltod würden dann die Elektronen den Photonen unterlegen sein. Bei der Tötung von Drosophila-Embryonen hat sich dies tatsächlich gezeigt (Tab. 2).

Tabelle 2. *Dosis letalis 50% für 180-keV-Photonen, 31 MeV-Photonen und Elektronen bei 4-Std.-Embryonen*

| Strahlen | Stamm | DL 50% in rad |
|---|---|---|
| 180-keV-Photonen | Berlin-Inzucht | 790 |
| 31-MeV-Photonen | Berlin-Inzucht | 865 |
| 180-keV-Photonen | Sevelen-Wildstamm | 950 |
| 30-MeV-Elektronen | Sevelen-Wildstamm | 1370 |

Bei den verschiedenen Experimenten konnten wir eine interessante Feststellung machen. Diejenigen Stadien der Spermatogenese, die abhängig von der LET sind, sind abhängig vom Sauerstoffgehalt des Milieus. Die Stadien hingegen, die unabhängig sind vom Sauerstoffeffekt, wie die reifen Spermien, zeigen eine RBW von 1. Ebenso scheint eine Korrelation zwischen Erholungsfähigkeit und RBW zu bestehen, indem eine Abhängigkeit von der LET auch Abhängigkeit vom Zeitfaktor bedeutet. Diese Tatsachen lassen sich folgendermaßen deuten (Abb. 2):

Die dünn ionisierenden Strahlen können weniger wirksam sein, weil die Zahl der diffusiblen Agentien abnimmt oder die Zahl der direkten Ereignisse (Schwellenwert, Störung der intramolekularen Energieübertragung).

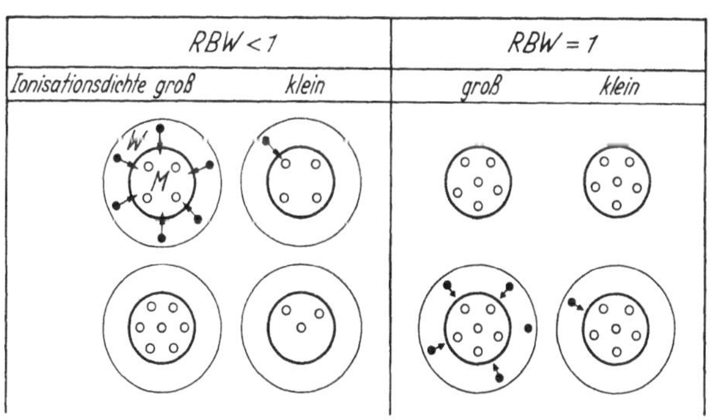


Abb. 2. Denkmöglichkeiten über die Abhängigkeit der Strahlenreaktion von der Ionisationsdichte; zentraler Kreis = biologisch wichtiges Makromolekül (M), umgeben von einer dünnen Wasserhülle (W). Schwarze Kreise: diffusible wirksame freie Radikale und Folgeprodukte, leere Kreise: direkte Ereignisse im Makromolekül. Links: Die dünn ionisierenden Strahlen sind weniger wirksam, weil die Zahl der diffusiblen Agentien abnimmt (oben) oder die Zahl der direkten Ereignisse (unten) durch Störung der intramolekularen Energieübertragung z. B. Rechts: Die biologische Wirkung bleibt unverändert, weil entweder das System, in welchem die diffusiblen Agentien entstehen, fehlt (oben) oder weil wegen einer geringen Reichweite der diffusiblen Agentien nur direkte Ereignisse bedeutsam sind (unten)

Die biologische Wirkung bleibt unverändert (RB = 1), weil entweder das System, in welchem die diffusiblen Agentien entstehen, fehlt oder wegen einer zu geringen Reichweite der diffusiblen Agentien.

Diese Interpretation erklärt die gleichzeitige Unabhängigkeit eines Systems vom Sauerstoffeffekt und der LET. Sauerstoff kann am ehesten auf diffusible Produkte in der Wasserhülle einwirken, fehlt diese oder überwiegen a priori direktere Ereignisse, bleibt der Sauerstoffeffekt aus.

Wir haben damals eine bestimmte Energiekonzentration postuliert, die mit den dünn ionisierenden Strahlen schwer zu realisieren wäre. Sie werden nun von Herrn Prof. Wideröe genauere Berechnungen hören und wie er auf ganz anderem Weg zu ähnlichen Schlüssen kommt.

**Summary**

The determination of RBE is a rather complicated problem. Besides the difficulties in the measurements the following remarks should be added:

1) The RBE depends on the system in which the reactions take place and on the reaction itself. It is possible that healthy tissues have a different RBE than cancerous tissues.

2) The RBE depends on the dosis rate and on the total dosis.

3) The RBE depends on the stage of development and the physiological conditions of the cell.

In our mutation experiments with drosophila we could show that those stages of developments which depend on LET also demonstrate the effect of oxygen and a dependency on the time factor. A reaction model demonstrates among other things that fast electrons can be less efficient because of the lack of energy concentration.

## 2.1.1. Discussion on RBE of 20 MeV Photons and Electrons Determined by Survival Rate of E. coli

By

A. Wambersie, Andrée Dutreix, Jean Dutreix, and M. Tubiana

With 1 Figure

RBE of 20 MeV photons and electrons were determined by using bacterial survival rate as a biological test. X-rays 200 kV were taken as reference in the first experiments and $^{60}$Co in the last ones.

Samples of the same bacterial suspension were irradiated simultaneously and under experimental conditions as similar as possible. The calibration of the ionisation chamber was made by means of $FeSO_4$ using a G-value of 15.5 for the 20 MeV photons and of 15.17 for the 20 MeV electrons.

As far as the bacterial survival rate is concerned, we did not find any significant difference between the RBE of 20 MeV photons and electrons (Table I) or between electrons and $^{60}$Co (Fig. 1).

$^{60}$Co gamma rays (or X rays of equivalent energy) seem to be more reliable as reference for RBE measurements. In the conventional X ray-region, the effective

Table 1

| | RBE | |
|---|---|---|
| | Photons 20 MV | Electrons 20 MeV |
| Ref.: Xr 260 kVp | 0.88 ± 0.02 | 0.87 ± 0.03 |
| Ref.: Cobalt | 1.03 ± 0.03 | 1.02 ± 0.02 |

RBE Co Xr = 0.85 ± 0.015

energy of the photon beam is indeed not easy to determine exactly and furthermore the factors *f* and *G* vary rapidly with energy. The accurate calculation of the absorbed dose is then more difficult.

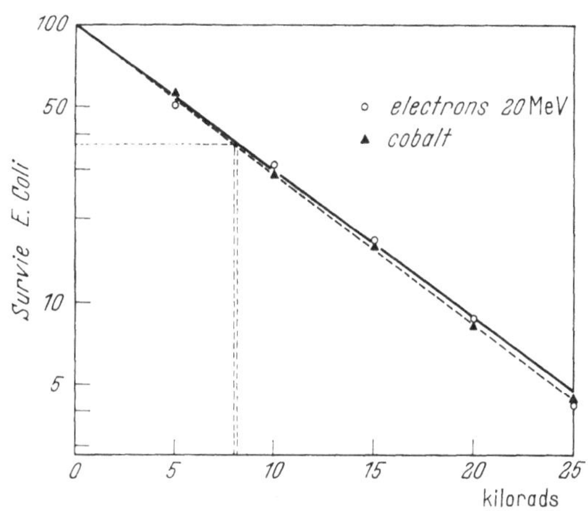


Fig. 1. Relative Biological Efficiency of 20 MeV electrons compared to $^{60}$Co. Survival rate of E. Coli is taken as biological test

# 2.1.2. Abhängigkeit der RBE vom Versuchsobjekt und der beobachteten Reaktion

(Kurzvortrag und Diskussionsbemerkungen)

Von

Felix Wachsmann

Mit 2 Abbildungen

Die RBE oder nach der neuen Bezeichnung der „Qualitätsfaktor" (QF) hängen in starkem Maße vom benützten Versuchsobjekt und der betrachteten Reaktion ab. Sie sind also nicht absolute Eigenschaften bestimmter Strahlenarten oder Strahlenqualitäten. Hierfür werden zunächst aus der Literatur bekannte typische Beispiele gebracht. Dann aber wird über eigene

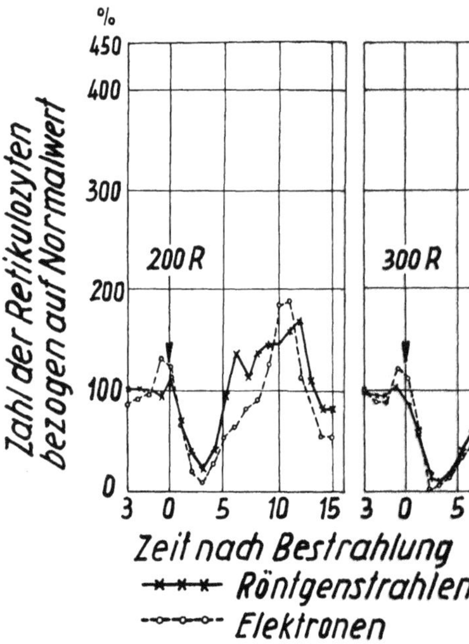


Abb. 1. Zahl der Retikulozyten nach Ganzkörperbestrahlung von Mäusen mit 180 kV Röntgenstrahlen bzw. 5 MeV Elektronen

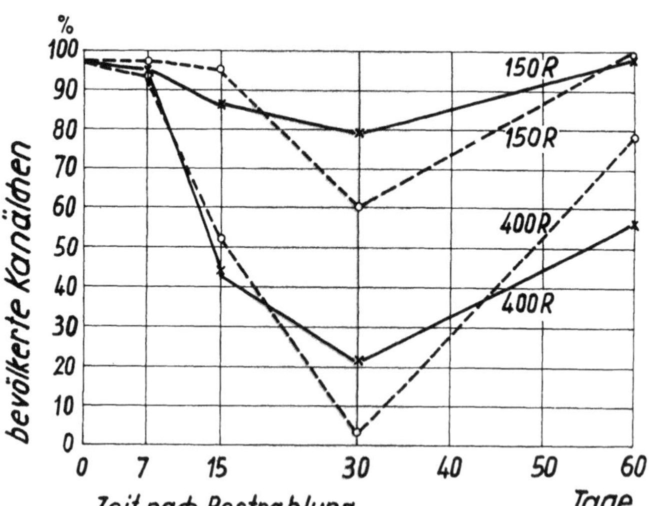


Abb. 2. Wirkung von 200 kV Röntgenstrahlen (—X—) und 5 MeV Elektronen (— —o— —) auf Rattenhoden; Spermatocyten

Versuche berichtet, die in Abweichung von dem in der Literatur meist beschriebenen Effekt der geringeren RBE weniger dicht ionisierender energiereicher Strahlungen zeigen, daß es auch Objekte und Reaktionen gibt, bei denen die Wirkung von schnellen Elektronen deutlich größer sein kann als vergleichsweise die von konventionellen Röntgenstrahlen. In diesem Zusammenhang wird der Verlauf des Retikulozytenwertes bei ganzbestrahlten jungen Mäusen genannt (Abb. 1). Besonders genau untersucht wurden von uns aber die Reaktionen von Rattenhoden, die näher beschrieben werden. Dabei wird festgestellt:

1. das biologische Dosisäquivalent von 5 MeV Elektronen ist sehr deutlich größer (um ein Mehrfaches!) als das konventioneller Röntgenstrahlen (Abb. 2);

2. die Erholung des strahlengeschädigten Hodens ist trotz der primär stärkeren Schädigung bei der Bestrahlung mit Elektronen schneller und vollkommener.

Schließlich wird gezeigt, daß sich die hieraus resultierenden Folgerungen auch in der Tumortherapie als „Steigerung der Elektivität" auswirken können.

## 1.4.4. — 2.1.1. — 2.1.2. — Diskussionsbemerkung

Von

HEDI FRITZ-NIGGLI

Ergänzend zu den Bildern und Ausführungen von MARKUS, WACHSMANN und besonders von DUTREIX und WAMBERSIE möchte ich folgendes bemerken:

Die verschiedenen Werte für die biologische Wirksamkeit in verschiedener Tiefe spiegeln die komplexe Art des RBW-Faktors wider. Es gibt LET-unabhängige und LET-abhängige Systeme.

Lediglich LET-abhängige Systeme können in verschiedener Tiefe unterschiedlich auf Elektronenbestrahlung reagieren. Und zwar nur Systeme, die auf den relativ engen Bereich der LET-Änderung ansprechen, welche der Physiker errechnet.

Tatsächlich scheint E. coli, resp. die Inaktivierung von E. coli LET-unabhängig zu sein, wie WAMBERSIE demonstrierte. Für 31 MeV-Photonen hatte vor etlichen Jahren LINDENMANN in unserem Institut gleiches gezeigt, nämlich eine RBW von 1. Ebenso konnten wir einen niedrigen RBW-Faktor für Mitosen bei Vicia fava beobachten (schnelle 30 MeV-Elektronen und 31 MeV-Photonen). Aus den Bildern von MARKUS und WACHSMANN geht hervor, daß dieses LET-abhängige System tatsächlich eine Tiefenabhängigkeit zeigt.

Nun zu unseren Untersuchungen mit 30 MeV-Elektronen an Drosophila-Embryonen. Wir bestrahlten in verschiedenen Tiefen ein LET-unabhängiges System, die einstündigen Drosophila-Embryonen. Erwartungsgemäß zeigten sie keine Tiefenabhängigkeit. Interessanterweise verhielten sich aber auch die 4-stündigen Embryonen, die LET-abhängig sind, in verschiedenen Tiefen entsprechend der gemessenen Dosis. Die Diskrepanz zwischen den Ergebnissen von MARKUS und den unseren kann auf folgendem beruhen:

1. Andere Altersstreuung. Wir benützten eine geringe Streuung von ± 10 min maximal, Markus hingegen weit größere Streuungen. Die Strahlensensibilität von Drosophila-Embryonen ändert sich innerhalb von 5 min.

2. Andere Stämme und andere Anordnung. Wir beobachteten, daß sich Drosophila-Stämme innerhalb von 5 Jahren in ihrer Strahlenempfindlichkeit ändern können.

3. Andere MeV-Energien. Wir benützten 30 MeV-Elektronen, Markus niedrige Energien.

4. Andere Versuchsanordnung. Ein Luftspalt vor oder hinter dem Objekt kann die tatsächlich absorbierte Dosis ändern.

5. Andere Konversionsfaktoren von R zu rad.

## 2.1.3. Der Einfluß der Dosis und der Dosisrate auf die relative biologische Wirksamkeit von Elektronen

Von

Ulrich Hagen

Von der RBE-Kommission der ICRP und ICRU ist im vorigen Jahr ein Bericht erschienen, der sich in grundsätzlicher Weise mit der relativen biologischen Wirksamkeit (RBW) verschiedener Strahlenarten befaßt und insbesondere die Bedeutung der RBW für den Strahlenschutz behandelt. In diesem Bericht werden auch Bemerkungen über den Einfluß verschiedener Faktoren auf die experimentell ermittelte RBW gemacht, unter anderem auch über den Einfluß von Dosis und Dosisrate [*1*].

Definitionsgemäß ist die RBW das Verhältnis der absorbierten Dosen, die den gleichen biologischen Effekt auslösen. Ob eine Beziehung zwischen RBW und Dosishöhe besteht oder nicht, hängt von der Form der Dosiseffektkurven ab. Ist die Kurvenform bei beiden Strahlenarten gleich, so ist auch die RBW immer die gleiche, unabhängig von der Dosishöhe. Bei anderen Strahleneffekten kann jedoch die Kurvenform eine verschiedene sein. Zeigt z. B. die eine Kurve eine Schulter, die andere jedoch nicht, so wird das Verhältnis der Dosen, die den gleichen Effekt hervorrufen, um so größer, je geringer die Dosis bzw. der Strahleneffekt ist.

Betrachten wir den speziellen Fall der RBW von schnellen Elektronen in bezug auf Röntgenstrahlen, etwa von 200 keV. Die Elektronen haben eine geringere Ionisierungsdichte als Röntgenstrahlen; vom theoretischen Standpunkt ist zu erwarten, daß Elektronen weniger wirksam sind als Röntgenstrahlen. Sieht man die zahlreichen, in der Literatur veröffentlichten Dosiseffektkurven daraufhin durch, so finden sich einmal Kurven, die mit denen nach Röntgenbestrahlung fast identisch sind, zum anderen Kurven, bei denen sich eine geringere Wirksamkeit der Elektronen ergibt

Hierbei kann entweder über den gesamten Dosisbereich das gleiche Verhältnis zueinander bestehen oder ein verschiedenes.

Fast identische Kurven finden wir z. B. für die dominante Letalmutation [2]. Bei komplexeren Reaktionen, etwa beim Strahlentod eines Tieres, sind schnelle Elektronen weniger wirksam als Röntgenstrahlen. Bei den einen Autoren [3, 4] findet sich dabei keine Abhängigkeit der RBW von der Dosishöhe, die Neigung der Dosiseffektkurven ist die gleiche. Nach anderen Untersuchern [5] haben Elektronen nach kleinen Dosen eine viel geringere Wirkung als Röntgenstrahlen, während bei hohen, fast letalen Dosen die Wirkung etwa gleich ist.

Ein gutes Beispiel, wie unterschiedlich Dosiseffektkurven selbst bei dem gleichen Objekt verlaufen können, hat Fritz-Niggli [6] bei der Untersuchung verschiedener Strahleneffekte an Drosophila gegeben. Ein anderes Beispiel sind die Untersuchungen von Gärtner [7] an Gewebekulturen. Die Strahlenschädigung wurde an verschiedenen morphologischen Zeichen bewertet, wie Mitosezahl, Zahl der abnormalen Kernteilungen, Tod der Zelle in der Interphase und die Zahl der Riesenzellen. Je nach dem untersuchten Effekt zeigte sich ein unterschiedliches Verhalten der RBW der Elektronen. Bezüglich der Mitosehemmung sind Elektronen weniger wirksam als Röntgenstrahlen, zur Auslösung von Riesenzellen oder beim Interphasetod der Zellen sind dagegen die Elektronen wirksamer. Allen Strahleneffekten ist aber gemeinsam, daß die RBW der Elektronen nach kleinen Dosen (250 R) nur etwa die Hälfte von der nach hohen Dosen (1000 R) beträgt. Die Dosiseffektkurven nach Elektronenbestrahlung verlaufen also steiler als die nach Röntgenbestrahlung.

Es sind noch einige Worte zu sagen über die Abhängigkeit der RBW von der Dosisleistung. Von jedem Strahlenschaden ist eine Erholung in begrenztem Umfang zu erwarten. Eine Strahlendosis, die protrahiert gegeben wird, ist deshalb im allgemeinen weniger wirksam als eine einmalige. Auch bei Veränderung der Dosisleistung innerhalb einer einmaligen Bestrahlung können wir einen solchen Erholungseffekt, wenn auch abgeschwächt, erwarten. Weiter wurde die Beobachtung gemacht, daß Strahlenarten mit hoher Ionisationsdichte mehr zu irreparablen Schäden führen als solche mit geringer Ionisationsdichte. Nach diesen Erfahrungen darf man erwarten, daß der Unterschied der biologischen Wirkung zweier Strahlenarten um so größer ist, je geringer die Dosisrate ist.

Beim Vergleich zwischen Röntgenstrahlen und Elektronen müßte man deshalb erwarten, daß die RBW der Elektronen noch weiter absinkt, wenn wir die Dosisleistung der beiden Strahlenarten verringern. Wie jedoch in den nächsten Vorträgen noch ausgeführt wird, sind Elektronen, mit geringer Dosisrate gegeben, wirksamer als mit hoher, im Gegensatz zu Röntgenstrahlen, bei denen mit Abnahme der Dosisrate eine Abschwächung des

Strahleneffektes zu beobachten ist. Diese auffällige Umkehr des Protrahierungseffektes läßt sich noch nicht befriedigend deuten.

**Summary**

The paper deals with some theoretical considerations regarding the influence of dose and doserate on the relative biological effectiveness (RBE) of radiations of different quality. In general, there is a greater difference in the RBE — values in the lower dose range than in the higher one. This has also been found when comparing the effectiveness of fast electrons with conventional X-rays of about 200 KeV. The most experimental data have shown, that the dose effect curves of fast electrons are steeper than those of X-rays, despite the fact that the effectiveness of the electrons is in some experiments lower than 1 and in others higher than 1.

The effect of the dose rate on the RBE depends on the reversibility of the radiation damage. In general, radiations of low LET show a higher dose rate dependence than high LET radiations. The difference in biological effectiveness of two radiations of different quality is therefore greater, if the radiation is given in low dose rate than in high dose rate. The experiments with fast electrons have shown, however, that electrons of low dose rate are more effective than those of high dose rate.

**Literatur**

1. Report of the RBE Committee to the International Comissions on Radiological Protection and on Radiological Units and Measurements. Health Physics **9**, 357 (1963).
2. BRANDT, H. v., und H. HÖHNE: Strahlentherapie **90**, 93 (1955).
3. FULLER, J. B., J. CHEN, J. S. LOUGHLIN, and R. A. HARVEY: Radiat. Res. **3**, 423 (1955).
4. ZUPPINGER A., P. VERAGUTH, G. PORETTI, M. NÖTZLI und H. J. MAURER: Strahlentherapie **111**, 161 (1960).
5. QUASTLER, H., and E. F. LANZL: Amer. J. Roentgenol. **63**, 566 (1950).
6. FRITZ-NIGGLI, H.: Betatron- und Telekobalttherapie, Symposium 1957, Berlin-Göttingen-Heidelberg: Springer-Verlag 1958, S. 113.
7. GÄRTNER, H.: Strahlentherapie **114**, 1 (1961).

# 2.1.5. Time-factor. Introduction of the Moderator

By

WALTER MINDER

The complex phenomena, which are summarized by the still rather ill-defined term "time-factor", are concerned with time and dose rate influences on measurable biological effects produced by a determined radiation dose. Certainly, irradiation effects must show some form of time dependence, because irradiation on the one hand is a time-consuming procedure, and all possibilities of consideration of living things on the other, between birth and death and even before and afterwards, must be related to time. The results of such considerations are sometimes summarized by terms such as "evolution" or "development", specifically *historical* terms. What we can really do in the observation of a biological system is to look at its topography or at its history. History, however, never returns exactly to former stages, though some phenomena may appear to an unskilled observer, to be periodic. Development, also every development after irradiation, is therefore the time sequence of *irreversible* changes.

If these statements are true, developments, right or wrong, must run along *directions* which are determined, in non-living systems at least, by the second fundamental law of thermodynamics. May I remind you that the Greek word ἐντροπή has exactly the same meaning as development. — An organism is, of course, something that is organized. Therefore all developments which follow the second law of thermodynamics will reduce this organization to more probable states. Thus a dead biological entity is much more probable than a living one, may be it has reached even a higher stage of development. — All material life processes are, at least in part, irreversible, and life is a continuous struggle against irreversibility.

Radiation biological reactions in which a time factor has to be considered are in some ways *reversible*. Therefore, in a simplified picture, some "inertia" must be at work with the tendency to maintain the "status quo ante", namely the so-called dynamical equilibrium in living beings. State changes are therefore only possible if inertia can be overcome, in our case by a certain dose of irradiation. It is interesting to note that probably all radiation biological reactions with time-factor show a more or less distinct *dose-threshold* for their induction. If the equilibrium has been disturbed, inertia will produce some form of periodic oscillation, according to the investigations of SIEVERT, FORSSBERG and VAN DER WERFF a well-established fact in the time sequence of biological irradiation effects.

The presence of oxygen is surely one of the main conditions of dynamic equilibrium in living systems. This may explain the findings of ZUPPINGER already in 1928 and of LIECHTI (1929), that eggs of ascaris megalocephala show a timefactor when irradiated in air, whereas under anoxybiotic irradiating conditions they do not. There is another point: Highly organized molecular systems with high thermodynamic potentials, as nucleic acids for instance, have only very little inertia and therefore may collapse irreversibily even owing to relatively small influences from outside. May this again be a possible explanation for the time factor absence in genetic radiation effects and at the same time for the comparatively small doses to produce them?

We sometimes try in science to "understand" our observations. The best procedure to do that is to set up a mathematical structure. Many attempts have been made to establish analytical theories on timefactor behaviour, until, in 1926, HOLTHUSEN proposed for the first time a reasonable formula. All such theories especially in this field, however, can only be absolutely rough approximations or "shocking simplifications". Furthermore they must contain the fundamental ideas from which they started. — These remarks must not be interpreted as a belittling judgment of the scientific value of such attempts, on the contrary! Experimental material in radiation biology, including time-factor investigations, are now so numerous and vast, that the best brains should be called upon to put the findings reasonably together with as little "contamination" as possible by man-made parameters.

And now, that this may have seamed a somewhat peculiar deviation from the field of natural philosophy, let us again return to the so-called solid ground of facts. Time-factor influences in biological irradiation effects are now known for about 50 years, since the first experiments on human skin by FRIEDRICH and KRÖNIG in 1918. The time-factor has become one of the main fundamentals of modern radiation therapy, very probably due to the different behaviour of normal and malignant tissue. And finally time-factor considerations are most important in any decision concerning maximum permissible doses in radiation protection. But yet the fundamental problem of time-factor behaviour remains unsolved. Therefore we will all be highly interested and extremely happy to listen to the following contributions by Prof. KEEP, Prof. KÜNKEL and Dr. KÄRCHER, whom I have the great pleasure to introduce.

## 2.1.6. Zeitfaktor. Abhängigkeit der biologischen Wirkung von der Einzeldosis

Von

R. KEPP

Bei der Untersuchung der Zeitfaktorwirkung ist zwischen der kontinuierlichen Strahlung und dem besonderen Effekt der Impulsstrahlung zu unterscheiden. Meine Ausführungen beziehen sich auf den Vergleich der Wirkung zwischen Elektronen und konventioneller Röntgenstrahlung bei Einzeitbestrahlung. Die Zahl der Untersuchungen über die Auswirkungen der Protrahierung auf menschliche Gewebe oder Versuchsobjekte ist nur gering.

Erste vergleichende Untersuchungen des Protrahierungseffektes bei der Verwendung einer Elektronenstrahlung aus dem Betatron mit einer Energie von 2 bis 4 MeV, die ich mit meinem Mitarbeiter K. Müller bezüglich der Erythemwirkung an der menschlichen Haut vornahm, ergaben einen Einblick in unterschiedliche Abläufe der Strahlenreaktion im Vergleich zu konventioneller Röntgenstrahlung. Während für harte Röntgenstrahlen bekanntlich eine Zeitfaktorenwirkung lediglich bei einer Dosisleistung von etwa unterhalb 20 R/min nachgewiesen werden kann (Holthusen, Chaoul, Wachsmann u. a.) läßt sich an der menschlichen Haut ein Protrahierungseffekt für schnelle Elektronen noch innerhalb eines Leistungsbereichs zwischen 300 und 1800 R/min beobachten. Die Ergebnisse dieser Untersuchungen waren reproduzierbar und bestätigten sich auch bei den ersten Therapieversuchen mit schnellen Elektronen am Vulva-Carcinom.

Wenn auch die unterschiedliche räumliche Dosisverteilung der Strahlung schneller Elektronen und der konventionellen Röntgenstrahlung in Betracht zu ziehen ist, so dürfte sie für das Bestehen von verschiedenen Protrahierungseffekten kaum eine Rolle spielen. Die Ergebnisse dürften dagegen durch die unterschiedliche Ionisationsdichte der Strahlenqualitäten zu erklären sein. Es kann angenommen werden, daß eine geringere Ionisationsdichte, wie sie bei der Strahlung schneller Elektronen vorliegt, der stoffwechselintakten Zelle nach einem Treffereignis noch bei höherer Dosisleistung günstigere kurzdauernde biochemische Erholungsmöglichkeiten gestattet als nach einem Treffereignis bei der dichter ionisierenden klassischen Röntgenstrahlung. Eine nach diesen Überlegungen vorstellbare geringere Erholungsmöglichkeit von Zellen bösartiger Tumoren könnte eine Veränderung der Elektivität zugunsten des gesunden Gewebes bei relativer Protrahierung der Strahlung schneller Elektronen zur Folge haben, die an menschlichen Tumoren jedoch nur sehr schwer nachweisbar ist, die ich jedoch auf Grund eigener klinischer Erfahrungen vermuten möchte.

Im Dosisleistungsbereich von 8 bis 40 R/min fanden wir bei der Bestrahlung von Gerstenkeimlingen mit Elektronen aus Radiostrontium keinen wesentlichen Unterschied der Protrahierungsfaktoren von Elektronen und herkömmlicher Röntgenstrahlung. Als Kriterien wurden die Wurzelzahl, Keimzahl und Mitosehäufigkeit bewertet. An diesem Versuchsobjekt glichen sich die Zeitfaktoren im genannten Dosisleistungsbereich somit an.

Gärtner und Peters untersuchten den Einfluß der Dosisleistung von konventionellen Röntgenstrahlen und schnellen Elektronen aus dem Betatron in einem Dosisleistungsbereich von 40 und 1000 R/min an Hühnerherzfibroblastenkulturen. Es ergab sich dabei, daß gleiche Strahlendosen geringerer Dosisleistung in der Herabsetzung der Mitoseraten wirksamer waren. Der Zeitfaktor war für beide Strahlungen unterschiedlich. Bei Röntgenstrahlen lag er nur bei niedrigen Gesamtdosen unter 1, während er bei Elektronenstrahlen immer weit unter 1 blieb, sich allerdings bei hohen Dosen immer mehr 1 näherte.

Bei Untersuchungen über die Bedeutung der Strahlungsimpulse, die ich mit meinen Mitarbeitern Dieckmann und Hofmann vornahm, konnte es sich lediglich um orientierende Versuche handeln. Diese erfolgten, da damals entsprechende technische Veränderungen am Betatron nicht möglich waren, mit Hilfe einer stroboskopischen Scheibe, die nur gestattete, die mittlere Dosisleistung konstant zu halten, nicht aber auch die Dosis für den Einzelimpuls. Grundsätzlich ergab sich bei Eiern von Drosophila melanogaster mit Zunahme der Impulszahl eine Steigerung des Schädigungseffektes. Über weitere Untersuchungen in dieser Richtung wird anschließend H. A. Künkel berichten.

Zusammenfassend lassen sich aus den bisherigen Untersuchungen über den Protrahierungsfaktor bei der Bestrahlung mit schnellen Elektronen folgende Schlußfolgerungen ziehen:

1. Es finden sich unterschiedliche Protrahierungswirkungen bei klassischer Röntgenstrahlung und bei schnellen Elektronen.

2. Die Protrahierungswirkungen machen sich bei klassischer Röntgenstrahlung und bei schnellen Elektronen in unterschiedlichen Bereichen der Dosisleistung bemerkbar.

3. Die Protrahierungswirkungen scheinen bei schnellen Elektronen innerhalb höherer Dosisleistung zu liegen als bei klassischer Röntgenstrahlung. In der Bestrahlungspraxis dürfte somit der Zeitfaktor für die Einzeitbestrahlung mit schnellen Elektronen eine größere Bedeutung haben, als es bei der konventionellen Röntgenstrahlung der Fall ist.

4. Die biologische Wirkung der Elektronenstrahlung aus dem Betatron hängt auch von der Tatsache ab, daß es sich bei ihr um eine Impulsstrahlung handelt.

5. Auf Grund eigener klinischer Erfahrungen wird vermutet, daß bei der Bestrahlungsbehandlung bösartiger Tumoren mit schnellen Elektronen die Protrahierung eine Elektivitätssteigerung in Bereichen der Dosisleistung zur Folge hat, in denen sie bei der konventionellen Röntgenstrahlung keine Rolle spielt.

**Summary**

There is a different protraction effect in irradiation with classical X-rays and with fast electrons. With fast electrons the protraction effect is brought about within higher dose rate than with conventional X-rays. The biological effect of electrons from the betatron also depends on the fact, that it is a pulsing radiation. Based on our own clinical experience in therapy with fast electrons, protraction causes an increase of electivity within the range of the dose rate. The latter is of no importance in thes case of conventional X-rays therapy.

# 2.1.7. Dependance of the Biological Effect on Radiation Frequency

By

HANS A. KÜNKEL

With 6 Figures

For the purpose of radiation protection it may be sufficient to calculate the relative biological efficiency (RBE) of fast electrons as 1. Numerous investigations, however, indicate that biological effect of fast electrons produced by modern particle accelerators (e. g. Betatron, linear accelerator) in most cases is lower than the effects of conventional X-rays or $^{60}$Co-gamma-rays. The difference varies between the biological objects and according to the reaction involved. Some authors try to explain the lower RBE of electrons by the difference of the spatial distribution of ionizations produced within the cells. Others consider that the lower RBE is caused by the fact that electrons of the accelerators mentioned are produced in the form of short radiation pulses of some microseconds (ultrafractionation) followed by relatively long pauses. Several experiments were carried out to investigate the influence of ultrafractionation. However, in some of these publications the various physical parameters were not always correctly interpreted: for example the frequency of radiation pulses, the pulse/pause-ratio, the dose per single pulse, the total absorbed dose, the average dosage rate and the time of irradiation respectively. The greater part of the ultrafractionation experiments mentioned is based on "stroboscopic" methods. Here a constant pulse/pause-ratio is conditioned by the arrangement of the holes in the stroboscopic disk and the frequency of radiation pulses depends on the velocity of revolution. If the rotation is varied the pulse/pause-ratio remains constant indeed, but the time-span of the radiation pulses and hence the dose of the particular radiation pulses are changed. Therefore, the conditions of a radiation originating from betatron or linear accelerator cannot be reproduced by such a method like this. Furthermore, the energies of the radiations used for these experiments ($\beta$-rays from radioactive sources, weak X-rays from roentgen tubes) are considerably lower than the energies produced by betatrons or linear accelerators. Therefore, we endeavoured to carry out experiments in the field of ultrafractionation with the betatron itself. For this purpose we used a special electronic device by which the frequency of the pulses of the betatron could be varied to a certain degree. In the first experiments to be described here embryos ("eggs") of drosophila melanogaster in different stages of development were exposed to electron radiation under various conditions. Drosophila-eggs are doubtless not the best test object for ultrafractionation experiments. The reason is the almost stormy development which the embryos pass through within the first hours after fertilization. Already 30 years ago HENSHAW and HENSHAW investigated the radiosensitivity of drosophila-eggs and its dependance on the state of development. In Fig. 1 the 50%-dose is plotted against the "age of the eggs". Even if the absolute values ascertained by these authors will have to be carefully discussed (since methods have considerably changed), the diagram clearly shows that by ways of example LD 50 increases rapidly from about 250 R to almost 1250 R in the third hour after fertilization. Therefore we irradiated embryos in such stages of development in which the variability of radiosensitivity (due to the inhomogenity of the material and to the relatively long times of irradiation) should be insignificant.

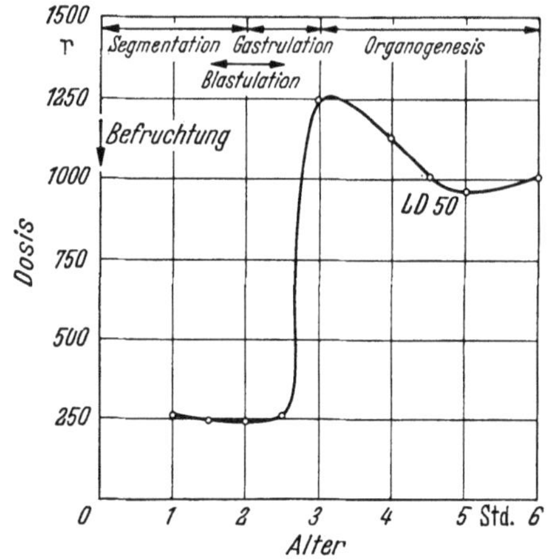


Fig. 1. LD-50 of Drosophila-"eggs" as a function of the "age of the eggs" (HENSHAW and HENSHAW 1933)

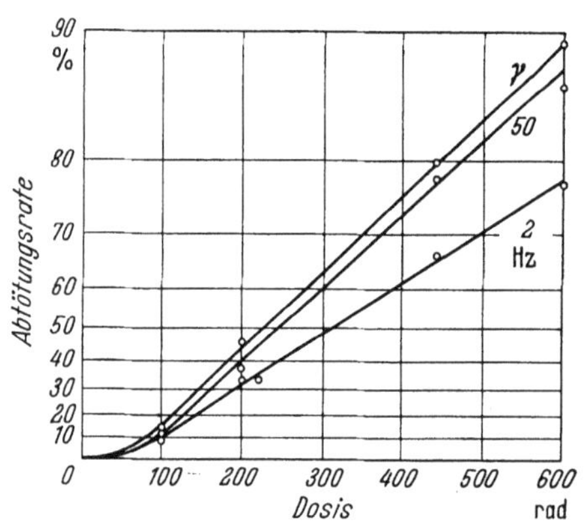


Fig. 2. Rate of 1.75-hour-eggs killed by gamma rays or ultrafractionated 15 MeV-electrons (constant average dose-rate 17 rad/min)

Fig. 2 shows the average percentage of "killed" drosophila-eggs at an "age" of $1^3/_4$ hours as a function of the absorbed dose (rad) irradiated with 15 MeV-electrons at a pulse frequency of 2 pps and 50 pps as well as by continuous $^{60}$Co-$\gamma$-radiation. In this experiment the average dosage rate of the betatrons was kept constant (17 rad/min $\pm$ 15%) by variation of the dose of the single pulses in the case of different pulse frequencies. The lowest percentage of killed eggs was observed when the frequency was 2 pps, the highest in the case of continuous $\gamma$-radiation. Between these extremes are the values of the normal working frequency of the betatron of 50 pps.

In Fig. 3 results with $1^3/_4$-hour-eggs are again to be seen. In this experiment, however, the dose of the particular pulses was kept constant. In the case of 25 pps and 50 pps, of course, the average dose rate differs from 2-pps-radiation by a factor 12.5 or 25 resp. Accordingly, the time of irradiation varies, too. As is to be seen from the curve more eggs are killed when the frequency of the betatron increases. The difference in the dose rates has probably influenced the experiment.

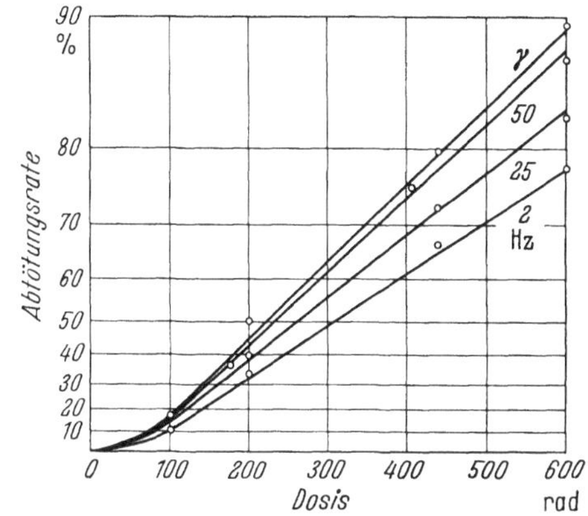


Fig. 3. Rate of 1.75-hour-eggs killed by gamma rays or ultrafractionated 15-MeV-electrons (constant pulse-dose 140 m rad)

Figs. 4 and 5 shows results of the irradiation of $4^1/_2$-hour-eggs. The other parameters correspond to the experiments demonstrated in Figs. 2 and 3. Because of the considerably lower radio-sensitivity of the $4^1/_2$-hour-eggs the dose-effect-curve is not complete.

The same happens in the experiment with 6-hour-eggs, which were irradiated only with 900 rad. These results are demonstrated in the diagram

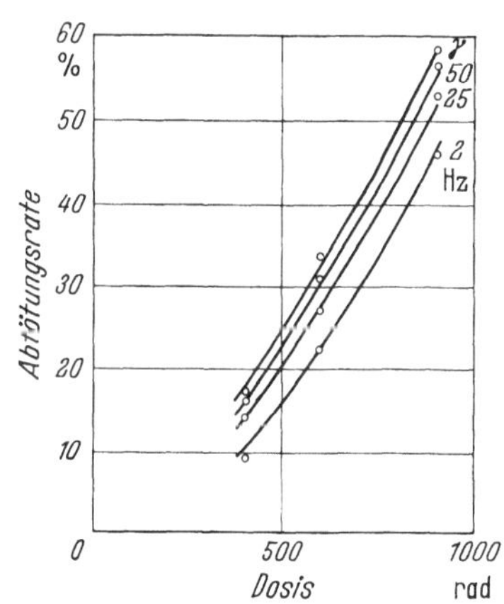


Fig. 4. Rate of 4.5-hour-eggs killed by gamma rays or ultrafractionated 15-MeV-electrons (constant average dose-rate 17 rad/min)

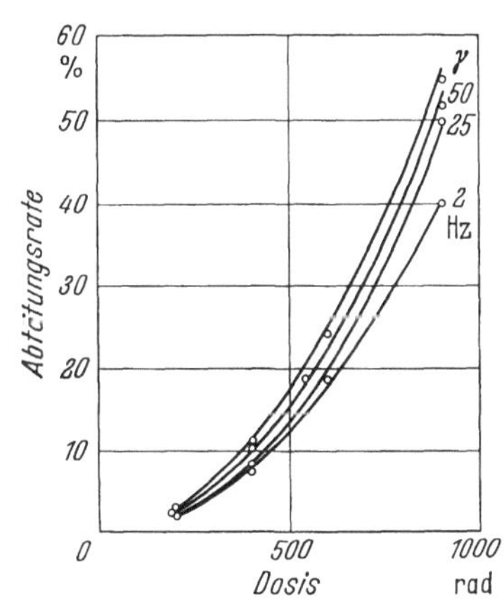


Fig. 5. Rate of 4.5-hour-eggs killed by gamma rays or ultrafractionated 15-MeV-electrons (constant pulse-dose 120 m rad)

of Fig. 6. The differences in biological efficiency between equal doses of 15-MeV-electrons fractionated with 2 pps, 25 pps and 50 pps as well as of continuous 1.2-MeV-$\gamma$-radiation are clear and statistically significant.

The most important result of these experiments probably consists in the fact that an influence of the pulse frequency on the radiobiological effect could be observed under two different conditions: 1. constant average dose-rate and 2. variable average dose-rate, but constant dose of the single pulses. Therewith the observation of Kepp and his group could partially be confirmed (although they were carried out under altered physical and biological conditions).

In the past several authors tried to analyse dose-effect curves, obtained experimentally on embryos of drosophila, by means of the target theory. From the biological standpoint, however, an interpretation of this kind seems to be most unlikely in the case of a multicellular object which develops as rapidly as this.

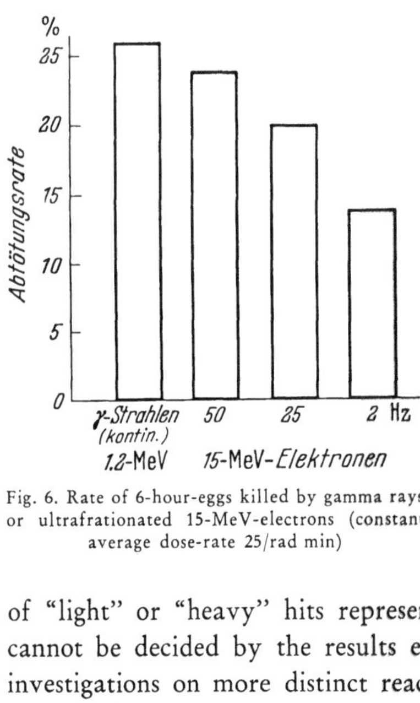


Fig. 6. Rate of 6-hour-eggs killed by gamma rays or ultrafrationated 15-MeV-electrons (constant average dose-rate 25/rad min)

As is clearly to be seen from our result the "recovery phenomena" must play a rôle in the radiation damage of the eggs and the period of this recovery must be in the order of magnitude of the pulse/pause-time occurring in our experiments. These effects, however, obviously do not suffice to explain the lower biological efficiency of betatron electrons completely when compared with conventional X-rays. Whether the differences in the LET or in the mechanism of action (in the sense of "light" or "heavy" hits represent an important factor in these effects cannot be decided by the results existing hitherto. On this account some investigations on more distinct reactions and on simpler test objects must be carried out.

## 2.1.8. Beobachtungen nach Bestrahlung mit schnellen Elektronen an experimentellen Tumoren (Elektronenmikroskopie)

Von

K. H. Kärcher

Mit 3 Abbildungen

Zu den vorliegenden Untersuchungen verwendeten wir das Walker-Sarkom der Ratte und untersuchten mit dem Elektronenmikroskop die Veränderungen an Zellkern und Zellorganellen nach Bestrahlung mit schnellen

Elektronen. Hierbei wurde eine Elektronenenergie von 9 MeV, eine Einzeldosis von 300 R und eine Gesamtdosis von 1200 R appliziert. Besonderes

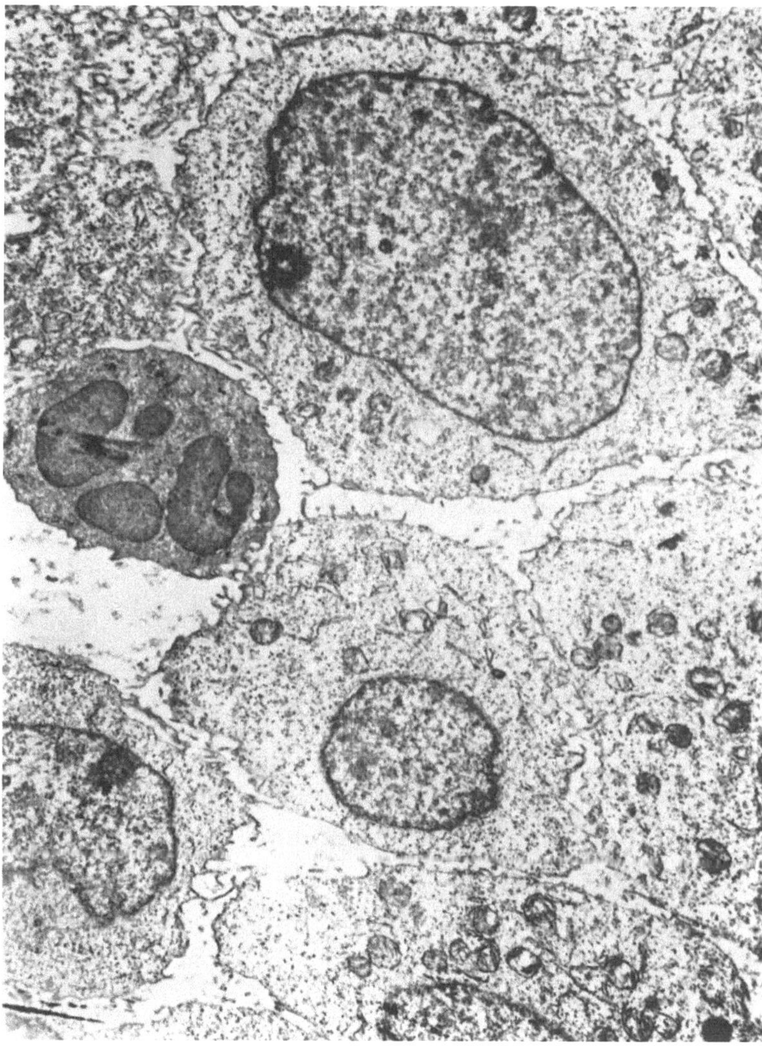

Abb. 1. Walker-Sarkomzellen unbestrahlt. $OsO_4$-Fixierung. Kugelige Mitochondrien. Ges. Vergr. 24 000fach

Augenmerk wurde auf die unterschiedliche Wirkung gleicher Gesamt- und Einzeldosis bei verschiedener Fraktionierung gelegt. Wir gaben also gleiche Gesamt- und gleiche Einzeldosis bei 24-Stunden-Rhythmus und bei 40-Stunden-Rhythmus.

Wie aus Abb. 1 zu ersehen, ist bei einer Gesamtvergrößerung der Einzelzellen zwischen 15- und 27 000fach sehr gut die Struktur des Zellkernes, des

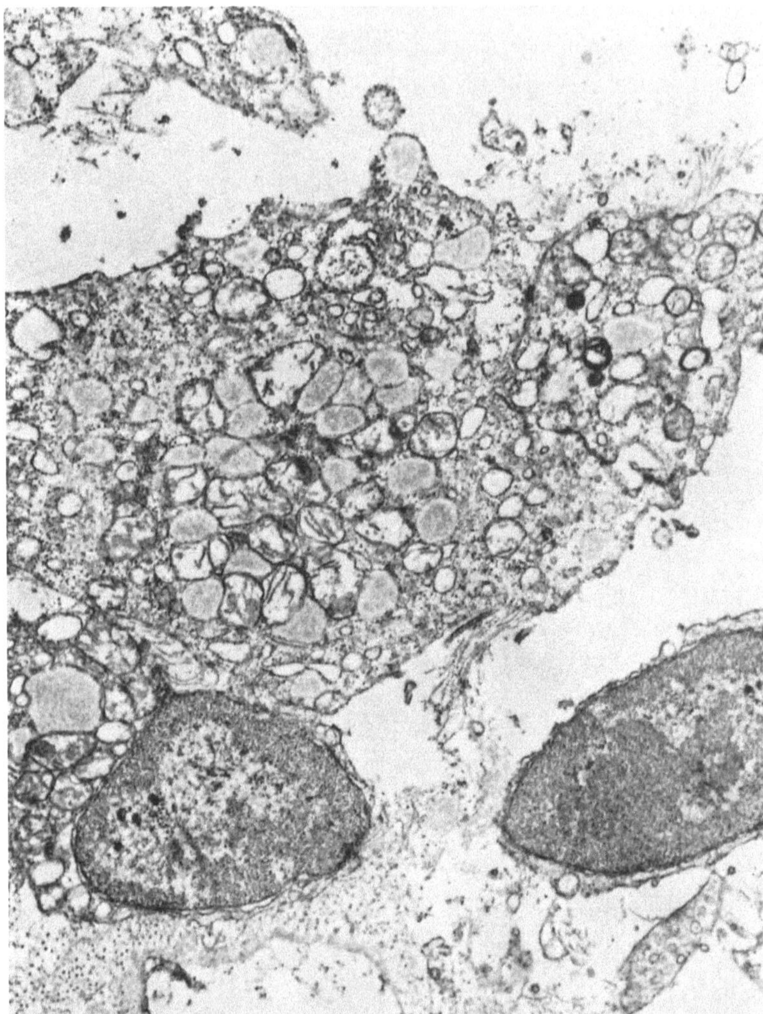

Abb. 2. Veränderungen nach Bestrahlung mit 9 MeV schnellen Elektronen. ED 300 R, GD 1200 R. Rhythmus 24stündlich. Starke Mitochondrienschwellung, zystische Degeneration des endoplasmatischen Retikulums. Karyoplasma-Kondensation und Kernmembrangefügestörung. Ges. Vergr. 15 000fach

Karyoplasmas, des Nukleolus und der Mitochondrien sowie des endoplasmatischen Retikulums zu erkennen. Nach 24stündiger Bestrahlung (Abb. 2) ist nach Erreichung einer Gesamtdosis von 1200 R eine deutliche Schwellung und Zerstörung der Christae mitochondriales zu erkennen. Es haben sich zahlreiche endoplasmatische Vesikel gebildet und die karyoplasmatische Substanz hat sich entmischt. Diese Veränderungen sind als schwere strahlen-

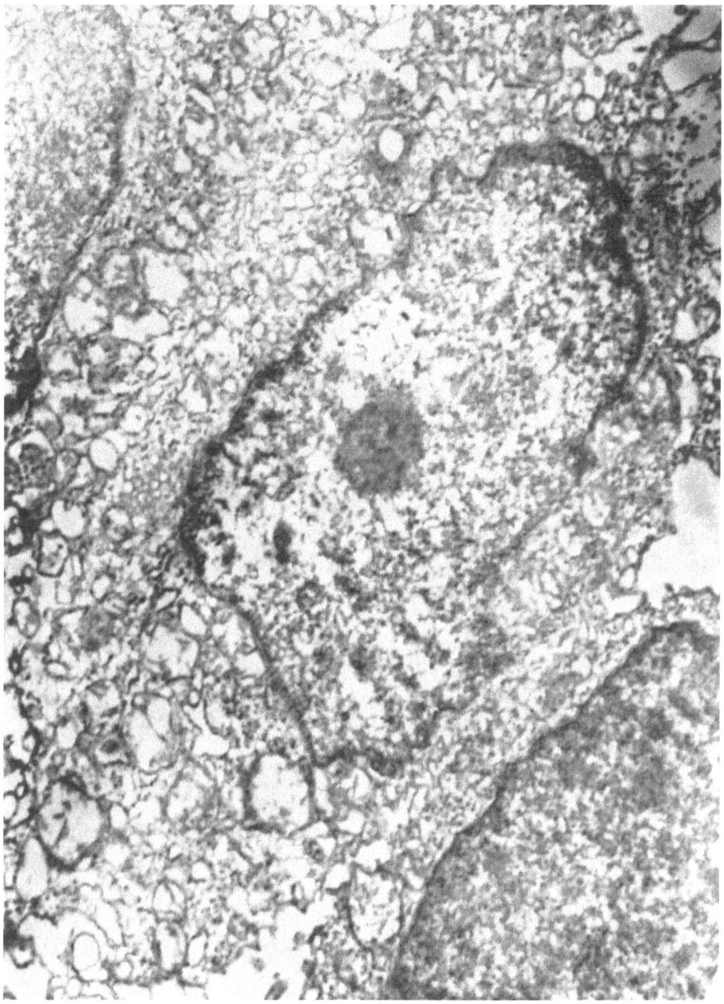

Abb. 3. Zellveränderungen bei gleichen Bestrahlungsbedingungen und Durchführung in 48-h-Rhythmus. Gleichstarke Zytoplasmaorganellenschädigung. Geringgradigere Zellkernveränderungen. Ges. Vergr. 27 000fach

therapeutische Schädigungen der Zelle aufzufassen, d. h., sie sind sicher deletärer Natur.

Nach Einstrahlung von 1200 R im 48-Stunden-Rhythmus (Abb. 3) ist die Schädigung am Zytoplasma etwa gleich der beim 24-Stunden-Rhythmus, während die am Kern zu beobachtenden Schädigungen nicht so ausgeprägt sind.

Deutlich erkennt man noch den Nukleolus, und die Entmischung des Karyoplasmas fehlt. Es kann also gesagt werden, daß die zytoplasmatischen Veränderungen bei verschiedenem Bestrahlungsrhythmus bei gleicher Einzel- und Gesamtdosis entsprechen, während die Kernveränderungen bei täglicher Bestrahlung deutlich stärker sind. Es stellt sich die Frage, ob die zytoplasmatischen Veränderungen nicht die deletären sind und bei der Strahlentherapie der Schädigung des Kernes gegenüber an Auswirkung für die Zelle erstrangig rangieren.

**Summary**

The Walker sarcoma of the rat was irradiated with a single dose of 300 r and a total dose of 1200 r of 9 MeV electrons. The applications occurred at intervals of 24 h and 48 h. Electron microscopical examinations were made before and after treatment. It was possible to show that the most intense changes in mitochondria and nucleus occurred in the case of a 24 h irradiation rhythm.

**Literatur**

BECKER, J., und G. SCHUBERT: Die Supervolttherapie. Stuttgart: Georg Thieme 1961.

PARCHWITZ, H. K.: In Strahlenpathologie der Zelle von SCHERER/STENDER. Stuttgart: Georg Thieme 1963.

SCHERER, E.: Strahlenwirkungen auf Einzelformationen der Zelle. In Strahlenpathologie der Zelle von SCHERER/STENDER. Stuttgart: Georg Thieme 1963.

## 2.1.10. Zur relativen biologischen Wirksamkeit von schnellen Elektronen und Betatron-Röntgenstrahlen

(Epilationsversuche an Kaninchen)

Von

ANDREAS MORELL

Für die Bestimmung und den Vergleich der relativen biologischen Wirksamkeit schneller Elektronen und Betatron-Röntgenstrahlen (30 MeV) wurde die strahlenbedingte Epilation beim Kaninchen als biologisches Modell benützt.

16 Kaninchen wurden in Narkose an allen 4 Extremitäten mit verschiedenen Dosen konventioneller Röntgenstrahlen, schnellen Elektronen und Betatron-Röntgenstrahlen bestrahlt. In verschiedenen Zeitabständen wurden die Hautveränderungen, die den Verlauf der Strahlenschädigung kennzeichneten, photographiert.

In Voruntersuchungen zeigten sich große individuelle Schwankungen der Reaktionsstärke. Auch reagierten Vorder- und Hinterextremitäten desselben Kaninchens auf gleiche Strahlendosen und -qualitäten verschieden. Für den Vergleich der Strahleneffekte durften folglich nur symmetrische

Stellen desselben Tieres beigezogen werden. (Vorderextremitäten miteinander und Hinterextremitäten miteinander.)

Die Versuche waren daraufhin angelegt, mit verschiedenen Strahlenqualitäten einen gleichen Effekt zu erzeugen.

Bestrahlungsbedingungen:

Die ganze Dosis wurde jeweils auf einmal gegeben. Symmetrische Stellen, die miteinander verglichen werden sollten, wurden mit derselben Dosisminutenleistung bestrahlt.

a) Konventionelle Röntgenstrahlung: 250 kV, 15 mA, Filter Th I, HWS 1,6 Cu, FHA 50 cm bis 1 m.

b) Betatron-Röntgenstrahlen: 30 MeV, FHA 1 m, 5 cm Plexiglas.

c) Schnelle Elektronen: 30 MeV, FHA 1 m.

Die entsprechenden Dosen werden weiter unten erwähnt.

Ergebnisse:

Die Hautreaktionen ließen sich einteilen in Frühreaktionen (6 Wochen bis 2 Monate nach Bestrahlung): Erythem, exsudative Dermatitis, Epilation.

Spätreaktionen (6—12 Monate nach Bestrahlung): Ulcerationen und Hautatrophien.

1. Unterschied zwischen schnellen Elektronen und Betatron-Röntgenstrahlen: Es zeigte sich, daß bei gleicher Dosis die Wirkung der Betatron-Röntgenstrahlen stärker ist. Im Laufe des Versuchs stellte sich heraus, daß für den gleichen Effekt die Dosis der schnellen Elektronen ca. um 10% höher sein muß als die Dosis der Betatron-Röntgenstrahlen.

2. Bestimmung der relativen biologischen Wirksamkeit schneller Elektronen und Betatron-Röntgenstrahlen:

a) schnelle Elektronen:

| Versuch | R-Dosis für gleichen Effekt | RBW |
|---|---|---|
| No. 6 | 1800 r konv. = 2500 r Elektr. | 0,72 |
| | 1800 r konv. = 2500 r Elektr. | 0,71 |
| No. 10 | 1500 r konv. = 2500 r Elektr. | 0,60 |
| No. 13 | 1780 r konv. = 2500 r Elektr. | 0,69 |
| | 1780 r konv. = 2500 r Elektr. | 0,69 |
| | Mittelwert | 0,68 |

b) Betatron-Röntgenstrahlen:

| Versuch | R-Dosis für gleichen Effekt | RBW |
|---|---|---|
| No. 7 | 1800 r konv. $\leqq$ 2550 r X-Betatron | ca. 0,73 |
| No. 8 | 1800 r konv. = 2400 r X-Betatron | 0,75 |
| No. 9 | 2500 r Elektr. = 2140 r X-Betatron | 0,79 |
| No. 11 | 2500 r Elektr. $\geqq$ 2250 r X-Betatron | ca. 0,75 |
| | Mittelwert | 0,75 |

Für schnelle Elektronen wurde somit eine RBW von 0,68 angenommen, während der Wert für Betatron-Röntgenstrahlen bei 0,75 lag.

### Zusammenfassung

Zur Bestimmung der relativen biologischen Wirksamkeit von schnellen Elektronen und Betatron-Röntgenstrahlen wurden Kaninchen an den Extremitäten mit konventionellen Röntgenstrahlen, schnellen Elektronen und Betatron-Röntgenstrahlen bestrahlt. Die Hautreaktionen auf Betatron-Röntgenstrahlen waren bei gleicher Dosis stärker als auf schnelle Elektronen. Für die RBW von schnellen Elektronen wurde ein Wert gefunden, der um 0,68 herum lag. Die RBW von Betatron-Röntgenstrahlen lag um 10% höher bei 0,75.



### Summary

For the determination of the relative biological efficiency, rabbits were irradiated with conventional X-rays, high speed electrons and Betatron-X-rays. When equal doses are applied the reaction of the skin is greater in the case of X-rays than with high speed electrons. The value found for the relative biological efficiency is 0.68 for high speed electrons and 0.75 for Betatron-X-rays of 30 MeV energy.


## 2.1.10. Distant Effects of Electron-Irradiation


By

ADOLF ZUPPINGER


Every clinician is familiar with distant effects of irradiation which can reach such severity as to cause the interruption of the course of treatment planned.

Many years ago my calloborator MINDER and I found, when examining the disturbance of $^{45}$Ca uptake after local irradiation of the knee region of adult rats, an abscopal effect. When irradiating the left knee one finds a drop in the uptake of $^{45}$Ca according to the dose. In the first two weeks we also found a reduction in the uptake in the other leg, but also a similar disturbance in the shoulder. This distant effect is temporary while the local effect is progressive and with a dose of 2000 r reaches a stable value in about half a year. Thus we have a quantitative method of demonstrating the remote influence of local irradiation. We intend to investigate whether this effect with high energy electrons was in the same order as with conventional X-rays.

We found that in their effect upon the skin the RBE was 0.65 to 0.7. Therefore we increased the dose of 30 MeV electrons correspondingly. We see in the Fig. that the distant effect as measured by the uptake of $^{45}$Ca is not significantly changed. These findings however need further investigation.

## 2.1. Discussion

By

HANS A. KÜNKEL

I have to thank the Executive Committee of this Symposium for giving me the opportunity at the end of this session "Experimental Biology" to remind you of the radiobiological pioneer-work on high energy electrons which was done during the first years after the Second World War with the 6-MeV-betatron in Göttingen by Professor GERHARD SCHUBERT, who died so early, in February of this year, and who was my teacher for so many happy and successful years.

This is not to be a memorial address. But, after having heard about the latest investigations in this field, it may be of interest to remember these first experiments which were carried out at a time when Germany — after the war — even a simple amplifier-tube was a treasure. The first betatron of the Siemens-Reiniger-Werke which belonged to the Physical Department of the University of Göttingen (Professor KOPFERMANN) was constructed only for physical, not for biological experiments or even therapy. Nevertheless, the first patient suffering from a carcinom of the vulva was irradiated already in 1948.

Before, however, that first therapeutic irradiation with high energy electrons was carried out, extensive experimental work had to be done to investigate the biological efficiency of the new kind of radiation. In 1949 results were published on radiobiological experiments with fast electrons on E. coli, on barley, on dry seeds of Vicia faba, on drosophila, on the cornea of Salamanders and on the erythropoietic system of rats and mice as well as genetic investigations on drosophila melanogaster. If you consider the state of dosimetry of ionizing radiations at that time, you will remember that the only existing unit of the dose was the "roentgen" and this unit was not defined for energies higher than 2 MeV or even for any other kind of radiation than for X- or $\gamma$-rays.

All the more amazing are the results of all these experiments (except perhaps the first on E. coli) which clearly show that RBE of fast electrons varies between values of 0,5 and 1,0 for different biological objects and were confirmed repeatedly by better and more accurate techniques in the course of the following years.

## 2.1.11. Summary of Informal Sessions on Physics and Radiobiology

By

ROBERT LOEVINGER

Three informal sessions were held. The first was on Thursday morning, 10th September, and was presided over by Dr. B. MARKUS. The discussion was largely concerned with the increase of RBE with depth for high-energy-electron beams. This has been observed by some, but not all, physicians and biologists who have worked with such beams.

The discussion turned first to the rôle of delta particles (i. e., very low energy electrons). HARDER pointed out that there is very little experimental information available on the spectrum or the biological rôle of these slow electrons. It is probable that they play an important rôle however, since the large energy transfer associated with cell death must be associated with slow electrons. Harder described the results of his calculations which showed no important increase with depth in the number per rad of delta particles with energy of 1 kev or less, for high-energy electrons. He suggested that earlier calculations by WIDERÖE, which showed such an increase with depth, were erroneous because they included only the first delta-particle generation. He suggested however that an increase in RBE with depth might be associated with an increase in the number per rad of medium-energy secondary electrons, which essentially control the distribution of the delta-particles, i. e., the LET. WIDERÖE discussed further the need for more experimental and biological information on delta particles. He indicated that he was not entirely convinced by HARDER's results, and he proposes to extend his own calculations to cover all delta-particle generations.

The discussion turned to the discrepancy between the observations of DUTREIX et al. and FRITZ-NIGGLI et al., who found no change of RBE with depth for high-energy electrons, and the results of MARKUS et al., who observed an increase of RBE with depth. Various speakers pointed out that the discrepancy might be associated with differences in the test organism (resulting in survival curves of different shapes), and with differences in the phantom depths chosen (resulting in different mean LET values). It was however generally agreed that this problem is so important that it deserves a coordinated attack by investigators at many centers. It was agreed that the Fricke ferrous sulfate dosimeter should be the basis of the dosimetry. Three organisms were discussed as being suitable: tissue culture cells, onion roots, and tumor cells *in vitro*. MARKUS was nominated to form a committee to plan this coordinated work, and Prof. RAJEWSKY offered to finance the activities of the European participants. The meeting ended on a note of enthusiasm for this joint project.

The second informal session was held on Thursday afternoon, and was presided over by Dr. R. LOEVINGER. It was concerned with the establishment of dose standards, methods of intercomparison of beam calibration, and related dosimetric problems. It was generally agreed that the basic standard of absorbed dose was the calorimeter. LAUGHLIN described a portable, absorbed-dose microcalorimeter which has been constructed at the Memorial Hospital in New York, and used with ionization chambers and chemical dosimetry as secondary standards to calibrate electron beams in a number of American hospitals. A similar calorimeter, at the I.A.E.A. in Vienna, was described by NAGL, who mentioned plans for intercomparing the two calorimeters, and for using them to check electron beam calibration at a number of institutions. The opinion was expressed that the calorimeter, even though readily portable, would not be suitable for use at more than a few large institutions.

Various secondary standards were discussed, but the Fricke ferrous sulfate chemical system was the most widely accepted. Its convenience for biological use, its universal availability, and its high degree of reliability, recommend it as a local standard, and for intercomparison purposes. It was agreed that it would be very desirable for standard ferrous sulfate samples to be furnished to many institutions for intercomparison purposes, but it seemed unlikely that this would be carried out, except by an international agency. The hope was expressed that the I.A.E.A. could do this, and Prof. JAEGER tentatively indicated that the I.A.E.A. might be able to do so. Technical aspects of the intercomparison (e. g., suitable plastic sample containers) were discussed, and it was generally agreed that the problems were not negligible, but seemed soluble.

Other intercomparison techniques, e. g., intercomparison by means of commercial ionization chambers, were discussed, but were received much less favourably, since it was agreed that there are many pitfalls in the use of such equipment for electron beam intercomparison purposes.

There are several types of dosimeter, and several types of dose standard, and POHLIT pointed out that the calibration factor for the dosimeter is energy-dependent unless the standard and the dosimeter are alike. For this and other reasons he proposed the use of the air ionization chamber as the local dosimeter, and the plane-parallel ionization chamber (the "extrapolation chamber") as the standard against which it is calibrated. He pointed out that, from the viewpoint of accuracy, the calorimeter, the Fricke chemical dosimeter, and the extrapolation chamber are about equal.

It was readily agreed that each institution must maintain its own calibration constancy check. This can be done in various ways, but it is most frequently done with stable, commercial ionization chambers.

The third informal session was held on Friday morning, 11th September, and was presided over by Dr. O. NETTELAND. It covered a variety of subjects, most having to do with treatment planning in practical situations. Collimation was discussed at length, with emphasis on the need for avoiding beam contamination due to secondary electrons from the collimator. Several plastic and lead collimating devices were shown and described. The simplest technique was that of the Villejuif group, who perform field definition on the skin of the patient, eliminating altogether the need for a collimator.

In answer to some doubts expressed by the Chairman about the possibility of ever knowing the actual electron dose distribution in the presence of appreciable tissue inhomogeneity, LAUGHLIN described techniques for studying with film the hot and cold spots due to corners, edges, and tissue inhomogeneities. He stated that such study allowed adequate control of these dose problems, but he agreed that large fields are safer than several small fields for treating large volumes of tissue.

It is essential that measurement of depth dose, range, energy, etc., should yield the same result for everyone. The importance of this, and methods of accomplishing it, were discussed in detail by Pohlit, who described the advantages of the plane-parallel ionization chamber, and recommended that it be used with Lucite (Plexiglas, Perspex) and corrected to water.

While it was readily agreed that foil activation measurement is a reliable basic method of calibrating beam energy, Markus recommended using a large-diameter plane-parallel ionization chamber to get the practical range independent of field size. Pointing out that it is a slow procedure to get the practical range in the usual manner, Pohlit recommended fixing the absorber depth and varying the energy, to get a current *vs* energy curve, as a routine energy check.

Whether it is ever appropriate to use electrons for deep radiation therapy was questioned by Wachsmann, but defended by Wideröe, who stated that claims of improved higher therapeutic efficacy for high-energy electrons (compared to X-rays) must be tested.

In summary, it can be said that the three informal sessions were active discussions of currently-unsolved electron beam problems. There was great enthusiasm for cooperation between laboratories, and a strong indication that any efforts in that direction would meet with a good response. This spirit of willing international cooperation and friendship was one of the most gratifying aspects of the Symposium.

## 2.2. Clinical Radiobiology

*Einführung*

Von

Rudolf Schinz

Die Strahlenbiologie ist einerseits ein Sondergebiet der allgemeinen Biologie, welches mit den durchdringenden ionisierenden Strahlen als Sonden in die Lebewesen, deren Organe, Gewebe, Zellen und Zellbestandteile eindringt, um die Wirkung auf die lebendige Materie zu analysieren und um dadurch deren Strukturen und Funktionen aufzuhellen. Gerade in den letzten Dezennien sind außerordentliche Erfolge erzielt worden. Denken Sie an die Strahlengenetik, die heute dank der Untersuchungen an Phagen, Viren und Bakterien sich zur molekularen Genetik entwickelt hat. Der Begriff Gen als Erbeinheit hat sich aufgelöst in den der Punktmutation oder das Muton, das auf eine Änderung oder einen Ausfall einer Base der DNS und konsekutiv auf eine Änderung der Aminosäurensequenz zurückgeführt werden kann, ferner in den der Rekombinationseinheit oder das Recon, das aus mehreren Nucleotiden besteht — man spricht auch von Block-Mutanten — und drittens das *Cistron* als Funktionseinheit, das sich aus Hunderten von Nucleotiden zusammensetzt.

Das sind gewaltige Fortschritte, die wir den Molekulargenetikern, den Biomathematikern, den Biophysikern und den Biochemikern verdanken. Ich erinnere an einige wenige große Namen: Avery, Kendrew, Watson und Crick, Benzer u. v. a.

Die Strahlenbiologie in diesem Sinne ist eine selbständige Grundwissenschaft und erstreckt sich auf die reine Grundlagenforschung. Andererseits aber ist die Strahlenbiologie als *angewandte Wissenschaft* die unentbehrliche Grundlage für die Strahlentherapie und den Strahlenschutz, also für ärztliche Belange. Die Verantwortung kann den Ärzten niemand abnehmen. Die angewandte Strahlenbiologie ist und bleibt ein Erfordernis der Strahlentherapeuten und des Strahlenschutzarztes. Trotz aller Fortschritte der Nuklearmedizin ist die Krebsbehandlung und die Krebsheilung, die auf der angewandten Strahlenbiologie fußt, nach wie vor die wichtigste und dringlichste Aufgabe der gesamten Radiotherapie.

Die Strahlenbiologie hat also einen Januskopf. Einerseits ist sie Zweig der allgemeinen Biologie und in ihrer angewandten Form unentbehrliche Wurzel der Strahlentherapie und des Strahlenschutzes. Es ist nützlich, wenn wir uns diese Doppelaufgabe klar vor Augen halten, um Mißverständnisse, Unklarheiten, Eifersüchteleien in Forschung und Lehre zu vermeiden.

## 2.2.2. Frühreaktionen bei Elektronentherapie

Von

G. Weitzel

Mit 4 Abbildungen

Die biologischen Reaktionen des bestrahlten Gewebes bei der Anwendung schneller Elektronen wurden von Anfang an mit besonderem Interesse registriert und verfolgt, gleichsam, als ob neuartige und ganz spezielle Erscheinungen dabei zu erwarten gewesen seien. Eine derartige Erwartung war allerdings theoretisch-physikalisch wenig begründet, da sich die Art der Energieübertragung bei der Elektronentherapie gegenüber der herkömmlichen Röntgenbestrahlung nicht grundsätzlich gewandelt hatte. Und in der Tat wissen wir heute, daß die zu beobachtenden reaktiven Vorgänge im wesentlichen die gleichen sind wie bei anderen ionisierenden Strahlenarten. Unterschiede bestehen lediglich hinsichtlich der Zeit-Dosis-Relation und des Reaktionsgrades, vielleicht auch der Reaktionsgeschwindigkeit. Aussagen können darüber von klinischer Seite nur bedingt gemacht werden, und das auch nur statistisch, da Form und Grad der Reaktion unter dem Einfluß so vieler teils abschätzbarer, teils nicht bestimmbarer individueller Faktoren stehen, daß die therapeutische Praxis über grobe Faustregeln noch nicht hinweggekommen ist.

Die Frühreaktionen, die uns hier allein beschäftigen sollen, umfassen alle innerhalb des Patienten durch den Strahleninsult ausgelösten Reiz-, Abwehr-, Abbau- und Reparationsvorgänge bis zum Eintritt eines vorläufigen Ruhestadiums, das zu den chronischen und späten Reaktionen überleitet. Sie treten auf

im Bereich des unmittelbar betroffenen Dosisvolumens, also an Haut, Hautanhangsgebilden, Unterhautgewebe und Tumorgewebe,

im übrigen Organismus als Allgemeinreaktionen mit indirekter Auslösung und

im Bewußtsein des Patienten.

Die beiden letzten Reaktionsbereiche, so interessant sie an sich sind, sollen hier übergangen werden, da sie, von Ausnahmen abgesehen, bei der Elektronentherapie nur eine untergeordnete Rolle spielen. Die relativ begrenzten Dosisbereiche führen so gut wie nie zu ernsteren Schwierigkeiten von seiten des Allgemeinzustandes.

Im Bereich des direkt bestrahlten Gewebes kommt es zu den seit langem bekannten unspezifischen Erscheinungen der Hyperämie, der Gefäßwandschädigung mit Ödem, des Zelluntergangs, der zellulären Infiltrations- und Aufräumungsphase und der bindegewebigen Narbenbildung an den Stellen, wo eine normale Regeneration nicht mehr möglich ist. Form und Grad hängen im einzelnen von einer ganzen Reihe von Bedingungen ab, von denen als bekannt zumindest folgende genannt werden müssen:

a) technisch-physikalische:
Strahlenenergie,
Feldgröße,
Dosis und Dosisleistung,
Art des Blenden- und Kollimatorsystems,
Filter und Vorschaltfolien,
Behandlungsfrequenzen (Fraktionierung);

b) biologische:
Konstitutionstyp und Allgemeinzustand,
Körperregion,
Zustand des örtlichen Gewebes (Blutversorgung),
Lokalbehandlung durch Pharmaka.

Dazu kommen noch eine Reihe unbekannter oder nicht direkt erkennbarer Wirkungsfaktoren, deren Aufklärung Aufgabe der Strahlenbiologie ist.

Aufgabe des Strahlentherapeuten ist es, sein Behandlungsziel, nämlich die Vernichtung des störenden oder lebensbedrohenden Geschwulstgewebes zu erreichen und gleichzeitig das Ausmaß der meist wenig erwünschten Nebenreaktionen am gesunden Gewebe möglichst gering zu halten. Dazu ist eine gute Kenntnis des gesamten Formenkreises reaktiver Veränderungen unerläßlich. Man muß wissen, welche Erscheinungen regulär und unbedenklich sind, und welche eine Unterbrechung der Behandlung ratsam machen.

Wichtigster und oftmals einziger Beobachtungsbereich ist die Hautoberfläche. Im folgenden soll nun an Hand von Abbildungen ein Überblick über Hautveränderungen gegeben werden, die wir bei der Elektronentherapie mit einem 15 MeV-Betatron im Laufe von fast 11 Jahren als typisch kennengelernt haben.

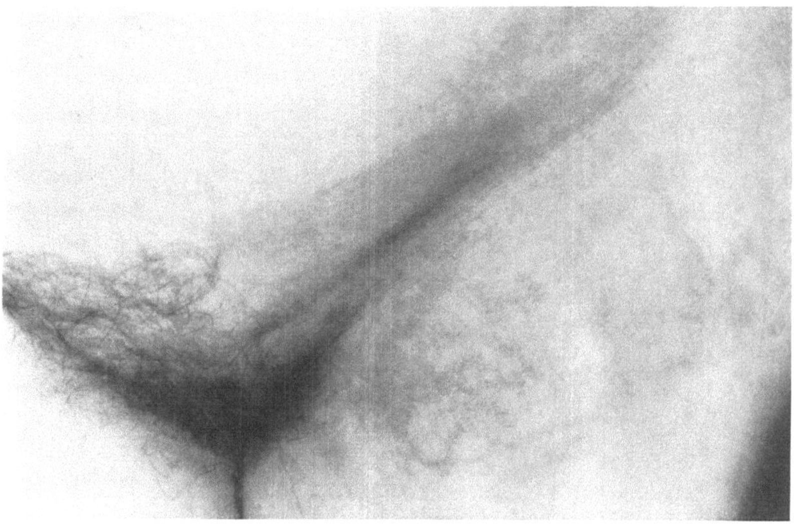

Abb. 1. Marmoriertes Erythem nach 7900 R in 43 Tagen + 2100 R in 12 Tagen mit 4 Wochen Intervall. Elektronenenergie 15 MeV, Feldgröße 8×12 cm. bzw. 4,5×7 cm. Zustand 52 Tage nach Behandlungsabschluß

Erstes Symptom der Strahlenwirkung auf die Haut ist nach Erreichen einer bestimmten Schwellendosis eine durch Hyperämisierung bedingte Rötung des Bestrahlungsfeldes, das *Erythem.* Es umfaßt meist gleichmäßig den gesamten Feldbereich (homogenes Erythem, Abb. 3), kann aber auch ungleichmäßig, fleckig oder marmoriert, auftreten (Abb. 1). Nicht selten sieht man zu Beginn eine punktförmige Ausbildung um die geschwollenen Haarfollikel herum (follikuläre Form). Je nach dem Grad der Rötung lassen sich verschiedene Stärkegrade unterscheiden, die mit zunehmender Gesamtdosis nacheinander auftreten. Wir haben für unsere eigene Dokumentation 7 solcher Grade abgegrenzt, die in der Übersichtstabelle aufgeführt sind. Natürlich ist diese Einteilung etwas willkürlich und subjektiv und nur bei einiger Erfahrung durchführbar, da die Übergänge ja fließend sind, wie überhaupt der ganze Ablauf keinem starren Schema folgt und starken individuellen Schwankungen unterliegt. Bei mittlerer Dosierung werden die Grade „stark" und „sehr stark" bei Abschluß der Serie meist nur selten erreicht. Eine mit einer *Epithelhyperplasie* einhergehende Sonderform, wie sie Abb. 2 zeigt, haben wir bisher nur einmal registriert. Bei starker Fraktionierung und zeitlicher Protrahierung der Behandlung pflegt mit der Erythembildung eine gleichzeitige Pigmentierung der Haut parallel zu

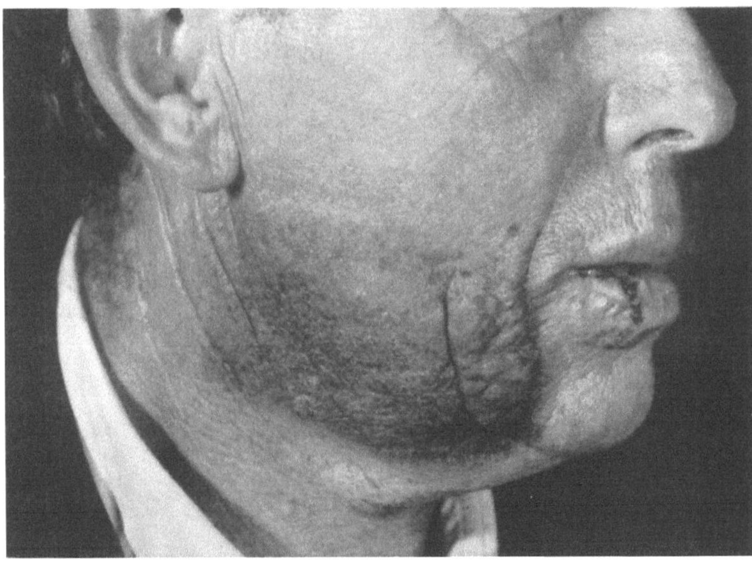

Abb. 2. Eigenartige Epithelhyperplasie an der Wange nach 9×300 R (= 2700 R) in 23 Tagen. 6×10 cm Feld, 9 MeV-Elektronen. Zustand bei Behandlungsabschluß. 17 Wochen später weitgehende Rückbildung, nur noch ichthyosiforme Rauhigkeit, keine Induration

gehen, die der Rötung einen bräunlichen Ton verleiht, der allmählich die Oberhand gewinnt *(Pigmenterythem)*.

Es ist uns bisher nicht gelungen, irgendwelche feste Beziehungen zwischen Dosis und Bestrahlungsmodus einerseits und Erythemablauf und Reaktionsgrad andererseits festzulegen. Wahrscheinlich ist das auch wenig sinnvoll, da allgemein-konstitutionelle und lokal-topographische Einflüsse dabei eine zu große Rolle spielen. Abb. 3 zeigt deutlich, wie unterschiedlich Hautreaktionen beim gleichen Patienten, bei gleicher Dosis, gleichem Zeitablauf, ja sogar bei annähernd gleicher Lokalisation sein können. Wir stehen daher den in der Literatur gelegentlich zu findenden Reaktionsbeschreibungen, die nur physikalische Faktoren berücksichtigen und daraus Regeln ableiten, skeptisch gegenüber.

Nach Erreichen des jeweils stärksten Erythemgrades setzt die *Desquamationsphase* ein, die eine Abstoßung der obersten Epithelschichten mit sich bringt. Sie kann als *trockene Desquamation* (Radiodermatitis sicca) mit einer feinlamellären oder groblamellären Schuppenbildung ablaufen, oder als *nässende Desquamation* (Radiodermatitis exsudativa) epitheliolytisch und erosiv auftreten. Beginnend mit einer blasigen Abhebung der Epidermis führt sie zu einer allmählichen totalen Epidermolyse, die unter Bildung von multizentrisch auftretenden Epithelinseln, die konfluieren, und vom Rand her sich reepithelisiert und fast immer zart und glatt abheilt. Der Laie und

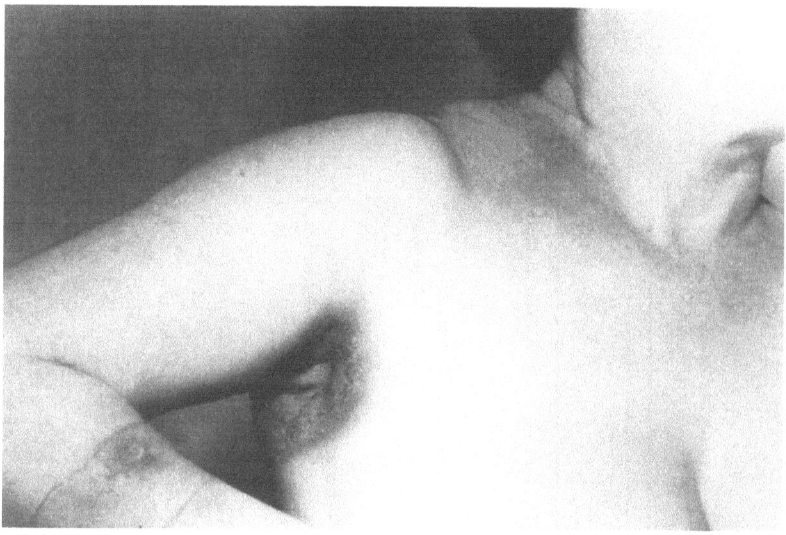

Abb. 3. Unterschiedliche Reaktionsgrade bei 3 topographisch verschiedenen Bestrahlungsfeldern. a) *Unterarm* (Excisionsnarbenbereich): (4,5 × 7 cm Feld, 6 MeV) mildes Erythem. b) *Supraclaviculär:* (8 × 12 cm Feld, 15 MeV) mittelstarkes homogenes Erythem. c) *Axilla:* (8 × 12 cm Feld, 15 MeV) starkes Erythem mit beginnender Epidermolyse. Gesamtdosis bei allen 3 Feldern 16 × 300 R (= 4800 R) in 33 Tagen

leider auch mancher Hautarzt sprechen hierbei von der „Strahlenverbrennung".

Nach Ablauf der Desquamationsphase beginnt als letzte Phase der Frühreaktionen der Haut die *Pigmentierung* und *Vernarbung.* Die Pigmentierung zeigt ähnliche Bilder und Stärkegrade wie das Erythem und läßt sich auch ebenso einteilen (siehe die Übersichtstabelle). In der Mehrzahl der Fälle ergibt die Nachuntersuchung nach 6—8 Wochen nach Abschluß der Bestrahlungsserie bei mittlerer Dosis (um 5000 R) und Fraktionierung (Einzeldosis 250—300 R) eine mäßig bis mittelstarke homogene Pigmentierung des Feldbereichs, bei normaler Konsistenz und Elastizität von Haut und Subcutis (Abb. 4). Ein durch besondere Umstände erzwungenes, mehr for-

Tabelle 1. *Übersicht über die einzelnen Bilder der frühen reaktiven Hautveränderungen bei der Elektronentherapie, geordnet nach Stärkegrad und zeitlichem Auftreten*

| I. Erythemphase | | II. Desquamationsphase | | III. Pigmentierungsphase | |
|---|---|---|---|---|---|
| Homogen. Erythem | Sonderform (selten) | trocken (Schuppung) | exsudativ | homogene Pigmentierung | inhomogene Pigmentierung |
| a) angedeutet | | a) feinlamellär | a) Blasenbildung | a) keine | a) fleckförmig<br>1. feinfleckig<br>2. grobfleckig |
| b) mild | follikulär | b) mittellamellär | b) partielle Epidermolyse | b) angedeutete | b) zentrale Depigmentierung mit hyperpigmentiertem Randsaum |
| c) mäßig stark | | c) groblamellär | c) komplette Epidermolyse | c) milde | c) unregelmäßige Pigmentverschiebung (Vitiligo-ähnlich) |
| d) mittelstark | marmoriert | | d) multizentrische Reepithelisierung („Inselbildung“) | d) mäßig starke | d) zentrale narbige Atrophie |
| e) stärker | unregelmäßig fleckig | | e) totale Reepithelisierung | e) mittelstarke | |
| f) stark | Pigmenterythem | | | f) starke | |
| g) sehr stark | Epithelhyperplasie | | | g) sehr starke | |

ciertes Vorgehen (größere Einzeldosen, größere Gesamtdosis) führt meist zu Pigmentverschiebungen innerhalb, selten sogar auch außerhalb des bestrahlten Hautareals, die das Bild einer klein- oder grobfleckigen Sprenkelung zeigen oder auch mehr flächig homogen sein können, wobei meist eine zentrale Depigmentierung mit hyperpigmentiertem Randsaum (Abb. 4)

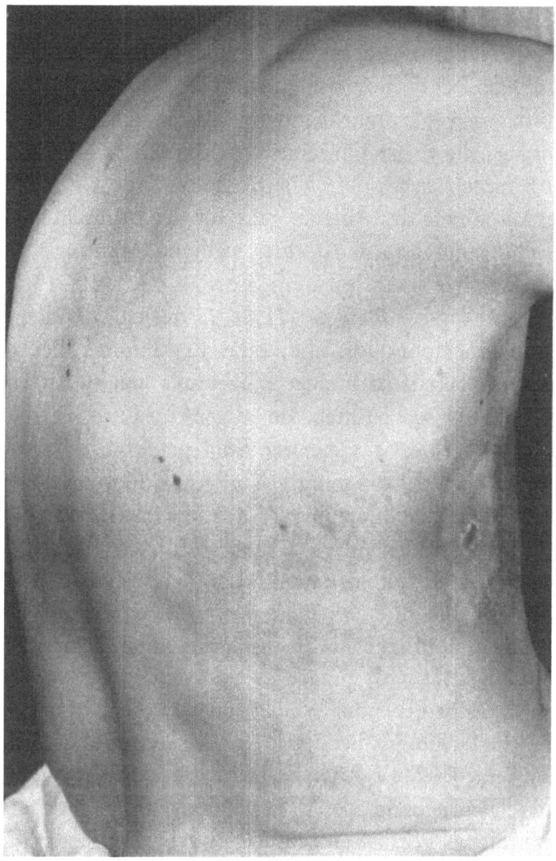

Abb. 4. Linkes und mittleres Feld zeigen milde homogene bzw. mäßig starke, leicht kleinfleckige Pigmentierung, das rechte Feld läßt eine zentrale Depigmentierung mit hyperpigmentiertem Randsaum erkennen

beobachtet wird. Unter Umständen können diese Pigmentverschiebungen so unregelmäßig sein, daß sie dem Bild einer Vitiligo ähneln. Sehr hohe Dosen (10 000 R und mehr) heilen wesentlich langsamer ab, unter Bildung zentral gelegener atrophischer Hautnarben.

Die in den folgenden Monaten oder Jahren eventuell eintretenden weiteren morphologischen Veränderungen im Feldbereich, wie Teleangiektasien und Verschwielungen, gehören in das Gebiet der Spätveränderungen und damit nicht mehr zu unserem Thema.

Wie beim Erythem sind auch in den anschließenden Verlaufsphasen die einzelnen Formen und Stärkegrade der Frühreaktionen derart unterschiedlich, daß sie im Einzelfall nicht sicher vorausgesagt werden können. Unter Einhaltung entsprechender Vorsichtsmaßnahmen, zu denen neben einer fein angepaßten Dosierung eine sorgfältige Kontrolle aller reaktiven Erscheinungen gehört, sind Komplikationen ausgesprochen selten. Gewisse Möglichkeiten zur Beeinflussung des Verlaufs sind gegeben durch Variation des Behandlungsschemas (Fraktionierung), insbesondere durch kurze Bestrahlungspausen, dagegen nur sehr begrenzt durch eine lokale Salben- oder Puderbehandlung, die meist nur eine symptomatische Linderung der subjektiven Beschwerden bewirken, worauf auch Trucchi hingewiesen hat. Eine gewisse Autonomie des Ablaufs geht aus der Beobachtung hervor, daß es *unter* der Bestrahlungsserie zu einer völligen Abheilung der reaktiven Erscheinungen kommen kann.

Unter den *Anhangsgebilden der Haut* verdienen vor allem die *Haare*, die relativ strahlenempfindlich sind, eine Erwähnung. Bei der Kopfbehaarung haben wir bereits nach einer Einzeldosis von 400 R eine umschriebene völlige Epilation beobachtet. Im allgemeinen scheint die Epilationsdosis jedoch höher zu liegen. Genauere Studien darüber liegen unsererseits noch nicht vor. Weiter fiel uns relativ häufig auf, daß der Durchmesser des enthaarten Bezirks den Felddurchmesser deutlich übertraf. Es ließen sich für diese Beobachtung verschiedene Erklärungsversuche aufstellen, unter denen uns die Annahme einer Seitenstreuung vom Tubusrand nach außen gegenwärtig am meisten einleuchtet, aber der Beweis ist dafür noch nicht erbracht. Bei sonst gesunder Kopfhaut ist die Epilation meist temporär; auch nach Dosen von 4000 R setzt nach einiger Zeit der Haarwuchs wieder ein, unter Umständen mit vorübergehender Wellen- oder Lockenbildung bei normalerweise glattem Haar, wie das bereits 1953 von Layne und Mitarbeitern bei der Bestrahlung mit 24-MeV-Röntgenstrahlen berichtet worden ist.

Eine weitere Erscheinung, deren Erwähnung uns wichtig erscheint, weil sie bei Unkenntnis zu Fehldeutungen Anlaß geben kann, betrifft die *Talgdrüsen*. Diese können, vor allem bei Männern im Bereich des Bartwuchses, durch Verlegung der Ausgänge zu knotenförmigen, relativ derben Retentionscysten anschwellen, die leicht für Hautmetastasen gehalten werden können. Diese Knoten verschwanden nach einiger Zeit stets wieder spontan, ohne jede Behandlung.

Die Frühreaktionen an der *Schleimhaut* sind weniger formenreich und auffallend. Hier wird das Bild in der exsudativen Phase der reaktiven Mucositis durch die bekannten stippchenförmigen, gelblich-weißlichen Fibrinbeläge beherrscht, die zu geschlossenen Plaques konfluieren können und nach Abheilung meist keine wesentlichen Spuren hinterlassen. Nur an den

Stellen, wo solche Schleimhautbezirke miteinander Kontakt haben, wie zwischen hinterem Zungenrand und Gaumenbogen, kommt es häufig zu Verklebungen und späteren Verwachsungen. Stärkere Reaktionsgrade führen unter Umständen zu einer narbigen Schleimhautatrophie, die durch Glättung der Oberfläche und Trockenheit infolge Untergangs der Drüsenzellenfunktion gekennzeichnet ist.

Die Frühreaktionen im *subcutanen Bereich* entziehen sich in der Regel der direkten Beobachtung. Relativ früh finden sich aber auch hier an manchen Stellen, z. B. submandibulär, submental oder supraclaviculär in vielen Fällen lockere Schwellungen („Wammenbildung“) meist bleibenden Charakters, die den Eindruck hervorrufen, als ob hier der innere Zusammenhalt des Gewebes, etwa durch Verlust der elastischen Fasern, gelockert sei. Gewisse Schwankungen der Stärke dieser Veränderungen während des Tages lassen auch an den Einfluß der interzellulären Flüssigkeitsverteilung denken. Eine genaue Erklärung steht noch aus.

Eine weitere Besonderheit, die uns seit vielen Jahren aufgefallen ist, auf die aber unseres Wissens erstmals CAVALLO und TRUCCHI in einer besonderen Publikation hingewiesen haben, stellt das Verhalten der *Parotis* dar, die nach der ersten Bestrahlung häufig mit einer schmerzhaften Schwellung reagiert, die nach Stunden wieder abklingt und sich höchstens noch nach der 2. oder 3. Sitzung wiederholt. Es empfiehlt sich, bei Bestrahlungen im Parotisbereich die Patienten vorher auf diese harmlose Erscheinung aufmerksam zu machen, um unnötige Unruhe zu vermeiden.

Wir glauben, mit diesen Ausführungen den Formenkreis der Frühreaktionen bei der Elektronentherapie, soweit er uns als regulär geläufig ist, einigermaßen erschöpfend erfaßt zu haben. Auf Einzelheiten und weitere Besonderheiten konnte im vorgeschriebenen Rahmen naturgemäß nicht eingegangen werden. Wir möchten noch ergänzend hinzufügen, daß wir die beschriebenen Erscheinungen keineswegs für alleinige Begleitreaktionen der Elektronentherapie spezifischen Charakters ansehen. Nur durch die besondere Dosisverteilung der schnellen Elektronen und die dadurch bedingte Bestrahlungstechnik sind sie mit ihr gewissermaßen typisch verbunden. Andere Strahlenarten würden bei gleicher Dosisverteilung sicherlich die gleichen Bilder ergeben.

## Zusammenfassung

Die bei der Elektronentherapie mit einem 15-MeV-Betatron auftretenden Frühreaktionen im Bereich der Haut, der Schleimhaut und des Unterhautgewebes sind im einzelnen nicht nur von den physikalischen Behandlungsbedingungen, insbesondere von der Dosis, abhängig, sondern gleichermaßen auch von den individuellen biologischen Faktoren des Bestrahlungsortes und dadurch im Einzelfall nicht exakt vorherzubestimmen. Ihre morphologischen Erscheinungsformen werden nach Art, Stärkegrad und zeitlichem Auftreten geordnet kurz zusammengestellt und beschrieben.

**Summary**

The early reactions of the skin, the mucosa and the subcutaneous tissue, which can be observed under the treatment with fast electrons of a 15 MeV betatron, depend not only on the physical treatment conditions but also on the peculiar biological factors of the irradiated region. Therefore they cannot be exactly predicted in an individual case. Their various forms are classified in relation to their morphological aspect, degree and time of appearance and briefly described.

**Schrifttum**

CAVALLO, V., e O. TRUCCHI: Reazioni precoce e fugace da radioterapia con alte energie. Gazz. int. Med. Chir. **65**, 3218—3224 (1960).

LAYNE, D. A., V. LOGUE, W. V. MAYNEORD, W. MCKISSOCK, and W. D. SMITHERS: The treatment of cerebral gliomas with 24-million-volt X-rays. Lancet **1953 I**, 516—519.

TRUCCHI, O.: Su alcuni mezzi protettivi della cute irradiate con elettroni accelerati. Nuntius radiol. **28**, 700—713 (1962).

## 2.2.2.1. Die Haut- und Schleimhautreaktionen

Von

WERNER SCHUMACHER

Die Haut- und Schleimhautreaktionen sind von der Energie der schnellen Elektronen abhängig. Bei der Anwendung der Elektronenstrahlung bis zu 18 MeV werden schon bei Strahlendosen von 5000—6000 rad erhebliche Strahlenreaktionen bis zur Epitheliolyse mit nachfolgenden Indurationen beschrieben. Der Unterschied gegenüber der Verwendung von 36 MeV, bei der diese Reaktionen erst bei wesentlich höherer Dosierung auftreten, ist nicht nur physikalisch durch die Dosisverteilung bedingt, sondern auch biologisch durch die geringere Empfindlichkeit der unter der Haut liegenden Fett- und Muskelgewebe. SCHUBERT betrachtet eine Dosis von 5500 rad in 4 Wochen als die höchst zulässige Dosis im Bereich der Vulva. BECKER und KÄRCHER verabreichen Dosen bis zu 6000 rad. TURANO gibt 5000 bis 6500 rad. Häufig wird die Ansicht vertreten, daß bei Berücksichtigung der RBW kein besonderer Unterschied gegenüber konventioneller Röntgenstrahlung vorhanden sei. Das trifft nach unseren Beobachtungen bei Energien von 36 MeV nicht zu. Hier werden Strahlendosen bis zu 8000 rad ohne feuchte Epitheliolyse toleriert. FLETSCHER hat die Haut- und Schleimhautreaktionen bei einer Dosis von 6000 rad in 6 Wochen untersucht, und zwar eine stärkere Reaktion der Schleimhäute beobachtet, jedoch heilt diese sehr schnell ab. Auch wir können die Erfahrungen von ZUPPINGER bestätigen, daß bei der Anwendung von 30—36 MeV bei Einzeldosen von 300—400 rad das Strahlenerythem bei 3500—4000 rad auftritt. Eine exsudative Reaktion beginnt meist oberhalb von 7000 rad. Indurationen treten erst bei einer Dosis von 10 000 rad auf. Werden jedoch Narbengebiete bestrahlt, so findet sich in diesem Bereich häufig eine stärkere Induration. Die Indurationsbildung bei niedriger Energie läßt sich dadurch erklären, daß sich die Dosiserhöhung in der Subcutis wesentlich nachteiliger auswirkt, während bei hoher Energie das Dosismaximum mehr in tiefere Schichten verlagert wird. Bei der konventionellen Strahlentherapie ist in üblicher Fraktionierung bereits bei 4000 rad eine feuchte Epitheliolyse der Axillargegend zu beobachten. Diese Reaktion findet sich bei der Anwendung schneller Elektronen von 20 MeV erst bei 6500 rad. Die herabgesetzte Strahlenwirkung der schnellen Elektronen wird auf die geringere relative biologische Wirksamkeit zurückgeführt. Viele Autoren sind deshalb der Ansicht, daß bei einem RBW-Faktor von 0,8 die Elektronentherapie in der Reaktion der konventionellen Röntgentherapie gleichzusetzen ist. Diese Erfahrung mag vielleicht bei den geringeren Energien von 6—15 MeV zutreffen, bei den Energien über 30 MeV ist das jedoch nicht der Fall. Auf Grund unserer Erfahrungen an dem 35-MeV-Betatron können wir die Feststellungen von ZUPPINGER bestätigen, daß im Vergleich zur konventionellen Strahlung die Hautveränderungen deutlich um 20—30% geringer sind. Auch die Teleangiektasien beobachteten wir nur bei Dosen über 7000 rad. Aber selbst bei dieser Dosis treten diese Erscheinungen nicht in jedem Falle auf. Als Beispiel sei der Vergleich zwischen konventioneller Röntgentherapie und schnellen Elektronen des Betatrons angeführt.

An der Schleimhaut tritt bei unserer Technik zwischen 3000 und 4000 rad eine Rötung auf, während wir bei der konventionellen Therapie bei gleicher Dosierung bereits eine Epitheliolyse und fibrinöse Beläge sehen. Bei der Bestrahlung mit dem Betatron sieht man diese fibrinösen Beläge erst bei 7000 rad, während sie bei einer Dosis von über 7000 rad erst konfluieren. Auch am Larynx sehen wir derartige Veränderungen ebenfalls erst bei wesentlich höherer Dosierung als bei der konventionellen Bestrahlung. Nach Absetzen der Bestrahlung sind sie wesentlich schneller rückbildungsfähig als bei der konventionellen Strahlentherapie. Im Bereich des Pharynx ist eine Dosis von 7500—8500 rad zur Beseitigung eines Plattenepithelkarzinoms, wie ZUPPINGER bereits beschrieben hat, notwendig. Nach seinen Erfahrungen ist das Auftreten der fibrinösen Schleimhautreaktionen ein Maß für die Tumorreaktion. Auf Grund seiner längeren Erfahrungen hat er die Einzeldosis auf 300—350 rad heraufgesetzt und bestrahlt bis zu einer Gesamtdosis von 7500—8000 rad. Mit dem Auftreten der ersten Erscheinungen der Schleimhautreaktion senkt er die Einzeldosis auf 300 oder 250 rad. Um einen einwandfreien Tumoreffekt zu erzielen, ist es notwendig, bis zur Schleimhautreaktion zu bestrahlen und dann die Dosis herabzusetzen. Durch geeignete Wahl der Spannung und der Felder muß versucht werden, die Strahlung weitgehend auf das Tumorgebiet zu konzentrieren und auch die unangenehmen Schleimhautreaktionen in ihrer Ausdehnung zu begrenzen. Bei der Betatrontherapie ist es wichtig, die Schleimhautreaktionen genau zu beachten, weil man daran die notwendige Dosis ablesen kann. Bei dieser Strahlentherapie gibt die physikalische Herddosis lediglich eine Richtlinie, während die Dosierung im Einzelfall durch die Beobachtung der individuellen Reaktionen erfolgen muß. Es werden Beispiele bei unterschiedlicher Dosierung mit dem Betatron bei 25 MeV und 35 MeV gezeigt. Bei 35 MeV tritt eine feuchte Epitheliolyse am Unterbauch erst bei 10 000 rad auf. Bei 15 MeV und 4 cm Plexiglas findet sich diese bei 7500 rad.

**Summary**

The difference in the sensitivity of the tissues in relation to the energy of the electrons is explained by a different RBE. Up to 15—18 MeV it is in the same range as in conventional X-rays and diminishes with increasing energy. Moist desquamation of the skin arises in energies of 15 MeV with 5000 to 6000 r whereas with 35 MeV 10,000 r are needed for the same reaction. The observation of the individual sensitivity is considered very important.

## 2.2.2.1. Skin and Mucous Membrane Reactions

By

H. W. C. WARD

With 3 Figures

Several days after the commencement of a course of fractionated electron therapy a faint skin erythema develops. This becomes more intense and if the dose fractions and the area treated are large enough the epithelium is shed leaving a moist area.

The measurement of the intensity of erythema is subjective and unreliable but two criteria by which the intensity of skin reaction can be quantitatively measured clinically are the day on which erythema appears and the presence or absence of a moist desquamation. These criteria have been studied in relation to dose-rate, size of dose fractions and size of area treated.

The dose-rate for electron therapy with the 15 MeV linear accelerator at St. Bartholomew's Hospital is adjusted so that it is the same as for X-ray therapy, namely between 400 and 500 rads per minute. A study of the intensity of skin reactions by the two criteria mentioned showed no

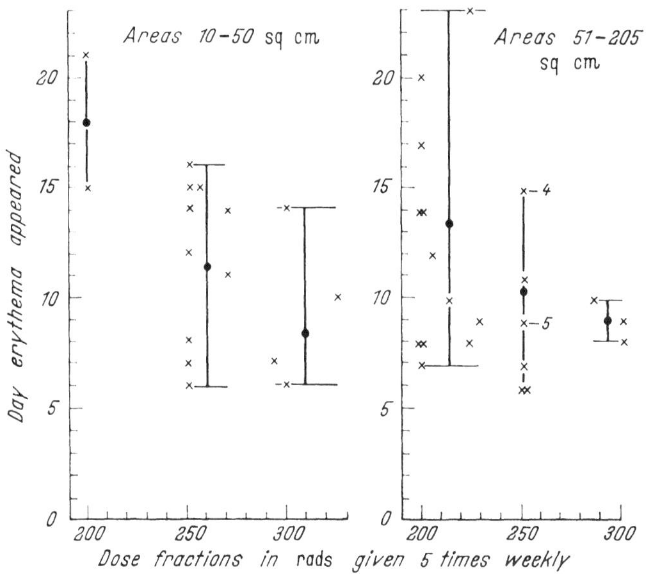


Fig. 1. Effect of size of dose fractions on the speed with which erythema appeared

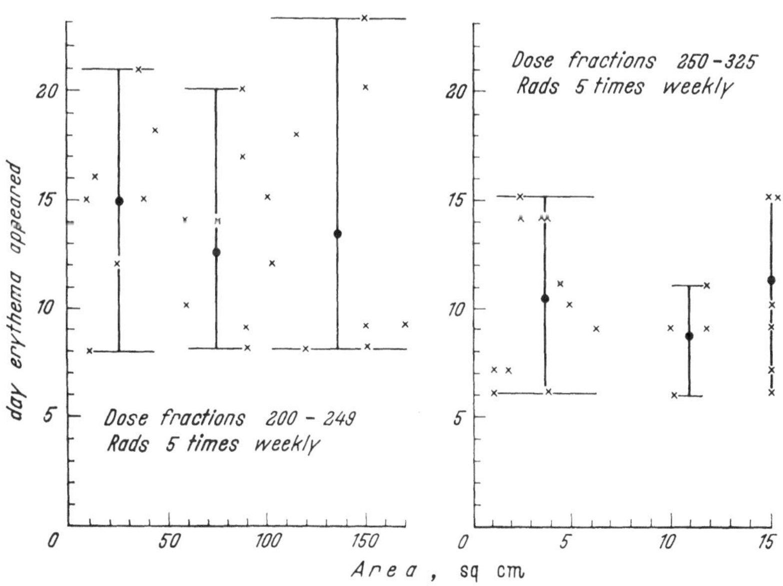


Fig. 2. Effect of size of area treated on the speed with which erythema appeared

correlation whatever between the intensity of the reaction and the dose-rate in the range between 400 and 500 rads per minute. VERAGUTH (1961) stated that with dose-rates above 200 rads reactions were more severe. My own observations do not conflict with his. It may be that the difference in reactions in the rather narrow range of 400 to 500 rads per minute

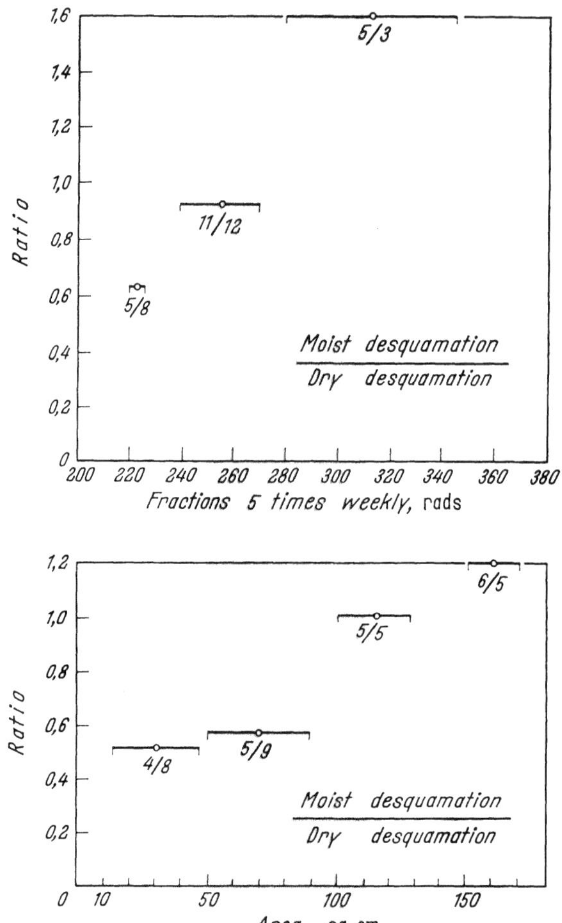


Fig. 3. Effect of size of dose fractions and area treated on the proportion of cases developing moist desquamation

is not detectable while comparison with a dose rate of, say, 50 rads per minute might show a large difference. So far, it has not been possible to make a comparison between very high and very low dose-rates.

On the other hand, the size of daily dose fractions has a considerable effect on the intensity of reactions. In all the treatment courses studied the treatment was given five times weekly. Fig. 1 shows that the speed with which erythema appeared was more rapid when the dose fractions were larger. This applied for both small and large areas. Unexpectedly, the speed with which erythema appeared showed no definite relationship to the size of area treated, either for small or large dose fractions (Fig. 2). Nevertheless, the proportion of moist reactions to dry reactions increase both with size of dose fractions and with size of area treated (Fig. 3).

In all cases where mucous membrane was treated the site was the mouth and the size of area treated was much the same. In all of 8 cases treated there was a fibrinous reaction. The average time of appearance of the fibrin was at 18 days when the dose fractions were 200 rads and 12.5 days when the fractions were 250 rads.

I conclude that the most important factor affecting the severity of skin and mucous membrane reactions to electron therapy is the size of dose fraction. When prolonged fractionation is used I believe that to avoid severe reactions the daily dose should not exceed 250 rads. Another but less important factor is the size of the treatment area. In my experience with dose-rates within the narrow range of 400 to 500 rads per minute, the dose rate had no effect on the degree of skin reaction.

## Reference

VERAGUTH, P.: Brit. J. Radiol. **34**, 152 (1961).

# Discussion 2.2.2.1. — Experiences of Treatment with High Energy Electrons

By

SAKARI MUSTAKALLIO

We have treated about 250 different malignant tumours with Brown Boveri Asclepitrons. The skin reactions are very much the same as with X-rays, except that the skin tolerates considerably more electron radiation. The individual variations are extremely great. The skin-dose in fractionated treatment has varied from 4000 r to 10,000 r per field. The reactions observed varied from mild dry desquamation to severe wet reaction. There are cases where 8000 r did not produce wet skin reaction. Of course it depends on the time of treatment, the size of the field and the energy as much as on the individual sensitivity.

The skin of the inguinal region tolerates electron therapy much better than conventional X-ray therapy. When using conventional roentgen therapy the size of the field has been 10×15 cm and the surface doses only about 3000 r, while by using electron therapy we have delivered 5000—6500 r doses and the skin has always healed very well. There are, however, exceptions where the wet skin reaction appeared by using 4300 r electron doses. However, in those two cases we used such a small dosage for the treatment of metastases that a recurrence developed. We have often delivered electron radiation to the areas before treated by X-rays and skin damages have never appeared, although we used even doses of 6000 r.

**Mucosal reaction.** Laryngeal cancer patients treated with high energy electrons produced in the mucous membranes reactions similar to those produced by comparable doses of X-rays. The reaction became noticeable by pains when swallowing and red coloured mucosa at doses of 2200—3000 r in the tumour (250 kV). The fibrinous mucositis also appeared with equal doses of electrons as in X-rays.

## 2.2.3. Late Reactions

By

C. Biagini

Since 1957 about 1000 patients have been treated with electrons produced by a betatron with a maximum energy of 15 MeV at the Institute of Radiology of the University of Rome. We did not carry out any special research on late reactions or statistical survey of data; the present contribution is limited to some remarks based on the observation of the occurrence of late effects on patients submitted to treatments for superficial or semi-profound lesions. We will briefly consider typical reactions, physical factors, and biological factors.

### *1. Typical reactions*

Although several authors agree on higher skin tolerance after irradiation with high energy electrons compared with conventional X-rays, on the basis of our observations the problem appears not to be completely solved. A marked difference between the two radiations is evident at early stages and the skin reaction after the application of electrons show an earlier recovery from the acute effects. Some experimental data support this observation. Late reactions after exposure to electrons appear to be of the same type as those observed after conventional X-ray irradiation. In further studies quantitative differences are likely to be evaluated on a statistical basis, taking into account the influence of physical and biological factors.

Among late skin reactions the following conditions can be considered: epilation, pigmentation, dyschromia, atrophy; oedema, induration, fibrosis, teleangectasia, necrosis. In some cases an early pigmentation occurs. Areas of dyschromia are frequent and a white colour of the atrophic skin is characteristic, being evident in some cases also a few months after strong treatments have been given in a short time. Teleangectasia appeared to be less frequent and less severe compared with conventional X-rays. Necrosis of the skin appears to be rare and often its occurrence appears in connection with to the influence of peculiar biological or physical factors.

Mucous tissues show a wide range of variations in the degree of reaction. In many cases recurrent redness, dryness of the mouth and taste modifications were observed for a long time after the treatment. With 15 MeV electrons bone necrosis and necrosis of cartilage were seldom observed.

In some patients late reactions can assume a more complicated pattern, since dystrophic conditions can simulate a recurrence of the tumour. It is evident that further irradiation or surgical intervention in these cases would be deleterious. Here an example: a patient was treated with a dose of 5500 rad (15 MeV) in a month (circular field ⌀ 5 cm) for an epidermoidal cancer of the right chord. Regression of the tumor and of the dysphonia were obtained. After 8 months dysphonia reappeared, with a condition resembling an infiltration of the right hemi-larynx. A biopsy showed connective tissue. Without any further treatment, some months later the voice was normal and the patient is now in good condition after five years.

### 2. *Physical factors*

The influence of physical factors for late reactions is of the same type as for acute reactions. The importance of the three main factors is evident: total dose, space distribution of the absorbed dose (depending mainly on radiation energy and on the size of the field, and to a lesser extent on the type of tissue), and chronological distribution of the dose. The absorbed dose is the main factor. We would also stress the importance of the size of the field, which may influence late reactions critically. It is evident that by choosing adequate techniques acute and late reactions can be reduced.

### 3. *Biological factors*

Differences of sex and age in skin reactions are quoted by some authors. In young patients we observed a good recovery of the skin damage, also after large doses.

The axillar and inguinal regions reveal a high degree of sensitivity.

Preceding surgical intervention can affect the course of late reactions. Surgical intervention can produce a diminution of blood supply in some tissues; especially when the skin is stretched on an osseous plane, physical factors can associate, and dystrophic conditions are more probable.

Finally, another biological factor affecting late reactions is connected with individual behaviour of the tissues. This appears mainly evident for the occurrence of fibrosis, by which some patients are not affected, although treated with the same technique as others. As an example, the following cases are compared: a patient was treated for Hodgkin disease with a dose of 5000 rad (15MeV) in two weeks on a large inguinal field (⌀ 15 cm); two years later a strong fibrosis was evident, with teleangectasias; the condition remained unchanged after three years. A second patient submitted to the same treatment (on a field of 8×12 cm) for a metastasis of a testicle carcinoma; a picture taken four years after the treatment shows only partial epilation and slight dyschromia.

### *4. Conclusive remarks*

1. On the basis of our experience, we received the impression that for energies up to 15 MeV, high energy electrons show the strongest differences as compared to conventional X-rays at early stages; for late reactions such a difference appears less evident.

2. By selecting an adequate technique, higher levels of doses can be reached with high energy electrons. The focalisation is better, the perifocal doses can be reduced and the reaction of surrounding tissues diminished.

3. In the occurrence of late effects of fibro-sclerotic type, individual factors appear to play a significant rôle.

### References

Balzarini, E.: Annales de Radiol. **4**, 1029 (1961).
Becker, J.: Strahlentherapie **106**, 85 (1958).
—, and G. Weitzel: Strahlentherapie **101**, 167 (1956).
Borsanyi, S. J., and C. L. Blanchard: J. Amer. med. Ass. **181**, 958 (1962).
Dihlmann, W.: Strahlentherapie **112**, 567 (1960).
Friedmann, M., M. E. Southard, and W. Ellett: Amer. J. Roentgenol. **81**, 402 (1959).
Garland, H.: Amer. J. Roentgenol. **86**, 621 (1961).
Koletski, S.: In Radiation Biologya and Cancer. London: Owen 1960.
Leucutia, T.: Amer. J. Roentgenol. **82**, 721 (1959).
Turano, L.: Nuntius Radiol. **24**, 335 (1960); in Atti del Simposio internazionale sulla radiotherapia con alte energie. Torino: Minerva Medica 1961; Sonderband z. Strahlentherapie **51**, 304 (1962).
—, C. Biagini, C. Bompiani, and P. G. Paleani Vettori: Strahlentherapie **109**, 489 (1959).
Veraguth, P.: Brit. J. Radiol. **34**, 152 (1961).
Zuppinger, A.: Strahlentherapie **111**, 161 (1960); Radiol clin. **31**, 129 (1962).

## 2.2.5. Allgemeine Strahlenreaktion

Von

D. Schoen

Bei der Therapie mit schnellen Elektronen wird eine Allgemeinreaktion des Organismus nur selten klinisch manifest. Die gute allgemeine Verträglichkeit ist einer der Vorzüge, die den guten Ruf der Elektronen in der radiologischen Klinik begründet haben.

Von 276 Kranken, die innerhalb von 24 ± 7 Tagen mit 7200 ± 3400 R einer mittleren Energie von 12,8 ± 3,9 MeV bestrahlt wurden, äußerten nur 3 (= 1,1%) subjektive Symptome, wie Appetitlosigkeit, Übelkeit, Abgeschlagenheit oder Kopfschmerzen.

Ein objektives Maß für die Stärke der Allgemeinbelastung bei der Bestrahlung ist das weiße Blutbild. Durch eine Fernwirkung des Tumors kann die Funktionsreserve des Knochenmarks geschädigt sein, ohne daß diese Schädigung zunächst aus dem peripheren Blutbild ersichtlich ist [*1—6*]. Wenn das Knochenmark durch einen bei der Tumorbestrahlung ungewollt verabreichten Strahlenanteil getroffen wird, kommt es je nach Größe der Knochenmark-Integraldosis zu einer mehr oder weniger starken Schädigung. Diese Knochenmarkinsuffizienz läßt sich durch eine Belastungsprüfung mit pyrogenen Reizstoffen erfassen [*7*], oder sie manifestiert sich bereits ohne Belastung durch eine Leukopenie im peripheren Blutbild.

Tabelle 1. *Leukopenie (< 3500 L)*

| | | | |
|---|---|---|---|
| *Erste Elektronenserie* | 7200 ± 3400 R (12,8 MeV)/24,3 ± 7 d | = 6/101 | = 6% |
| Elektronenserie mit *nach Belastung mit* von 4,5 ± 2 Monaten | 5200 ± 2300 R (12,4 MeV)/1,1 ± 0,5 Mo. 10300 ± 4300 R *Elektronen* (13,5 MeV) | = 6/87 | = 7% |
| Elektronenserie mit *nach Belastung mit* in 8 ± 3,5 Mo. vor 9,6 ± 4 Mo. | 5900 ± 2900 R (13,4 MeV)/27 ± 9 d 7800 ± 3500 R *Röntgenstrahlen* (0,2 ... 15 MV) | = 9/53 | = 17% |
| *Simultanbestrahlung* | 5000 ± 2500 R *Röntgen* (0,2 ... 15 MV) und 5600 ± 2700 R *Elektronen* (13,9 MeV) in 33 ± 10 d | = 20/70 | = 29% |
| *Tumorbestrahlung mit Röntgenstrahlen* | (200 ... 250 kV) | | ~ 30% |

Wie die Tabelle 1 zeigt, reagierten von 101 Pat., die erstmalig und mit schnellen Elektronen bestrahlt wurden, 6 (= 6%) mit einer Verringerung der weißen Zellen im peripheren Blut unter 3500 mm$^3$. Bei einer zweiten Gruppe von 87 Kranken, die früher bereits in einer oder zwei Serien mit schnellen Elektronen vorbelastet worden waren, kam es in 6 Fällen (= 7%) zu einer Leukopenie. Die Bestrahlung mit schnellen Elektronen hinterlaßt demnach im allgemeinen keine bedeutende Knochenmarkschädigung!

Anders verhält es sich bei der Vorbestrahlung mit Röntgenstrahlen. Von 53 Pat., die in einer oder mehreren Serien mit konventionellen oder ultraharten Röntgenstrahlen vorbelastet worden waren, zeigten während der später folgenden Elektronenserie 9 (= 17%) eine Leukopenie. Der Unterschied zwischen 6% und 17% ist statistisch signifikant. Bei gleichzeitiger Bestrahlung mit Röntgenstrahlen und schnellen Elektronen reagierten unsere Patienten im gleich hohen Prozentsatz mit einer Leukopenie, wie wir ihn bei der alleinigen Therapie mit konventionellen Röntgenstrahlen festgestellt haben [*8*].

Bei der Prüfung der Knochenmarkfunktion mit pyrogenen Reizstoffen beobachteten wir erst dann eine Dämpfung des Leukozytenanstiegs, wenn die

Strahlendosis außerhalb des Strahlenbündels infolge der Bestrahlung von mehreren Feldern so hoch lag wie bei der Bestrahlung mit konventionellen Röntgenstrahlen.

Eine weitere klinische Beobachtung bestärkt unsere Auffassung, daß eine stärkere Allgemeinbelastung bei Elektronenbestrahlung nicht stattfindet: Bei der Durchführung der zytostatischen Therapie mit täglich 200 mg Endoxan ® (einem zyklischen Phosphamid) wurden wir durch eine gleichzeitige Elektronentherapie mit Energien bis zu 17 MeV und Einzeldosen von 300 R nicht behindert. Es kam in keinem der beobachteten 20 Fälle zu einer Leukopenie.

Untersuchungsergebnisse über die Wirkung der Elektronenbestrahlung auf die Erythropoese liegen von Mauss und Künkel vor. Bei Bestrahlung von täglich 4 Feldern im Thoraxbereich mit dem 16-MeV-Betatron kam es im Gegensatz zur gynäkologischen Telekobalt-Bestrahlung nicht zu einer Störung des Plasmaeisen-Umsatzes und des Eiseneinbaus in die Erythrozyten.

Verantwortlich für das Ausmaß der Allgemeinreaktion ist die Höhe der Integraldosis. Die Integraldosis setzt sich aus zwei Komponenten zusammen: 1. der Dosis innerhalb des Nutzstrahlenbündels und 2. der auf den übrigen Organismus ungewollt verabfolgten Störstrahlung aus dem Strahlerkopf. Diese Stör- oder Nebenstrahlung besteht beim 18-MeV-Siemens-Betatron aus einem Gemisch von Elektronen und Bremsstrahlungen mit Halbwertschichten bis 25 mm Pb [*10*]. Wie Messungen an einem rumpfähnlichen, ellipsoiden Wasserphantom ergeben haben, beträgt der Störstrahlanteil bei Bestrahlung eines $(6 \times 10)$ cm$^2$ großen Feldes mit 16-MeV-Elektronen rund das 1,3fache der Integraldosis im Elektronenpilz [*9*]. Mit Hilfe der von Breitling und Seeger ermittelten Seitendosiskurven für das gleiche Betatron läßt sich errechnen, daß (bezogen auf die gleiche Maximaldosis in der Strahlachse) der Störstrahlenanteil bei 10 MeV etwa 30% und bei 5 MeV etwa 80% geringer ist als bei einer Energie von 16 MeV. Die von Wideröe publizierten Seitendosiskurven der Nebenstrahlung des 31-MeV-BBC-Betatron in Zürich liegen (bezogen auf gleiche Abstände vom Feldrand) rund fünfmal höher als die von uns am 15,8-MeV-SRW-Betatron gefundenen Werte. Die Zusatzdosis durch Neutronen liegt bei Energien bis zu 34 MeV in der Größenordnung von Promille [*12, 13, 17*].

Schittenhelm [*14*] hat darauf hingewiesen, daß vom Standpunkt der Integraldosis die Elektronenbestrahlung im wasseräquivalenten Gewebe nur bis zu 6 cm Tiefe sinnvoll ist, wenn man berücksichtigt, daß in praxi der Herd gewöhnlich 4—5 cm dick ist, und wenn man in diesem 4—5 cm dicken Herd höchstens eine Dosisinhomogenität von ±20% zuläßt. Der Störstrahlenanteil an der gesamten Integraldosis soll möglichst klein gehalten werden. Die Seitendosis ist zwar gering. Sie ist aber nach unseren heutigen Kenntnissen durchaus in der Lage, selbst noch in 40 cm Entfernung vom Nutzstrahlbündel biologische Effekte auszulösen [*9, 15*].

## Summary

**General irradiation effects.** In 276 patients, who where irradiated with 7200 ± 3400 R during 24 ± 7 days by means of high energy electrons (12,8 ± 3,9 MeV) only 1,1% complained of an alteration of their general condition and in 101 patients 6% acquired granulocytopenia. In cases of preceding or simultaneous irradiation with common X-rays the rate of granulocytopenia was significantly higher. Cytostatic therapy was not hampered by electron therapy. All reactions depend on the height of the integral dose given, which in electron therapy is determined by the useful beam and the leakage radiation from the betatron head. From the standpoint of the integral dose and homogenity of dose distribution only electron irradiations up to 6 cm focal depth are promising.

## Literatur

1. IRTEL V. BRENNDORFF, A.: Untersuchungen über die Funktionsreserve des myeloischen Anteils des Knochenmarks unter dem Einfluß von Röntgenteilkörperbestrahlung bei Menschen mit bösartigen Erkrankungen. Inaug. Diss., Freiburg/Brg. 1961.
2. HEILMEYER, L.: Die hämatologische Form des Strahlenschadens, ihre Erkennung und ihre Behandlung. In Strahlenschutz in Forschung und Praxis. Freiburg/Brg.: Rombach 1961, Bd. I, p. 82.
3. WENDT, F., I. HEILMEYER, A. IRTEL V. BRENNDORFF u. W. OTTE: Knochenmarkfunktionsprüfung mit Pyrexal in der Diagnostik strahleninduzierter Knochenmarkschäden. In Radio-Isotope in der Hämatologie. Stuttgart: F. K. Schattauer 1963, p. 419.
4. EHRHART, H., u. TH. FISCHER: Knochenmarksfunktionsprüfung bei Patienten mit bösartigen Geschwülsten. Klin. Wschr. **40**, 670 (1962).
5. HASHIMOTO, M., T. YUMOTO, T. HAMADA, and M. KIKUCHI: Studies on the bone marrow of lymphosarcomatosis and reticulosarcomatosis in the autopsy cases. J. Kyushu hemat. Sco. **12**, 11 (1963).
6. SCHOEN, D.: Bedeutung und Bewertung der Knochenmarkfunktionsprüfung bei der Strahlenbehandlung von bösartigen Geschwülsten. Fortschr. Röntgenstr. **99**, 824 (1963).
7. BAUER, R., D. SCHOEN u. W. FISCHER: Wirkung pyrogener Reize auf die Leukozytenwerte von bestrahlten Patienten. Strahlentherapie **110**, 10 (1959).
8. SCHOEN, D.: Klinische Betrachtungen über Entstehung und Behandlung der Bestrahlungsleukopenie. Fortschr. Röntgenstr. **88**, 12 (1958).
9. — Systematische Untersuchungen über die tatsächliche Strahlenbelastung des Kranken bei der therapeutischen Anwendung schneller Elektronen, konventioneller und ultraharter Röntgenstrahlen. Strahlentherapie **120**, 108, 235, 335, 533 (1963).
10. BREITLING, G., u. W. SEEGER: Störstrahlung am 18 MeV-SRW-Betatron. Strahlentherapie **118**, 630 (1962).
11. ZUPPINGER, A., G. PORETTI u. B. ZIMMERLI: Elektronentherapie. In Ergebn. med. Strahlenforsch. Neue Folge I, p. 347 (1964).
12. POHLIT, W.: Standardisierung der Dosismessung bei energiereichen Strahlungen. Stuttgart: Thieme 1961.
13. FROST, D., u. L. MICHEL: Über die zusätzliche Dosiskomponente durch Neutronen bei der Therapie mit schnellen Elektronen sowie mit ultraharten Röntgenstrahlen. Strahlentherapie **124**, 321 (1964).

14. SCHITTENHELM, R.: Physikalischer Vergleich der Therapie mit energiereichen Elektronen und ultraharten Röntgenstrahlen. Strahlentherapie 112, 389 (1960).
15. SCHOEN, D.: Über die ungewollte Mitbestrahlung des Organismus bei der Tiefentherapie maligner Tumoren. In Strahlenforschung und Strahlenbehandlung IV, Sdbd. 52 z. Strahlentherapie, p. 142. München und Berlin: Urban & Schwarzenberg 1963.
16. MAUS, H. J., u. H. A. KÜNKEL: Über die Wirkung der gynäkologischen Strahlenbehandlung auf die Erythropoese. In Deutscher Röntgenkongreß 1963. Bd. 55 zur Strahlentherapie, p. 95. München-Berlin: Urban & Schwarzenberg 1964.
17. WIDERÖE, R.: Die ungewollte Strahlung (Nebenstrahlung) des Patienten bei Megavolttherapie. In Deutscher Röntgenkongreß 1963. Bd. 55 zur Strahlentherapie, p. 290. München-Berlin: Urban & Schwarzenberg 1964.

## 2.2.6. Comparison Study of Irradiation of Tonsillar Epithelioma with 22 MeV Photons or 21 MeV Electrons

By

E. P. MALAISE [1]

With 3 Figures

### *Introduction*

The purpose of this work was to compare in a controlled clinical experiment the *immediate therapeutic* effectiveness of photons (22 MeV) and electrons (21 MeV).

### *Methods*

1. Squamous cell carcinoma of the tonsil was chosen for the study since it is a relatively frequent cancer, radiosensitive and easy to examine.

2. For the 2 types of ionizing radiation, we chose what appeared the best radiotherapeutic technique. 22 MeV photons were administered obliquely through a posterior portal (Fig. 1), it was possible simultaneously to irradiate the primary tumor and the regional lymph nodes. Electron beam therapy was delivered through a lateral portal.

With the 2 techniques, protraction and fractionation were identical; 4000 to 4500 rads were delivered over 6 weeks with 3 sessions of 250 rads each beeing administered every week.

15 to 30 days after the end of the external radiotherapy, treatment was completed with interstitial Iridium 192.

[1] Coordinators: E. P. MALAISE, M. TUBIANA; Examining Physicians: J. DUTREIX, M. HAYEM, B. PIERQUIN; Statisticians: R. FLAMANT, P. LAZAR; Physicist: A. DUTREIX.

We are indebted to Dr. SCHWARTZ (Dir. of the "Unité de Statistiques de l'Institut National d'Hygiène"), Dr. Y. CACHIN (Chief of the "Unité d'O.R.L.") and Dr. CHASSAGNE ("Unité de Curiethérapie") for their interest and assistance in many aspects of this work.

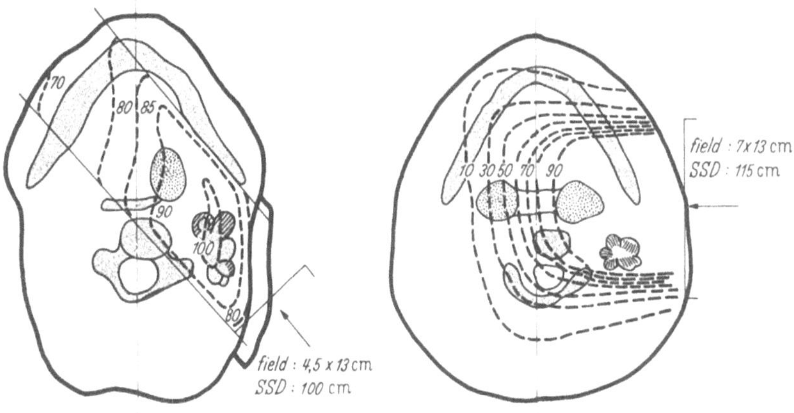


*Photons* 22 MeV Fig. 1 *Electrons* 21 MeV

I. Anatomy of the tonsillar region

A. Tonsillar area
- Tonsil (1)
- Inferior tonsillar area (lateral wall of pharynx) (2)
- Anterior pillar (3)
- Posterior pillar (4)
- Supratonsillar fossa (5)
- Glossopharyngeal sulcus (6)
- Hemisoft palate (7)

B. Neighbouring structures
- Controlateral hemisoft palate (8)
- Hard palate (9)
- Upper gingiva (10)
- Nasopharynx (11)
- Part of buccal mucosa between anterior pillar and retromolar fossa (12)
- Retromolar fossa (13)
- Lower gingiva (14)
- Floor of the mouth (15)
- Area of tongue joining base to mobil part (just in front of anterior pillar) (16)
- Anterior two thirds of tongue (mobil part) (17)
- Hemibase of tongue (18)
- Base of tongue (19)
- Vallecula (20)
- Piriform sinus (21)
- Lateral and posterior walls of oropharynx (22)

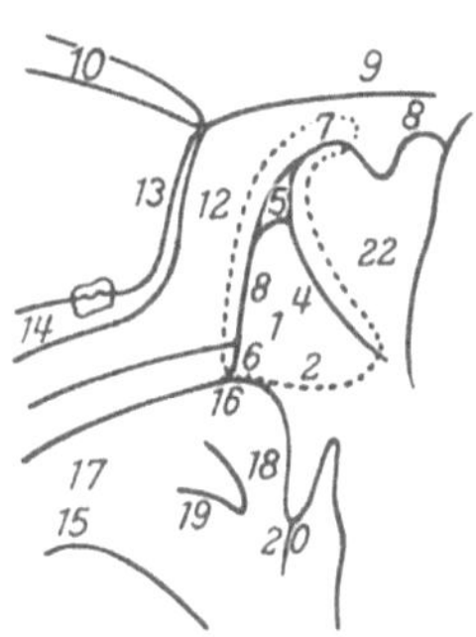


II. Tumor size

in %

Fig. 2

3. The size of each tumor was evaluated before treatment and each week during the treatment by 3 examining physicians (a radiotherapist, a radiumtherapist and an otorhinolaryngologist), with the help of a standard anatomic reference (Fig. 2) in order to make this evaluation as quantitative and objective as possible.

4. The patients were randomized between the two modalities of treatment.

Each of these examining doctors worked independently and did not know the modalities of the treatment (double blind method), the absorbed dose and the results of his colleague's examinations.

*Results*

23 Patients were randomized to phototherapy and 19 to electrontherapy. For each patient, the size of the tumor during treatment was determined at any time by averaging the observations of the three doctors and expressing the result as a per cent of the tumor's initial size. The average of these

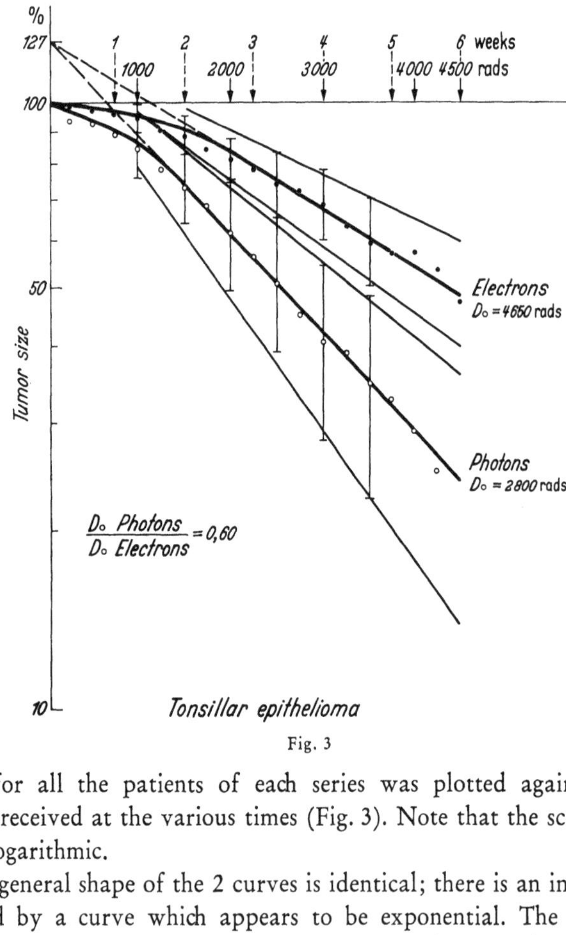


Fig. 3

values for all the patients of each series was plotted against the doses already received at the various times (Fig. 3). Note that the scale for tumor size is logarithmic.

The general shape of the 2 curves is identical; there is an initial shoulder followed by a curve which appears to be exponential. The 2 curves are definitely divergent. The tonsillar tumors regress faster with photontherapy than with electrontherapy. For example, for a dose of 4500 rads, tumors treated with photontherapy regressed to 24% of their initial size while those treated by electrontherapy regressed only to 48% of their initial size. The difference between these two points is significant at $p < 0.001$.

*Discussion*

First of all we wish to emphasize that this study only permits of comparisons of the immediate therapeutic effect of the two modalities.

It should be mentioned that the physicians could not help but notice the muco-cutaneous reactions which arose during the course of therapy. Since these reactions are more severe for electrontherapy, the clinicians were well able to guess (toward the end of the course of therapy) which patients were being treated with this modality.

In fact, the difference between the 2 modalities was actually detectable early in the course of therapy, at a time when the physicians were not biased by knowledge of the skin-reactions.

Our general results are surprising because RBE studies performed in the same department with microorganisms showed no difference in RBE between electrons and photons. However, there could be a difference in the RBE of the 2 modalities with this human tumor material. Moreover, our clinical study concerns a regression curve for tumors receiving fractionated irradiations while the dose survival curves for microorganisms concern a single irradiation. Finally, criterions of effect are based on loss of colony forming ability with the microorganisms, while tumor shrinkage depends on a large number of factors such as: rate of cell division, per cent of cells sterilized, removal of dead cells, host defences perhaps of an immunological nature and other variables. It should be mentioned that the difference in effectiveness might also be due to the difference in spacial distribution of the absorbed dose in the neighbouring tissues although the integral dose was the same with the electrons and with the photons.

### 2.2.6. Discussion

By

ADOLF ZUPPINGER

For the evaluation of the RBE the different doses in the same biological effect should be compared by definition. The value of 0.6 mentioned is composed of the effective RBE + one certain time-factor and the influence of the magnitude of the single dose.

## 2.2.6 Clinical Evaluation of RBE

By

H. W. C. WARD

Early animal work with the 15 MeV linear accelerator at St. Bartholomew's Hospital indicated that the R.B.E. for electrons compared to 250 kV X-rays was 0.86. This figure was obtained by measuring the $L.D._{50}$ for mice subjected to whole-body irradiation.

In our early clinical work we assumed this figure for the R.B.E. but subsequent experience suggests that it is a little too low when human skin reactions are considered.

For example, an applied dose of 5,800 rads of 15 MeV electrons given in 31 days to an area 12×15 cms on the breast produced a moist desquamation. Allowing for a 5 per cent skin sparing effect which is caused by scatter, the surface dose was about 5,500 rads. A dose of 5,000 rads of 250 kV X-rays in 31 days would have been expected to give the same degree of reaction. This gives an R.B.E. of 0.90.

In another patient a dose of 4,500 rads of 15 MeV electrons in 28 days to a 6×15 cm field to the internal mammary nodes produced dry desquamation. Allowing 5 per cent skin sparing the surface dose was 4,275 rads. The reaction was the same as would have been expected from 4,000 rads of 250 kV X-rays. This again gives an R.B.E. of 0.90.

My conclusion from the study of these and many other cases is that the R.B.E. for human skin reactions is about 0.90 for 15 MeV electrons given at the dose rate of between 400 and 500 rads per minute.

## 2.2.7.2. Die Reaktion des Knorpels am Kaninchenohr nach Einwirkung verschiedener Strahlenarten

Von

K. H. KÄRCHER

Es ist bekannt, daß der Knorpel des Erwachsenen einen bradytrophen Stoffwechsel hat und daher auf Einwirkung ionisierender Strahlen außerordentlich träge reagiert. Daher werden Schädigungen am Knorpel des Erwachsenen erst nach höheren Dosen und nach längeren Zeiträumen sichtbar. Wir haben am Kaninchenohr, das auf Grund zahlreicher Untersuchungen als bestes Objekt für tierexperimentelle Untersuchungen dieser Art gilt, mit verschiedener Strahlung nach Angleichung der Isodosen durch Vorschaltung entsprechender Plexiglasschichten die unterschiedliche Wirkung von Kobalt-60-Gammastrahlung, 6-MeV-Elektronen und 200-kV-Röntgenstrahlen geprüft.

Wie die Abbildung 1 zeigt, ist nach 4000 R und einer Beobachtungszeit von 2 Wochen keine Veränderung der Verhältnisse saurer und neutraler Mucopolysaccharide eingetreten. Im Gegensatz hierzu findet sich bei Elektronenbestrahlung eine deutliche Anhäufung saurer Mucopolysaccharide und Liquefaktion von Knorpelzellen. Bei Anwendung der 200-kV-Röntgenstrahlung wiegen mehr die neutralen Mucopolysaccharide vor. Diese finden sich bei Anbahnung einer Nekrose. Trotz der Liquefaktion von Knorpelzellen möchten wir annehmen, daß die RBW für schnelle Elektronen bei Knorpelgewebe zwischen der 200-kV -und Kobalt-60-Gammastrahlung liegt. Sicher kann man bei Elektronen aber nicht von einer besonderen Knorpelschonung sprechen.

Diese experimentellen Ergebnisse stimmen mit unseren klinischen Beobachtungen bei Bestrahlung von Larynxkarzinomen überein. Wir sind daher in letzter Zeit dazu übergegangen, Larynxkarzinome mit Kobalt-60-Gammastrahlung zu behandeln und glauben, daß diese Tumoren nur bei Anwendung einer besonderen Technik und vorsichtiger Fraktionierung mit schnellen Elektronen bestrahlt werden sollten.

## Summary

Experimental histochemical examinations on the rabbit ear cartilage with different rays such as 200 kV x-rays, Cobalt-60-Gamma rays and 6 MeV electrons showed increasing content of acid mucopolysaccharides after a total dose of 4000 R especially when using electron beam. With 200 kV x-rays there was a decreasing tendency of acid mucopolysaccharides and signs of beginning necrosis. With Cobalt-60-Gamma rays there were no definite signs of histochemical changes.

## Literatur

Einführung in die klinisch-experimentelle Radiologie. Herausgeber: Doz. Dr. K. H. KÄRCHER. Berlin/München: Urban & Schwarzenberg (im Druck).

Farbabbildungen können nicht gebracht werden, da sie nicht reproduzierbar sind.

## 2.2.7.2. Discussion

Von

ADOLF ZUPPINGER

Bei der Interpretation der sehr schönen Untersuchungen von KÄRCHER muß man sehr vorsichtig sein, weil Phasenverschiebungen der Reaktion, wie sie bei andern radiobiologischen Experimenten vorkommen, möglich sind, so daß sich zuverlässige Schlüsse erst bei Berücksichtigung des ganzen zeitlichen Ablaufes ergeben.

## 2.2.7.2. Discussion — Bone and Cartilage Damages after Radiation with Electron Beams: Jaw, Ribs and Laryngeal Shield

By

PIERLUIGI COVA, A. MAESTRO and GIANPIERO TOSI

With 2 Figures

The scope of our research has been to give a value to the depth-dose distribution when structures of high specific weight, such as, for example, jaw bones and teeth, are irradiated with high energy electron beams (32 MeV Betatron).

Photo-densitometric measurements have been carried out by irradiating a film in a phantom having a density equivalent to the soft tissues, into which had been placed a fresh section of a lamb's mandible having a thickness and morphology quite similar to the human one. The phantom (s. Fig. 1), consists of two parts:

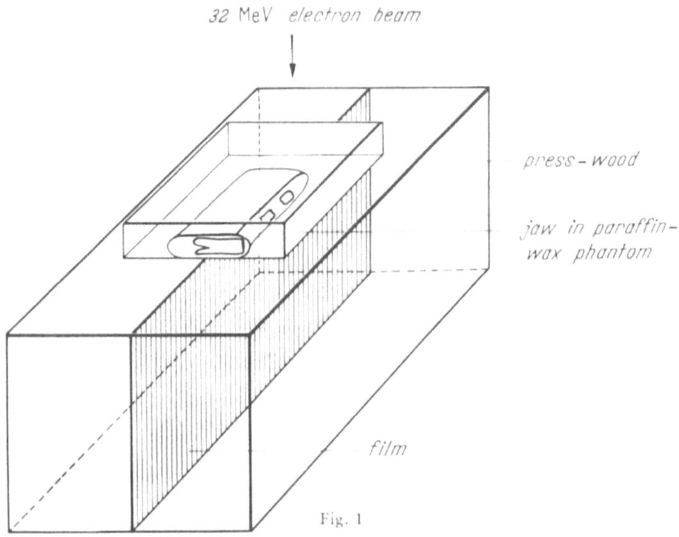


Fig. 1

1 — a block of paraffin-wax, in a 50/50% proportion, having planeparallel, 1.5 cm thick faces, into which had been sunk a segment of fresh jaw-bone (a radiogram of the block had shown the absence of unhomogenities, such as inclusion of air bubbles, and so on); 6 to 11 mm of paraffin-wax, equivalent to the thickness of the soft parts of the cheek, had been laid onto the outer surface of the bone.

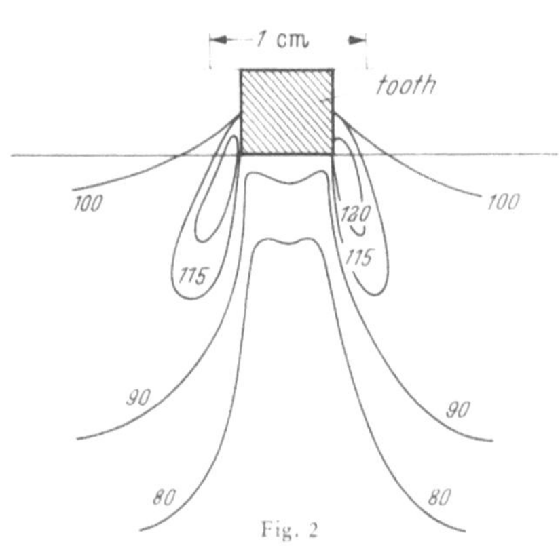


Fig. 2

2 — a block of press-wood, also of equivalent density to the soft tissues.

The film, and edge of which was in contact with the inside face of the jaw-bone, was placed inside the press-wood-block, centrally and parallel to the axis of the radiation beam, for these measurements. The evaluation of the dose absorbed in the first few millimeters of the soft parts, behind the bone, was made possible by the continuous direct contact between the edge of the film and the compact internal part of the jaw-bone segment, which had been planed flat for this purpose.

As had been foreseen, the passage through a discontinuous structure, such as the jaw-bone, which alternates zones of greater to zones of lesser density, causes an unhomogeneity in the beam absorption curve. The presence of the bone attenuates the intensity of the primary beam by about 7%, while it shows a notable low-energy, secondary radiation component immediately in contact with it. The presence of the teeth causes an increase in the secondary radiation produced by the interaction between the primary electron beam and the teeth; this secondary, side-scattered radiation, is superimposed to the primary beam, giving rise to zones of overdose (up to 20%) with the characteristic shape of a drop (as BREITLING and VOGEL have already published in Strahlentherapie, 122, 3, Nov. 1963, pag. 321). This overdose (s. Fig. 2) can determine cases of necrosis in the gingival region.

*Bone damages*

In radiation treatments of mammary tumours, after surgical excision, ribs within the chest wall radiation field, treated with 6000—7000 r by an electron beam (maximum dose), over 7—8 weeks, often display dystrophic alterations, involving fracture of a few ribs, generally of the fourth, fifth and sixth on the anterior axillary line. Such dystrophy affects about one third of the patients, and generally appears between the eight and twenty-fourth month after radiation.

*Cartilage damages*

In checkups over a period of up to three years after treatment for laryngeal neoplasias, we observed that osteocartilageneous structures of the laryngeal shield, irradiated with high energy electrons with doses approximating 8000 r over 8—9 weeks, generally display small appreciable alterations; the latter in any case consisting either of bone structure athrophy, or of calcareous depositions patterned as large clods. In two cases only did we witness so serious dystrophy as to fracture the laryngeal shield. The latter subsequently built up and joined, forming a new, smaller, stumpier and coarsely structured shield. No detectable laryngeal necrosis or perichondrial phenomena.

## 2.2.7.3. Late Effects of Beta-Irradiation of the Lungs

By

S. CHIARLE, B. BELLION and R. GARBAGNI

With 2 Figures

The late effects of irradiation with high energy electrons on the lung tissue have been investigated by optical and electron microscope.

These observations will be completed by further studies after a longer time-lapse, and, also for this reason, we cannot as yet compare these changes to those produced by other types of radiation.

*Material and Methods*

12 rabbits of the same strain, weighing about 1,500 g, were examined.

10 animals were irradiated with a beam of 31 MeV electrons produced in a betatron, while the remaining two were used as controls. The radiations were applied over the whole anterior wall of the chest (6×8 cm). 4,000 Victoreen units were given in one administration. The distribution of the dose is practically uniform from the skin to a depth of about 10 cm.

The animals were sacrificed in groups of six (five irradiated animals and one control), 15 and 40 days after irradiation.

The technique of electron microscopy required the injection into the right ventricle, under total anaesthesia, of 1 ml of PALADE's osmic fixative buffered to pH 7,4. The fragments were included in metacrylates.

Observation with Siemens UM 100 Kv microscope.

## *Results*

Observation under the optical microscope 15 days after irradiation showed the presence of moderate thickening of the alveolar walls, with persistent congestion of the capillary blood vessels. Many nuclei of the septal cells were small and hyperchromic, and presumably pyknotic. In some places, thickening of the alveolar walls was more pronounced, and connective cells, suggesting a chronic reactive process, were present. In other areas, the normal alveolar pattern was replaced by compact sheaths of connective tissue containing many fibrocytes. No exudate was observed in the lumen of the alveoli.

The walls of the bronchioli were moderately thickened by oedema, with moderate desquammation of the bronchiolar epithelium, the nuclei of whose cells showed typical features, which were sometimes marked. Moderate infiltration of the walls of the small blood vessels was present.

Under the electron microscope, the main findings consisted in constant nuclear changes. The normal finely granular aspect of the chromatin had disappeared. The chromatin appeared clumped together so as to form coarser granules which contrasted sharply with a lighter background (Fig. 1). Numerous small, compact masses of intensely osmiophilic chromatin were also observed in the outer part of the nucleus, against the nuclear membrane. On the whole, the borders of the nuclei were more sharply defined, and their structure was markedly uneven. The nuclear membrane often appeared to be ruptured in a number of places.

No significant difference was noted as regards the type of the nuclear changes between the various types of cells observed: alveolar, capillary endothelial, and connective cells. However, the changes described were more severe in the nuclei of the endothelial cells of the walls of the capillaries.

The number of mitochondria was considerably decreased in the cytoplasm of the alveolar cells. The capillary endothelial and alveolar cells showed numerous small cytoplasmic vacuoli, presumably attributable to oedema of the cell or, partly, to vacuolar degeneration of the mitochondria. The cytoplasm showed a granular aspect, and the cellular membranes appeared hazy, so that it was often hard to distinguish one cell from another.

Finally, a noteworthy fact was the absence of alveolar cells of the second type, containing lamellar osmiophilic structures. The prevailing uncertain significance of these cells in normal conditions [2] makes it impossible to suggest any explanation for this finding.

In the alveolo-capillary septi, small, localized thickened areas, due to an increase in the space separating the alveolar epithelium from the capillary endothelium, were found. Increased formation of collagen fibres was not observed in these areas, and the increased thickness seemed attributable to oedema. As stated previously, these are local changes, because the alveolo-capillary septi for the most part preserved a normal thickness.

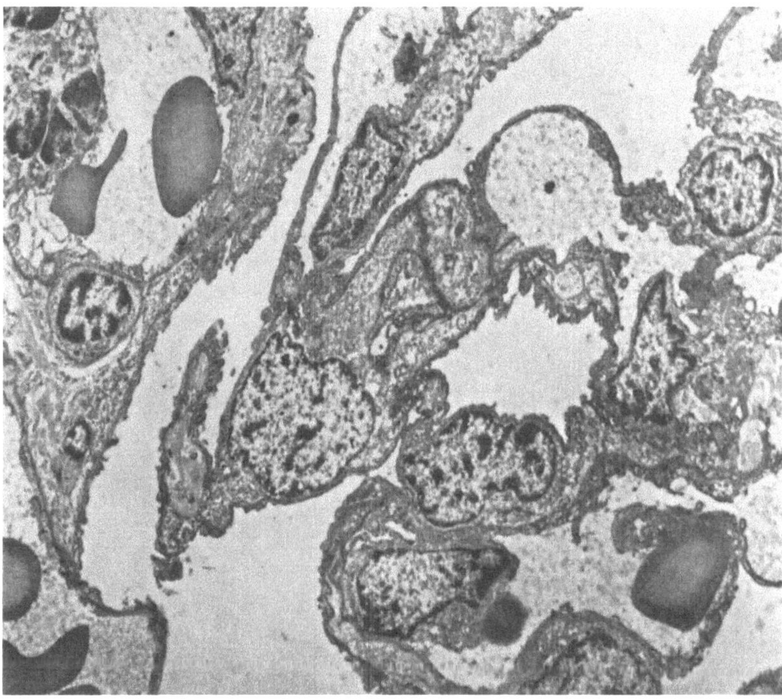

Fig. 1. Under the electron microscope 15 days after irradiation, chromatin changes involving the nuclei of all the cells are apparent. (× 5000)

40 days after irradiation, observation under the optical microscope showed less severe capillary congestion, with a more intense and more strictly focal proliferative connective reaction.

Alongside large areas in which the structure of the alveoli appeared to be normal, other areas were observed in which the alveolar septi were thickened, or connective tissue containing numerous cells was present. The changes in the nuclei of the alveolar cells did not differ significantly from those observed previously, and were present even in the areas in which the alveolar structure was well preserved.

As compared with the results of the earlier observations, the congestion and oedema had decreased, and the connective reaction was more apparent.

Under the electron microscope (Fig. 2), vacuolar degeneration of the cytoplasm persisted, and the mitochondria were almost completely absent. The nuclear changes seemed less severe: the chromatin was more coarsely granular

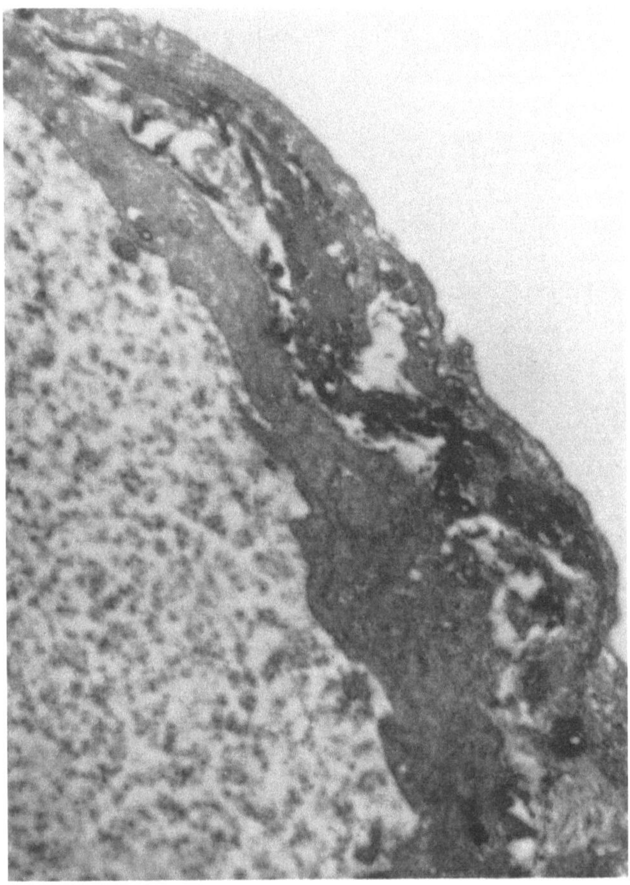

Fig. 2. Considerable development of the connective tissue of the alveolo-capillary wall, in which, normally, even with this magnification, the presence of fibrils is hard to demonstrate. (× 13,000)

than normal, but the formation of compact masses of chromatin, clumped together against the nuclear membrane was less apparent and constant. The most striking finding at this stage consisted in the thickening of the alveolo-capillary septi. In some places this was well marked, in others it was less severe, while again in others the alveolar septum seemed normal.

The thickness of the two cytoplasmatic layers which form the alveolar wall, the capillary endothelium and the alveolar epithelium, was only slightly increased. The increased thickness of the alveolar septi seemed mostly attributable to an abnormal development of the thin layer of connective tissue interposed between the endothelial and the epithelial cytoplasms, defined as basement membrane by optical microscopy. This area was found to contain numerous osmiophilic striae of varying thickness, which in some places divided into thinner striae, thus demonstrating their fibrillar structure. Between these striae, a granular substance was observed in some areas, whereas in other places completely clear lacunae were present.

A variable thickness of the alveolo-capillary septi represents a normal finding, but is then markedly less noticeable [*2*, *5*, *6*]. The pathologic nature of the findings described above consists in the peculiar structure, as well as in the size of the thickened areas.

## *Comment*

The results of optical and electron microscopic studies on the lungs of rabbits irradiated with a beam of electrons have shown the existence of progressive connective reaction.

On account of the small size of the area observable under the electron microscope, and of the uncertain significance of certain pictures, great caution must be used in interpreting the observations on the ultrastructure of the lung.

15 days after irradiation, the most outstanding phenomenon consists in changes in the chromatin. The presence of larger and denser clumps, separated by large areas, transparent to the electron beam, and attributable to oedema of the nucleus, contrasts with the finely granular or fibrillar aspect of normal chromatin.

As well as these chromatin changes, small gaps in the nuclear membrane can be seen. The existence of pores in the nuclear membrane, connecting the cytoplasm with the nucleus, has already been demonstrated in normal conditions by electron microscopy. In our preparations, these gaps in the nuclear membrane seemed wider and more numerous, but since a defective technique (fixation, cutting) cannot be ruled out, this finding must be regarded with caution [*1*].

As regards the cytoplasm and the organules contained in it, we found, as well as evidence of oedema, a numerical decrease of the mitochondria in all types of cells observed. This finding is in agreement with those reported by other workers in the lung [*3*] and in other organs [*1*, *4*].

Morphologic support for the enzymatic theory of radiation sickness could consist in the decrease in the number of or structural changes in the mitochondria. It is a well-known fact that a great proportion of the enzyme content of a cell is in the mitochondria.

The changes induced by irradiation in the so-called alveolo-capillary basement membrane are especially important. Studies on the ultra-structure of the normal lung [2, 5, 6] have shown that this membrane is formed by a thin layer of connective tissue, and this is confirmed by the course of the changes caused by irradiation. At first, this structure is partially and irregularly thickened, with evidence of oedema. In a subsequent stage, numerous collagen fibrils appear, and the alveolo-capillary septum shows very widespread and marked thickening. The appearance of this feature as soon as 40 days after irradiation suggests a progressive series of phenomena associated with preponderant changes of the connective structures and less severe cytoplasmic and nuclear changes in a more advanced stage.

**Summary**

The effect of irradiation with electron beam on the lungs consists in a connective reaction which also involves the alveolo-capillary septum. Apart from this aspect, the lungs show the same cytologic (chromatin and cytoplasmic) changes observed in other tissues. These studies were carried out in rabbits irradiated with a single 4,000 R dose of electrons. Observations were made under the optical and electron microscope.

**References**

1. Cottier, H., B. Roos, and S. Barandun: Effects of ionizing radiation on cellular components: Electron microscopic observations. In Cellular Basis and Aetiology of Late Somatic Effects of Ionizing Radiation, 113, Ed. R. J. C. Harris. London: Academic Press 1963.
2. Garbagni, R.: Ricerche sull'ultrastruttura dell'alveolo polmonare e considerazioni fisiopatologiche. Minerva Medica **54**, 1669 (1963).
3. Jennings, F. L., and R. Turner: Ultrastructure of radiation pneumonitis. Fed. Proc. **22**, 313 (1963).
4. Noyes, P. O., and R. Smith: Quantitative changes in Rat Liver Mitochondria Following Whole-Body Irradiation. Exp. Cell. Research **16**, 15 (1959).
5. Schulz, H.: Die submikroskopische Anatomie und Pathologie der Lunge. Ed. Berlin, Göttingen, Heidelberg: Springer 1959.
6. — Some remarks on the sub-microscopic anatomy and pathology of the blood-air pathway in the lung. In Pulmonary Function and Structure, Ciba Foundation Symposium, pag. 205. London: Churchill 1962.

## 2.2.7.4. Damage in Nervous Tissue after Radiotherapy with High-Energy Electron Beams (One Case)

By

Pierluigi Cova, A. Maestro and Gianpiero Tosi

With 1 Figure

It has long been known that radiation causes damage to nervous tissue. Until recently however, it was believed that cerebral tissue could support radiation in doses higher than those usually administered to other tissues (skin, muscles etc.) in the course of radiotherapy. This is no longer thought to be so.

It is sufficient to consider the damage with the characteristics of gliosis arising in the spinal medulla as a result of irradiation of rinopharingeal tumours, and the formation of necrotic centres in the encephalon due not only to irradiation of cerebral tumours but also to irradiation of the scalp or of tumours of the orbital region or of the frontal sinus.

These observations indicate that cerebral tissue has little resistance to radiation and shows necrotic phenomena more easily than do other tissues treated with equal focal doses.

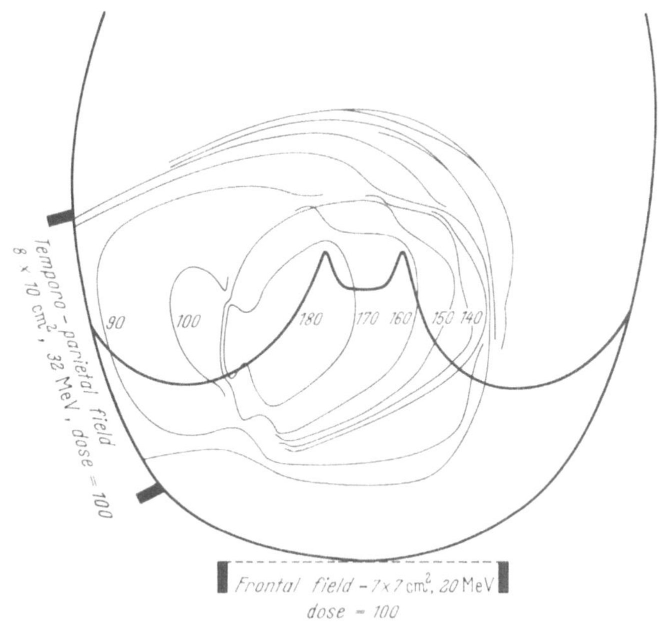


Fig. 1

Since radiation with high energy electrons causes less damage to healthy tissue than equal doses administered by conventional X-ray or telecobalt therapy, it was hoped that these properties of the electron beam might hold for the nervous system.

Three years after treatment with high energy electrons, we observed an unusual case which is the subject of this paper. The patient was a 58-year old woman, a carrier of meningioma of the wing of the sphenoid, which was operated in 1943.

After 18 years she suffered endocranial and exocranial recurrence, involving the pterygo-maxillary fossa and the posterior part of the cheek. The endocranial region was reoperated in January 1961 and the patient was then sent to our department for radiotherapy of both the original site and the exocranial manifestation.

It was necessary to irradiate the right half of the face together with the middle cranial fossa.

The anterior region of the middle cranial fossa and thus the immediate vicinity of the wing of the sphenoid was treated with high energy electron beams through two fields: one temporo-masseteric (32 MeV) and the other frontal-oblique directed on the wing of the sphenoid (20 MeV). 11,000 R were administered in 54 days. Three years after this treatment an expansive growth situated at the base of the right temporo-frontal region appeared, but it was impossible to diagnose its nature. On the 4th May 1964 the patient underwent surgery; the surgeon observed at the surface of the right temporal lobe the presence of clearly pathological tissue, appearing like a tumour, but an cutting it proved to be of a necrotic type and it was completely removed. No trace of tumour was observed.

Histopathological investigation showed this tissue to be an extensively necrotic fibro-connective type, limited by a thick layer of small round-cellular infiltration and histoangioblastic activation.

The post operative recovery of the patient was satisfactory.

By evaluation of the isodose curve (Fig. 1) and the relative dose value (11,000; 10,500, 10,000 etc.) it can be concluded that necrotic phenomena occurred where the limit of 10,000 R was exceeded. This implies that a dose of 9,000 R is critical; below this critical dose there is the safe dose range, within which the destructive action on the tumour is much greater than the damage to healthy tissue.

It may be that cerebral tissue can tolerate higher doses when using electron beams rather than gamma rays of Cobalt 60 or Cesium 137.

## Discussion zu 2.2.7. — Spätveränderungen nach Vulvacarcinombestrahlungen

Von

R. FRISCHKORN

An der Universitäts-Frauenklinik Göttingen ist die Bestrahlung der Vulvacarcinome mit schnellen Elektronen seit 1959 die Methode der Wahl. Zur Zeit werden jährlich 25—30 Patientinnen behandelt. Wir sehen nun bei einer Reihe von Fällen, daß es nach Rückbildung des Tumors und primärer Abheilung der Strahlenreaktion nach längerer Zeit zu einer Ulceration im Bestrahlungsgebiet kommt, die schließlich zu einer ausgedehnten Gewebsnekrose führt. Es findet sich dann u. U. eine Demarkierung des gesamten Bestrahlungsfeldes auch der Tiefe nach. Diese Erscheinungen werden vom Hausarzt z. T. als Carcinomweiterwachstum gedeutet und lediglich eine palliative Behandlung durchgeführt. Die Patientin kann so an diesen Erscheinungen sogar zugrunde gehen, ohne daß bei der Sektion noch Carcinom gefunden wird. Es handelt sich unseres Erachtens um Kombinationsschäden, bei denen zweifellos entzündliche Vorgänge eine wesentliche Rolle spielen.

Es ist daher zu fordern, daß bei den zumeist ja relativ alten Patientinnen, die z. T. auch noch einen Altersdiabetes haben, in kürzeren Abständen Kontrolluntersuchungen folgen und rechtzeitig chirurgisch interveniert wird, wenn konservative Methoden nicht mehr zum Ziele führen. Die Excision des Bestrahlungsgebietes hat oft ein überraschend gutes kuratives und plastisches Ergebnis.

Es wird ein entsprechender Fall demonstriert: 73jährige Patientin, Bestrahlung mit schnellen Elektronen 4800 $R_{OD}$, 300 R fraktioniert, 15 MeV, 100% in 3,4 cm Tiefe, Feldgröße 6×8 cm. Nekrose des Gewebes im Bestrahlungsfeld 1 Jahr nach Behandlung.

## Discussion to 2.2.7 + 2.2.8

By

P. VERAGUTH

In connection with the statements made about the single and the total dose I would again raise the question of the importance of the dose rate for the skin and mucosal reactions, and thus for the determination of the RBE from a clinical point of view.

I should not agree with WARD (2.2.2.1.) that there is no correlation between the dose rate and the skin reaction. Several clinical observations gave us the impression that the skin and mucosa reactions were stronger and appeared earlier when a dose rate was chosen above 300 to 400 R as opposed to one of 100 to 150 R/min. For this reason we never exceed a dose rate of 150 R per min.

We have never seen a moist skin reaction after a fractionated treatment with a total dose of 5500 R as shown by this author, and I wonder whether the tissue damage as shown by BIAGINI (2.2.3.) after similar doses is due to a high dose rate.

Clinical experimental observation with different dose rates (for inst. 50 and 500 R/min.) should be done in order to be able to answer these questions.

# 2.2.8. Abhängigkeit der Strahlenwirkung von der Einzel- und Gesamt-Dosis und von der Energie

Von

D. SCHOEN

Mit 5 Abbildungen

Bei 555 Tumorlokalisationen, die am Medizinischen Strahleninstitut der Universität Tübingen Elektronenbestrahlungen mit Energien zwischen 6 und 17 MeV erhielten, trat in 56% der Fälle ein *kräftiges Erythem* und in 15% der Fälle eine *exsudative Dermatitis* auf. Nur in 2 Fällen (= 4‰) kam es im Anschluß an eine Bestrahlungsserie mit 5400 bzw. 6000 R Gesamtdosis zu *Ulzerationen*. Ein Summationsschaden konnte hierbei jedoch nicht ausgeschlossen werden.

Wie *Tab. 1* zeigt, erfolgt eine Epitheliolyse nach *Vorbestrahlung* mit Elektronen bei einer kleineren Dosis als bei unvorbelasteter Haut. Die Epitheliolyse der durch Röntgenstrahlen vorgeschädigten Haut tritt früher auf als bei Vorbestrahlung mit Elektronen. Die Unterschiede sind jedoch statistisch nicht signifikant. Auch das starke Erythem tritt bei mehreren Elektronenserien eher auf als bei der ersten Bestrahlungsserie ($P < 0{,}01$). Nach Vorbelastung mit Röntgenstrahlen ist der Unterschied nicht so deutlich.

Der Dosisbereich, in dem wir ein kräftiges Erythem oder eine exsudative Dermatitis sahen, stimmt mit den Beobachtungen am Heidelberger Betatron überein [*1*]. Dagegen tritt bei höheren Energien eine Epitheliolyse offenbar erst bei größeren Gesamtdosen auf als bei Energien bis zu 18 MeV [*2*, *3*].

Tabelle 1. *Hautreaktion bei fraktionierter Elektronenbestrahlung*

| Tübinger Medizinisches Strahleninstitut | Leichtes Erythem $E_1$ | Kräftiges Erythem $E_2$ | Epitheliolyse $E_3$ |
|---|---|---|---|
| Elektronen (6 ... 18 MeV) ohne Vorbelastung | 3750 ± 1300 R ($n = 96$) | 4060 ± 960 R ($n = 158$) | 4370 ± 1090 R ($n = 41$) |
| Vorbelastung mit Elektronen (6 ... 18 MeV) | 2920 ± 1400 R ($n = 42$) | 3650 ± 1230 R ($n = 95$) | 4020 ± 1150 R ($n = 21$) |
| Vorbelastung mit Rö.-Strahlen (60 ... 220 kV) | 3370 ± 480 R ($n = 23$) | 3780 ± 1150 R ($n = 58$) | 3810 ± 1270 R ($n = 21$) |
| Becker/Kärcher/Weitzel (1959, 1961) (6 ... 15 MeV) | 2500 ... 5000 R | 2500 ... 5000 R | 4500 ... 5000 R |
| Lochmann (1959) 22 MeV | | 3000 ... 4000 R | ~ 5000 R |
| Zuppinger/Veraguth/Buchheim (1960/62) (30 MeV) | | 3500 ... 4000 R | 6000 ... 7000 R |

Die an 46 Fällen vorgenommene Prüfung der Beziehung zwischen der *Reaktion der Schleimhaut* im Munde und der Gesamtdosis ergibt für die Kategorien „Starke Rötung" und „Mucositis mit Epitheldefekt" gleiche mittlere Schwellendosen wie oben für die äußere Haut angegeben. Das gilt sowohl für die erste als auch für die wiederholte Serienbestrahlung mit Elektronen.

Wie *Abb. 1* zeigt, trat bei der ersten Bestrahlungsserie mit Elektronen nach Gesamtdosen oberhalb 3500 R doppelt so häufig eine Epitheliolyse auf wie bei kleineren Dosen ($< 0{,}01$). Wenn die Haut bereits mit einer oder mit zwei Elektronenserien vorbelastet worden war, kam es nach erneuter Elektronenbestrahlung ebenfalls — wenn auch nicht so ausgeprägt ($P = 0{,}48$) — zu einer Häufigkeitszunahme der Epitheliolysen oberhalb von

3500 R Gesamtdosis. Außerdem trat nach Vorbelastung mit Elektronen häufiger ein kräftiges Erythem auf.

Nach Vorbelastung mit einer oder mit zwei Röntgenstrahlenserien trat bei der nachfolgenden Elektronenbestrahlung schon bei Gesamtdosen unter

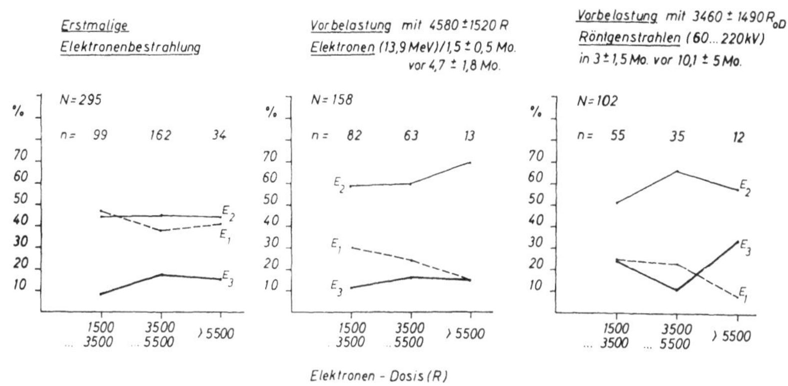


Abb. 1. Hautreaktion

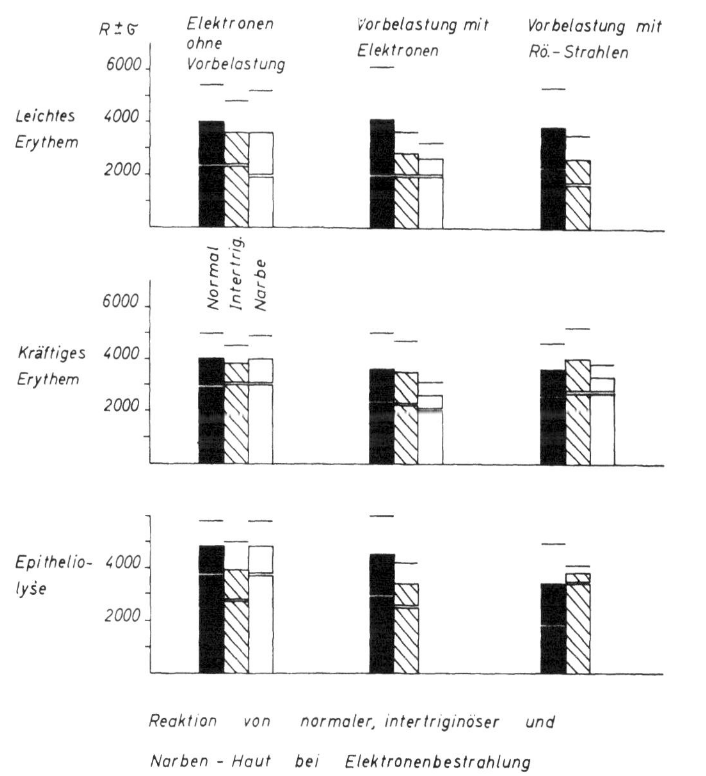


Abb. 2. Reaktion von normaler, intertriginöser und Narben-Haut bei Elektronenbestrahlung

3500 R doppelt bzw. dreimal so häufig eine Epitheliolyse auf wie bei den Patienten, die mit Elektronen bzw. überhaupt nicht vorbelastet worden waren ($P < 0{,}01$). Oberhalb einer Gesamtdosis von 5500 R bekam ein Drittel der Patienten eine Epitheliolyse. Zusammenfassend wirkt sich demnach eine Vorbelastung der Haut mit Röntgenstrahlen auf die Toleranz sehr viel ungünstiger aus als eine Vorbestrahlung mit Elektronen.

Wie haben nun in unserem Beobachtungsgut die *intertriginösen Partien* und die *Narben* im Vergleich zur normalen Haut reagiert? Wie aus *Abb. 2* hervorgeht, besteht bei erstmaliger Bestrahlung mit Elektronen für das Kriterium „Kräftiges Erythem" praktisch kein Dosisunterschied zwischen den drei Gruppen. Die mittlere Schwellendosis für die Epitheliolyse liegt bei normaler und bei narbig veränderter Haut etwa gleich hoch. Im Vergleich

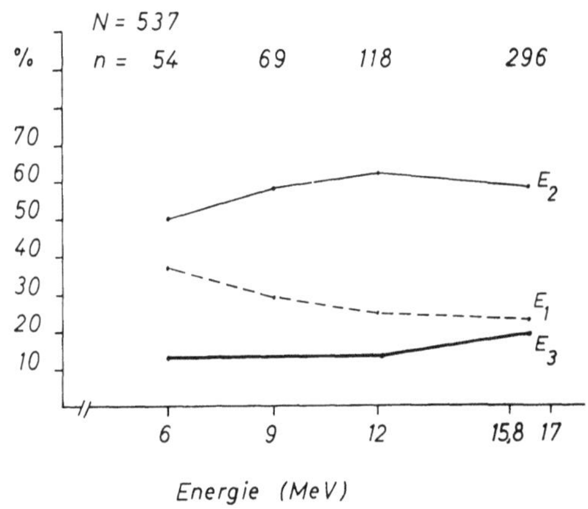


Abb. 3. Elektronenbestrahlung mit 4400 ± 1100 R/27 ± 9 d. Abhängigkeit der Hautreaktion von der Energie

dazu liegt jedoch die von uns retrospektiv festgestellte Schwellendosis für die Epitheliolyse bei den intertriginösen Hautpartien rund 1000 R tiefer. Dem gleichen Sachverhalt begegnen wir bei den Fällen, die vorher bereits eine Elektronenserie erhalten hatten, aber nicht bei den Fällen mit Röntgenvorbelastung. Die statistische Sicherung der Differenzen ist nicht in allen Stichproben möglich, da der Umfang zum Teil zu klein ist. Für das Kriterium „Epitheliolyse" fehlen innerhalb der vorbelasteten Gruppen Fälle mit Narben.

Abgesehen von mechanischen Summationseffekten, bietet sich als Erklärung für die größere Empfindlichkeit der intertriginösen Hautpartien die von BREITLING und VOGEL festgestellte brennglasartige Dosisüberhöhung auf dem Grunde konkaver Oberflächen an.

In *Abb. 3* ist die Beziehung zwischen der Hautreaktion und der angewendeten *Elektronenenergie* dargestellt. Bei Steigerung der Energie über

12 MeV trat in unserem Krankengut eine statistisch gesicherte Zunahme der Epitheliolysen auf (P = 0,025). Auch die Häufigkeit des kräftigen Erythems nahm mit steigender Energie zu (P = 0,16). Diesem Sachverhalt begegnen wir in allen untersuchten Dosisbereichen oberhalb 3500 R Gesamtdosis. Wir erklären ihn uns mit dem Einfluß der Feldgröße. Die Feldgröße muß bekanntlich um so größer sein, je höher die Energie ist, damit der Tiefendosisverlauf optimal ist. Nach den Erfahrungen mit der Elektronen-Gitter-Bestrahlung besteht auch bei den schnellen Elektronen ein Einfluß der *Feldgröße* auf die Hautreaktion. Unsere Untersuchungen hierüber sind noch nicht abgeschlossen.

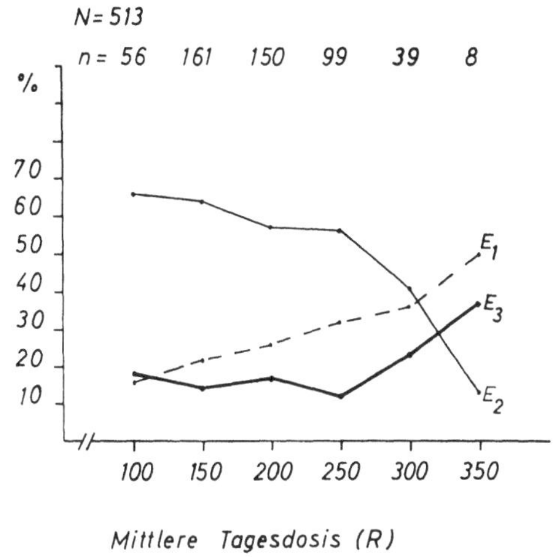


Abb. 4. Elektronenbestrahlung mit 4400±1100 R/27±9 d. Abhängigkeit der Hautreaktion von der mittleren Tagesdosis

Die Beziehung zwischen der *mittleren Tagesdosis* und der Hautreaktion ist in *Abb. 4* dargestellt. Wenn die Tagesdosis von 100 R auf 250 R ansteigt, nimmt die Häufigkeit des kräftigen Erythems und der Epitheliolyse, wenn

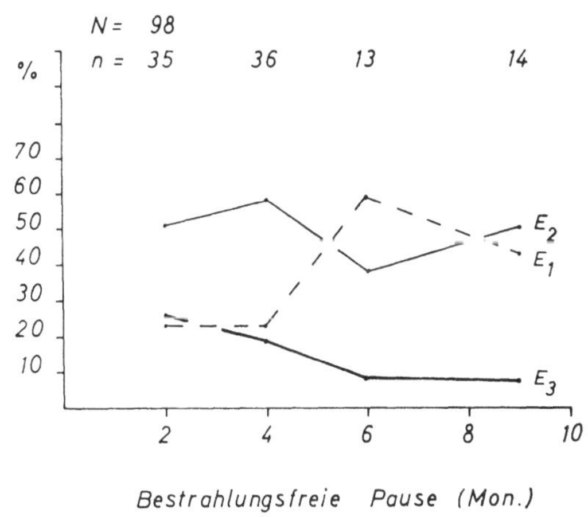


Abb. 5. Hautreaktion bei Elektronenbestrahlung mit 5400±2300 R/27±9 d nach Vorbelastung mit 4500±1400 R Elektronen oder 3000±1000 $R_{OD}$ Röntgenstrahlen

auch nicht signifikant (P = 0,10 bzw. 0,33), zunächst etwas ab. Bei weiterem Ansteigen der Tagesdosis nimmt dann die Häufigkeit der Epitheliolyse signifikant zu (P = 0,015). Wir glauben daher, daß die günstigste mittlere

Tagesdosis für die betrachtete Gesamtdosis im Hinblick für die Hautreaktion 250 R ist.

Wenn wir an Hand der *Abb. 5* den Einfluß der *bestrahlungsfreien Pause* auf die Hautreaktion untersuchen, dann ergibt sich eine signifikante Häufigkeitsabnahme bis zu 6 Monaten Dauer $P < 0{,}05$). Bei einer weiteren Ausdehnung der Pause zwischen zwei Bestrahlungsserien erfolgt offenbar keine weitere Erholung der Haut mehr. Selbstverständlich müssen bei der Planung einer Pause zwischen zwei Bestrahlungsserien Tumorwachstum und Hautreparation sinnvoll gegeneinander abgewogen werden [*5*].

**Summary**

The author reports on the rate of mild and severe erythema, epitheliolysis and ulceration of the skin following electron therapy of 555 tumour localisations. The influence of preceding irradiations with common X-rays or high energy electrons, the mean daily dose, the total dose, the energy and the irradiation-free interval in case of split-course technique on the reaction of the skin and mucous membrane are examined. The reactions of scars and intertrigineous areas are described. The threshold doses with standard deviation are mentioned.

**Literatur**

1. BECKER, J., K. H. KÄRCHER u. G. WEITZEL: Elektronentherapie mit Supervoltgeräten. In Strahlenbiologie, Strahlentherapie, Nuklearmedizin, Krebsforschung. Stuttgart: Georg Thieme 1959.
   —, u. G. SCHUBERT: Die Supervolttherapie. Stuttgart: Georg Thieme 1961.
2. LOCHMANN, D. J.: Therapy in cancer of the head and neck with the betatron electron beam (Symposium). Amer. J. Surg. **98**, 847 (1959).
3. ZUPPINGER, A.: Erfahrungen der Therapie mit 30 MeV-Elektronen. Strahlentherapie **111**, 161 (1960). VERAGUTH, P.: Die Halbtiefen- und Tiefentherapie mit schnellen Elektronen. Radiologe **1**, 263 (1961). BUCHHEIM, C. E.: Zur Betatrontherapie oto-rhino-laryngologischer Tumormanifestationen mit schnellen Elektronen. Zschr. Laryng. Rhinol. **41**, 495 (1962). ZUPPINGER, A.: Elektronentherapie. In Ergebn. med. Strahlenforsch. N. Folge I, 347 (1964).
4. BREITLING, G., u. K. H. VOGEL: Persönl. Mitteilung.
5. SCHOEN, D., u. P. GERHARDT: Das Für und Wider der unterbrochenen Serienbestrahlung. 45. Tagg. Deutsche Ges. f. Med. Radiologie. Wiesbaden 1964.

## 2.2.9. Histologie und Strahlenempfindlichkeit

Von

WERNER HELLRIEGEL

Mit dem Begriff Strahlenempfindlichkeit wollen wir zum Ausdruck bringen, daß eine bestimmte Dosis erforderlich ist, um eine Zellart so stark zu schädigen, daß sie lebensunfähig wird, d. h. nekrotisiert. (Die hier in R angegebenen Herddosen wurden vorwiegend durch eigene Beobachtungen gewonnen und lagen etwa 10% höher als die Tumordosen bei konventioneller Röntgenbestrahlung.)

Das embryonale Gewebe durchläuft in seiner normalen Entwicklung bis zu seinem Endzustand verschiedene Reifegrade. In *jedem* Reifegrad kann es bekanntlich zu einer Geschwulstentstehung kommen. Somit ist es ohne weiteres möglich, daß in einer morphologisch noch gleichen Geschwulstart doch verschiedene Reifegrade vorhanden sind. Da die Strahlenempfindlichkeit mit dem Differenzierungsgrad einer Tumorzelle etwa parallel geht, kann es bereits in ein und derselben Geschwulstart verschiedene Strahlenempfindlichkeiten geben.

*Sarkome des mesenchymalen Gewebes*

Die differenten Formen des Bindegewebes entstehen aus dem embyronalen, undifferenzierten Mesenchym. Jede Gewebsdifferenzierung kann Ausgang typischer maligner Entartungen, in diesem Fall *Sarkome* werden. Je niedriger die Differenzierung ist, um so größer ist die Radiosensitivität.

Aus dem embryonalen *undifferenzierten Mesenchym* entstehen undifferenzierte Sarkome und einige Formen der rundzelligen, spindelzelligen, polymorphzelligen und das Ewing-Sarkom. Diese Sarkome sind recht strahlenempfindlich und werden bei einer Tumordosis von 4000—4500 R zerstört.

Ein weiteres Merkmal für die Strahlenempfindlichkeit ist der Kernreichtum einer Geschwulst. So haben wir hier eine besondere Sarkomart, die allerdings sehr selten und nur im *Pharynx-Larynx*bereich auftritt, mit einer besonders großen Strahlenempfindlichkeit zu verzeichnen, nämlich das „mikrocytenreiche Rundzellensarkom". Dieses Sarkom wird bereits bei einer Dosis von 1000—1500 R vollständig zerstört.

Zu dem embryonalen Gewebe gehört auch das *gallertartige Bindegewebe*, das beim erwachsenen Menschen nicht vorkommt. Das daraus entstehende Sarkom ist das *Myxo-Sarkom*, das schon erheblich weniger strahlenempfindlich ist. Die Tumordosis liegt bei 5000 R. Die Ursache dafür wird wahrscheinlich der relativ geringe Zellkernanteil sein.

Die Sarkome des *retikulären Bindegewebes*, wie Retikulo-, Lympho-, Myelo- und Angio-Sarkome sind relativ strahlenempfindlich. Die Tumordosis beträgt 4000—5000 R.

Die gleiche Strahlenempfindlichkeit haben die *Sarkome des lockeren, interstitiellen Bindegewebes*, wie undifferenzierte Rundzell-, spindelzellige und polymorphzellige Sarkome.

Die *Sarkome des fibrillären Bindegewebes*, und zwar die *Spindelzell-Sarkome* und die undifferenzierten *Fibro-Sarkome* sind schon erheblich weniger strahlenempfindlich. Das sogenannte Fibro-Sarkom ist recht strahlenresistent und es sind Dosen von mehr als 6000 R zur Vernichtung erforderlich. Aber auch danach kommt es in vielen Fällen doch wieder zu Rezidi-

Tabelle 1. *Strahlenempfindlichkeit der Sarkome des mesenchymalen Gewebes*

| 4000—4500 R | 4000—5000 R | 5000—3000 R | > 6000 R |
|---|---|---|---|
| | *retikuläres Bindegewebe*<br>Retikulo-Sarkome<br>Lympho-Sarkome<br>Myelo-Sarkome<br>Angio-Sarkome | | |
| | *lockeres, interstitielles Bindegewebe*<br>undiff. Rundzell-Sarkome<br>spindelzellige Sarkome<br>polymorphzellige Sarkome | | |
| *undiff. Mesenchym*<br>undiff. Sarkome<br>Rund- bis Spindelzell-Sarkome<br>Polymorphzellige Sarkome<br>Ewing-Sarkome | | *fibrilläres Bindegewebe*<br>Spindelzellen-Sarkom<br>undiff. Fibro-Sarkom | |
| | | *Fettgewebe*<br>undiff. Lipo-Sarkome | Fibro-Sarkom (semimalignes) |
| *gallertiges Bindegewebe*<br>Myxo-Sarkome | | *Pigmentgewebe*<br>Melano-Sarkome | diff. Lipo-Sarkome |
| mikrocytenreiches Rundzellen-Sarkom<br>1000—1500 R | | *Knorpelgewebe*<br>polymorphzellige Chondro-Sarkome | diff. Chondro-Sarkome |
| | | *Knochengewebe*<br>osteoplastische Sarkome<br>osteolytische Sarkome | |

ven. Bei einer Elektronenbestrahlung von 7000 R kann man diese Art Sarkom recht gut beeinflussen.

Bei den *Sarkomen des Fettgewebes* können wir eine ähnliche Erscheinung beobachten. Während die undifferenzierten Liposarkome mit einer Dosis von 5000—6000 R noch zerstört werden können, sind für die differenzierten Lipo-Sarkome noch höhere Dosen erforderlich.

Die *Melano-Sarkome* sind sehr selten und können mit 5000—6000 R beeinflußt werden. Sie sind nicht mit den malignen Melanomen identisch, die meines Erachtens auch nicht höher als mit 6000 R (evtl. mit 7000 R) Elektronen bestrahlt werden sollten.

Die *Sarkome des Knorpel- und Knochengewebes* sind ebenfalls wenig strahlenempfindlich und sollten immer mit einer Tumordosis von 6000 R Elektronen bestrahlt werden. Die differenzierten *Chondro-Sarkome* benötigen zur Zerstörung sogar mehr als 6000 R.

Tabelle 2. *Entartungen der Kapillar-Gefäße*

| 4000—4500 R | 4500—5000 R | 1500—2000 R |
|---|---|---|
| *undiff. Mesenchym*<br>undiff. Sarkome<br>zellige Sarkome | *Kapillar-Bildung*<br>Haemangioendotheliome<br>angioplast. Sarkome<br>mal. Haemangiopericytome<br>Lymphangio-Sarkome<br>Kaposi-Sarkome | *Kapillare*<br>Lymphangiome<br>Haemangiome |

Die bösartigen Kapillargefäßgeschwülste, wie die *Haemangioendotheliome, angioplastischen Sarkome, malignen Haemangiopericytome* haben eine mittlere Strahlenempfindlichkeit und sollen mit 4500—5000 R bestrahlt werden. Bei den *Lymphangio-* und *Kaposi-Sarkomen* reicht im allgemeinen eine Dosis von 4000 R aus.

Interessant ist, daß die gutartigen Kapillargeschwülste, wie das *Haemangioma* und sax *Lymphangioma* wesentlich strahlenempfindlicher sind als

Tabelle 3. *Geschwülste des lymphatischen Systems*

| | | |
|---|---|---|
| 1000—1500 R | | Lymphadenosis cutis benigna (Bäfverstedt) |
| 2000 R | | Lymphadenose |
| 2000—3000 R | Paragranulom | lymphocytäres Lymphoblastom |
| 3000—3500 R | Lymphogranulom Hodgkin | |
| 4000 R | Hodgkin-Sarkom<br>Retikulo Sarkom | großfollikuläres Lymphoblastom<br>Lympho-Sarkom |

die bösartigen. Sie werden mit einer Dosis von 1500—2000 R gut beeinflußt, allerdings nur im Säuglingsalter.

Auch bei den *Geschwülsten des lymphatischen Systems* können wir beobachten, daß die gutartigen strahlenempfindlicher sind als die bösartigen. Während die „*Lymphadenosis cutis benigna*" bereits nach 1000 R, höchstens 1500 R, abheilt, ist beim Lympho-Sarkom wenigstens eine Dosis von 4000 R erforderlich. Ebenso ist das *Paragranulom* strahlenempfindlicher als das *Hodgkin-Sarkom.*

### *Carcinoma*

Bei den Karzinomen kennen wir nicht die Variationen der Strahlenempfindlichkeit wie bei den Sarkomen. Karzinome sind in ihrem differenzierten Zustand relativ strahlenresistent.

Die undifferenzierten Karzinome sind im allgemeinen etwas strahlenempfindlicher, obwohl sie auch noch eine hohe Tumordosis zur Vernichtung benötigen.

Tabelle 4. *Strahlenempfindlichkeit der Carcinome*

| | 3500—4000 R | 5000 R | 6000 R |
|---|---|---|---|
| *Oberflächenepithel* | Carcinome | undiff. Carcinome | diff. Carcinome<br>(verhornend)<br>maligne Melanome |
| *Drüsenepithel*<br>*exokrin* | Carcinome | undiff. solide<br>Carcinome | diff. Carcinome<br>adenomatös<br>alveolär<br>tubulär<br>zellulär diff.<br>Zylinderzell-<br>Carcinome |
| *endokrin* | Carcinome | undiff. Carcinome | diff. Carcinome |
| *Keimepithel* | Carcinome<br>Seminome<br>Disgermi-<br>nome | Hoden-Carcinome<br>Ovarial-Carcinome | Teratom-Carcinome<br>Chorionepitheliom-<br>Carcinome |
| *Desmales Epithel*<br>Mesothel | | | Mesotheliome<br>mal. Synovialom<br>Ca. der serösen<br>Höhlen |

Der Ort der Entstehung übt auf die Strahlenempfindlichkeit keinen wesentlichen Einfluß aus.

Um ein undifferenziertes Karzinom zu zerstören, ist eine Mindestdosis von 5000 R erforderlich, bei einem differenzierten Karzinom ist eine Mindestdosis von 6000 R notwendig.

Es gibt allerdings einige Ausnahmen bei den malignen Tumoren des Keimepithels. Die *Seminome* und die *Disgerminome* sind strahlenempfindlich und werden nach Dosen von 3500—4000 R zerstört. Dagegen sind die *malignen Teratome* und *Chorio-Epitheliome* als strahlenresistent zu bezeichnen, denn sie müssen wenigstens mit 6000 R bestrahlt werden.

Als wenig strahlenempfindlich sind die *malignen Synovialome* und die *Mesotheliome* anzusehen. Erfahrungsgemäß ist hierbei immer eine Herddosis von 6000 R oder mehr angezeigt.

Bei den *Hirntumoren* kennen wir ebenfalls eine unterschiedliche Strahlenempfindlichkeit. In der Tabelle 5 sind diese Tumoren nach ihrer Strahlenempfindlichkeit aufgeteilt, der Ursprung der Tumoren ist hierbei nicht berücksichtigt worden.

Die *Medulloblastome* und *Ependymoblastome* sind strahlenempfindlich, eine Dosis von 4000 R ist zur Vernichtung erforderlich. Die reifen Tumoren der letzten Reihe sind strahlenresistent und sind nur schwer zu beeinflussen, weil sie eigentlich keine malignen Geschwülste sind.

Tabelle 5. *Strahlenempfindlichkeit der Hirn-Tumoren*

| 4000 R | 5000 R | 6000 R |
|---|---|---|
| Medulloblastome<br>Ependymoblastome | Glioblastoma multiforme<br>Astroblastome<br>Spongioblastome<br>Retinablastome | Astrocytome<br>Ependymome<br>Oligodendrogliome |
| | Haemangioblastome<br>Neuroepitheliome<br>(Neuroblastome)<br>Pinealoblastome<br>mal. Plexuspapillome<br>undiff. Meningeome | |
| basophile Hypophysen-<br>adenome | eosinophile<br>Hypophysenadenome | diff. Meningeome<br>chromophobe<br>Hypophysenadenome<br>Kraniopharyngeome |

Zum Schluß sollen die seltenen Geschwülste des Muskelgewebes genannt werden. Die *Leiomyo-Sarkome* (der glatten Muskulatur) scheinen etwas strahlenresistenter zu sein als die *Rhabdomyosarkome* (der quergestreiften Muskulatur). Die Tumordosis liegt zwischen 5000—6000 R. Die *Wilmstumoren* (der Niere), die zu den embryonalen *Rhabdomyosarkomen* gezählt werden, haben eine größere Strahlenempfindlichkeit. Dosen von 4000 R reichen aus, um den Tumor zu zerstören.

**Summary**

A review of the sensitivity of the different tumour types show the greatest differences in sarcomas, where the differenciated fibro lipo and chondrosarcomas need 7000 R and more.

Undifferenciated carcinomas need at least 5000 R, the differenciated one at least 6000 R. Brain tumours need at least 5000 R.

# 2.4.1. The Biological Significance of δ-Electrons

By

ROLF WIDERÖE

With 1 Figure

A spherical tumor cell of 20 $\mu$ diameter irradiated with 30 MeV-electrons with a dose of 200 rads will be hit by 18,300 primary electrons producing altogether. 1.5 million evenly distributed ions in the volume of the cell. With such a dose only a part (for instance 35%) of the tumor cells will be inactivated.

Following the philosophy of the simple target-theory we thus might calculate the "sensitive volume" of the cell to be only $10^{-3}$ $\mu^3$, and this obviously wrong result calls for an explanation. Simple calculations show that an incidental accumulation of primary electrons in a small volume is very unlikely and this might also be true for a summation of small biological injuries. We therefore postulate the hypothesis:

"A tumor cell can only be inactivated by events where the energy concentrated in a small volume exceeds a certain value such as, for instance, 750 eV".

The linear dimensions of the "small volume" may be of the order of 0.1 to 0.05 $\mu$; an energy of 750 eV would be sufficient to produce a cluster of 22 ions.

Our hypothesis says that only in the last 0.04 $\mu$ of the electron track the concentration of energy is high enough to produce biological effects leading to an inactivation of the cell. This again means that secondary electrons with energies exceeding 750 eV (the $\delta$-electrons) are capable of producing the biological effects. Applying a dose of 200 rads will result in about 4190 $\delta$-electron tracks ending in the cell volume (i.e. about 1 track per $\mu^3$). The volume of all the DNA-molecules in a human cell is about 3 $\mu^3$, and therefore we see that every $\delta$-electron hitting a DNA-molecule has about a 10% chance of causing a double break of the two intertwining strings of the molecule thus sterilizing the cell.

ALEXANDER and his collaborators have found that the energy necessary for causing a double break of DNA-strings is between 600 and 800 eV.

Only 1 out of 1200 $\delta$-electrons will, however, hit a DNA-molecule, and the others might hit and damage other important cell structures such as mitochondria, enzyma, ribosoma, and cell membranes (endoplasmic reticulum). If the cell cannot recover from these injuries this might result in the "interphase" or "acute" cell death, while a radiation injury to the genetic material (DNA in the chromosomes) might cause a kind of "reproductive" death of the dividing cell. It might depend on the radiosensitivity of the cell (a cell with few mitochondria is more vulnerable), on the dose applied and possibly also on the dose rate. For doses used in therapy all these ways have to be considered.

In all cases, however, a minimum energy (750 eV), concentrated in a small volume, is needed to cause the primary molecular destruction, and the ion plots at the end of the electron tracks, representing only about 6% of the total absorbed energy, are essential for causing the biological effects (Fig. 1).

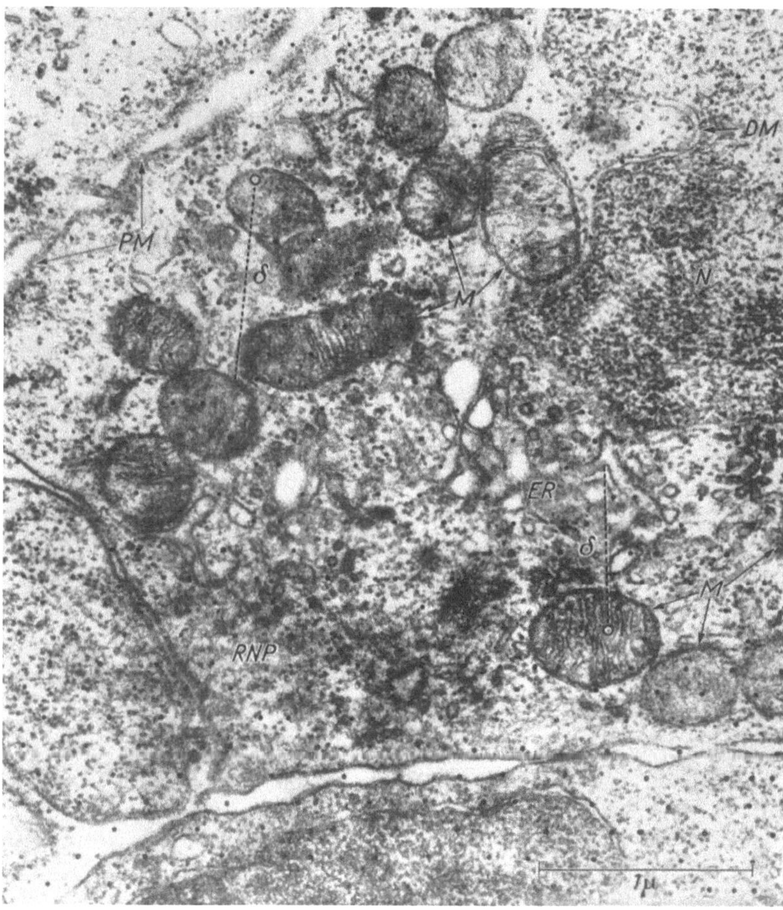


Fig. 1. Electron micrograph of a lymph node cell of a mouse superimposed with ionization traces corresponding to a dose of 200 rads produced by 30 MeV-electrons. The photograph shows a slice of 0.13 μ thickness and 3.73 μ by 4.2 μ dimension being traversed by 32 primary high-energy electrons. The primary electrons (crossing from left to right) produce 440 "primary" ions distributed along the high-energy electron-tracks (small black dots) and two δ-electron tracks ("δ") which together have an energy of 9.6 KeV. The circles at the end of the δ-tracks have a diameter of about 0.05 μ (500 Å) indicating the sphere of important biological reactions. PM is the plasma membrane surrounding the cells, ER the endoplasmic reticulum, RNP ribonucleose particles, M mitochondria, and N the nucleus and its double membrane DM. A portion of another cell can also be seen. (Electron micrograph by A. Goldfeder. Report of the Symposium on Radiosensitivity, Laval University, Quebec, Sept. 1962, P. 30)

Our main task will therefore be to investigate the field of δ-electrons in a body. In irradiation with photons (classical and megavolt-energies) the number of δ-rays everywhere in the body is strictly proportional to the energy-doses; in therapy with high energy electrons, however, this is different. Just below the surface of the body, the δ-electrons will build up thus causing a skin sparing-effect, and in the depth, where the energy doses are reduced, the δ-electrons will pile up at the end of the primary tracks and thus increase their relative number and also the biological effect.

Such effects (increase of RBE with depth) which are of great importance for radiation therapy have been partly confirmed by clinical and radiobiological experiences.

An exact calculation of the δ-distribution (also considering transition effects) has still to be made and measurements of the δ-numbers with simple methods — not a very easy task — would be of great importance.

In radiobiology an investigation of the minimum energy necessary for damaging the various cell structures (and thus confirming our hypothesis) seems necessary while on the other hand such studies might also help to elucidate our understanding of the primary molecular reactions gradually leading to the recognisable radiation injuries of the special cell structures.


*Zusammenfassung*

Die vielen, gleichmäßig verteilten Ionen, die bei einer Tumordosis von rund 200 rad. (Bestrahlung mit 30-MeV-Elektronen) in einer Zelle erzeugt werden, führen nur bei etwa 35% der Zellen zur Inaktivierung. Überlegungen zeigen, daß zufällige Anhäufungen der Primärelektronen als Schädigungsursache kaum in Frage kommen können. Es wird daher die Hypothese aufgestellt, daß nur solche Ereignisse, bei welchen auf kleinstem Raume (∼ 0,05 $\mu$) die übertragene Energie einen Schwellenwert von etwa 750 eV überschreitet, zu Inaktivierungseffekten der Zelle führen können. Somit können nur die Enden der Elektronenbahnspuren („Ionenkleckse"), die etwa 6% der absorbierten Energie repräsentieren, und folglich nur die Zahl der δ-Elektronen (mit mehr als 750 eV) für die biologischen Wirkungen von Bedeutung sein.

Bei der Photonenbestrahlung sind diese Zahlen überall im Körper den Energiedosen proportional, nicht aber bei der Therapie mit hochenergetischen Elektronen. Unterhalb der Oberfläche ergeben sich Aufbaueffekte (Hautschonung) und in der Tiefe eine Anhäufung von δ-Elektronen, dort wo die Primärspuren enden. Die Verteilung der δ-Elektronen im Körper muß aber noch genauer berechnet werden.

Auch müssen Verfahren zur Messung der δ-Elektronen entwickelt werden.

Für die Strahlenbiologie stellt sich die Aufgabe, die Energieschwellenwerte der verschiedenen Zellstrukturen zu untersuchen und den Wirkungsmechanismus der Primärschädigung (Molekülveränderungen) zu erforschen.

# 3.1.1. Introduction to Technique of Treatment Planning in Electron Therapy

By

JACQUES OVADIA

This symposium in its first session has been concerned with the physical background relevant to electron therapy. Dr. POHLIT in his introduction to the panel on dosimetry emphasized the need for the medical physicists to devote some of their time, but not all of it, to dosimetry. The current need is the development of "cook book" procedures which will permit the application of a conversion factor to various ionization measurements and correctly change them into that international currency, the RAD. The physical aspects of this problem are well understood, and I feel it is now a purely organizational problem to work out practical intercomparison schemes, such as Dr. KRETSCHO's for instance, to permit all of us to know that values of dose published by various therapy centers are actually in the same units.

The next problem I want to comment on is that of isodose distribution in tissue equivalent material. Dr. LOEVINGER has presented theoretical expressions which permit a reliable conversion of results of broad beam penetration from one medium to another of different density and atomic number or composition. However, provided the comparison is between commonly employed unit density plastic media or water, the various conversion factors used (density, electron density, "effective" density) differ by less than 5%. Great emphasis was properly placed, I think, by many speakers on the fact that the isodose distributions depend not only on the energy and beam size, but also on the details of the collimating system; furthermore, since proper alignment of various parts is required for flat isodoses, every electron therapy installation should be equipped to measure its own isodose curves. And there I must express an overwhelming prejudice in favor of film dosimetry. I believe that every effort should be spent to permit reliable exposure of film, its processing and dosimetry. I hope that I am not mistaken in my complete agreement with Dr. DUTREIX's comment earlier that many of the discrepancies encountered with film dosimetry are a matter of technique. The problem of air spaces must be solved, either by carefully designing a solid phantom which adequately compresses the film or by using the interesting evacuation technique mentioned by Dr. LERCH, or even, as I have heard, by using prepackaged film directly in water. I was pleased to notice that both Dr. LERCH and Dr. NETTELAND use some sort of pantograph attached to their densitometer to obtain their isodose curves. In the installation at Michael Reese Hospital in Chicago, such an arrangement has been operating for over 7 years and it is always available and still used very often [1]. An entire isodose distribution can be measured in less than $^1/_2$ hour with it. It appears that some of the corrections made by certain authors to adjust the central axis depth dose data from film to ion chamber measurement are superfluous, if not wrong. As Dr. BEWLEY pointed out, the correction should be applied to the ion chamber data because of polarization, which was first demonstrated for high energy electrons by the group under Dr. LAUGHLIN [2]. Discrepancies between central axis depth dose data measured with ion chamber, film, and ferrous sulphate solution were reported by Dr. LOEVINGER [3]. Assuming the ferrous sulphate data to be correct, the discrepancy in the ionization chamber data were attributed to polarization, and the film depth dose agreed better with the chemical results, except for the first couple of centimeters where a correction had to be applied to take into account difference in sensitivity between film exposed parallel and perpendimear to the beam.

I believe that any installation equipped for isodose measurements by film will continuously find use for it. After obtaining a normal set of isodoses, it is very useful to measure isodoses at oblique incidence because very often air wedges are encountered in therapy, and those should be taken into account in the treatment plan. The next step is the evaluation of the effect of finite region of different density, in particular air, on the depth dose; this was beautifully demonstrated earlier by Dr. BREITLING and Dr. NETTELAND. I must confess that I feel very worried about errors introduced in treatment plans by not properly taking this into account, and I do not know myself how to use this information in practice, in view of the great variability in the air spaces of various patients. Dr. LAUGHLIN will describe in the last paper of this session the methods used by his group at Memorial Hospital in New York to correct treatment plan for inhomogeneities; and we have described the techniques we use to partially correct for these inhomogeneities in treatment plans for carcinoma of the lung [4].

And now there are two additional matters that were discussed that I want to comment on, in the light of practical treatment planning. The first one is the concept of integral dose. Some statements were made at an earlier session comparing the integral dose obtainable in a specific treatment plan with high energy electrons and 6 MeV X-rays; I do not believe the issue is relevant: the concept was very important at 200 kV, but with megavoltage X-rays or electrons the integral dose is low enough that it presents no valid criterion for preferring one treatment plan over another.

The other problem I would like to say a word about is RBE, the relative biological effectiveness. My understanding, 10—12 years ago, when many RBE experiments were started to compare conventional X-rays (200 kV) and megavoltage radiation (X-rays or electrons) was that the experimental value of RBE would be used as a conversion factor. It would permit a specification of dose schedules with megavoltage radiation based on the empirical clinical experience accumulated over the years with conventional therapy at 200 kV. Also there had been some problems at one time when neutron therapy was first started and one cannot blame the clinician to want some more information. However, I cannot help feeling that this problem does not exist for electron therapy *as of this date*. I mean by this, that, as of today, no experienced therapist should find that he has overdosed or underdosed a patient because he did not take a proper account of RBE. Furthermore, I do not believe that it is the experimental data accumulating from animal investigations that will help him: only clinical RBE experiments, of the type reported this morning by MALAISE and his collaborators from Villejuif, will help him now. Personally, I believe the RBE is $0.8 \pm 0.1$ and this should be enough for the therapist to get started. The possible errors in absolute dosimetry are at least as large, and they can be eliminated by instituting some sort of standardisation system, both in the dosimetry and at the specification of tumor dose in electron therapy: I hope such recommendation can come from this meeting.

And now that we have been told by speakers at the previous sessions on how to do things correctly, we shall have to find out whether any improvement in treatment plan, and eventually in therapy, can be achieved with high energy electrons as compared to the other forms of megavoltage therapy. This is my understanding of the role of this session and the clinical sessions to follow. In this session, a survey will be presented by various investigators who have used high energy electrons of their experience of useful treatment plans. I am pleased that we have both physicians and physicists on this program because this is an area which demands a great cooperation between them. We shall first hear from Dr. BOMPIANI who will describe his experience with a 16 MeV Betatron in Rome and from Dr. WARD, also a therapist, who will describe treatment plans used with a 15 MeV. Linear Accelerator in London. As we go up in energy, the physicists appear. Dr. TSIEN, whom I had the pleasure to work with when we were both in Dr. LAUGHLIN's section at Memorial Hospital in New York will discuss treatment plans for energies up to 24 MeV. I myself shall review some of the techniques we found useful in the energy range of 15—35 MeV. Finally, the last two papers will discuss practical problems related to electron therapy but not directly connected with energy. Dr. SCHUMACHER will review his experience on the role of irradiation rhythm in electron therapy, and as I mentioned before, Dr. LAUGHLIN will describe some practical methods used at Memorial Hospital in New York to take inhomogeneities into account in treatment planning.

## References

1. OVADIA, J., and E.M. UHLMANN: Amer. J. Roentgenol. **84**, 754 (1960).
2. ZSULA, J., A. LIUZZI, and J. S. LAUGHLIN: Rad. Res. **6**, 661 (1957).
3. LOEVINGER, R., C. J. KARZMARK, and M. WEISSBLUTH: Radiology **77**, 906 (1961).
4. UHLMANN, E. M., and J. OVADIA: Radiology **74**, 265 (1960).

# 3.1.2. "One Field Technique"

Par

Carlo Bompiani

Avec 3 Figures

Les faisceaux d'électrons de haute énergie sont considérés comme le moyen idéal d'irradiation à champ unique des lésions superficielles, ou même des lésions qui partant de la peau ou des tissus sous-cutanés pénètrent en profondeur pour une épaisseur de quelques centimètres.

Depuis 1957 un Bétatron, capable de débiter des faisceaux d'électrones d'énergie variable de 4 à 16 MeV environ, est en action à l'Institut de Radiologie de l'Université de Rome: c'est pourquoi notre experience est limitée a ce domaine d'énergies.

En radiothérapeutique les techniques d'irradiation sont étroitement liées à la distribution de la dose au niveau des tissus. A cause de la chute très rapide de la dose, qui se verifie pour les faisceaux d'électrones au-dela à de certaines limites bien déterminées, l'on doit évaluer avec la plus grand soin les dimensions de la tumeur au moment de la selection des cas à soumettre à l'irradiation avec les électrones et du choix des techniques de traitement: en effet il se pourrait à cause d'une erreur même petite dans l'appréciation de sa grandeur, qu'une partie de la tumeur ne soit pas irradiée avec une dose suffisante.

Nous savons que les facteurs qui exercent la plus grande influence sur la distribution de la dose dans les tissus sont l'énergie des électrones et les dimensions du faisceau. C'est de ces deux facteurs qui dépend l'etendue de la zone de dose considérée comme étant homogène, appelée aussi épaisseur utile du faisceau et délimitée par l'isodose 80% (Fig. 1), tandis que du facteur distance d'irradiation ne dependent que de très petites variations de l'allure de la ionisation.

Certaines parties accessoires de l'appareil debitant les électrones rapides peuvent eux aussi modifier la distribution de la dose. Nous avons observé que les diffuseurs d'une épaisseur considerable, prévus dans notre Bétatron pour l'irradiation de champs étendus produisent une notable perte d'énergie de la part des électrons entrainant une diminution de l'épaisseur utile du faisceau (Fig. 2), ainsi qu'une contamination de celui-ci de la part de la bremsstrahlung produite au niveau du diffuseur. C'est pourquoi en cas d'irradiation de zones de vastes dimensions il est préférable selon nous d'avoir recours à l'augmentation de la distance d'irradiation. En cas de surfaces étendues et convexes, eviter que des écarts dans les distances entre la source et les divers points de la surface puissent engendrer une distribution non homogène de la dose, il nous semble préférable de procéder à la divi-

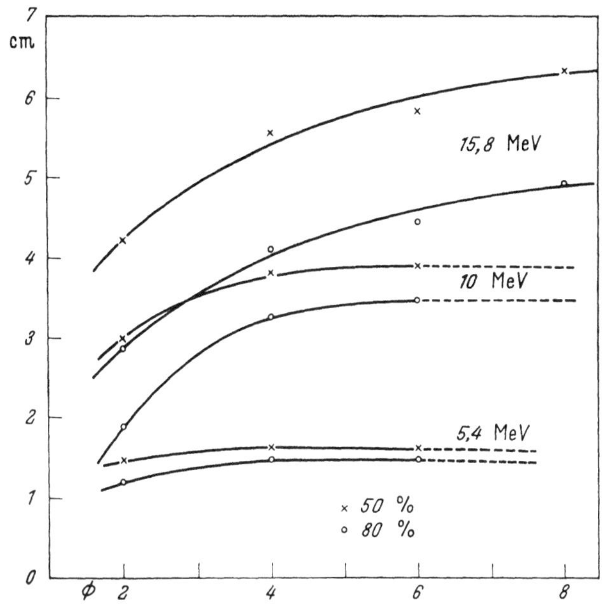

Fig. 1. Profondeur des doses relatives 80% et 50% en fonction du diamètre du champ, pour trois énergies différentes

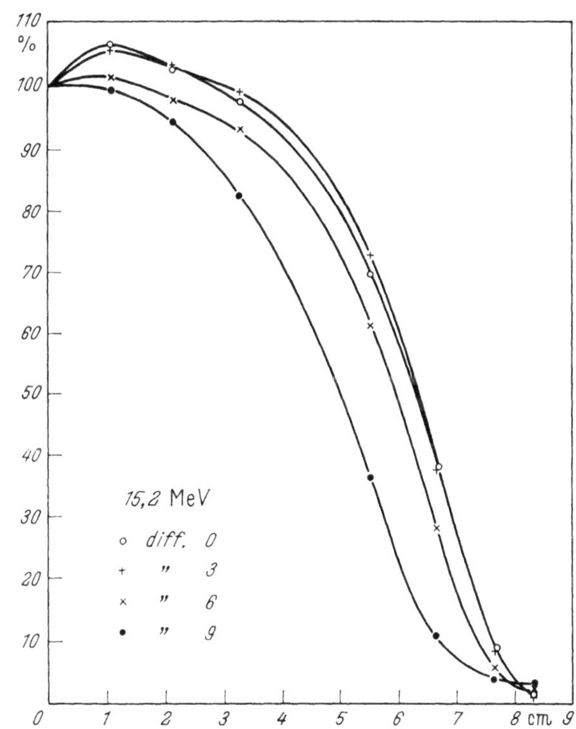

Fig. 2. Effect du diffuseur sur l'allure de la courbe de ionisation: diff. 3 = 0,02 mm Au; diff. 6 = 0,2 mm Pb; diff. 9 = 0,8 mm Pb

sion de toute la surface en de nombreux champs rapprochés de moindres dimensions.

Pour le traitement des formes superficielles tres minces, on peut améliorer la distribution de la dose aussi pour les électrones des énergies moins élévées généralement à disposition (4—5 MeV) en juxtaposant à la surface cutanée une couche de matérial plastique de l'epaisseur de quelques millimètres: ainsi le maximum de la dose et l'isodose 80% se déplacent vers la surface sur une epaisseur de tissu qui correspond à celle du matériel superposé à la surface irradiée (Fig. 3). Nous employons fréquemment cette technique dans le traitement de néoplasies cutanées minces, de dermatoses, et d'angiomes caverneux des enfants, surtout lorsque la position de l'angiome engange à faire bien attention à ne pas endommager les tissus sous-jacents.

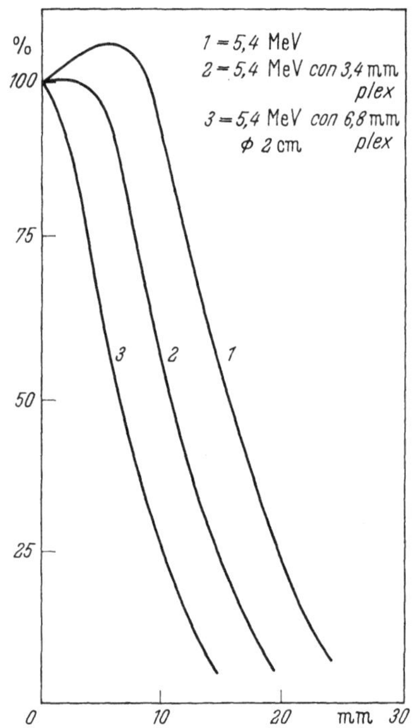


Fig. 3. Variations de la courbe de la dose en profondeur dues a des couches de matériel plastique superposées à la surface

Les tubes limiteurs qu'on emploie généralement pour delimiter le faisceau sont capables de troubler la distribution de la dose soit en surface qu'en profondeur leson leur forme, leurs dimensions ou le matérial employé. Dans des cas d'espèce, des caches en plomb permettent de délimiter mieux le champ d'irradia-
de l'angiome engage à faire bien
tion, ou d'assurer la protection des tissus particulièrement sensibles ou d'organes critiques tel que par exemple le cristallin dans l'irradiation des tumeurs de la cavité orbitaire selon la technique de Becker et Baum.

Dans les incidences obliques du faisceau on doit considérer le déplacement latéral des isodoses qui toutefois ont la tendence à demeurer parallèles à la surface. Une situation de ce type est assez frequente dans la thérapeutique endocavitaire, qui peut être exécutée avec des tubes limiteurs de petit diamètre, à extrémité oblique. D'après l'expérience que nous avons acquise dans des cas de tumeurs de l'oro-pharynx et du vagin nous pensons que cette méthode ne s'adapte utilement que dans un nombre restreint de cas, pour l'irradiation de lésions tres limitées, et qu'il convient de réserver à l'irradiation endocavitaire, dans la plupart des cas, un rôle complémentaire.

La déformation des isodoses qui a lieu dans l'irradiation à travers des surfaces convexes ou irrégulières peut être aisément corrigée avec des filtres compensatoires en matériel plastique: en enployant la même technique on peut déformer les isodoses lorsque la forme de la tumeur l'exige.

Les déplacements et les déformetions des isodoses qu'ont lieu lorsque le faisceau traverse des formations osseuses ou des cavités aériennes peuvent être aisément calculées par approximation compte tenu pour l'os de l'épaisseur en g/cm² et pour les cavités aériennes du diamètre de la cavité qui déclenche un déplacement des isodoses de son même ordre vers les régions plus profondes.

**Summary**

Owing to the favourable dose distribution, the high energy electron beams are an ideal tool for single field irradiation of lesion on or near the body surface.

Dosimetric researches have shown that many physical and technical factors are able to modify the dose distribution in the tissues. The most important factors are energy of the beam, field size, type of collimator, use of scatterers, and the presence of bone or air cavities in the body. In several cases the dose distribution for the treatment of superficial or irregular lesions can easily be improved by the use of plastic absorbers, decelerators or wedge filters.

## 3.1.3. Multiple Field Technique with Electron Beams up to 24 MeV

By

Kia-Chi Tsien *

With 2 Figures

The electron beam is undoubtedly the most suitable type of radiation at the present time for treating diseases which extend from the skin surface to a few centimeters' depth. A single field can be admirably employed by adjusting the energy of the electrons according to the depth of the disease. This has already been discussed by the previous speakers.

More than one field, separately, adjoining each other, or by Stockholm's overlapping technique, have been used to irradiate an area of irregular size or a tumour with different depths at different locations. However, I feel that these techniques should not be considered as "multiple field techniques" in the conventional sense because the purpose of their application is the

* Present address: Department of Radiology, Temple University Medical School and Hospital, Philadelphia, Pa., USA.

same as the use of one single field. The use of the multiple-field technique with mixed X-ray and electron beams has also been reported a few years ago, but I shall limit myself to discussing only the use of electron beams.

The electron beam has its inherent limitations for irradiating centrally localized tumours. The sharp fall-off of dose after the high dose region makes it impracticable to direct beams entering a large cross-section body from several directions to a target at the centre. And, if the cross-section of the body is small, there is generally not much choice to select the entering

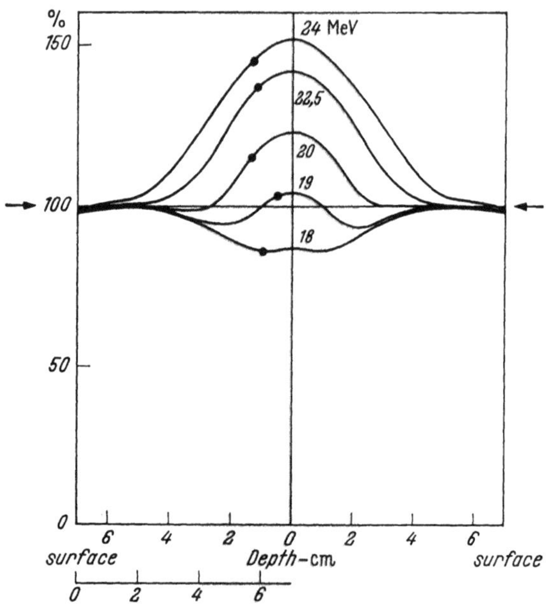


Fig. 1. Central axis depth dose of electron beam. Two opposing fields F.S. 6 cm × 8 cm. Separation 14 cm. Exposure ratio 1:1

surface for the beam. Treatment arrangements with more than two fields of electron beam up to 24 MeV have not been found practical.

The use of two oblique fields directed from the anterior surface to treat the bladder, or other deeper seated diseases, has been reported in the literature. However, two opposing fields are more commonly used.

With two opposing fields at a small separating distance, say 12 to 18 cm, a high dose zone at the central region can be achieved, if the energy of electrons from the accelerator is adequate for the distance, see Figure 1. With photon beam in the energy range of cobalt-60 radiation, it would not be possible to have a high dose at the centre with two opposing fields. However, the high dose zone with two opposing fields of electrons has generally a small width at the centre and the dose ratio of the centre to the surface is rather low, such as the 20 MeV curve, or the dose continuously falls off from the centre to the proximity of the surface, such as the 24 MeV curve in Fig. 1. These dose distributions might be suitable for some particular cases, especially for comparison with the dose distributions obtained from two opposing fields of cobalt-60 radiation, but the cobalt dose distributions obtained by using more than two fields or moving fields might be even better.

When the disease extends from the surface over the mid-line of the body, and if the maximum obtainable energy of the electrons from the

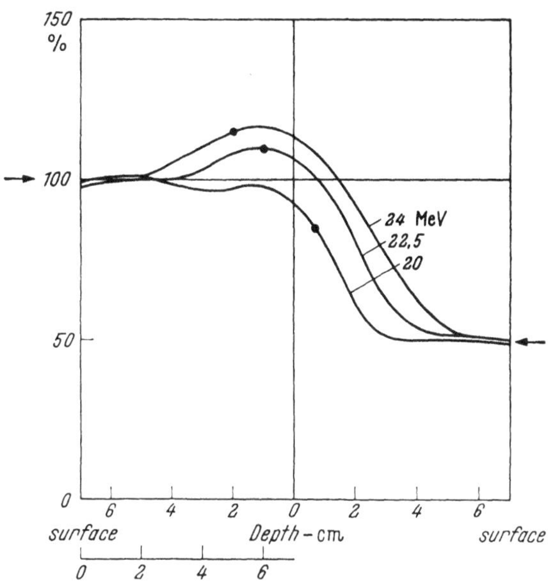


Fig. 2. Central axis depth dose of electron beam. Two opposing fields F.S. 6 cm × 8 cm. Separation 14 cm. Exposure ratio 2:1

accelerator is not high enough for using one-field treatment to reach the deep part, it is possible to extend the high dose zone a little from the surface to the required depth by using two opposing fields with weighted entrance exposure (see Fig. 2). Again, this technique is not used for treating centrally located tumours.

From the foregoing discussions, as far as dose distributions are concerned, it is difficult to see the advantage in using electron beam for treating centrally located tumours. As mentioned before, its application is best in treating diseases which are adjacent to the skin surface. Furthermore the dose distributions of two opposing electron beams are very sensitive to the variations of the length of separation of the two fields and the constituents of the absorbing tissue between them. This fact has further complicated the matter in the accurate determination of dose received at the centre between the two fields.

# 3.1.3. Multiple Field Technique

By

H. W. C. Ward

With 3 Figures

The linear accelerator at St. Bartholomew's Hospital has a fixed energy of 15 MeV. The 90 per cent isodose in tissue lies at a depth of 3.5 cm and beyond this the dose diminishes rapidly. This energy of beam is suitable only for treating superficial lesions and is not suitable for cross-firing techniques. In any case, it is doubtful if electrons have any advantage over megavoltage X-rays for cross-firing techniques.

When large and curved surfaces such as the chest wall need to be treated with electrons it is not always possible to use a single field. This paper is limited to a study of the problems which arise when a single superficial lesion must be treated by two or more fields.

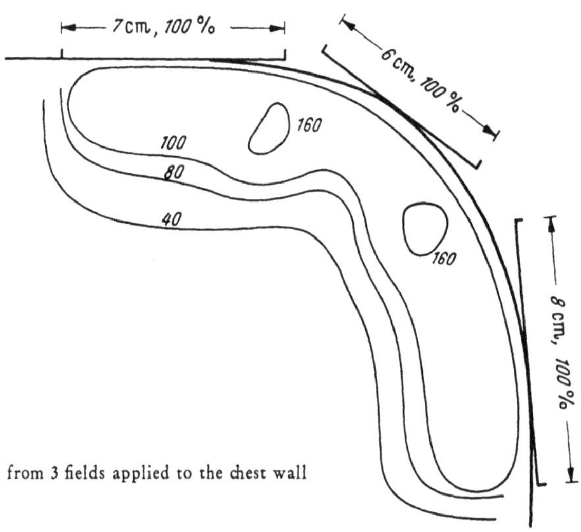


Fig. 1. Isodoses from 3 fields applied to the chest wall

The dosage beneath the surface from a single electron field spreads outside the geometrical edge os the beam. Therefore, if two fields are applied edge to edge there will be a volume of high dosage beneath the surface. This can be reduced by allowing a gap between the fields but this results in a deficiency of dose on the surface at the gap. When two fields are applied in the same plane these variations are not serious. On the other hand if two fields applied to a curved surface are angled towards one another there is a considerable increase in the dosage beneath the surface at the field junction, even is a gap of 0.5 cm is left between the fields (Fig. 1). This difficulty can partly be overcome by using an alternative field arrangement with different sized fields so that the field junctions fall in a different position. Half of the treatment course may be given with one field arrangement and half with the other. Fig. 2 shows the summation of

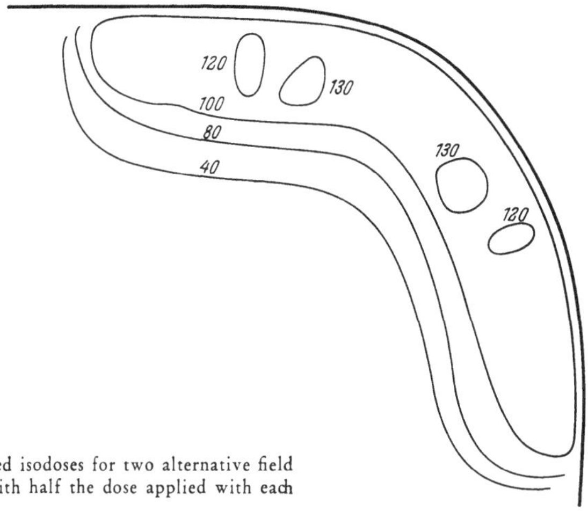


Fig. 2. Summated isodoses for two alternative field arrangements with half the dose applied with each

two such arrangements. The high dose volumes are not so intense and the deficiency of dose at the field junctions is not so great.

Measurements have been made using a treatment field in ten different positions on a curved surface but there are still volumes of high and low

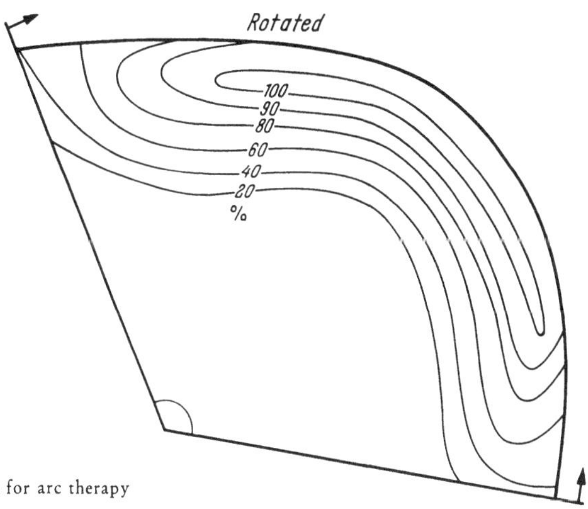


Fig. 3. Isodoses for arc therapy

dosage so that there is no practical advantage over using two different field arrangements.

Fig. 3 shows the effect of rotating a narrow field through an arc. This gives a much better dose distribution and is probably the ideal technique for treating curved surfaces with electrons. This has been well shown by Ishida.

The 15 MeV linear accelerator cannot be moved in an arc around the patient and the only way in which this technique could be used would be with a rotating chair. So far, it has not been possible to use this technique.

The axilla and supraclavicular fossa can be treated by telecobalt beams which can be angled away from the electron fields on the chest wall. By doing this, a high dose volume can be avoided.

I conclude that for the electron treatment or curved surfaces either a single field or an arcing technique are preferable to multiple field techniques. It is desirable that all future installations of high-energy electron machines should have facilities for arcing techniques.

## Reference

Ishida, T.: This publication (1.3.9.).

## 3.1.3. Discussion

By

André de Schryver and Rune Walstam

The problem of how to give an homogeneous dose of radiation to relatively large, and irregularly shaped skin areas is, as we all know, not an uncommon one. The physical properties of the electron beam makes it an extremely suitable, and, with respect to depth dose caracteristics, an almost ideal agent to treat these cutaneous areas. Unfortunately, in most of the commercially available machines, the field size is rather limited and does not allow of large single-field treatments. Some schools have advocated the use of moving beam treatment, since the disadvantages of a fixed-field mosaic are very obvious and very real.

At the Radiumhemmet an overlapping field technique described by Walstam in 1958 has been in use for many years on our decacurie $Co^{60}$ units and it was decided to adapt this method for use with the betatron. We consider that it has certain advantages over the moving beam method, such as f. i. an easier set-up, a fair applicability to most anatomical regions, quite apart from the fact that it can be used with all types of machines, whether fixed or mouvable.

Briefly, the idea is to treat the entire area with as many fixed-fields as are required, but to move the treatment cone over a short distance each day so as to get an overlapping effect. Whereas the maximum possible dose-inhomogeneity which can occur with simple adjacent fields is 100%, it can easily be shown that in the case of overlapping fields it will be reduced by a factor S/L where S is the daily "movement" of the portal, and L its width. To take a practical example: if we use a 8 cm tube, and more it over 1 cm every day, the maximum dose inhomogeneity which can result amounts to $1/8 \times 100\% = 12{,}5\%$, which is quite tolerable.

# 3.1.4. Sandwich and Grid Techniques

By

JACQUES OVADIA

With 1 Figure

This paper will describe some treatment techniques which were found useful with high energy electrons in the energy range of 15 to 35 MeV.

For the purpose of treatment planning with high energy electrons, tumors can be divided into two classes:

1) Tumors whose entire volume is located near one particular skin surface, and which thus must be treated from one direction only.

2) Centrally located tumors, where an appreciable volume of the tumor can be reached through opposite areas of the body.

## *1. Tumors treated from one direction only*

The *absence* of an appreciable build up below the skin with high energy electrons, as opposed to megavoltage X-rays, results in a relatively high skin dose, and may limit the possibility of delivering a dose in the neighborhood of 6,000 rads to tumors treated from one direction only. In practice, the skin dose for electrons in the energy range of 15 to 35 MeV, is approximately 85% of the dose maximum which occurs at a depth of 1—2 cm below the skin; since the tolerance of the skin is of the order of 5,000 rads when fractionated over six weeks of daily treatments (5 days per week), a dose of 6,000 rads can only be delivered to a tumor located within the 92% isodose, whereas a dose af 5,200 rads can be delivered to a tumor contained within the 80% isodose. Thus even with 33 MeV electrons, the maximum energy with which we have had clinical experience, the maximum depth at which a dose of 5,500—6,000 rads can be delivered to the far edge of the tumor is 8—9 cm. For this reason, an energy in excess of 30—35 MeV is required for electron therapy, and the optimum value is probably 45 MeV or even 50 MeV. It is possible to partially overcome this depth limitation by using two converging oblique fields as described previously [*1*, *2*]. For example, with two converging 8 cm × 15 cm 33 MeV electron beams, separated by a distance of 18 cm, and making an angle of 22° with the skin, an isodose distribution was obtained which permitted an irradiation of the bladder with the following characteristics:

1) A dose of 6,000 rads is delivered to a region of circular cross-section, having a diameter of 10 cm and extending from a depth of 1 cm to 11 cm.

2) The skin dose under these conditions is less than 4,800 rads and thus presents no problem.

3) The dose to the rectum at a depth of 15 cm is negligible.

The use of isodose distributions which describe as accurately as possible the conditions of treatment, is essential in the preparation of treatment plans. In particular, when the field is not perpendicular to the skin surface, an isodose measured at a similar oblique incidence must be used. Thus, very different dose distributions have been obtained in treatment plans for carcinoma of the bladder, depending on the actual anterior skin contour of the patient, the beam separation or the angle between the beam and the skin. However, treatment plans with two converging oblique fields are easy to administer, since the patient is always treated in the same position.

A method of sparing the skin in treatment plans from a single side is in the use of grids. This takes advantage of the biological characteristics that the skin can tolerate high doses in small areas, if, near the high dose area, a shielded region exists. This technique is well known in conventional therapy and was first applied in electron therapy by the group at Heidelberg under Professor BECKER. The additional advantage of its use with electrons is that scattering within the patient causes the distribution to become uniform at a depth of about 2 cm below the surface. This means that the skin and tissue to a depth of 2 cm can be spared by the use of grids, and a tumor extending beyond this depth is irradiated *uniformly*. Deeper lying tissue is also spared, because of the electron range. It is thus possible with the use of electron beams in conjunction with grids to irradiate uniformly a thickness of tissue, at the location of the tumor, and to spare both overlying and underlying tissue.

The grids are made of lead, 1.2 cm thick. Lead is used to decrease the overall thickness of matter required; this reduces the penumbra and also permits more reliable positioning. Investigations have been carried out to study the effect of both grid ratio and hole size on the distribution of dose in tissue below a grid [*3*]. Three grid ratios were considered for a hole size of 8 mm, namely 40% open, 60% closed; 50% open, 50% closed; and 60% open, 40% closed. In addition, for a grid ratio of 40% open, 60% closed, the distributions for three hole diameters were studied: 5 mm, 8 mm, and 1.2 mm. A significant difference in the dose distribution was only observed in a 40% open, 60% closed grid, between 5 mm holes and 8 mm holes.

One of the major problems in the use of grids is in the necessity of careful positioning day after day for ten to twenty consecutive treatments. Two techniques are used for this: in one previously described technique [*2*] the grid is mounted on the collimator and two telescoping gauges define the position of the grid in relation to two marks on the patient's skin. This technique is adequate for treatment of internal mammary nodes through an anterior field on the chest wall where skin marks are fairly reliable. In the second technique, a large grid whose area is larger than the field size is placed directly on the skin of the patient and fixed firmly by a specially designed holder. A large number of skin marks are used, one for each hole in the grid within the field so that sufficient information is available to insure adequate localization for successive treatments. After the grid has been placed on the patient, the position of the treatment tube is adjusted so that the collimated electron beam is perpendicular to the surface of the grid. The patient's positioning is simpler and more reliable in this technique which is most commonly used now. Even with this technique excessive difficulties were encountered in positioning patients using grids with 5 mm holes, so that grid therapy is now restricted to 40% open, 60% closed grids with 8 mm holes.

Typical treatment schedules for internal mammary nodes are: 4,000 rads in 10 treatments. The dose to the skin at the holes is 7,000 rads and the dose to the skin behind the lead is 2,000 rads. There is no reaction at all in such a treatment plan, only temporary darkening of the skin at the holes, where a will-defined grid pattern can be observed. A common use of grid therapy is for irradiation through previously irradiated skin. In one case, where a patient had been treated through a posterior port with Cobalt 60 to a tumor dose of 4,000 rads, it was possible to administer an additional dose of 4,500 rads to the tumor, by use of a grid, through the same area of skin previously irradiated without observing any wet reaction.

## 2. *Centrally located tumors*

The treatment plan for a carcinoma of the esophagus shall be considered as a typical example of a centrally located tumor. It is irradiated with anterior and posterior fields. Both beams overlap the tumor, and the energy of the electron beam is selected so as to avoid an exit dose. In practice, this is the only consideration, because the best treatment plans are obtained by using as high an energy as possible in this "sandwich" technique. The isodose distribution resulting from sandwich technique *improves* with higher electron energy; this is due to the more *gradual* decrease in depth dose from higher energy electrons, e.g. 30 or 33 MeV as compared to lower energy 15 to 25 MeV. The gradual decrease in depth dose from individual beams leads to a dose distribution from two beams in sandwich which is characterized by a *uniform* dose over a thick slab of tissue at the center. An advantage of such a distribution for the treatment of a carcinoma of the esophagus is that the thickness of the region of uniform distribution, usually 6—8 cm insures that the esophagus is always within this region, despite the different depth localization of the esophagus along its length. Although many users of high energy electrons have deplored the gradual decrease in depth dose with increasing electron energy, in the opinion of this author, this is an advantage in the "sandwich" technique. Figure 1 shows a longitudinal section of a treatment plan for a carcinoma of the esophagus. It illustrates the following characteristics:

1) Use of adjacent fields, two 12 cm fields on the anterior chest, two 10 cm fields and an 8 cm field on the posterior chest. The combination of these fields leads to very flat isodoses over a length of approximately 22 cm. These isodoses are much flatter than those obtainable from one single field of the same total length. A separation of 5 mm between the fields leads to a flat distribution of the 50% to 80% isodoses, which are the relevant ones

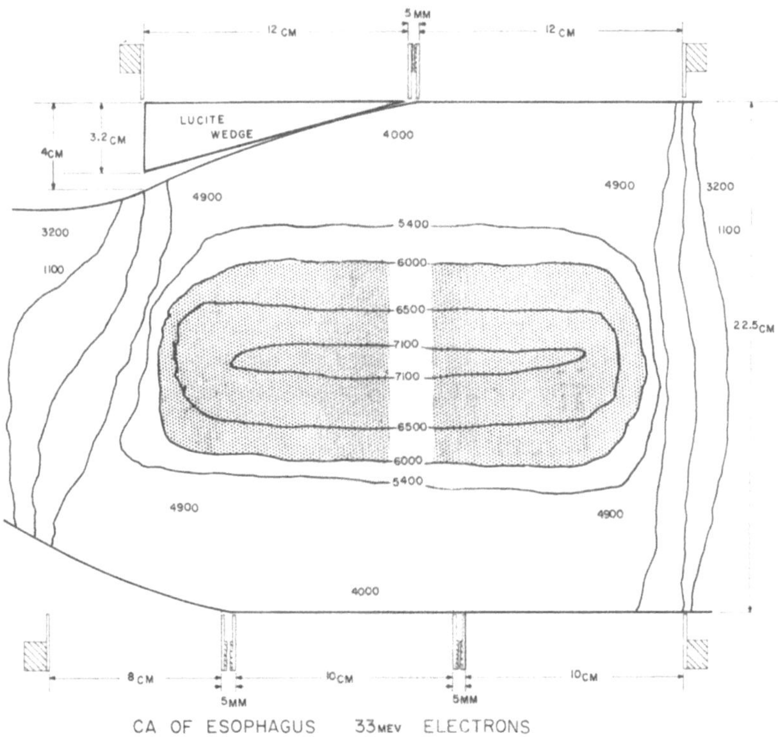


Fig. 1

in sandwich technique. The use of adjacent fields is practical with electrons, because of the large degree of scattering within the patient. An error of 2 mm in the positioning of adjacent fields, that is a separation of 3 mm or 7 mm does not modify the isodose appreciably; we have found in practice that it is quite simple to insure proper positioning of adjacent fields on the patient. A sheet of thin transparent plastic is cut out to the shape of the total field, and the individual adjacent rectangular fields with the proper separation are drawn on it. This thin sheet is placed on the patient each treatment day, and the various collimators are subsequently positioned to the individually drawn fields. We believe that an accuracy of 1 mm or better is achieved by this method, and this is confirmed by the corresponding skin reaction which appears at the end of the treatment. The use of adjacent fields is considered to be impractical with high energy X-rays: hot spots or cold spots would result from a slight misalignment of the adjacent fields because of the sharp edge in the beam as it penetrates tissue.

2) Lucite wedges are used to improve the shape of isodoses, since the best dose distributions are obtained when the anterior and posterior surfaces are parallel.

3) The use of large fields does not lead to a high integral dose to healthy tissue, since the total volume of healthy tissue irradiated is very limited.

The simplicity of the treatment plan in the sandwich technique increases the possibility that the predetermined volume is actually irradiated day after day in a series of treatments. We are finding in practice that a collection of treatment plans using the sandwich technique are rapidly built up within the department so that detailed calculations are required only for a small fraction of new patients.

An interesting combination of sandwich technique and the sparing effect of grids is the use of a small grid strip to protect the spine in treatment plans for carcinoma of the esophagus. Normally, the spine, which is located at approximately 4 cm below the skin, would be irradiated at the 90% isodose level of a posterior field, whereas the esophagus, at a depth of approximately 8—10 cm would be irradiated at the 50%—60% isodose level. Thus in the treatment plan illustrated by Fig. 1, the spine would receive a dose of approximately 5,000 rads. The grid strip permits a considerable reduction of the dose to the spine with negligible effect on the dose to the esophagus. The grid is made out of lead, 3 mm thick and 1.2 cm wide, with a grid ratio of 25% open to 75% closed, with holes of 2.7 mm diameter, and is placed on the patient's skin, directly over the spine. The dose directly under the grid at a depth of 4 cm (position of the spine) is reduced by 40%, so that the spine is exposed at an effective isodose of 55% instead of 90% without the grid. At the depth of the esophagus, lateral scattering reduces the shadow produced by the lead strip, so that the reduction in dose is only 12%, a very moderate loss. By this technique, the dose to the spine is reduced from 5,000 rads to approximately 3,000 rads, which is considered well within tolerance.

In resume, an attempt has been made to describe treatment techniques which were found suitable for high energy electrons and which take advantage of the characteristics of electron penetration in tissue, namely the presence of a definite range and the large amount of scattering. No claim is made that these distributions are superior to treatment plans that can be obtained with high energy X-rays. However, the simplicity of the planning, the fact that a block of tissue can be irradiated uniformly to the required dose by use of only one or two large fields, present the clinician with a new tool whose therapeutic usefulness in the last analysis he will have to evaluate.

## References


1. OVADIA, J., and E. M. UHLMANN: Amer. J. Roentgenol. **84**, 754 (1959).
2. UHLMANN, E. M., and J. OVADIA: Radiologe **1**, 271—283 (1961).
3. OVADIA, J., and J. MCALLISTER: Radiology **76**, 116 (1961).


# Diskussionsbemerkung zu 3.1.2. bis 3.1.4.

Von

FELIX WACHSMANN

Zum Vergleich mit den eben gesehenen Dosisverteilungen schneller Elektronen möchte ich mir nur gestatten, an die bei der Rotationsbestrahlung mit 17 MeV Röntgenstrahlen erreichbaren Dosisverteilungen zu erinnern (Abb. 1), die meines Erachtens mit Elektronen unerreichbar sind. Dies ist der Grund dafür, daß ich mich für die Tiefentherapie mit schnellen Elektronen nicht begeistern kann!

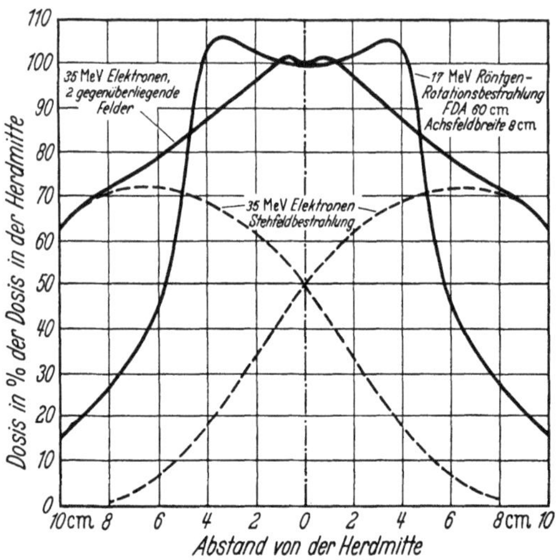


Abb. 1. Vergleich der mit zwei gegenüberliegenden Elektronenfeldern und mit Röntgen-Rotationsbestrahlung in einem Wasserphantom von 20 cm Durchmesser erreichbaren Dosisverteilung

# Diskussionsbemerkung zu 3.1.4.

Von

JOSEPH BECKER

Die Überlegungen, welche zur Einführung der Siebbestrahlungsmethoden für die Strahlenarten des Betatrons geführt haben, sind nicht nur die Strahlenentlastung der Haut, sondern auch die Schonung des in der Tiefe liegenden gesunden Gewebes. Die Berechtigung dieses Vorgehens konnte uns in jahrelanger klinischer Erprobung bestätigt werden. Gerade in den letzten Jahren mehren sich in steigendem Maße die Berichte über beobachtete Früh- und Spätschäden nach hoch dosierter Supervolttherapie. Diese betreffen vorwiegend Strahlenschädigungen des Darmes in Form von Nekrosen, Hämorrhagien, Stenosierungen, ja auch Perforationen mit nachfolgender Peritonitis. Hierzu kommen subcutane Spätfibrosen der Haut mit starker Einschränkung der Funktion und gelegentlich auch Knochennekrosen. Die Ursache all dieser Spätschäden ist allein dosisbedingt. Es fehlt die kritische Kontrolle der Strahlenreaktion in der Tiefe und die Beobachtung der Reaktion an der Haut. Durch die Gittertherapie haben wir eine zusätzliche Schonung von tiefliegendem gesundem Gewebe und von Organen zu erwarten, die eine Verminderung des Bestrahlungsrisikos sowohl für den Patienten als auch für den Strahlentherapeuten darstellt. Hinzu kommt, daß in einem strahlentherapeutischen Zentrum ein großer

Teil der Patienten schon anderweitig bestrahlt wurde und zum Teil bis zur Toleranzgrenze ausgelastet ist.

Die Siebbestrahlung in der Supervolttherapie stellt daher *eine* unserer strahlentherapeutischen Möglichkeiten dar. Ihr Indikationsgebiet ist nicht klein und sie kann mit Kritik und Erfahrung angewendet, sowohl palliativ als auch kurativ noch hervorragende Ergebnisse erbringen, welche mit keiner anderen Bestrahlungsmethode möglich sind.

Grundsätzlich ist zwischen der Siebbestrahlung mit schnellen Elektronen und mit ultraharten Röntgenstrahlen des Betatrons oder den Gammastrahlen des Kobalts zu unterscheiden. Das Elektronenbündel wird durch eine zwischenliegende, gelochte Metallplatte in einzelne schmale Bündel aufgespalten, wobei das Dosismaximum durch zusätzliche Streuelektronen von den Lochrändern her an die Oberfläche rückt, während unter den abgedeckten Partien keine nennenswerte Strahlung vorhanden ist.

Nach einer inhomogenen Zone werden die einzelnen Elektronenbündel bis zu einer völligen Homogenisierung in die Tiefe aufgestreut.

Bei der Siebbestrahlung mit ultraharten Röntgenstrahlen und bei der Telekobaltbestrahlung bleibt das Siebmuster auch in der Tiefe erhalten.

Das Verhalten des gesunden Gewebes bei Siebbestrahlung mit schnellen Elektronen wurde durch meinen Mitarbeiter KÄRCHER eingehend untersucht. Es war aufgefallen, daß als Spätveränderungen nach homogener Elektronenbestrahlung oft derbe bindegewebige Narbenplatten mit Teleangiektasien auftraten, bei einer Siebbestrahlung jedoch — auch bei doppelt so hoher Dosis — die Haut gut verschieblich und elastisch blieb. Histologisch fanden sich unter den Stegen nach einer Dosis von 9000 r eine oedematöse Quellung der kollagenen Fasern des Corions, erweiterte Lymphgefäße sowie Erweiterung der Kapillaren. Im Bereich des Siebloches findet man jedoch eine beträchtliche Reaktion der Epidermis mit Verdickung und Hyalinisierung des Stratum corneum, Zellvakuolen, Kernpyknose usw. Durch spezielle Färbemethoden konnte man zeigen, daß eine wesentlich geringere Schädigung der elastischen Fasern durch die Gitterbestrahlung eintrat. Auch bei sehr hoher Dosierung kann mit der Siebbestrahlung noch ein funktionell günstiges Ergebnis an dem Gewebe erwartet werden. Die fehlende Ausbildung einer reaktiven Bindegewebsnarbe gestattet daher eine höhere Strahlenbelastung der Haut sowie die Bestrahlung von Rezidiven auch bei bereits bis zur Toleranzgrenze vorbestrahlter Haut.

Als Indikationen zur Siebbestrahlung mit schnellen Elektronen ergeben sich die unter der Haut gelegenen Tumoren sowie ausgedehnte Hautinfiltrationen beispielsweise bei der Lymphangiosis carcinomatosa.

Nun noch kurz über die Indikation der Siebbestrahlung für ultraharte Röntgenstrahlen des Betatrons und der Gammastrahlung von Cobalt-60.

Verwendung finden zwei verschiedene Siebe. Einmal ein Sieb mit der üblichen Lochanordnung aus 3 cm dickem Blei entsprechend etwa 3 Halbwertschichten. Die Indikation für dieses Sieb stellen tiefgelegene ausgedehnte, nicht sicher abgrenzbare Tumoren im Becken und Abdominalbereich, also beispielsweise Ovarial-Carcinome oder fortgeschrittene Bronchial-Carcinome einschließlich des mediastinalen Lymphabflußgebietes, dar. Für die Blasen-Carcinome haben wir eine andere Form des Siebes entwickelt, und zwar das sogenannte „negative Sieb". Da hier eine genaue Reproduzierung der Sieblage nicht möglich ist, kommt es relativ oberflächennah zu einer Dosisverschmierung. Trotzdem können ohne Induration und Verschwielung des Unterhautgewebes Oberflächendosen von 8000 bis 10 000 r verabfolgt werden, was bei Homogenbestrahlung selten ohne Schaden möglich ist.

Natürlich soll die Siebbestrahlung in der Supervolttherapie nicht andere bewährte Behandlungsmethoden ersetzen. Diese Technik stellt lediglich eine Ergänzung unserer strahlentherapeutischen Möglichkeiten dar.

## 3.1.5. Die Änderung des Bestrahlungsrhythmus

Von

Werner Schumacher

Bode hat als erster — bedingt durch die technischen Voraussetzungen — an einem 6-MeV-Betatron zur Bestrahlung von Hautkarzinomen hohe Einzeldosen verwenden müssen, da die Dosisleistung seines Gerätes keine Fraktionierung auf kleinere Einzeldosen erlaubte. Er konnte vor kurzem zeigen, daß sich bei einer Einzeldosis von 2000 rad bei Hautkarzinomen eine Ausheilung der Tumoren und Rezidivfreiheit von über 10 Jahren ergab. Dieses kurative Ergebnis bei einer hohen Einzeldosis läßt erkennen, daß die Tumordosis, die bei der konventionell fraktionierten Strahlentherapie mit 6000 rad angegeben wird, bei hoher Einzeldosis sich auf 2000 R reduzieren läßt. Auch bei den Melanomen, die besonders strahlenresistent sind und die eine Tumordosis von 9000 R bei fraktionierter Bestrahlung erforderlich machen, ließen sich mit einer Einzeldosis von 3000 rad restlos beseitigen.

Auf Grund seiner Erfahrungen entschlossen wir uns, den Bestrahlungsrhythmus bei der Anwendung schneller Elektronen zu ändern.

**Als Beispiel.** Eine 84jähr. Pat. mit einem Mundschleimhautkarzinom wurde auch auf Grund ihres hohen Alters und der Hinfälligkeit ambulant mit zweimal wöchentlich 500 rad bis zu einer Gesamtherddosis von 6000 rad bestrahlt. Es kam zu einer schnellen Rückbildung des Tumors, ohne daß die Schleimhautreaktion den Allgemeinzustand der Pat. wesentlich beeinflußte. Wir hatten den Eindruck, daß die Schleimhautreaktionen nicht stärker waren als bei einer üblichen fraktionierten Bestrahlung bis zu 7000 rad. Ich habe gerade dieses Beispiel gewählt, um zu zeigen, wie gut verträglich dieser Bestrahlungsrhythmus ist, der auch einer 84jähr. Pat. ohne nennenswerte Nachteile zugemutet werden kann. Die Pat. ist nach einer Beobachtungszeit von einem Jahr rezidivfrei.

In einem anderen Falle kam es darauf an, bei einer 85jähr. Pat. mit einem stenosierenden Oesophaguskarzinom rein palliativ die durch die Stenose bedingten Beschwerden zu nehmen. Das Oesophaguskarzinom hatte bis auf Stricknadeldurchmesser den Oesophagus eingeengt. Sie erbrach häufig. Der Chirurg lehnte das Anlegen einer Witzelfistel bei dem Alter und bei dem schlechten Allgemeinzustand ab. Wir haben in diesem Falle einen anderen Bestrahlungsrhythmus angewandt. Es erfolgten 3 Bestrahlungen in wöchentlichen Abständen mit je 1500 rad Einzeldosis auf den Oesophagus gerichtet. Bereits nach drei Wochen konnte die Pat. wieder alles essen. Die Röntgenkontrolle ergab eine glatte Breipassage. Diese Bestrahlungstechnik zeigt eine neue Möglichkeit bei der Therapie fortgeschrittener Karzinome auf.

Die Strahlentherapie gerade des Bronchialkarzinoms ist vor allem deswegen so unerfreulich, weil mindestens 40% der Bronchialkarzinome bereits bei der Diagnosestellung als inkurabel bezeichnet werden müssen. Vielen Pat. ist die Durchführung einer langen Bestrahlungsserie nicht mehr zuzumuten. Fast allen Pat. kann durch die Änderung des Bestrahlungsrhythmus in relativ kurzer Zeit eine eindrucksvolle Hilfe gegeben werden. Es werden 3 Bestrahlungen zu je 1500 rad von zwei kontralateralen Feldern durchgeführt. Die zweite Bestrahlung erfolgt nach 8 Tagen, die dritte nach 14 Tagen. Um den Rückgang einer poststenotischen Pneumonie durch eine Stenose zu erreichen, oder um den quälenden Husten zu beeinflussen, oder um die Kompressionserscheinungen zur Rückbildung zu bringen, genügen schon 2mal 1500 rad. Bereits nach 2—3 Wochen geht die Atelektase völlig und die dadurch bedingte poststenotische Pneumonie restlos zurück. Die Pat., die unter den schwersten Erscheinungen der poststenotischen Pneumonie mit Fieber und Temperaturen unter einem quälenden Zustand litten, fühlen sich wieder wohl, erholen sich und nehmen in kurzer Zeit wieder an Gewicht zu. Das Röntgenbild zeigt eine beachtliche Rückbildung des Tumors. Nach 3mal 1500 rad findet sich nach 6 Wochen bei einer Rebronchoskopie kein Tumor bei der Bronchoskopie. Wir haben in jedem Falle bei allen Pat. mit Hilfe dieser Bestrahlungstechnik den Tumor zur Rückbildung bringen können, und in vielen Fällen wurde uns der Pat. erneut vorgestellt, mit der Frage, ob man diesen Effekt, der rein palliativ angestrebt worden war, nicht auf ein kuratives Ergebnis bringen kann. In diesen Fällen führen wir eine Aufsättigung mit einer Herddosis von 2000 rad mit einer wöchentlichen Fraktionierung von 3mal 350 rad durch.

Auch bei der Intensivbestrahlung stellen die bisher als Kontraindikation aufgefaßten Komplikationen, wie Abszesse, Haemoptysen und auch die Lungentuberkulose keine Kontraindikation mehr dar. Das durch diese Komplikationen bedingte infauste Leiden ist im Gegenteil nur durch diese Bestrahlungstechnik mit den schnellen Elektronen des Betatrons zu bessern.

Der Cancer en cuirasse gilt als besonders unerfreuliches Krankheitsbild, da man mit der üblichen Röntgentherapie und auch mit der Betatrontherapie dem Tumor meist hinterherläuft. Werden die Brustfelder in längeren Serien bestrahlt, so tritt bereits neben dem Bestrahlungsfeld während der Bestrahlung ein neuer Herd auf, der eine weitere Bestrahlung erforderlich macht. Wir haben auf Grund unserer Erfahrung daher den Bestrahlungsrhythmus geändert und sind zur Applikation hoher Einzeldosen übergegangen von 2mal 1500 rad in 8 Tagen. Diese hohe Einzeldosierung erlaubt uns, die Tumorprogredienz in kurzer Zeit aufzuhalten und eine Rückbildung der Hautmetastasen zu erreichen. Durch die Elektronentherapie, deren Reichweite auf die oberflächlichen Hautschichten begrenzt werden kann, sind wir in der Lage, auch große Hautgebiete zu bestrahlen. Diese Technik hat sich als die Methode der Wahl beim Cancer en cuirasse gezeigt, denn keine andere Bestrahlungstechnik vermag den Krankheitsverlauf so schnell und günstig zu beeinflussen. Auch bei anderen schnellwachsenden Tumoren hat sich die von mir durchgeführte Änderung des Bestrahlungsrhythmus mit schnellen Elektronen mit hoher Einzeldosierung bestens bewährt.

Sie sollte auch von anderen Instituten aufgegriffen werden, um auch dort den Pat. den Genuß der erfolgreichen Therapie zu bringen.


## Summary

The change of the irradiation rhythm is effective in using high energy electrons. With high single doses the tumor dose can be reduced. In the reported cases it was possible to get with twice 500 rad weekly the same results as with a tumordose of 6000 rad as such as three times 350 rad and a total dose of 7500 rad. Using a single dose of 1000 rads once a week the tumor dose is about 4000 rads. In deep lying tumors (bronchogenic carcinoma, carcinoma of the oesophagus) the radiation therapy from two opposing fields with single doses of 1500 rads 2. radiation after a week 3. radiation two weeks after the 2. radiation showed a good regression of the tumor. This therapy in palliative cases was good tolerated. The patient gets weight without radiation sickness. It is important to follow up the patient and to treat the radiation pneumonia which is seen in one third of the patients. No tumor cells was fond in control bronchoscopy 6 weeks after therapy. This rhythm with radiation three weeks after a high single dose increase the effect on the tumor because in this time the reaction with inflammation gives a better oxygenation and nutrition of the tumor tissue. In cancer en curasse it seemed to be the method of choice. With high single doses it is important to give only 2 doses from one field.


# Discussion on 3.1.5.

By

LARS R. HOLSTI

Recent radiobiological and clinical work have shown that 1) the daily fractionation technique is not always optimal, and 2) that there is a need of modifying present treatment methods.

The clinical experience with divided or split-course X-ray and megavoltage radiotherapy practised, among others, by SAMBROOK in Swansea, SCANLON at the Mayo Clinic and the author in Helsinki, has been very encouraging. This method of dividing the treatment into roughly 2 equal phases separated by a rest interval of 2—3 weeks has also been practised to some extent by the author in high engery electron therapy. Fourteen patients with a follow-up time of at least 6 months are presented in the table. The primary results are at any rate not worse than those achieved with daily treatments. The interruption allows tissue recovery and the patients tolerate the treatment better. Skin and mucosal reactions have mostly been moderate.

In addition, one patient with a synovial sarcoma of the knee was treated once a week with single tumour doses of 900 r of high energy electrons at 34 MeV to a total tumour dose of 8,100 r max. The patient's condition is excellent after a follow-up time of 10 months.

The conclusion is that these primary experiences are promising and that it is worth while trying other than daily fractionation methods in electron therapy.

Table 1. *Split-course radiotherapy with high energy electrons in 14 patients observed for 6 to 10 months*

| Location | Number of patients | MeV | Time-dose factors (Average) | Dead |
|---|---|---|---|---|
| Head and neck | 9 | 20 | $\frac{3400\ r}{23}\ 17\ \frac{3000\ r}{21} = 6400$ r/61 days | |
| Lung | 2 | 34 | $\frac{2900\ r}{14}\ 21\ \frac{3800\ r}{19} = 6700$ r/54 days | |
| Abdomen | 2 | 34 | $\frac{3500\ r}{18}\ 18\ \frac{3400\ r}{17} = 6900$ r/53 days | 1 |
| Inguinal region | 1 | 20 | $\frac{4300\ r}{21}\ 20\ \frac{3400\ r}{15} = 7700$ r/56 days | 1 |

# Diskussionsbemerkung zu 3.1.5.

Von

Felix Wachsmann

a) Zum Thema Ultrafraktionierung möchte ich hier kurz über Versuche mit durch rotierende Scheiben im Tastverhältnis von 1 : 2 bis 1 : 200 gepulsten Strahlungen berichten. Wenn bei diesen Versuchen darauf geachtet wird, daß die Gesamtbestrahlungszeit konstant bleibt, konnten an den Objekten Drosophilaeier, Drosophilapuppen und Erbsenkeimlingen eindeutige Wirkungsunterschiede nicht festgestellt werden. Ich glaube nicht daran, daß es bei den größeren Tastverhältnissen der Teilchenbeschleuniger, die bei etwa 1 : 10 000 liegen, anders ist.

b) Zum Thema optimale Pausendauer — einem Steckenpferd unserer Erlanger Gruppe — möchte ich hier nur erwähnen, daß sich im Versuch an Tieren von der 12-, 24-, 48-, 72- und 120stündigen Fraktionierung — bei stets gleicher Gesamtbehandlungszeit — die im zweitägigen Rhythmus verabreichten Bestrahlungen immer am besten bewährt haben. Dies gilt dabei interessanterweise sowohl für langsam als auch für schnell wachsende Tumoren und sowohl bezüglich des Tumorvolumens als auch bezüglich der Überlebenszeit. Diese Ergebnisse, die auch klinisch bestätigt wurden, gelten für konventionelle Strahlungen. Es scheint jedoch sehr interessant, sie auch bei ultraharten Strahlungen und schnellen Elektronen zu überprüfen.

## 3.1.6. Inhomogeneous Treatment Planning

By

John S. Laughlin

With 6 Figures

Analysis of the data briefly described in the earlier paper on measurements in inhomogeneous media leads to the general conclusion that the presence of either low or high density material (relative to unit density) may have a *major* effect on electron dose distribution. More specific conclusions are:

1. In and beyond low density regions, such as lung, the decrease in attenuation causes an elevation of the absorbed dose.

2. Within low density regions the decrease in scattering partially offsets the elevation in dose.

3. The magnitude of the actual dose in and beyond low density regions, relative to that on a unit density basis, depends in a non-linear manner on the location, extent, and density of the inhomogeneous region.

4. For inhomogeneities as large as some dimensions of the lung, the geometric decrease in intensity becomes appreciable. Consequently, in the extension or contraction of dose contours a geometric correction is necessary.

5. Beyond high density regions, such as bone, the increased attenuation produces a contraction in the dose contours with a consequently decreased dose.

6. Within high atomic number material, such as bone, and immediately beyond in the interface region, there is an elevated dose due to enhanced scattering.

On the basis of such data and their analysis procedures have been developed which have been employed over the past several years [*1, 2*] in treatment planning to take into consideration the presence of inhomogeneities. The most serious problem is the presence of material of density less than unity, primarily because of the extent of lung and similar tissues. The size of such inhomogeneities in the patient is such that the distortion of dose distributions is usually far greater and more serious than that produced by bone. A general correction factor for displacement of the isodose contours has been developed and is referred to as the absorption equivalence thickness (A.E.T.). Analysis of the cork-Presdwood phantom data indicates that the general correction factor is not constant but depends on the depth of the inhomogeneity and that the A.E.T. factor decreases with increasing depth. Although the correction factor should depend on depth, it has been found desirable in practice to use an average factor with values up to unity based on the following relation,

$$\text{A.E.T.} = 1.3\,\varrho$$

where $\varrho$ is the assumed lung density. Examination of the data shows that for a density of 0.38 gm/cm³ an acceptable average correction factor is 0.5. In those cases where independent determinations of lung density have not been made, it is assumed that the lung has a density of approximately $^1/_3$ and that its absorption equivalence thickness (A.E.T.) is 0.5. In those cases where the lung density can be estimated on the basis patient effective thickness determinations and radiographic data, the A.E.T. factor incorporates both attenuation and scattering effects but does not include geometric correction.

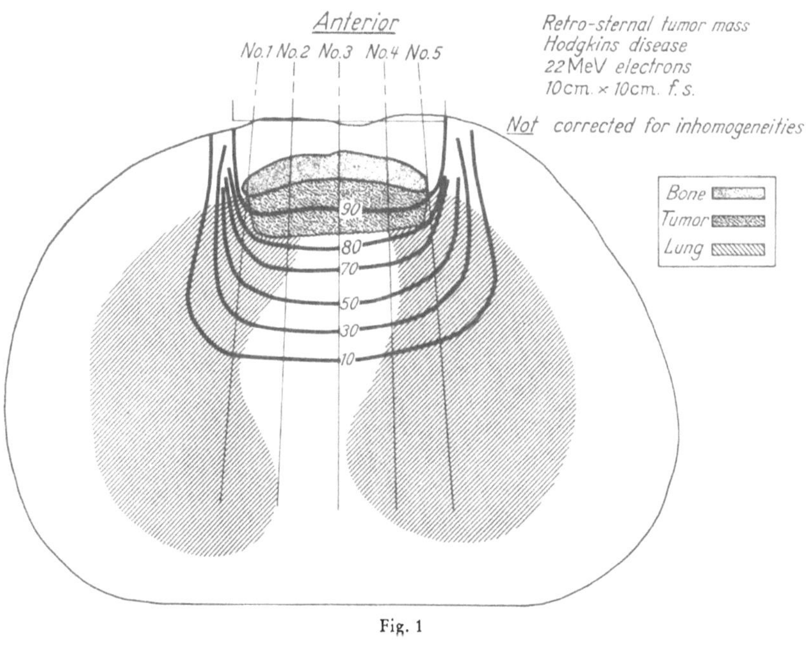


Fig. 1

Measurements on the effective thickness of patients with a monitoring apparatus which has been described in the literature [3] have demonstrated that the density of lung tissue is variable anywhere from 0.2 gms/cm³ on up.

The sequence of events in the correction of isodose distributions for the presence of inhomogeneities can be considered in several steps. These steps are illustrated for a hypothetical case requiring the treatment of a retrosternal mass with a single field. In Fig. 1 the location of the sternum, lesion, and lung are outlined in a cross-section through the lesion, and the isodose contours are shown for 22 MeV electrons applied through a 10 cm × 10 cm field. The only correction already applied to the contours in Fig. 1 is for the curvature of the surface.

1. The isodose chart for the appropriate energy, field size, and distance, based on unit density measurements is selected and corrected for curvature of the entrance surface. On it is drawn the central axis ray and other diverging rays whose divergence is in accordance with the projection from the virtual source. In the case of small field electron beams parallel rays are adequate. These axes (rays) are normally taken at about 2 cm intervals across the field. The boundaries of the inhomogeneity are indicated on the plot. In Fig. 1, 5 rays are indicated.

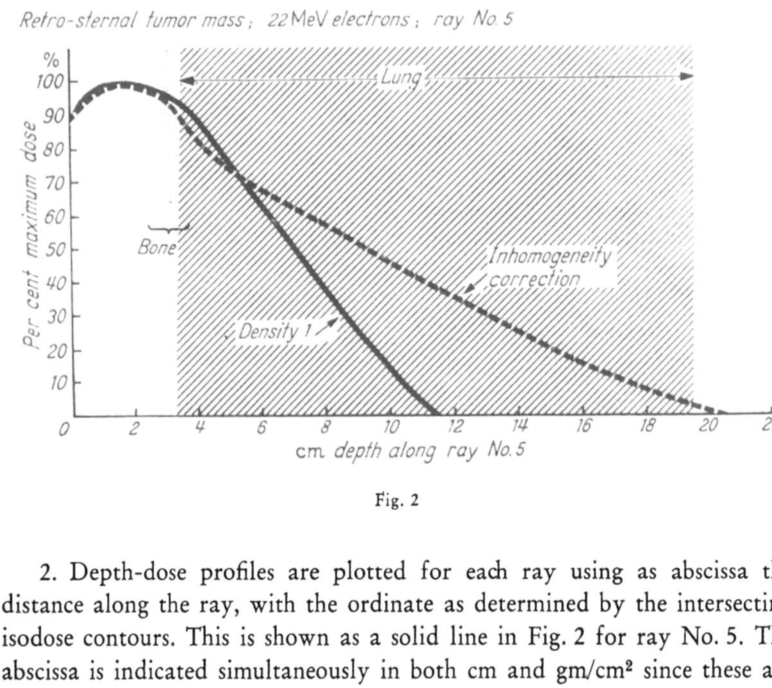


Fig. 2

2. Depth-dose profiles are plotted for each ray using as abscissa the distance along the ray, with the ordinate as determined by the intersecting isodose contours. This is shown as a solid line in Fig. 2 for ray No. 5. The abscissa is indicated simultaneously in both cm and gm/cm$^2$ since these are equivalent in unit density material.

3. An absorption equivalence thickness factor (A.E.T.) is assumed for the inhomogeneous tissue relative to unit density tissue. The choice of a factor for lung has been discussed. A value of 1.9 gm/cm$^3$ is used for bone density unless there is radiographic or anatomical evidence to suggest a lower value.

4. New depth-dose profiles are plotted for each ray on the cm abscissa scale. In the region before the inhomogeneity boundary is reached the new profile plotted against cm is identical with the old one plotted against

gm/cm². In the region of the inhomogeneity at each incremental distance (cm or less) on the new plot the ordinate corresponding to the A.E.T. in gm/cm² on the old plot is entered. This is carried out sequentially through-

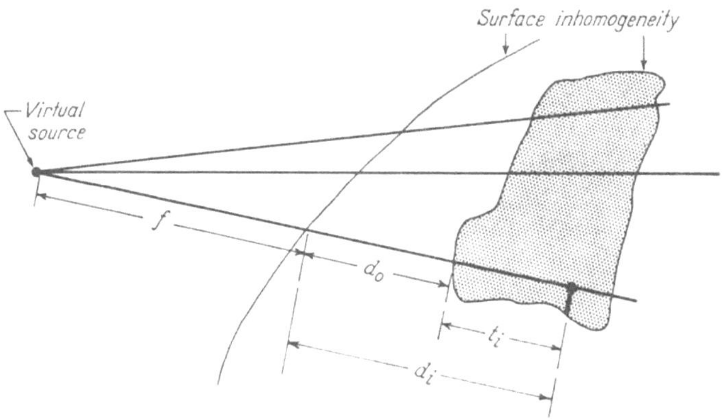


GEOMETRICAL INTENSITY CORRECTION

Fig. 3

out the inhomogeneous region so that the corrected plot will diverge increasingly from the old plot. The unit density depth dose plot along a given ray is thus essentially displaced by expansion or contraction in the

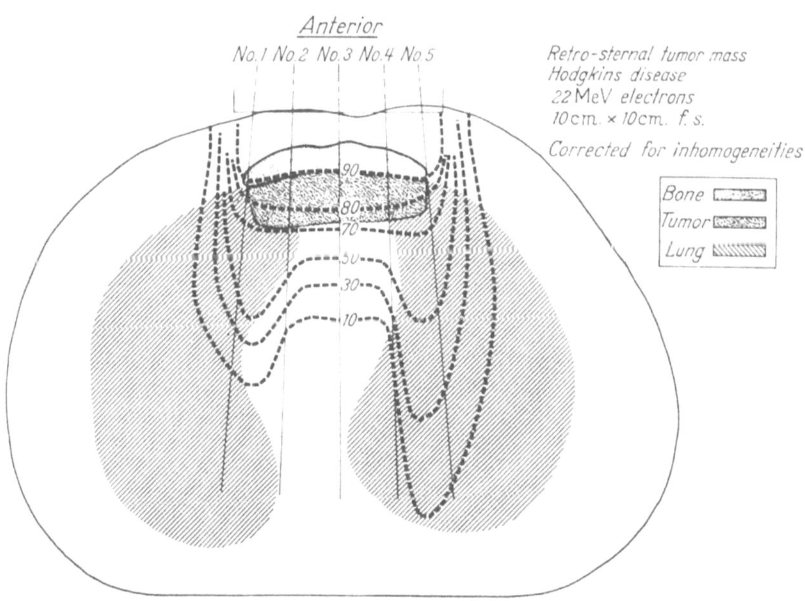


Fig. 4

region of the inhomogeneity the corrected dose plot will be either above (lung) or below (bone) the uncorrected plot (see Fig. 2).

5. If the rays are diverging, correction for the geometrical decrease of intensity is necessary. Fig. 3 shows the formulation of the geometrical intensity factor as a function of source skin distance, inhomogeneity size, and depth in the inhomogeneity. Tables for convenient calculation are available.

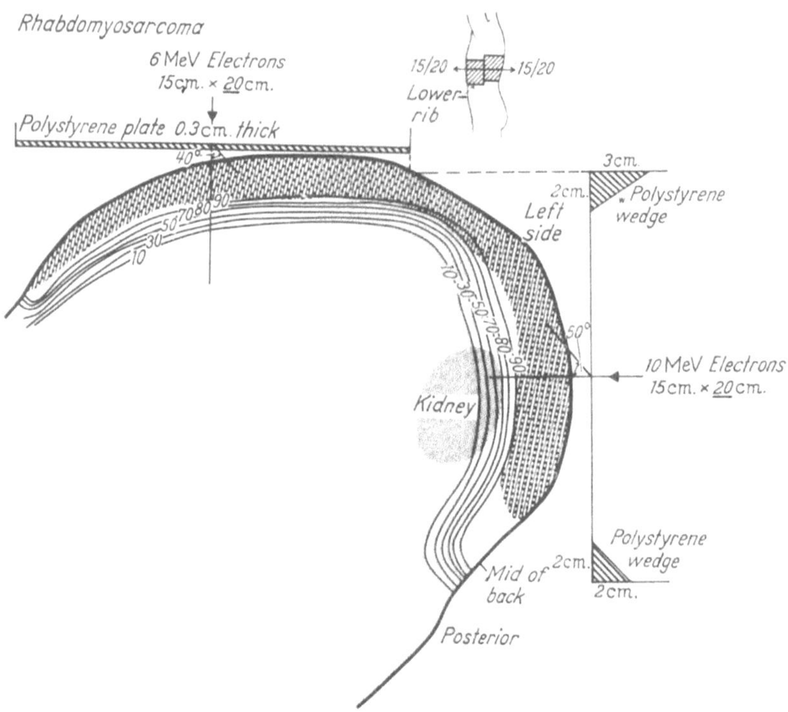


Fig. 5 illustrates the use of two large fields with low energy electrons 6 MeV and 10 MeV delivered over an area 15 cm × 20 cm for a rhabdomyo sarcoma. A relatively superficial distribution of dose was desired to spare the kidney, which was very well achieved by this arrangement

6. A new corrected isodose distribution is plotted by joining similar exposure levels on the rays. The new contours allow for decreased (lung) or increased (bone) attenuation, and are shown in Fig. 4. Multiplication by an appropriate factor will yield the absorbed dose in the tissue in question.

With practice the steps outlined above can often be carried out directly on the original contour chart. Polystyrene wedges can be conveniently added to obtain an improved distribution of the radiation dose and restrict some of the lung exposure indicated.

The Figures 5 and 6 illustrate a few representative cases where treatment has been planned according to the procedures described above.

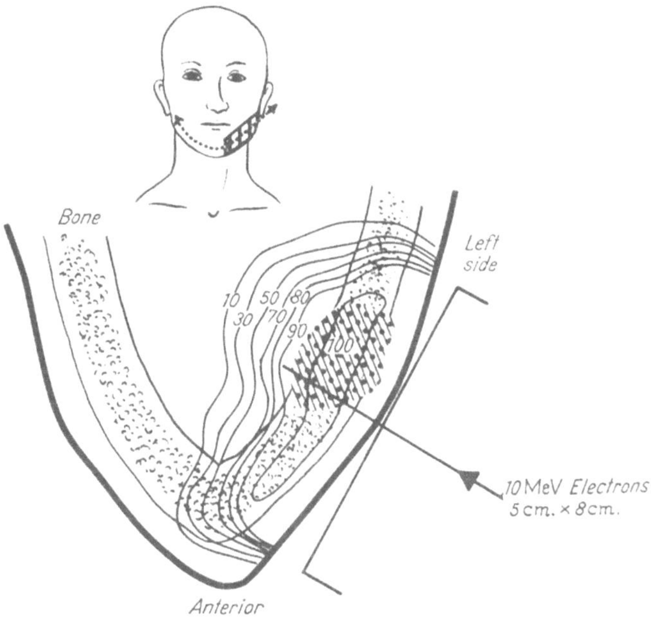


Fig. 6 illustrates a Ewing's tumor of the femur metastatic to the mandible. In the treatment plan the increased plan the increased attenuation by the bone has been incorporated as shown. Practically no radiation dose is delivered to the right side of the face

## References

1. LAUGHLIN, J. S.: Physical Aspects of Betatron Therapy. Springfield, Ill.: Charles C. Thomas Publishers, 1954.
2. LAUGHLIN, J. S.: Fermi International Summer School Lectures, 1963.
3. HOLODNY, E. I., G. D. RAGAZZONI, E. L. BRONSTEIN, and J. S. LAUGHLIN: Patient effective thickness contour measurement. Presented at 49th Ann. Mtg. RSNA, November 1963. Radiology **82**, 131—132 (1964).

# 3.2.1.1. A propos des epitheliomas cutanes et cutaneo-muqueux etendus traites par le faisceau d'electrons du betatron

Par

A. ENNUYER et P. BATAINI

Les épithélioma cutanés étendus, non encore traités et surtout déjà traités par les radiations, posent de bien graves problèmes que ne peuvent être résolus par la chirurgie.

Les pourcentages d'échecs de la radiothérapie sont fortement influencés par les dimensions de la tumeur. Ainsi, dans la statistique de BACLESSE [1] ayant pour objet l'étude des épithéliomas des paupières, les pourcentages de guérisons au bout de cinq ans sont respectivement 80%, 62%, et 52%, pour les épithéliomas de moins de 1 cm. de 1 à 3 cm. et de plus de 3 cm. La même constatation a été faite par PATERSON [2]: sur 946 cas d'épithéliomas cutanés «précoces» 678 étaient en vie à cinq ans, soit 72% alors que sur 95 cas d'épithéliomas cutanés tardifs, 26 survivaient au bout de cinq ans, soit 27%.

Depuis Juin 1962, nous avons traité par le faisceau d'électrons du bétatron (Asclepitron, 35 MeV) 59 cas d'épithéliomas très étendus (T3—T4) de la peau et des orifices cutanéo-muqueux. Nous n'en retenons pour cette étude que 37 cas, ayant un recul minimum de six mois. La répartition topographique est la suivante:

| | |
|---|---|
| Face | 28 |
| Conduit auditif externe et oreille moyenne | 3 |
| Lèvre supérieure | 2 |
| Membres | 2 |
| Canal anal et région péri-anale | 2 |

La plupart de ces épithéliomas ont été traités par des doses de 6.500 à 8.000 r, réparties sur 30 à 40 jours, et même, quelquefois, par des doses de 8.000 à 9.000 r, distribuées durant 40 à 50 jours.

Ces doses élevées ont été choisies pour les raisons suivantes:

1°) Les réactions cutanées, immédiates et tardives observées par nous chez un nombre important de malades, traités depuis deux ans, aux doses de 6.000 à 7.000 r, en 30 à 35 jours, pour épithéliomas de la cavité buccale sont modérés et dépassent rarement le stade de l'érythème violent.

2°) On était, d'autre part, en présence d'épithéliomas cutanés redoutables, toujours étendus, pour la plupart infiltrant, et envahissant souvent les tissus cartilagineux et osseux du voisinage, d'où particulièrement radiorésistants.

3°) Enfin, la rareté des nécroses constatées chez les malades non préalablement traités ne nous a pas incités à réduire les doses employées au cours de ces deux années. Signalons, toutefois, deux nécroses, en voie de réparation, l'une dans un cas d'épithélioma étendu et infiltrant du cuir chevelu, survenue après une dose de 7.000 r en 36 jours et l'autre dans un cas d'épithélioma du canal anal et de la région péri-anale, après une dose de 7.200 r en 36 jours.

*Résultats immédiats*

Les résultats immédiats, durant une période d'observation minimum de six mois et maximum de deux ans ont été:

— stérilisation apparente de la tumeur . . . 23
— échec total . . . . . . . . . . . 12
— perdu de vue . . . . . . . . . . 2

Les échecs locaux ont été plus fréquents, lorsque l'épithélioma avait été déjà soumis à un ou plusieurs traitement antérieurs:

| | non traités antérieurement | traités antérieurement |
|---|---|---|
| Stérilisation apparente de la tumeur primaire | 14 | 9 |
| Echec total | 5 | 7 |
| Perdu de vue | 1 | 1 |

Ce serait une erreur que d'envisager ici des techniques semblables à celles de la roentgenthérapie à 100 kV et 200 kV, puisque les réactions biologiques sont moindres (efficacité biologique relative habituellement admise: 0,70) et puisque la qualité de la cicatrisation, même après plusieurs traitements préalables, est souvent remarquable. Nous considérons néanmoins que les doses élevées que nous avons employées représentent des doses maximum, justifiées par les caractères particulièrement redoutables des épithéliomas confiés à la bétathérapie.

Nous présentons l'iconographie de six observations d'épithéliomas très étendus (T3—T4) traités avec succès par bétathérapie avec des doses de 7.500 à 9.300 r, durant 31 à 45 jours, à l'aide d'un faisceau d'électron rapides de 10 à 24 MeV, selon l'épaisseur des tumeurs.

Bien que les résultats ici présentés ne dépassent pas deux années, nous estimons que la bétathérapie doit être conseillée pour le traitement des épithéliomas cutanés et cutanéo-muqueux, soit étendus, soit même récidivants, s'ils ne sont pas opérables dans de bonnes conditions et cela, répétons-le, en raison des résultats déjà obtenus et de la qualité de la cicatrisation.

## Literature


1. Baclesse, F., et M. A. Dolfus: Le traitement roentgenthérapique des cancers palpébraux. J. Radiol. Électrol. **39**, 832—840 (1958).
2. Paterson, R., M. Tid, and M. Russel: The results of radium and X ray therapy in malignant disease. Edimbourg: E. and S. Livingstone 1946.


## Summary


The authors present the immediate results of 37 cases of very advanced skin cancer, many of them having been already treated several times.

Most of the cases received 6,500 to 8,000 R given in 30 to 40 days, the doses reaching sometimes 9,000 R in 50 days.

The results have been the following for a follow-up of two years to six months:

| | untreated cases | previously treated cases |
|---|---|---|
| Clinical control of primary tumour | 14 | 9 |
| Local failure | 5 | 7 |
| Lost of sight | 1 | 1 |

The immediate results are superior to these of roentgentherapy We feel that electrontherapy is really indicated in the treatment of carcinoma of the skin and of the mucocutaneous junctions in untreated extensive cases and in the treatment of recurrent cases, because of the quality of healing and — as we have said — because of the results already obtained.

## 3.2.1.1. Discussion

By

H. W. C. Ward

In some cases of basal or squamous-cell carcinoma of the skin a part of the lesion may extend into the external auditory meatus.

By placing a wax decelerator over part of the field it is possible to reduce the electron penetration here and avoid a reaction on underlying sensitive structure such as the buccal surface of the cheek (Ward, 1964).

As the higher value isodoses swing inwards from the geometrical edge of the beam at a depth it is necessary to use a larger field if a decelerator is used.

### Reference

Ward, H. W. C.: Brit. J. Radiol. 37, 225 (1964).

# 3.2.1.2. Die Elektronentherapie des malignen Melanoms

(Zusammenfassung [1])

Von

G. Weitzel

In der noch immer lebhaften Diskussion über die adäquate und optimale Behandlung des malignen Melanoms vertreten wir die Auffassung, daß sie primär mit strahlentherapeutischen Mitteln durchgeführt werden sollte, wo-

[1] Originalarbeit erscheint in „Radiologia clinica".

bei die Diagnose zunächst rein klinisch gestellt wird. Die Folgen einer dabei möglichen Fehldiagnose sind für den Patienten praktisch unbedeutend gegenüber der Gefahr, die eine eventuelle Probeexcision, auch erweiterten Umfangs, mit sich bringen kann. Die primäre chirurgische Behandlung erfordert sehr radikale Eingriffe, deren Endergebnisse häufig kosmetisch und funktionell wenig befriedigen und die zudem eine Propagierung des Tumorprozesses nicht immer sicher verhindern, wenn nicht gar provozieren können. Trotz der bekannten erheblichen Strahlenresistenz des Melanoms gelingt es bei Verabfolgung ausreichend hoher Dosen in der Regel doch, die Herde auf radiologischem Weg zu einer weitgehenden Rückbildung zu bringen oder zumindest ihr Wachstum soweit einzudämmen, daß einer anschließenden einfachen Excision nichts mehr im Wege steht, die dann auch die nachträgliche Sicherung der Diagnose ermöglicht. Dieses kombinierte Behandlungsschema halten wir für das derzeit erfolgversprechendste und somit empfehlenswerteste.

Unter den strahlentherapeutischen Mitteln erscheint die Elektronentherapie wegen ihrer günstigen Dosisverteilung besonders geeignet. Auf Grund einer mehr als 10jährigen Erfahrung auf diesem Gebiet können wir diese Vermutung als durchaus gerechtfertigt bestätigen.

Unser Erfahrungsgut umfaßt insgesamt 243 Fälle, wovon 71% histologisch verifiziert sind und 47,4% über 5 Jahre verfolgt werden konnten. Die verabfolgten Dosen lagen meist zwischen 4—5mal 1000 R bis 20mal 500 R bis 30—40mal 300 R, je nach Feldgröße, Lokalisation und sonstigen Umständen. Neben dem Primärherd wurden stets auch die entsprechenden Lymphabflußgebiete mitbestrahlt, auch wenn sie klinisch befundfrei waren. Das Krankengut betraf die verschiedensten Ausgangssituationen, vom frühen Einzelherd bis zur generalisierten Melanomatose. Die Behandlungen erfolgten rein radiologisch, präoperativ oder postoperativ. Die örtlichen Resultate der Elektronentherapie erbrachten in 74% der Primärherde eine gute bis völlige Rückbildung; Lymphknotenmetastasen konnten in 79% der Fälle gut gebessert oder soweit zur Rückbildung gebracht werden, daß sie klinisch nicht mehr nachweisbar waren. Von der Gesamtzahl der Fälle (alle Stadien) leben noch 42,6% seit über 1 Jahr, 36,6% seit mehr als 5 Jahren und 2 von 5 seit über 10 Jahren. Die 5-Jahres-Heilungsraten betragen unter Berücksichtigung der Ausgangssituation im Stadium T (ohne Metastasen) bei den nicht vorbehandelten nur bestrahlten Fällen 71%, bei den postoperativ bestrahlten Fällen 66,6%, im Stadium TN (mit regionären Lymphknotenmetastasen) 33,3% (nur radiologisch) bzw. 18% (postoperativ), im Stadium TNM (mit Fernmetastasen) jeweils 0%.

Wir glauben, daß diese Ergebnisse, die unter Zugrundelegung der Resultate des Schrifttums als sehr befriedigend bezeichnet werden können, den Wert der primären Elektronentherapie vollauf bestätigen.

## 3.2.1.2. Klinisch experimentelle Untersuchungen während der Elektronentherapie des malignen Melanoms

Von

K. H. Kärcher

Mit 2 Abbildungen

In den letzten Jahren haben zu diesem Thema Chirurgen, Dermatologen und Radiologen, vor allem bezüglich der Erfolge bestimmter Therapieverfahren, kritisch Stellung bezogen. Die Meinungen über die einzuschlagende Therapie und damit zu erreichenden Erfolge sind auch heute noch sehr unterschiedlich. Sie reichen von der völligen Ablehnung der chirurgischen Intervention und Befürwortung einer alleinigen hochdosierten Strahlentherapie bis zu einer radikalen Chirurgie in Form der en-bloc Resektion des Tumors mit großzügiger Ausräumung der regionären Drüsen. Von den Verfechtern der alleinigen chirurgischen Behandlung der Melanome wird die Strahlenbehandlung geradezu als Kunstfehler bezeichnet, da sie zu einer Verzögerung entscheidender Maßnahmen führe, zumal Melanome als strahlenresistente Tumoren bekannt seien. Die neuere biochemische und histochemische Forschung, als auch die von dermatologischer Seite immer wieder betonte Inhomogenität des Krankheitsbildes, haben jedoch zu einer Ablehnung der extremen Standpunkte geführt. Wohl einer der besten Kenner des Melanomproblems, G. Miescher, vertrat schon sehr frühzeitig einen zwischen den extremen Therapierichtungen vermittelnden Standpunkt, in dem er eine Vorbestrahlung oder Koagulation des Primärtumors und Nachbestrahlung mit gleichzeitiger Bestrahlung der regionären Lymphknoten befürwortete.

Auch Schirren konnte bei diesem Vorgehen die besten Erfolgsziffern berichten. Wenn man die Statistiken von Rodé, Sinner Hellriegel, Miescher, Schirren und anderen Autoren vergleicht, so läßt sich daran zeigen, daß es mit der Statistik seine besondere Bewandtnis hat. Ich möchte Ihnen zeigen, daß es mit histologisch-histochemischen, kulturellen sowie biochemischen Verfahren ebenso schwer ist wie klinisch für den geübtesten und erfahrenen Fachmann, zwischen benignen und malignen Tumoren zu unterscheiden, und daß es bei malignen Hauttumoren sehr unterschiedliche Verhaltensweisen, Wachstumsarten und Sensibilität gegenüber der Bestrahlung gibt (Gartmann, Kärcher, Wiskemann, Herzberg). Wir haben ähnlich wie Wiskemann nach der Elektronenbestrahlung von pigmentierten Hauttumoren mit einer Gesamtdosis von 10 000 R das Abklingen der Strahlenreaktion abgewartet und dann den Resttumor elektrochirurgisch entfernen lassen, um eine histologische Sicherung der Diagnose zu ermöglichen und weiterhin durch Zellkultur zu klären, ob bei Vorliegen maligner Melanome nach dieser Strahlendosis das Gewebe noch proliferationsfähig ist. Nach MIESCHER kann man auch nach einer Vorbestrahlung eines Melanoms noch nach 10 000 R histologisch differenzieren, ob es sich um einen malignen oder benignen Tumor handelte.

Bei dem ersten Fall bestand ein schwarzer, mäßig erhabener, pfenniggroßer Hauttumor am Unterschenkel mit deutlicher Wachstumstendenz.

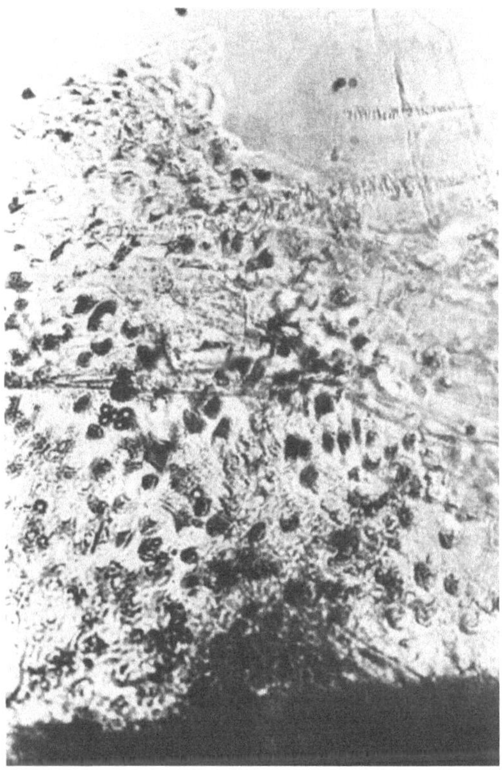

Abb. 1. Gewebekultur nach 100 000 R Elektronen läßt zahlreiche melaninhaltige Melanomzellen erkennen, die vom Implantat ausschwärmen

Wir führten eine Therapie mit schnellen Elektronen durch bei einer Energie von 6 MeV, Einzeldosis 300 R, Gesamtdosis 10 000 R. Nach Abklingen der Strahlenreaktion blieb ein Pigmentrest im Hautniveau erhalten. Diese Pigmentierung wurde mit der elektrischen Schlinge entfernt und histologisch untersucht. Im histologischen Präparat erkennt man deutlich degenerierend Melanomzellen im subepithelialen Bindegewebe.

Eine Kultur dieses Gewebes ließ deutlich das Ausschwärmen melaninhaltiger Zellen und ihre weitere Proliferation erkennen (Abb. 1). Die Kultur war also auch nach dieser Elektronendosis und nach Abklingen der Strahlenreaktion noch positiv. Bei einem anderen Patienten wurde ein ebenfalls pigmentierter Hauttumor in ähnlicher Weise bestrahlt, und die histologische Untersuchung ergab in diesem Falle ein pigmentiertes Basaliom. In diesem Falle wuchs ebenfalls in der Kultur ein Rasen epitheloider Zellen ohne Pigmentgranula.

Dies bedeutet, daß also auch das Basaliom nach einer solch hohen Dosis durchaus noch in der Kultur auswachsen kann. Wir möchten damit nur andeuten, daß die Kultur eines mit 10 000 R bestrahlten Melanoms nicht allein dasteht hinsichtlich ihres positiven Angehens, daß also die Zellkultur nach der Bestrahlung nicht unbedingt ein Kriterium für die Strahlenresistenz darstellt. Allerdings konnte Wiskemann in seinen Untersuchungen deutlich eine Abhängigkeit des Negativwerdens der Kulturen von der Gesamtdosis nachweisen. Eine Patientin mit einem etwa bohnengroßen, braunschwarzen kugeligen Hauttumor, der während einer Schwangerschaft deutlich an Größe zugenommen hatte, wurde dem dermatologischen Konziliarius vorgestellt, welcher zur Vorbestrahlung und Exzision riet. Es handelte sich um ein stark hämosiderinhaltiges cavernöses Hämangiom.

Dieser Fall soll andeutungsweise zeigen, daß die Statistik durch solche „Erfolge" zweifellos verfälscht wird, wenn eine histologische Bestätigung der Diagnose nicht vorliegt.

Im nächsten Fall handelt es sich um ein Melanom mit deutlicher Wachstumstendenz und entzündlichem Randsaum, welches mit 10 000 R Elektronen in gleicher Weise wie die üblichen Fälle bestrahlt wurde. Auch hier erfolgte nach Abklingen der Strahlenreaktion elektro-chirurgische Entfernung des Resttumors. Im histologischen Bild konnte man noch zahlreiche restliche Melanomzellen spindelzellig fusiformer Anordnung erkennen.

Auch der nächste Fall zeigt einen ähnlichen melanotischen Tumor mit entzündlicher Randreaktion und Proliferationsneigung der nach 10 000 R Elektronen ohne Restpigmentierung völlig abheilt.

Es besteht nun die Frage, ob es neben der histologischen Untersuchung Kriterien für die unterschiedliche Strahlensensibilität und Möglichkeiten ihres Nachweises gibt, und ob weiterhin diese Untersuchungen in der Lage sind, bei restierenden Tumorgeweben eine Aussage über dessen Aktivität machen zu können.

Wir haben in mehrjährigen Untersuchungen den Wert biochemischer Methoden zur Verlaufskontrolle von Tumorkrankheiten während der Bestrahlung herausgearbeitet und auch auf der gemeinsamen Tagung der deutschen und schweizerischen Dermatologen, in Zürich 1963, hierüber berichtet. Hierbei fungieren Fermente der Glykolyse und des Zitronensäurezyklus in Serum als Indikatoren einmal für die Tumoraktivität und zum zweiten für die Strahlensensibilität des Tumors, da die Ausschwemmung dieser Fermente nach der Bestrahlung aus den Tumorzellen in Serum zu einer Erhöhung der Aktivitäten führt, während sie bei strahlenresistenten Tumoren völlig vermißt wird. Gerade bei der Elektronentherapie, wo die Absorption der ionisierenden Strahlung weitgehend auf den malignen Tumor beschränkt werden kann, läßt sich durch solche Untersuchungen ein wirkliches Kriterium für deren Wert herausarbeiten. Die beiden nächsten Fälle sollen dies demonstrieren. Sowohl die MDH als auch die LDH waren vor der Bestrahlung bei dem gezeigten auf die Therapie gut ansprechenden pigmentierten Hauttumor pathologisch erhöht, und es ist als Zeichen der Strahlensensibilität zu werten, daß vor allem die MDH nach der ersten Elektronenbestrahlung deutlich anstieg und nach weiterer Bestrahlung abfiel, die LDH am Ende der Bestrahlungsserie sogar weitgehend normalisiert war.

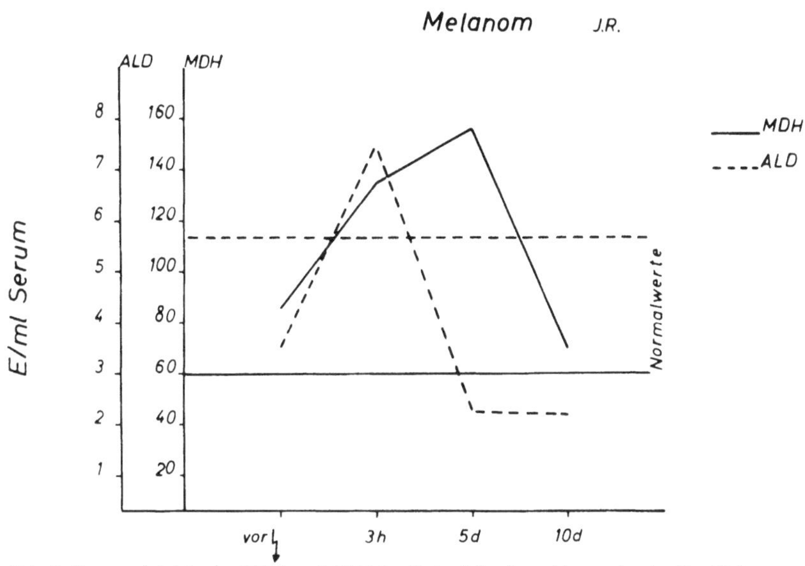


Abb. 2. Fermentaktivität der MDH und LDH im Verlauf der Bestrahlung mit schnellen Elektronen. Der Kurvenverlauf spricht für gute Strahlensensibilität und bestätigt die klinische Beobachtung

In einem weiteren Fall eines Melanoms auf dem Boden einer Melanosis circum-scripta praeblastomatosa kam es nach 10 000 R Elektronen zu einer weitgehenden Rückbildung des pigmentierten Tumors.

Die Aktivität der MDH und der Fruktose-Diphosphat-Aldolase stiegen nach der ersten Elektronenbestrahlung stark an (Abb. 2).

Sie waren vor der Bestrahlung weitgehend normal. Im weiteren Verlauf kam es zu einer völligen Normalisierung der Fermente nach Abklingen der Strahlenreaktion. Im letzten Falle waren die Fermente vor der Bestrahlung bereits pathologisch erhöht, stiegen nach der Bestrahlung leicht an, blieben jedoch während der gesamten Bestrahlungszeit in pathologischem Niveau und zeigten nach der Beendigung der Bestrahlung keine Tendenz zur Normalisierung.

Die Tatsache, daß es histologisch verschiedene Melanomformen gibt, deren Verhalten während der Elektronentherapie sehr unterschiedlich ist, können unsere biochemischen Untersuchungsergebnisse bestätigen.

Zellkulturen dienten weiterhin als Bestätigung, daß auch bei Elektronenanwendung nach einer Gesamtdosis von 10 000 R bei fraktionierter Verabreichung noch Wachstum beobachtet werden kann. Wir möchten jedoch auf Grund unserer biochemischen Untersuchungen annehmen, daß die Zellkultur und die histologische Untersuchung nach einer Bestrahlung keine absolut bindende Auskunft über das Ausmaß der Strahlenschädigung des Tumors geben können. Kontinuierliche Verlaufsuntersuchung und Nachkontrolle des Patienten mit den genannten Serum-Ferment-Untersuchungen geben an Hand der Diagramme einen sehr instruktiven Hinweis auf das Ansprechen des Tumors auf die Bestrahlung, Vorhandensein von Resttumor bzw. Rezidivbildung und Metastasierung. Wir möchten hoffen, daß es uns gelungen ist, zu zeigen, daß wir heute in der Lage sind, zwischen mehr oder weniger strahlensensiblen Melanomen zu unterscheiden, und daß weiterhin auch bei Anwendung schneller Elektronen völlige Vernichtung des Tumors mindestens 10 000 R appliziert werden müssen. Es hat sich vorteilhaft erwiesen, nach Abklingen der Strahlenreaktion den Resttumor elektro-chirurgisch zu entfernen, um durch histologisch-histochemische oder zellkulturelle Untersuchungen Aufschlüsse über die Wirkung der eingestrahlten Dosis zu erhalten. Die Resultate dieser Untersuchungen zusammen mit den Fermentuntersuchungen ergeben wichtige Hinweise auf die weitere einzuschlagende Therapie. Zweifellos bestätigen jedoch diese Untersuchungen, daß die Annahme einer absoluten Strahlenresistenz der Melanome in keiner Weise gerechtfertigt ist, und die kombinierte radio-chirurgische Behandlung aus diesem Grund sinnvoll erscheint.

## Summary

The cell culture of radiated melanoma showed growth after a total dose of 10,000 R fast electrons in different cases. Also the ferment examinations of malat-dehydrogenase and of lactic-dehydrogenase observed before and under treatment confirmed the differences of radiosensitivity of melanotic tumors. These ferment diagrams were in accordance with the histological picture of the excised tumors after electron therapy.

## Literatur

Andrews, C. G., and N. A. Domonkos: Melanoma and lesions simulating melanoma. Medicine (Baltimore) **60**, 391—397 (1960).

Becker, J.: Haut-Tumoren und Melanoblastome. Aus Bollettino di Oncologia (della Lega Italiana per la lotta contro i Tumori) XXXI (1957).

Böttger, H.: Zur Therapie des Melanomalignoms am Genital der Frau. Geburtsh. u. Frauenheilk. **17**, 716—725 (1957).

FITZPATRICK, B. T., M. SEIJI, and D. A. MCGUGAN: Medical Progress — Melanin Pigmentation J. Med. **265**, 328—332, 374—378, 430—434.

GERTLER, W., und H. GARTMANN: Zur Behandlung des Melanoms und seiner Vorstufen. Dermat. Wschr. **136**, 1109—1122 (1957).

GUISS, W. L.: Treatment of melanoma, success or failure? Calif. Med. **89**, 181—186 (1958).

HEROLD, H.-J.: Zur Behandlung der Melanoblastome. Kongreßber. 1. Tag. med.-wiss. Ges. Röntgenol. DDR v. 24.—26. III. 1955 in Leipzig, S. 255—259 (1957).

HERZBERG, J. J.: Melanome. Aesthet. Med. **11**, 363—372 (1962).

HESS, F.: Der Wert der Infrarotphotographie bei der Beurteilung der malignen Melanome. Hautarzt **11**, 294—297 (1960).

HESS, P., und D. HESS: Das Melanomproblem in neuer Sicht. Strahlentherapie **119**, 486—497 (1962).

KÄRCHER, K. H.: Moderne Strahlenbehandlung der Melanome. Med. Welt **11**, 583 bis 584 (1962).

KIMMIG, J., A. WISKEMANN und J. J. HERZBERG: Zur Differentialdiagnose des malignen Melanoms mit Hilfe radioaktiven Phosphors. Arch. klin. exper. Dermat **206**, 133—135 (1957).

LABIS, H.: Beitrag zur Melanommetastasierung nach Exzision im Gesunden. 1. Tag. med.-wiss. Ges. Röntgenol. DDR v. 24.—26. III. 1955 in Leipzig, S. 260—266 (1957).

MIESCHER, G.: Die Behandlung der malignen Melanome der Haut mit Einschluß der melanotischen Präkanzerose. Strahlentherapie, Sonderbd. 46, **2**, 25—35 (1960).

MIESCHER, G., und A. HUNZIKER: Zur Behandlung der Melanome. Schweiz. med. Wschr. **88**, 203—208 (1958).

MCNEER, G.: The clinical behaviour and management of malignant melanoma. J. Amer. med. Ass. **176**, 1—4 (1961).

MCPEAK, C. J., P. G. MCNEER, W. H. WHITELEY, and J. R. BOOHER: Amputation for melanoma of the extremity. Surgery **54**, 426—431 (1963).

OLSEN, G.: The melanomas of the skin and their cutaneous metastases. Some observations on their localization. Acta radiol. (Stockh.) Suppl. **188**, 190—199 (1959).

PACK, T. G.: End results in the treatment of malignant melanoma. A later report. Surgery **46**, 447—460 (1959).

SALOMON, T., und H. STORCK: Über die Sensibilität des Hamstermelanoms gegenüber Röntgenstrahlen, Kälte, Cytostatica und immunbiologischen Einflüssen. Arch. klin. exper. Derm. **216**, 161—185 (1963).

SCHIRREN, G. C.: Röntgenweichstrahltherapie von Melanomalignomen an der Conjunctiva bulbi. Dermatologica (Basel) **115**, 633—640 (1957).

SCHREUS, TH. H.: Naevus und Melanom. Hautarzt, 10. Heft, 11. Jahrg. 440—444 (1960).

SCHUMACHER, W., E. SCHWARZ und J. H. WEISE: Über den Wert der Tumor-Diagnostik mit Radiophosphor für die Erkennung der Melanocytoblastome. Z. Haut- u. Geschl.-Kr. **24**, 217—226 (1958).

SINNER, W.: Beitrag zur Klinik und Therapie der malignen Melanome. Zürcher Erfahrungen an 145 Fällen (1919 bis 1961). Strahlentherapie **117**, 18—62 (1962).

SODER, E., und G. OTT: Melanoblastome, ihre Bedeutung und Behandlung. Langenbecks Arch. klin. Chir. **294**, 582—601 (1960).

STEHLIN, S. J. JR., L. R. CLARK JR., and C. E. WHITE: Malignant melanoma: problems in clinical management. Amer. Surg. **25**, 595—603 (1959).

SZODORAY, L.: Lehren aus unserem Melanom-Krankengut. Derm. Wschr. **142**, 984 bis 989 (1960).

Wolfram, St.: Zur Behandlung des Melanoblastoma malignum. Derm. Wschr. **140**, 925—927 (1959).
Wernsdörfer, R.: Gegenwärtiger Stand des Melanomproblems und die Strahlenbehandlung der Melanomalignome. Z. Haut- u. Geschl.-Kr. **23**, 174—183 (1957).
Rodé, J.: Die klinischen und strahlenbiologischen Eigenschaften des Melanoms. Verlag der Ungar. Akademie der Wissenschaften 1962.

## Diskussionsbemerkung zu 3.2.1.2.

Von

Joseph Becker

Die Art der Behandlung der malignen Melanome ist auch heute noch eine Streitfrage zwischen Chirurgen und Radiologen. Die gegensätzlichen Meinungen rühren im wesentlichen daher, daß die Chirurgen und Radiologen häufig ihre eigenen Wege gehen und in der Hauptsache die negativen Fälle der Gegenseite zu Gesicht bekommen.

Die Ansicht, daß alle Melanome primär strahlenresistent seien, daher an erster Stelle einer chirurgischen Behandlung bedürfen und erst bei Metastasierung die Strahlenbehandlung angebracht sei, ist heute nicht mehr haltbar. Klinisch-biologische Untersuchungen konnten nachweisen, daß unabhängig von dem histologischen Typ des Melanoms eine unterschiedliche Strahlensensibilität der Tumoren besteht, so daß erst im Laufe der radiologischen Therapie eine Aussage über das Verhalten der einzelnen Tumorformen möglich ist.

Fermentkontrollen während der Behandlung mit schnellen Elektronen unterstützen diese Anschauungen. Ein starkes Ansteigen der Milchsäure- und Apfelsäuredehydrogenase unmittelbar nach der ersten Bestrahlung kann uns Hinweise über die Strahlensensibilität des Tumors geben, während ein Ausbleiben des Anstieges für Strahlenresistenz spricht.

Als optimale Behandlungsverfahren sehen wir heute eine primäre Bestrahlung mit schnellen Elektronen und anschließender Elektroresektion der Resttumoren an. Vor dem chirurgischen Eingriff ist eine radiologische Lymphbahndarstellung für den Chirurgen von großem Nutzen.

Zur Verbesserung der Frühdiagnose und der Behandlungsresultate ist eine intensive Zusammenarbeit zwischen dem Dermatologen, Radiologen und Chirurgen unumgänglich.

# 3.2.1.3. Mycosis Fungoides

By

H. W. C. Ward

With 2 Figures

In the pre-mycotic phase of the disease there is widespread but very superficial infiltration of the skin. The main difficulty in treating this condition with superficial X-rays is the high integral dose and the depression of the bone marrow.

Electrons would appear to be much superior to superficial X-rays because of the sharp reduction of dose at a depth dependant on the energy and, therefore, the much lower integral dose.

In the pre-mycotic phase of the disease a penetration of about 1 cm is required and the electron energy which gives this is 2.5 MeV. The 15 MeV electrons available at St. Bartholomew's Hospital give the 90 per cent isodose at 3.5 cm which is too deep for whole-body irradiation. This energy is, however, useful in treating localised areas of mycotic or fungating disease.

In a case of fungating disease an applied dose of 1,500 rads of 15 MeV electrons was given in 7 days to a localised area. There was excellent regression of the disease but subsequent recurrence. The area was then given 3,000 rads in 20 days and the lesion completely disappeared.

For the pre-mycotic phase of the disease SMEDAL, JOHNSON, SALZMAN, TRUMP and WRIGHT (1962) at Boston, U.S.A., used a Van de Graaff machine operating at 2.5 MeV. For field positions were used and the face, axillae and perineum were protected. 200 rads were given to each of the fields daily to a total of 600 or 800 rads. Separate single doses of 400 rads were given by X-rays to the face, ears and interdigital regions.

Over a period of 10 years 220 cases of mycosis fungoides were treated. The average number of treatment courses per patient was 2.4 per year. There was complete relief of pruritus in 98 per cent of cases and survival was 2 to 7 years.

At Cambridge, England, a $^{90}$Sr source is used. A moving gantry allows the treatment field to traverse any desired length of the patient. BRATHERTON (1963) reported that clearing of the lesions was usual but that most cases relapsed and required a maintenance dose every 3 to 4 months. The daily dose was 200 rads and the total 1000 to 2000 rads.

At the Hammersmith Hospital, England, the 8 MeV linear accelerator has been used in the treatment of mycosis fungoides and a report has been published by SZUR, BEWLEY and SILVESTER (1963).

The penetration of the electrons is reduced by passing them through a carbon decelerator. In advanced cases the carbon is 1.75 cm thick and the 80 per cent isodose lies at a depth of 0.65 cm. In less advanced cases the carbon is 2 cm thick and the 80 per cent isodose lies at a depth of 0.45 cm. Two fields 150 cm apart are used on the front of the patient and the same on the back. The treatment distance is 2 m. The dose is 200 rads given to all four areas 2 or 3 times per week and the total dose is 1,000 to 1,600 rads in 2 to 4 weeks.

13 cases of mycosis fungoides all responded very well and the average length of remission was 8 to 10 months. 6 cases have been retreated and 5 of these have again obtained a satisfactory remission. No constitutional symptoms, skin reactions or marked haematological effects were noted.

As the penetration of 15 MeV electrons is too great for whole-body irradiation, we have, at St. Bartholomew's Hospital, investigated the possibility uf using a carbon decelerator. We found that 2.5 cm of carbon were required to bring the 80 per cent isodose to a depth of 0.9 cm (Fig. 1).

Unfortunately, the X-ray production in the central axis when 2.5 cm of carbon are interposed amounted to 4 per cent (Fig. 2). Thus, in order to give an electron dose of 2,000 rads the whole body dose of high energy X-ray would be 80 rads which is beyond the acceptable limit.

Recently, however, Karzmark (1964) has suggested aiming the beam above the patient's head and below his feet. As the high-energy X-ray

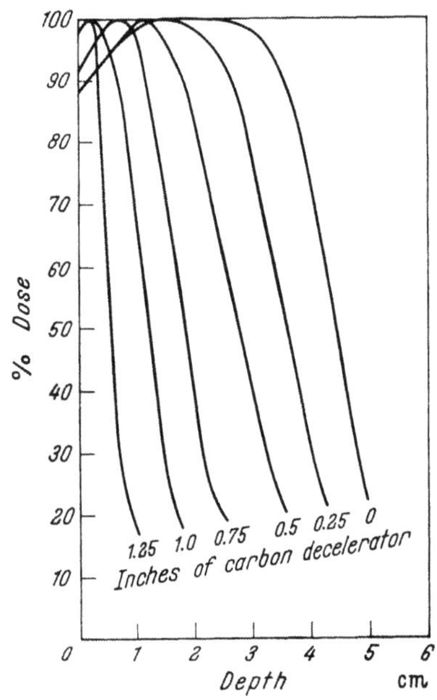


Fig. 1. Effect of carbon decelerators on electron penetration

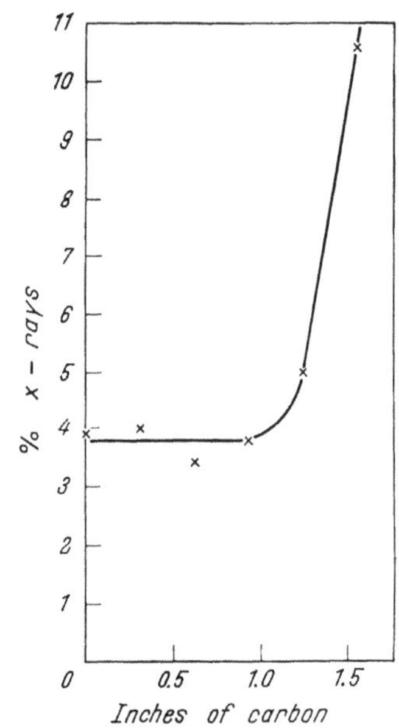


Fig. 2. x-ray production with carbon decelerators

production is mainly in the forward direction while the electrons are scattered more widely it is possible to reduce the dose of high-energy X-rays reaching the patient. At St. Bartholomew's Hospital we are investigating this possibility but many more measurements must be made before we can decide if this is a practical technique.

I conclude that whole-body electron therapy is a very useful method of treating the pre-mycotic phase of mycosis fungoides, but that the electrons should be emitted at an energy of about 2.5 MeV. This is preferable to the use of a carbon decelerator with higher energies because of the much lower integral dose.

## References

Bratherton, D. G.: Brit. J. Radiol. **36**, 456 (1963).
Karzmark, C. J.: Brit. J. Radiol. **37**, 302 (1964).
Smedal, M. I.: Amer. J. Roentgenol. **88**, 215 (1962).
Szur, Z. L.: Brit. J. Radiol. **36**, 456 (1963).

## Diskussion zu 3.2.1.3.

Von

K. H. KÄRCHER

Bei der Behandlung des prämykotischen Stadiums der Mycosis fungoides haben wir durch Anwendung einer Vierfeldtechnik mit Aluminiumfolie am 15 MeV-Betatron der Firma Siemens die Möglichkeit, diese Veränderungen bei entsprechender Wahl der Energie auf die Haut beschränkt zu bestrahlen. Treten dann tumoröse Veränderungen mit großer Tiefenausdehnung auf, können am gleichen Gerät zusätzlich einzelne Felder mit höherer Energie verabfolgt werden. Dieses Gerät und die Bestrahlungsmethode bieten also wesentliche Vorteile gegenüber der von WARD dargestellten Bestrahlungsmethode. Wir haben auf diese Möglichkeit bereits in dem Buch über die Supervolttherapie aufmerksam gemacht.

### Literatur

BECKER, J., und G. SCHUBERT: Die Supervolttherapie. Stuttgart: Georg Thieme 1961.

# 3.2.2. The Treatment of Cancer of the Lip with High Speed Electrons

By

P. M. VAN VAERENBERGH

In early stages in cancer of the lips the results with short distant therapy and radium-needling are very good so that there is no question of changing the treatment. However in extended or very extended tumours (stage T3—T4) penetrating a larger area of the commissura labialis, the mucous membranes of the mouth, the chin or even the mandibula recurrences occurred frequently with the above mentioned treatment. The typical characteristics of cancer of the lip, that is to say superficial localisation, the thickness of a few cm and the easy accessibility make electron therapy especially favourable. It is possible to have the homogenous dose distribution with the suitable energy and there is still the skin-saving effect. Besides this it is possible to protect the jaw physically. We have treated 24 patients with extensive lip cancers of which 14 cases presented recurrences after previous irradiations mostly after short distant therapy. There are only 4 patients with small lesions. Two have been irradiated because of suspicion of recurrence in the scar after surgical treatment. In small lip cancer we use energies from 6 to 12 MeV, and we direct the beam alternately to the left and right side. A piece of gauze may be placed between the lip and the teeth. As a rule we applied 300 R, 3—5 times a week with doses of 4,500 R within 3 weeks and 6,000 R within 6 weeks. In 5 of 6 cases with not very extensive lesions the result has been good. In the case of recurrence the total dose was small because of pronounced fragility of the skin and the mucous membranes of the lip. Individual differences in reaction after similar doses were observed. Four patients with extensive cancers were treated with doses from 5,000 to 6,500 R within 6 weeks with 9 to 17.5 MeV followed by 3 cures. In the case of recurrence the results are not so satisfactory. 14 cases were treated. Only in 3 cases did we get a local cure.

In 2 cases the failures may have been caused because of a cancer growing upon a leucoplasie. In recurrence after previous needling with radium in very extensive tumours, we did not achieve any improvement even with doses of 6,000 R and more. In these cases the development of the tumour seemed not to be influenced. 3 patients with previous radiation developed an extensive necrosis of the cheek which came about in each case after a dental extraction though a prophylaxis with antibiotics was given. Although the risks of bone necrosis seem to be smaller with electrons than with X-rays it is far from being non-existent. Dental extraction prior to treatment and thorough dental care are indespensible also with electrons.

### Summary

In the small regions of the lips radium-needling and radio-therapy permits favourable results. Electron-therapy probably leads to a better tolerance of the healthy tissue. In extensive primary cancer of the lip electrons are preferable, they allow restitution which can only be reached by other techniques with great difficulty.

In recurrences of lip cancer after previous irradiation the chances of cure with radio-therapy are slight. Nevertheless favourable results can be obtained in some cases with high speed electrons.

## 3.2.2. Discussion

By

SELMER RENNAES

During the last year we have at The Norwegian Radium Hospital used electrons for cancer of the lip, for large tumours that covered more than half of the lip and have varied in size from 3—10 cm. The field has usually been 4,5×7 cm and the treatment has been given from the front on a single field. Electrons between 4—18 MeV were used, dose per day 300 R and total 8—9000 R over a period of 6 weeks. The isodose curves for 12 MeV show that this is a very good dose in a tumour of approximately 3 cm thickness (80% of the maximum dose).

This demonstration with slides of 2 patients shows that tumours regress completely and give very nice cosmetic results. In 7 of 9 cases we have had satisfactory results. In 2 cases there were residual tumours. These were operated by resection. And although squamous cell carcinoma was found by histological examination, we had obtained a smaller tumour and the borderlines were free. In these 2 cases electrons of 4 and 9 MeV respectively were used, however the penetration of these seemed to be too short.

We will continue with electrons for the treatment of large tumours of the lip, because we have had good responses and the cosmetic results are good. If surgery is needed in addition, it is easy to operate because the tissue is less indurated, as for instance is the case after intubation with radium needles.

## 3.2.3. Electron Beam Technique for Intraorbital Tumours

By

S. HULTBERG, R. WALSTAM and P. E. ÅSARD

With 2 Figures

One of the main problems in radiation therapy of retinoblastomas and other tumours in similar location is to avoid radiation damage of the lens. In order to facilitate this a special electron beam technique was developed in 1958. Advantage is taken of special properties of the electron beam, that is the easy cutting out of a portion of the beam at the surface while the scattering in depth continous, making the depth dose homogeneous, conditions utilized for instance in the grid technique.

These two effects are illustrated in Fig. 1, showing the density of two films, exposed parallel to the beam. The upper film illustrates the well known characteristics, the limited range and the bristle-like scattering of the electrons, for a 12 MeV beam of 3 cm diameter at perpendicular incidence on the phantom. The lower film was obtained by using the same beam at oblique incidence and with an oblique lead cylinder, 6 mm thick and 8 mm in diameter applied on the phantom surface.

Perspex has been employed as phantom material and films (Gevaert Dipos N 51) have been exposed both parallel and perpendicularly to the central beam axis. In order to avoid blackening of the films from the ČERENKOV radiation produced by the electrons, the films were covered with black Perspex. A provisional unit, $R_\beta$ was used obtained by applying the $^{60}$Co R-factor for the Victoreen chamber also for electrons. Work is in progress to convert this $R_\beta$-unit to rad.

By combining two or more beams with suitable directions and shield positions a favourable dose distribution can be achieved. This is illustrated in Fig. 2 where two coplanar beams with lead shields are combined on a sectional drawing of an eye. In the protected area the dose is dependent both on scattered electrons and on the bremsstrahlung from the lead applicator and from the betatron itself. The bremsstrahlung contribution can be estimated to be less than 5% of the dose maximum from one field with the energies concerned, 6—12 MeV and the beam size used.

For the application of the method described when used on patients lead absorbers are fixed to contact glasses for electroretinological investigations.

The contact glass with its lead absorber is applied to the patients eye under local anaesthetic and is attached to the patient with three threads. A set up of contact glasses with different lead absorbers and suitable choice of angles of incidence and electron beam energies are required for the individual irradiation plan to suit the size and position of the tumour. Adult patients can facilitate the irradiation by holding the eye still in a suitable

Fig. 1

direction during the treatment. By using a mirror in the tube it is possible to check the relative positions of the lens, the lead shield and the electron tube. When children are to be treated this is done under anaesthetic which has proved possible without undue difficulty.

BECKER and BAUM (1960) have worked out a similar technique independently of this investigation but which differs from our technique in various particulars.

*Case reports*

The first patient, a 3 year old girl with a retinoblastoma, was treated in February-March 1959. She appeared with a tumour affecting nearly one half of the eye. A tumour dose of 4×400 $R_\beta$, 12 MeV electrons, was applied in 6 days using the lead shield. Conventional roentgen radiation was added through a lateral portal, tumour dose 2,000 R in 2 weeks. Three months later (in June) only a slight regression was noticed. An additional

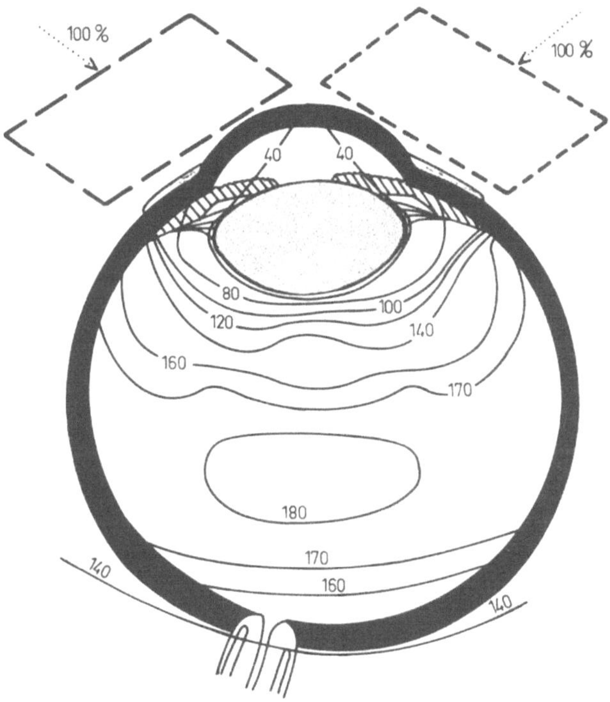


Fig. 2

series of 3×400 $R_\beta$ electrons and 1,000 R roentgen radiation was applied. At the end of August 1959 there was only a small remnant of the tumour. In April 1960 the treated eye was enucleated elsewhere but no tumour was found, the lens was undamaged.

The second patient, a one year old boy, was treated in October 1959 according to the same principles as the preciding case but the tumour dose was increased to 2,800 $R_\beta$ electrons in 3 weeks combined with 1,500 R conventional roentgen radiation. Three years later only a very small remnant of the tumour remained, with a protrusion of 2 Diopters as compared to 9 Diopters when radiation was started.

Now $4^1/_2$ years after the treatment there is no longer any protrusion but a small posterior cataract is now present which does not give the boy any trouble.

The third patient, a boy $1^1/_2$ year's of age, with gliomatous masses affecting more than one half of the eye and with secondaries in the surroundings did not respond well to the irradiation, which was tried only because the parents absolutely refused enucleation. The patient died about 7 months after the treatment.

An eight months old boy with a retinoblastoma affecting the temporal half of the eye was treated with electrons in Novembre 1962. Total tumour dose amounted to 3,600 $R_\beta$. From that time there has been a regress of the tumour masses. The patient is still under observation and as long as the regress is continueing no more irradiation will be administered. So far no cataract has been observed.

We have found this technique promising and worth while to try further. As yet the number of patients is too small to allow a definite evaluation.


## Summary

The special properties of the electron beam are utilized in a method developed for irradiation of tumours in the orbita. The technical details are described and reports given for the patients treated up to the present.


## Reference


BECKER, J., und F. K. BAUM: Der Schutz der Augenlinse bei Bestrahlung intraorbitaler Tumoren mit schnellen Elektronen. Strahlentherapie **113**, 351 (1960).


## 3.2.3. Discussion


By

H. W. C. WARD


The infra-orbital nerve tumour which was first described by CAPPS and CUNNINGHAM (1957) is a round-cell tumour of fairly high radiosensitivity. It spreads from the infra-orbital nerve into the floor of the orbit and may be multiple, occurring also in the superficial temporal fossa. Such an irregular area can be treated only by a single direct field. 15 MeV electrons are particularly suitable for treating such an area with an almost uniform dose to a depth of 3.5 cm.

One such case has been treated at St. Bartholomew's Hospital. A specially shaped cut-out was placed on the end of the applicator and the dose was 4,000 rads in 26 days (WARD, 1964). The patient remains free of disease after 3 years.

## References


CAPPS, F. C. W., and G. CUNNINGHAM: J. Laryng. **71**, 25 (1957).

WARD, H. W. C.: Brit. J. Radiol. **37**, 225 (1964).

# 3.2.3.1. Eye Metastases: Radiotherapy with Cobalt 60 and High Energy Electron Beams

By

Pierluigi Cova, A. Maestro and Gianpiero Tosi

With 2 Figures

*Endocular metastases*

Neoplastic metastases of the eye chiefly appear in the uvea at the choroideal level. Mostly they originate from lung or breast cancer, the latter source often revealing an involvement of the lung and the brain. Despite unfavourable prognosis, we believe a radiotherapy treatment is fully justified when we consider the patient's feelings on perceiving his rapidly failing eyesight, and his response to the chance of recovering it because of the high radiosensitivity of breast cancer metastases. This treatment seems still more advisable when we consider that patients suffering from breast cancer metastases can survive for a long period.

In planning the method of treatment we should safeguard the crystalline lens and the cornea to avoid cataracts. Preferential fields of irradiation are those bordering on, but not touching the front portion of the eyeball: we employed a lateral orbital field (Fig. 1).

Electron therapy will also allow direct incidence fields, providing that we protect the conjunctiva, the cornea, the iris and the crystalline lens with suitable screening media (plexiglass corneal lens plus lead screen). Fig. 2 shows the corresponding isodose curves.

The high energy electron beam can be usefully employed in such cases and more since the practical absence of side scattering proves an additional safeguard for the crystalline lens. Compared to the beam of cobalt photons, that of high energy electrons affords the advantage of allowing us to confine irradiation to the orbital and para-orbital region and to avoid the eye on the opposite side. In the case of localization in both eyes, the electron beam should be applied with an individual field for each eye. Over the last three years we irradiated 5 cases of choroidal metastasis, whereof 4 previously suffered from operated breast neoplasias, and 1, lung neoplasia with Pancoast's syndrome. 2 cases slowed localization in both eyes, one of which to the point of complete blindness.

In one case the choroidal localization proved the only metastatic one (developed three years after breast amputation). In the remaining four cases, the endocular metastases were accompanied by additional localization: in brain, skeleton and lungs.

We irradiated three patients from a single lateral orbital field with the electron beam. Two patients displaying metastatic localization in both eyes were treated with two opposing beams of Co 60, orbital lateral, applied with a slight rearward slant so as to avoid the opposite eye.

Of the five patients under treatment, one turned away after a few sittings and the remaining four completed treatment. Skin reaction during the course of irradiation was no greater than marked erythema. We observed no conjunctivitis or cataract to date in the periodical checkups of surviving patients.

The following table displays the method of treatment and the results obtained.

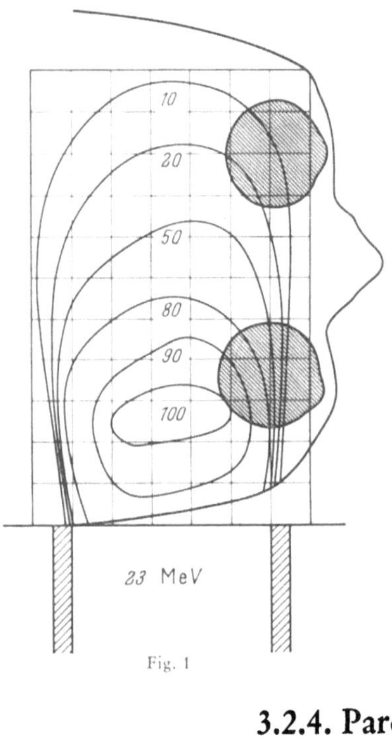

Fig. 1

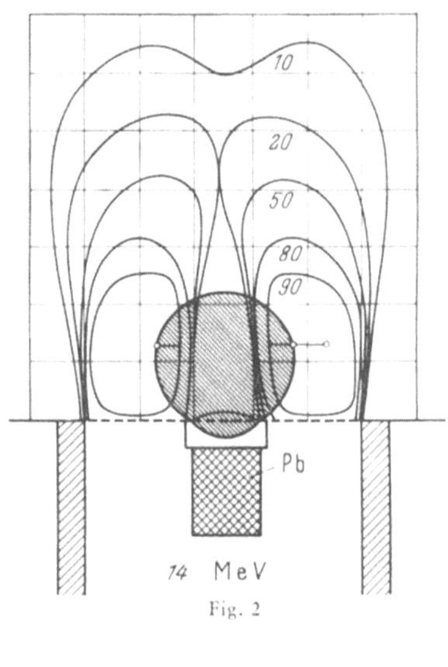

Fig. 2

# 3.2.4. Parotistumoren

Von

Bernhard Zimmerli

Die Behandlung der Parotistumoren ist umstritten. Auf Grund der Erfahrungen mit der 250-kV-Technik gelten sie im allgemeinen auch heute noch als strahlenresistent und als der Strahlentherapie nicht zugänglich. Bei der chirurgischen Behandlung andererseits sind die Rezidive häufig, und oft ist eine radikale Tumorentfernung auch bei der heutigen verfeinerten Operationstechnik ohne Facialisschädigung nicht möglich.

Die Elektronentherapie hat hier u. E. eine Wandlung herbeigeführt, worauf schon BECKER u. a. hingewiesen haben. Wir sind der Auffassung, daß auf Grund der Resultate mit der Elektronenbestrahlung die Behandlungsindikationen grundsätzlich anders zu stellen sind als bisher.

Es sollte strikte unterschieden werden zwischen den primär-malignen Tumoren, d. h. den Karzinomen und seltenen Sarkomen einerseits und andererseits zwischen den eigentlichen Mischtumoren und den verschiedenen Formen der Adenome, die wir auf Grund der Ansprechbarkeit zur gleichen Gruppe zählen. Die zweite Gruppe überwiegt zahlenmäßig bei weitem.

Die *primär-malignen Tumoren der Speicheldrüse* waren schon mit den bisherigen radiologischen Mitteln recht gut zu behandeln. Die Elektronen haben hier eine weitere Verbesserung gebracht und es gelingt in der überwiegenden Zahl der Fälle, lokal den Tumor ohne Facialisschädigung zum Verschwinden zu bringen.

Den eigentlichen Wandel brachte aber die Erfahrung, daß auch Mischtumoren und adenomatöse Tumoren auf Elektronen gut ansprechen. Die Dosis muß aber recht hoch sein und die Rückbildung erfolgt öfter nur langsam.

Wir sehen die Behandlungsindikation so, daß *Tumoren mit den klinischen Zeichen der Malignität* nicht operiert, sondern allein bestrahlt werden sollten, mit Vorteil mit schnellen Elektronen. Auf keinen Fall sollte unseres Erachtens ein maligner Parotistumor unter Opferung des N. facialis primär operiert werden.

*Tumoren mit dem klinischen Aspekt des Mischtumors* sollten bei den heutigen guten chirurgischen Möglichkeiten schon zur histologischen Sicherung primär operiert werden, sofern sie klein und beweglich sind und die radikale Entfernung unter Schonung des Nervus facialis erfolgen kann. Ob man nachbestrahlen will, scheint uns eine Ermessensfrage. Kann der Patient überwacht werden, darf unseres Erachtens zugewartet und erst bestrahlt werden, falls ein Rezidiv auftritt. In allen Fällen, in denen bei einer radikalen Entfernung die Schonung des Nervus facialis nicht sicher möglich ist, d. h. bei fixierten oder ausgedehnten Tumoren, erachten wir die primäre Bestrahlung mit schnellen Elektronen als angezeigt. Eine relativ hohe Dosis von 7000—8000 R ist nach unseren Erfahrungen notwendig, wobei der Schutz des Mittelohres, eventuell des Halsmarkes und der Hirnbasis durch einen kleinen Bleischutz bzw. durch die Wahl der Spannung nötig und möglich ist. Auch der Processus pharyngeus der Glandula parotis muß eine genügend hohe Dosis erhalten. Allfällig vorhandene Lungenmetastasen sind keine Kontraindikationen zu einer lokalen kurativen Behandlung, da der Verlauf oft sehr protrahiert ist.

Rezidive nach Bestrahlung können auftreten, oft erst nach langer Zeit. Im allgemeinen sollten sie operiert werden, was technisch nach einer Elektronenbestrahlung meist ohne wesentliche Schwierigkeiten möglich ist.

**Resultate.** Wir kontrollieren heute 19 Fälle länger als ein Jahr. 16 sind Operationsrezidive. In 6 Fällen war nach der letzten Operation ein neuer Tumor aufgetreten, 5 Fälle waren vor der Bestrahlung nicht radikal, 2 Fälle fraglich radikal und 3 Fälle makroskopisch radikal operiert worden. 3 sehr ausgedehnte Fälle wurden zur primären Bestrahlung zugewiesen. 8 von 19 Fällen waren primär-maligne Tumoren, 11 gehörten der Gruppe der Mischtumoren und Adenome an.

Von den 19 Fällen mit einer Beobachtungsdauer von mehr als einem Jahr haben im ganzen 3 lokal rezidiviert, 2 im ersten Jahr, einer im 2. Jahr nach der Bestrahlung. Zwei der lokalen Versager werde ich anschließend vorstellen. Beim letzten trat trotz einer Belastung mit 8100 rh ein Rezidiv in der Tiefe auf, in einer Gegend, die ungenügend belastet war. Alle andern sind bisher lokal symptomfrei geblieben. Von 6 Fällen mit einer Beobachtungsdauer von mehr als 5 Jahren leben 5 symptomfrei, einer ist interkurrent an anderer Ursache gestorben. In 2 Fällen blieb ein Resttumor zurück, der sich seit Jahren stationär verhält.

Bei der histologischen Klassierung richten wir uns nach der Einteilung von Foote und Frazell vom Armed Forces Institute of Pathology. Ob sich einzelne histologische Formen unter der Bestrahlung unterschiedlich verhalten, bleibt einer Überprüfung auf breiterer Basis vorbehalten. In unserem Material sprechen jedenfalls die eigentlichen Mischtumoren und die früher ebenfalls schlecht anzugehenden Adenome auf die Elektronenbestrahlung gut an, was unseres Erachtens zur Revision der bisherigen Indikationsstellung führen sollte.

**Summary**

On the basis of our favourable results using electrons on parotid tumours we believe that electron beam therapy is indicated for most parotid tumours. The primary malignant tumours as well as the large mixed tumours should be presented to electron therapy. The small mobile mixed tumours should be treated initially with surgery. The facial nerve should no longer be sacrificed in surgical treatment. Out of 19 cases with a one to six year follow up, 16 cases are free from local disease. Two of the local recurrences were due to a tumour under dosage, the third case showed a tumour growth at the margin of the irradiated area.

## 3.2.4. Diskussion

Von

K. H. Kärcher

Bei den Speicheldrüsentumoren handelt es sich um ektodermale Bildungen, die zu 90 Prozent sog. Mischtumoren oder pleomorphen Tumoren entsprechen. An zweiter Stelle stehen nach der Häufigkeit die Adeno-Karzinome. Die Parotis-Mischtumoren werden primär als nicht bösartig bezeichnet, können jedoch im Verlauf ihres Bestehens oder nach Operationen maligne entarten. Weiterhin kommen im Bereich der Speicheldrüse Cylindrome, Sarkome und metastatische Geschwülste anderer Organe und Gewebe — wie Lympho-Sarkome, Reticulo-Sarkome und Absiedlungen von Granulomatosen vor. Letzten Endes müssen entzündliche Parotistumoren erwähnt werden, die von malignen Geschwülsten u. U. nur durch die Probeexcision abzutrennen sind.

Wegen der Strahlenresistenz bestimmter Formen der Parotisgeschwülste wurde bisher, wenn möglich, die operative Behandlung und Nachbestrahlung als Methode der Wahl angesehen. Seit Einführung der Supervoltstrahlen werden bessere Therapieergebnisse mit alleiniger Strahlentherapie berichtet. Vor allem wurden hier mit ultraharten Röntgenstrahlen von HAAS und Mitarbeitern, LOCHMANN, MITCHELL und Mitarbeiter sowie ZUPPINGER, VERAGUTH, PORETTI, NÖTZLI und MAURER günstige Erfahrungen mitgeteilt.

Bei der Ausdehnung und Lokalisation dieser Tumoren ist jedoch die Elektronentherapie heute als strahlentherapeutische Methode der Wahl anzusehen, da bei guter Wirkung auf den Tumor technisch keinerlei Probleme entstehen dürften. Mit Elektronenenergien von 9—15 MeV und bei nicht zu großer Ausdehnung des Tumors zusätzlicher Elektronensiebbestrahlung können Schädigungen der peripheren Nerven des Innenohres und Gehirngewebes vermieden werden. Zur Tumorvernichtung sind

Tabelle 1.

| Zahl der Patienten | Histologie | Elektronen GD | Mittlere Überlebenszeit | Männl. | Weibl. |
|---|---|---|---|---|---|
| 36 | Parotis-Mischtumoren | 5252 | 14 gest. nach 11,6 Mon.<br>22 leb. 2 J., 7 Mon. | 14 | 22 |
| 50 | Parotis-Ca | 6564 | 27 gest. nach 9,3 Mon.<br>23 leb. 3 J., 8 Mon. | 24 | 26 |
| 2 | Mikulicz-Tu. li. Parotisbereich | 4950 | 1 leb. 4 Mon.<br>1 leb. 4 J., 2 Mon. | 1 | 1 |
| 1 | Sarkom li. Parotis | 5000 | 1 leb. 1 J., 2 Mon. | 1 | |
| 1 | Mal. Lymphom li. Parotis | 4200 | 1 leb. 2 J., 3 Mon. | | 1 |
| 1 | Adeno-Ca-Met. Parotis li. | 6500 | 1 gest. nach 2 J., 11 Mon. | 1 | |
| 1 | Plattenepithel-Ca-Met, li. präauriculär | 4200 | 1 gest. nach 3 Mon. | | 1 |
| 1 | Mal. Hämangio-endotheliom | 4500 | 1 leb. 2 J. | 1 | |
| 1 | Cylindrom re. Parotis | 4800 | 1 leb. 1 J., 8 Mon. | | 1 |
| 94 | | | | 42 | 52 |

je nach histologischem Aufbau verschieden hohe Gesamtdosen erforderlich. In der Regel begannen wir mit Einzeldosen von 200—300 R und fanden gute Tumorrückbildungen bei Parotismischtumoren mit Herddosen von 5000—5400 R. Höhere Dosen waren beim Parotis-Ca und bei Metastasen anderer Karzinome in die Parotis erforderlich. Hierbei betrug die Gesamtdosis 6500 R. Von unseren 98 bisher bestrahlten Patienten umfaßte die größte Gruppe Parotis-Karzinome, wobei von

50 Patienten nach 9,3 Monaten 27 gestorben waren, 23 leben bisher 3 Jahre und 8 Monate. Von 36 Parotis-Mischtumoren waren 14 nach 11,6 Monaten gestorben, 22 leben noch nach 2,7 Jahren. Bei den übrigen Fällen handelt es sich um Einzelfälle seltener Tumorarten, die hier nicht im einzelnen aufgeführt werden sollen und in der Tabelle aufgeführt sind (Tab. 1).

Bei der Bestrahlung im Parotisbereich mit schnellen Elektronen kommt es häufig als Initialreaktion zu einer reaktiven Parotitis mit schmerzhafter Schwellung, Hautrötung und Speichelfluß. Diese Reaktion dürfte sich jedoch meist als flüchtiges Ereignis erweisen und klingt in der Regel mit Hilfe einer antiphlogistischen Therapie, wie Eisbeutel, Mundspülungen mit adstringierenden Lösungen evtl. entzündungsdämpfende Steroide, Kalziuminjektionen usw., rasch ab. Die Therapie kann dann ohne Unterbrechung fortgeführt werden. Da es durch die bei Bestrahlung von Parotistumoren u. U. erforderlich werdende höhere Gesamtdosis zu derben Strahlennarben mit Einmauerung des Facialis oder Schrumpfung der Kiefergelenkskapsel kommen kann, haben wir in vielen Fällen entweder primär oder zur Erhöhung der Gesamtdosis die Elektronensiebtechnik mit ausgezeichneten Resultaten verwendet. Wir gehen dabei so vor, daß nach Erreichung einer Dosis von 4000 R mit homogener Bestrahlung bei schlechter Rückbildung des Tumors noch 4—4$^{1}/_{2}$ Tausend R unter Siebbedingung verabreicht werden. Mit diesem Verfahren ist nicht nur eine gute bzw. völlige Rückbildung der Tumoren zu erreichen, sondern auch das Auftreten von Rezidiven zu vermeiden. Auf Grund unserer 10jährigen Erfahrungen mit der Therapie von Parotistumoren unter Verwendung schneller Elektronen einer Energie von 9—15 MeV möchten wir die Berechtigung zu der Schlußbetrachtung ableiten, daß die Elektronentherapie der Parotistumoren anderen Bestrahlungsverfahren eindeutig überlegen zu sein scheint.

## Literatur

Becker, J., und G. Schubert: Supervolttherapie. Stuttgart: Georg Thieme 1962.

# Discussion sur 3.2.4.

Par

Carlo Bompiani

Je vous présente, groupés dans un tableau qui a déjà été présenté par le Professeur Turano au Congrès de Wiesbaden il y a quelques mois, l'ensemble des cas de tumeurs de la parotide traitées chez l'Institut de Rome.

Dans la plupart des cas il s'agissait de rechutes ou de malades avec des métastases. Compte tenu de cela, nous pensons que nos résultats sont assez favorables.

Tabelle 1. *Parotistumoren (18 Fälle)*

| | | |
|---|---|---|
| länger als drei Jahre überlebend | 7 | (1 Epitheliom — 4 Misch-Tumoren — 2 histologisch unsicher) |
| innerhalb von drei Jahren verstorben | 5 | (3 Epitheliome — 1 Misch-Tumor — 1 Sarkom) |
| ohne Mitteilung | 6 | (3 Epitheliome — 3 ohne Befund) |

# 3.2.5. Radiotherapy of Tumours of the Nasopharynx by Means of High Energy Electron Beams

By

Pierluigi Cova, A. Maestro[1] and Gianpiero Tosi

With 2 Figures

Tumours of the nasopharynx can generally be well treated both with conventional Roentgen therapy and with Cobalt therapy. With high energy electron beams of a Betatron the treatment can be better performed; in

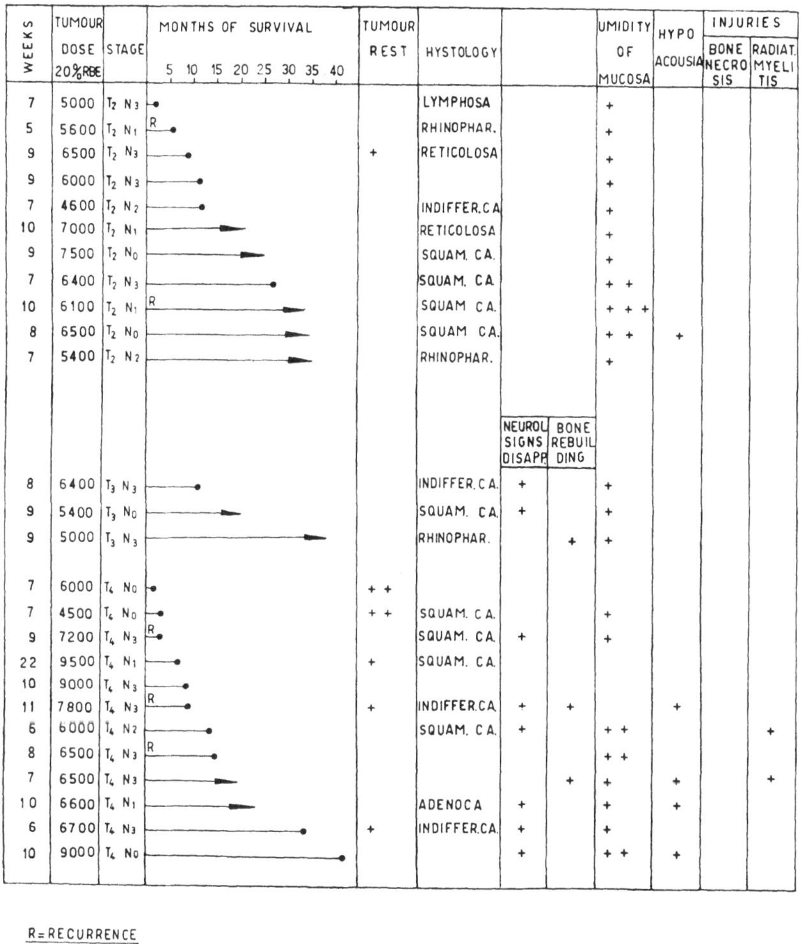


Fig. 1. Tumours of the nasopharynx — 19 dead patients (27 treated with electron beams)

fact two lateral opposite fields (commonly 7×7 cm² at 27 MeV) are usually sufficient. The total tumour dose which we have administered in most cases

[1] Assistent of the Institute of Radiology of the University of Pavia (Director: Prof. L. Di Guglielmo).

is between 6,000 and 7,000 R (corrected with an RBE factor of 0.8) in 7—9 weeks.

This type of treatment takes advantage, moreover, of the fact that the exit-dose from each field is practically negligible: minimum is therefore the damage to the skin, which is exposed to 4,000—4,500 R.

We do not believe that the cases of no recovery or of recurrence, which appear in our statistics, can depend on an inhomogeneity of the electron beams, which reach the nasopharynx after having crossed layers of inhomogeneous tissues (as bone, muscles, soft tissues, etc.). The number of these cases is in fact not greater than that which we observed using other radiation techniques (xR — Co 60).

The pharyngeal mucosa in the follow-up of our patients, after therapy with electron beams, appeared always sufficiently moist; we rarely observed indeed that painful dryness that, on the contrary, we had noticed after conventional and telecobalt therapy.

The cases extended to the ethmoid or to the endocranium have been more easily controlled with high energy electrons than with other types of radiation therapy. Such a type of treatment has allowed to obtain palliative results of great effectiveness, with a good rebuilding of the bone structures, and with attenuation or disappearance of the neurological signs.

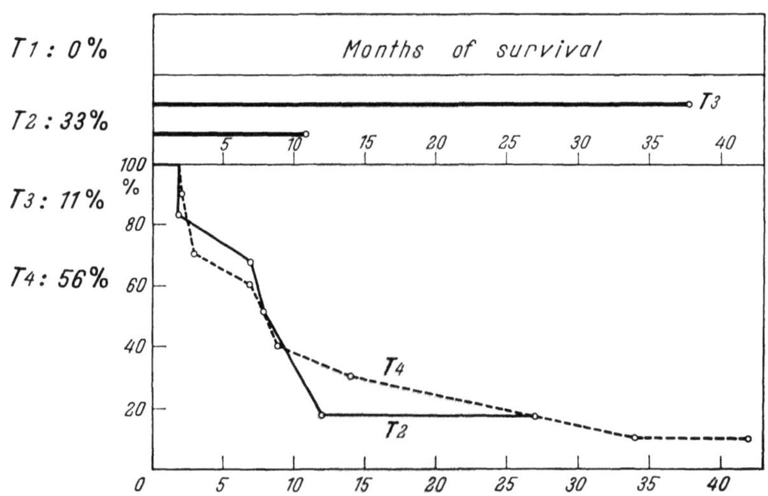


Fig. 2. Tumours of nasopharynx (27 patient treated with electron beams)

The latero-cervical lymphatic chains have been treated nearly in all cases by radiotherapy. Metastases surely present have been directly irradiated with 14 MeV electron beams, through lateral fields: 6,000—7,000 R in 6 weeks. When ganglions were not clinically detectable, a treatment with Co 60 was performed (two anterior fields; 5,500—6,000 R in 5 weeks).

The following tables resume the characteristics and the trend of our 27 cases treated from March 1959 to August 1963, following the TNM classification. (Survival is indicated by arrows; death by black points.)

# 3.2.6. Dose Distribution Patterns with Orthogonal Beams of Electrons and Wedge Filters in the Treatment of Tumours of the Maxillary Antrum

By

P. MINET, PH. CHEVALIER and J. GARSOU

With 4 Figures

Radical surgery and radiotherapy are commonly used in the management of tumours of the maxillary antrum.

$Co^{60}$ irradiation has the twofold advantage of distributing a fairly high and homogeneous dose to the tumour through two portals and of decreasing the probability of osteoradionecrosis [*1*]. With linear accelerators, the exit dose is related to the field-arrangement and is rather moderate with two wedged fields at 4 MeV [*5*].

If the energy is increased the exit dose increases in the same degree as in the irradiation plan of MORRISON who works with a 8 MeV beam [*3*]. SCHWAB has published a 15 MeV isodose pattern supporting the hypothesis [*4*] that tumours of the maxillary antrum are a good indication for electrontherapy.

However if a single field gives a good distribution for rather superficial tumours, this technique is less satisfactory when the tumour extends backwards and to the fossa temporalis where the dose is about 60% of the maximum.

We have studied the dose distribution given by two orthogonal beams of electrons. This study was initiated on the Rando phantom of the Alderson Laboratories. This phantom is divided into horizontal slides allowing of setting a dosimetric film.

Irradiated films have been processed identically with a reference standard. The ionization dose was related to a maximum of blackening owing which the proportionality between blackening and dose was recorded.

Isodose curves were drawn with a photodensitometer and were adjusted to the 100% maximum value of the dose distribution given by one direct field at 34 MeV.

Irradiation fields at the surface of the phantom were standard 6×8 cm — incidences and entrance portals were checked carefully.

*Results*

At 34 MeV, the dose distribution is good with two orthogonal beams of electrons. The maxillary antrum is completely surrounded by the 200% isodose. However, the oblique incidence of both beams induces the formation of two heavily irradiated areas in the brain and the heterolateral eye.

We have sought to decrease the size of these irradiated areas by a surface correction with wax, plasticine or plaster. These techniques are efficient, but the skin protection effect is decreased.

The nature of the material used does not seem to influence the dose distribution pattern significantly.

In order to achieve a maximum dose at the maxillary antrum and to keep the skin protection effect, we have adapted the well-known wedge filter technique to electrontherapy. A wooden wedge filter was constructed. Its dimensions were chosen to deviate the 50% isodose curve at an angle of 45° in water. The wedge filter was set against the wax compensator. With this technique the maximum dose was deeper but its absolute value decreased to 120%.

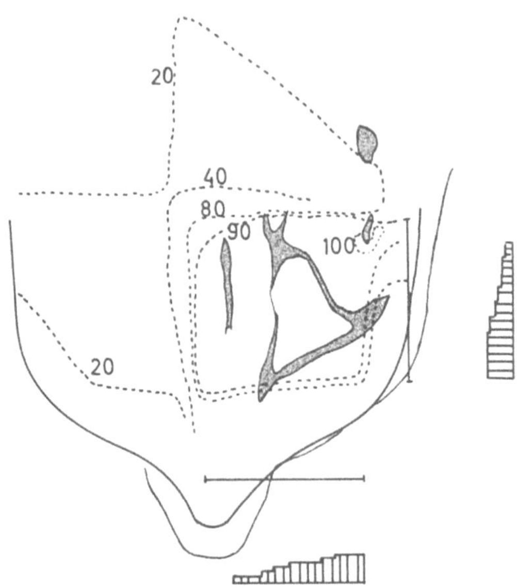


Fig. 1. D'après MAC COMB et FLETCHER

The following experimental step was to suppress the wax compensator. The best dose distribution was reached that way. There is no heavy irradiation of the surrounding structures. The maximum dose covers the maxillary antrum correctly and the skin protection effect is excellent.

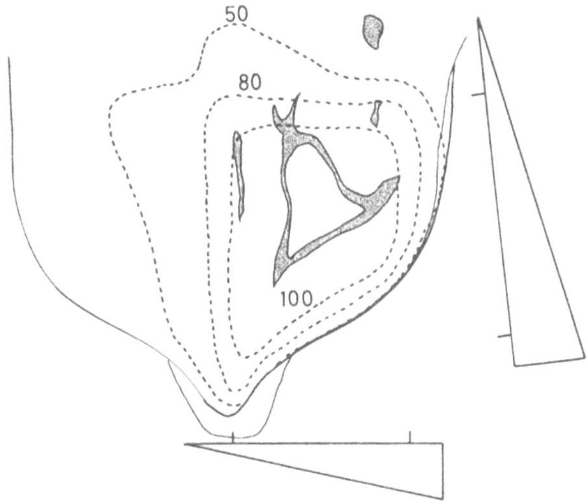


Fig. 2. D'après Stewart (4 MeV)

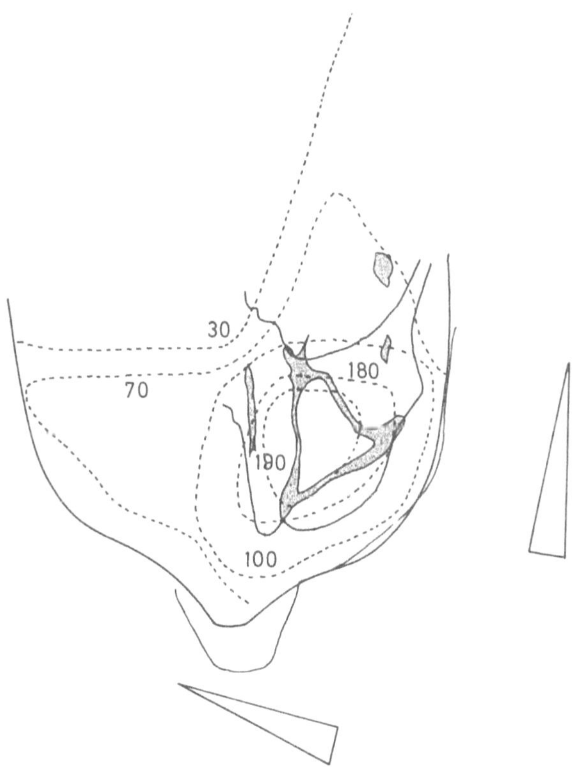


Fig. 3. D'après Morrison (8 MeV)

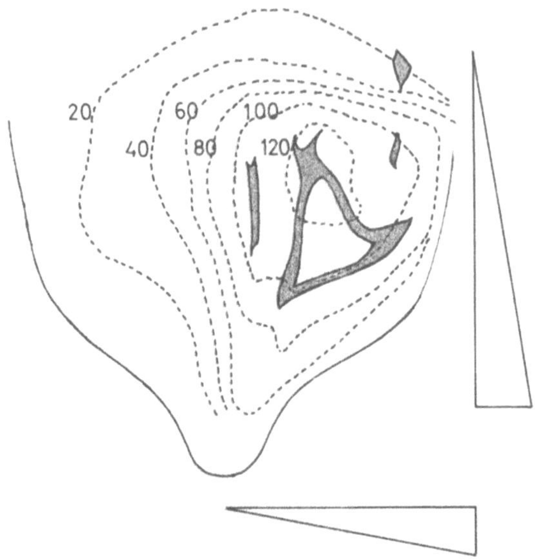


Fig. 4. 34 MeV. 2 fields 6×8 cm

When the cavity is filled, there is no significant distortion of the dose distribution pattern. It is possible to adjust the position of the dose maximum by moving the centre of the lateral field backwards.

When this axis is 1 cm further back the maximum dose is pushed backwards, 0.6 if the cavity is empty and 0.4 cm if it is filled.

The comparison between dose distribution patterns by two orthogonal beams and wedge filters is possible for $Co^{60}$, hard X-rays of 4 and 8 MeV and 34 MeV electrons.

The highest dose is reached at 190% with 8 MeV hard X-rays. It is of 120% with fast electrons, 100% with 4 MeV hard X-rays and 90% with $Co^{60}$.

The electron treatment plan allows a very good limitation of the irradiated target volume (s. Figures 1, 2, 3 and 4).

## Bibliography

1. MACCOMB, W. S., and G. H. FLETCHER: Planned combination of surgery and radiation in treatment of advanced primary head and neck cancer.
2. MARQUES, P., A. BRU et M. DELPLA: Irradiation par cyclothérapie des tumeurs du sinus maxillaire. J. Radiol. Électr. **39**, 134—136 (1958).
3. MORRISON, R., G. R. NEWBERY, and T. J. DEELEY: Preliminary report on the clinical use of the medical research council 8 MeV linear accelerator. Brit. J. Radiol. **29**, 177—186 (1956).
4. SCHWAB, W., K. WERNER und H. KAESS: Erfahrungen bei der Behandlung maligner Nebenhöhlengeschwülste. Strahlentherapie **101**, 227—240 (1956).
5. STEWART, J. G.: A wedge filter approach with 4 MeV radiation to the treatment of carcinomata of the alveolus and antrum. Proc. roy. Soc. Med. **53**, 239 bis 242 (1960).

# 3.2.6. The Treatment of the Tumours of the Maxillary Sinus, Ethmoid and Hard Palate by Means of High Electron Beams

By

PIERLUIGI COVA, A. MAESTRO [1] and GIANPIERO TOSI

With 1 Figure

High energy electron beams are employed in the treatment of tumours of the maxillary and ethmoid sinuses:

1) For the possibility of employing a single field: of 28—30 MeV for the ethmoid; of 20—25 MeV for the maxillary sinus.

2) For the frequently observed good sensibility of these tumours, when irradiated with electron beams.

3) For the sparing of healthy tissues.

This fact permits of a radio-surgical treatment, with preliminary radiotherapy.

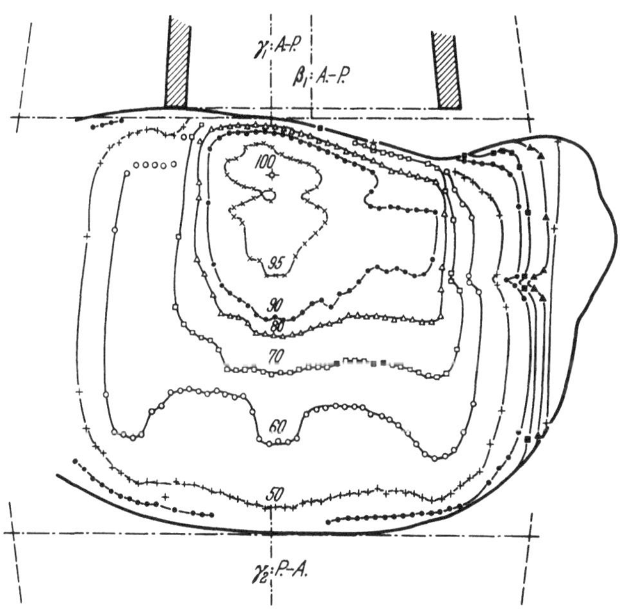


Fig. 1. Isodose curves measured in phantom. Doses: $\gamma_1 : \gamma_2 : \beta_1 = 3:3:4$
Field sizes: $\gamma_1 = \gamma_2 = 20 \times 20$ cm$^2$ $\beta_1 = 14 \times 14$ cm$^2$

[1] Assistant of the Institute of Radiology of the University of Pavia (Director Prof. L. DI GUGLIELMO).

**MAXILLARY SINUS – 24 PATIENTS**

| Weeks | Tumor dose 200 K RBE | Stage | Months of survival (5 10 15 20 25 30 35 40 45 50 55 60) | Histology | Surgical resection before radiotherapy | Surgical resection after radiotherapy | Tumor disapp. yes | Tumor disapp. no | No surg. for tissues rad injury | Recurrence after radiother. + surgery | Bone necrosis |
|---|---|---|---|---|---|---|---|---|---|---|---|
| 10 | 8700 | $T_2$ | | ADENOCA | + | | + | | | | |
| 8 | 5000 | $T_2$ | | GIANT CELLS CA | | + | + | | | | |
| 10 | 5200 | $T_3$ | | CYLINDROMA | | | + | | | | |
| 9 | 6400 | $T_3$ | | SOLID ANAPL. CA | | | + | | | | |
| 7 | 5000 | $T_3$ | R | ANGIOSA | | | + | | | | |
| 8 | 6400 | $T_3$ | | CYLINDROMA | | + | | + | | | |
| 7 | 5000 | $T_3$ | | FIBROSA | | | | + | | | |
| 14 | 11000 | $T_4$ | | SQUAMOUS CA | | | | + | | | + |
| 8 | 6500 | $T_4$ | | SARCOMA | | | + | | | | |
| 13 | 8300 | $T_4$ | | ADAMANTINOMA | + | | | + | | | |
| 14 | 11500 | $T_4$ | | INDIFFERENT CA | | | | + | + | | + |
| 7 | 6400 | $T_4$ | | SQUAMOUS CA | | | | + | | | |
| 9 | 6000 | $T_4$ | | SQUAMOUS CA | | | | + | | | |
| 9 | 5100 | $T_4$ | | SQUAMOUS CA | | | + | | | | |
| 10 | 9500 | $T_4$ | | SQUAMOUS CA | | + | | + | | | |
| 14 | 7600 | $T_4$ | | SQUAMOUS CA | | + | + | | | | + |
| 11 | 6500 | $T_4$ | | SQUAMOUS CA | | | + | | | | |
| 14 | 8000 | $T_4$ | | SQUAMOUS CA | | | + | | | | |
| 21 | 9000 | $T_4$ | | CYLINDROMA | | | + | | | | |
| 5 | 3400 | $T_4$ | R | INDIFFER. CA. | | | | + | | | |
| 7 | 5200 | $T_4$ | | ADENOCA | | | | + | | | |
| 11 | 5200 | $T_4$ | | SQUAMOUS CA | | + | | + | | + | + |
| 10 | 7000 | $T_4$ | | SQUAMOUS CA. | | + | | + | | | |
| 5 | 3600 + 4500 $P^{32}$ ENDO SINUS | $T_4$ | | SQUAMOUS CA | + | | + | | | | |

**ETHMOID – 7 PATIENTS**

| Weeks | Tumor dose 200 K RBE | Stage | Months of survival (5 10 15 20 25 30 35 40 45 50 55 60) | Histology | Surgical resection before radiotherapy | Surgical resection after radiotherapy | Tumor disapp. yes | Tumor disapp. no | No surg. for tissues rad injury | Recurrence after radiother. + surgery | Bone necrosis |
|---|---|---|---|---|---|---|---|---|---|---|---|
| 21 | 1600 | $T_2$ | | TRANSITIONAL CELLS CA | | | + | | | | |
| 8 | 5700 | $T_2$ | | SQUAMOUS CA | | | + | | | | |
| 7 | 5700 | $T_2$ | | INDIFFER. CA. | | + | + | | | | |
| 12 | 6300 | $T_3$ | | SQUAMOUS CA | | | + | | | | |
| 10 | 5700 | $T_4$ | | SOLID CA. | | + | | + | | + | |
| 20 | 6400 | $T_4$ | | | | | | + | | | |
| 9 | 6400 | $T_4$ | | SYMPATHOBLASTOMA | + | | + | | | | |

**HARD PALATE – 3 PATIENTS**

| Weeks | Tumor dose 200 K RBE | Stage | Months of survival (5 10 15 20 25 30 35 40 45 50 55 60) | Histology | Surgical resection before radiotherapy | Surgical resection after radiotherapy | Tumor disapp. yes | Tumor disapp. no | No surg. for tissues rad injury | Recurrence after radiother. + surgery | Bone necrosis |
|---|---|---|---|---|---|---|---|---|---|---|---|
| 10 | 5200 | $T_2$ | | SQUAMOUS CA. | | | + | | | | |
| 9 | 6500 | $T_2$ | | SQUAMOUS CA. | | | + | | | | |
| 15 | 8000 | $T_4$ | | SQUAMOUS CA. | | | | + | | | |

R = RICURRENCE

One must remember that in these cases surgery must avoid extended coagulations in order to destroy and to remove the tissues; in fact we have observed that the necrotic lesions that frequently follow are difficult to be cured.

In 2 of 6 cases of neoplasia of the maxillary sinus the histology of serial sections, after surgery, has demonstrated no tumour rest.

Using the same method for the tumours of the ethmoid sinus has shown the presence of tumour rests were found in only 1 case of 2.

The skin of the face can well tolerate high doses; even in cases in which we have administered 11,000 R (maximum dose) in 10 weeks, we have observed, even in controls up to a few years, healthy conditions of tissues, with small number of subcutaneous sclerosis.

The table on page 300 shows the characteristics of our treatments for neoplasia of the maxillary sinus, ethmoid and hard palate, from March 1959 to August 1963.

## 3.2.7. Electronthérapie des cancers de la cavité buccale

Par

J. Bataini et A. Ennuyer

Notre expérience clinique, à la Fondation Curie, des cancers de la cavité buccale traités par le faisceau d'électrons, est encore très limitée et récente.

Nous avons traité à ce jour 50 de ces cancers. Nous nous étions limités au départ, pour des raisons de facilité, au traitement des cancers de la gencive et de la muqueuse jugale, traitement qui ne nécessitait que des techniques d'irradiation particulièrement simples. Ce n'est que par la suite, que nous appliquâmes cette modalité thérapeutique aux cancers des régions rétro-molaire et amygdalienne, ainsi qu'au plancher buccal.

Nous nous bornerons aujourd'hui à étudier très rapidement les cas, peu nombreux encore, qui disposent d'un recul minimum d'une année.

Parmi les 20 cancers de la gencive que nous avons traités, 11 seulement permettent cette étude, encore que nous n'en retiendrons que 8, éliminant:

— 1 cancer glandulaire qui présentait déjà des métastases viscérales,

— 1 cas traité avec une dose pré-opératoire de 3.500 R,

— 1 cas récidivant irradié à deux reprises et largement opéré.

Un autre cas traité sur lequel nous ne nous attarderons pas, concernait un cancer de la gencive supérieure. Le malade va bien à plus d'un an.

Les 7 cas restants concernaient des lésions de la gencive inférieure qui avaient toutes débordé en arrière vers la fossette rétro-molaire, voire même la muqueuse de l'angle du maxillaire et la région du pilier antérieur, et avaient parfois envahi la muqueuse jugale ou le plancher buccal.

Dans 3 des 7 cas, l'os était atteint.

4 lésions étaient ainsi au stade II

2 lésions étaient ainsi au stade III

1 lésion était ainsi au stade IV.

Les doses distribuées ont varié de 7.000 R en 35 jours à 8.100 R en 43 jours pour le cas classé T4. Elles ont été 3 fois de 7.700 R en 37 jours.

Les réactions muqueuses ont été importantes, particulièrement chez un malade qui avait reçu 7.100 R en 31 jours. L'extension de ces réactions muqueuses en dedans, vers la ligne médiane, concordait avec la pénétration qui avait été choisie. Les réactions cutanées n'ont jamais dépassé le stade de l'érythème plus ou moins vif, suivi de pigmentation et de desquamation sèche. La superficie des champs était de près de 60 $cm^2$, rarement de 80 $cm^2$; elle était souvent réduite en cours et en fin de traitement comme était réduite aussi souvent l'énergie du faisceau d'électrons. L'énergie du faisceau était choisie de facon à ce que toute la tumeur soit incluse dans l'isodose 90%; cette énergie a varié de 12 à 22 MeV.

Les 7 cas traités ne présentent aucun signe de récidive au bout de 1 an. Aucune complication notable n'a été relevée à ce jour. Néanmoins, parmi les cas plus récents, nous notons une nécrose assez importante des parties molles; ce malade avait reçu 7.000 R en 32 jours. Un deuxième malade traité pour un cancer très étendu de la région rétro-molaire avec important envahissement du maxillaire, a présenté une nécrose osseuse et des parties molles.

Disposant aussi d'un recul d'une année sont 4 cancers de la muqueuse jugale, petite suite de cas favorables puisque l'un était au stade I, les 3 autres au stade II. Ces 4 cas sont en bon état clinique apparent. Les doses ont été plus élevées en général que pour les cancers de la gencive, atteignant chez deux malades 7.400—7.500 R en 29—30 jours. Dans ces deux cas, les séquelles cutanées au bout de 16 mois sont inexistantes (champs de 6 cm de diamètre). Les muqueuses par contre, présentent un aspect cicatriciel assez marqué. Un des malades a présenté une nouvelle localisation cancéreuse jugo-maxillaire controlatérale d'évolution rapide, traitée par bétathérapie avec succès à plus de 6 mois.

Nous avons quelquefois regretté de n'avoir pu utiliser le faisceau d'électrons en thérapie intra-buccale, notre bétatron ne pouvant s'y prêter.

En conclusion, bien que le recul d'un an soit insuffisant et notre nombre de malades peu élevé, il semble que l'électronthérapie présente un grand intérêt dans le traitement des cancers de la gencive et de la région rétro-molaire. La simplicité et la sûreté de son application la feront préférer à la cobalthérapie par champs obliques avec filtres en coin, seule autre technique qui puisse lui être opposée.

L'électronthérapie sera utile dans les cancers de la muqueuse jugale, spécialement pour les cancers dépassant les possibilités d'une radiumpuncture satisfaisante. Bien que nous n'en ayons pas l'expérience, nous ne pensons pas que l'électronthérapie puisse remplacer la curiethérapie interstitielle dans le traitement des cancers de la portion mobile de la langue. Enfin, la bétathérapie semble déjà utile dans les cancers du plancher buccal dont nous avons traité 5 cas.

## Summary

The authors have already treated 50 cases of cancer of the buccal mucosa with fast electrons. Only 15 cases were available for 1 year follow-up out of which 12 cases could be retained and analyzed. 1 cancer of the ginginva of the upper jaw is doing well as well as 7 cases of cancer of the gingiva of the lower jaw which extended to the retromolar trigone. 3 of them had rather extensive bone involvement. 4 cases of cancer of the cheek mucosa have also been treated with success.

The complications in this series of 12 cases were practically inexistant. The authors believe in the real usefulness of fast electrons in the treatment of cancer of the gum and cheek mucosa as well as in cancer of the retromolar trigone and floor of mouth. Cancer of the mobile portion of the tongue should continue to be treated by interstital radium therapy.

## Discussion sur 3.2.1.1. — 3.2.2. — 3.2.7.

Par

CARLO BOMPIANI

Nous sommes d'accord avec le Dr. ENNUYER quant aux indications préférentielles de la thérapeutique avec les électrones rapides dans les tumeurs de la peau étendues et épaisses.

A l'Institut de Radiologie de Rome nous avons eu souvent l'occasion d'utiliser la technique, exposée par le Dr. WARD, des décélérateurs appliqués sur la surface à irradier pour améliorer la distribution de la dose dans des cas de tumeurs irrégulières ou de lésions très minces.

Nous avons nous-mêmes traité quelques cas de tumeurs des lèvres avec la technique que la Dr. VAN VAERENBERGH vient d'exposer, c'est-à-dire avec les tubes en bec de flûte dirigés alternativement du côté droit et du côté gauche du malade, pour obtenir une distribution de la dose plus homogène.

Je vous présente, réunis dans des tableaux qui ont déjà été présentés par le Prof. TURANO au Congrès de Wiesbaden il y a quelques mois, l'ensemble des cas de tumeurs de la peau et de la cavité bucale, traitées à l'Institut de Rome. Il s'agissait, dans la plupart des cas, de tumeurs avancées, très souvent avec des métastases.

Table 1. *Plattenepitheliome der Haut und Lippen in vorgeschrittenem Stadium oder Rezidive*

| Jahre | Okt. 1957 Dez. 1958 | 1959 | 1960 | 1961 | 1962 | 1963 | Gesamtsumme |
|---|---|---|---|---|---|---|---|
| Fälle pro Jahre | 4[1] | 12[2] | 17[3] | 18 | 16 | 14 | 81 |
| Überlebende | 1 | 4 | 12 | 9 | 8 | 3 | 37 |
| Verstorbene | 2 | 5 | 1 | 2 | — | 3 | 13 |
| ohne Mitteilung | 1 | 3 | 4 | 7 | 8 | 8 | 31 |

[1] in vorgeschrittenem Stadium
[2] in vorgeschrittenem Stadium
[3] in vorgeschrittenem Stadium

Aussonderung der von 1957/58 bis 1960 behandelten Fälle

| | Nr. 33 |
|---|---|
| Überlebende | 17 |
| Verstorbene | 8 |
| ohne Mitteilung | 8 |

Le pourcentage de cas de survie que nous avons obtenus dans les tumeurs de la cavité orale n'est pas trop favorable, ce qui nous fait préférer maintenant dans plusieurs cas de tumeurs, surtout du bord libre de la langue, le traitement classique par curiethérapie interstitielle.

Table 2. *Mundhöhlenepitheliome, 62 Fälle (Zunge 33, Zahnfleisch 13, Schleimhaut 5, harter Gaumen 5, Mandelbucht 3, Rezidive 3)*

| Jahre | Okt. 1957 Dez. 1958 | 1959 | 1960 | 1961 | 1962 | 1963 | Gesamtsumme | Beobachtungen |
|---|---|---|---|---|---|---|---|---|
| Fälle pro Jahr | 19 | 11 | 12 | 7 | 7 | 6 | 62 | Alle in vorgeschrittenem Stadium oder mit regionären Fernmetastasen |
| Überlebende | 1 | 2 | 3 | 3 | 4 | 5 | 18 | |
| Verstorbene | 14 | 9 | 9 | 4 | 1 | — | 37 | |
| ohne Mitteilung | 4 | — | — | — | 2 | 1 | 7 | |

Aussonderung der von 1957/58 bis 1960 behandelten Fälle

| | Nr. 42 |
|---|---|
| Überlebende | 6 |
| Verstorbene | 32 |
| ohne Mitteilung | 4 |

# 3.2.7. Clinical Observation of Tongue Cancer Treated with High Energy Electrons

By

SHUJI KIMURA, TETUYA ISHIDA and KENJI KONDO

With 3 Figures

Cancer of the tongue has usually been treated with radium needling in our country, but with the development of super-volt radiation technique, high energy therapy has gradually been applied. Since December, 1962, 18 MeV medical Betatron, made by Toshiba Co. in Japan, has been available at the Hyogo-ken Cancer Center for treatment of malignant tumors.

This report stems from an analysis of 8 cases of tongue cancer treated with this machine. An additional 9 patients, who received electron therapy by Siemens Betatron at Toyohasi Civil Hospital and National Cancer Center in Tokyo, are also included. Based on the observation of these 17 cases, we will make some comments on the effectiveness of betatron electron therapy for cancer of the tongue, comparing it with that of radium therapy.

Table 1. *Classification of our cases treated with high energy electron*

| Hospital | Number of cases | Tumor size | | |
|---|---|---|---|---|
| | | < 300 mm | < 1200 mm | > 1200 mm |
| Hyogo Cancer Center | 8 | 3 | 2 | 3 |
| Toyohashi | 5 | 1 | 3 | 1 |
| National Cancer Center | 4 | 3 | 0 | 1 |
| Total | 17 | 7 | 5 | 5 |

This table summarizes the total cases treated with high energy electron beams.

## Isodose distribution and irradiation techniques

To delineate the isodose distribution, a water phantom and a Mix-D phantom bearing a mandible were used. Dose in water phantom was measured with Radocon dosimeter with a probe type 602 and isodose curves were drawn by an automatic isodose plotter. Dose distribution in Mix-D phantom was measured by Toshiba fluorods, which were inserted in the phantom at intervals of 5 mm.

Direct dosimetry within the tumor tissue was also carried out with the fluorods (Fig. 1).

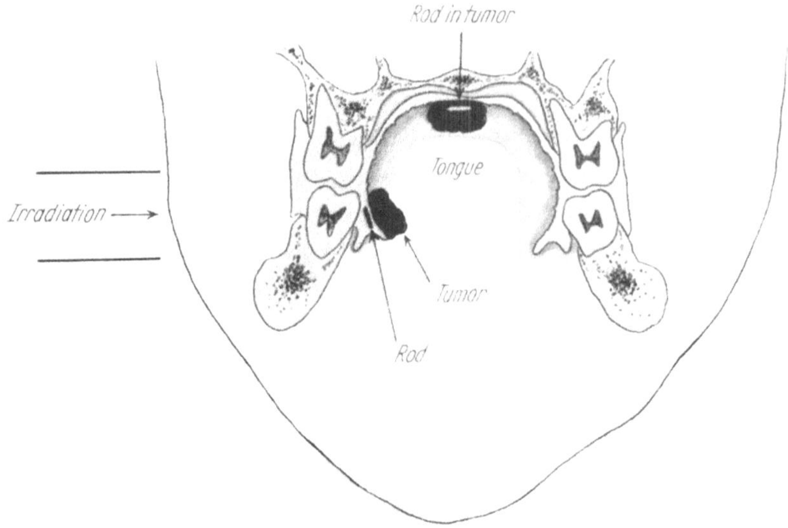


Fig. 1. Direct dosimetry within the tumors

These distributions of high energy electron beams are suitable for radiation treatment of tongue cancer.

### *A. External electron irradiation*

External irradiation was used with 18 MeV electron beams and a daily dose of 200 R, in total, 6,000 R was given.

### *B. Intracavity Irradiation*

Treatment by intracavity technique was used from 10 to 14 MeV electron beams and a daily dose of 500 R, in total, 8,000 R was given.

### *C. External irradiation combined with Radium implant*

These cases have not been included here.

## Clinical results and discussions

When the effectiveness of electron therapy for cancer of the tongue is estimated by clinical findings, that is, reduction or disappearance of tumor, it can be summarized as seen in Table 2.

In Fig. 2, "solid circle" represents the cases in which the tumor disappeared by electron therapy alone and recurrence was observed two months after therapy. "Triangle" indicates that the tumor disappeared by electron therapy alone, but recurrence was observed within two months at the irradiated area or nearby. "Cross" shows that no change was observed after therapy. Ordinate in the figure indicates the radiation dose used and abscissa indicates the size of tumor.

Table 2. *Results of high energy electron therapy in tongue cancer classified by tumor size and irradiation dose*

| Clinical grading dose (r) | 1st stage (< 300 mm²) | | 2nd stage (< 1200 mm²) | | (> 1200 mm²) | |
|---|---|---|---|---|---|---|
| | Cure | Recurr. | Cure | Recurr. | Cure | Recurr. |
| 2001—4000 | | 2 | | | | 1 |
| 4001—6000 | 1 | | 1 | 3 | | 1 |
| 6001—8000 | 4 | | 1 | | 1 | 1 |
| 8001— | | | | | | 1 |
| Total | 5 | 2 | 2 | 3 | 1 | 4 |

Two observations are necessary. The first is that in seven out of eleven cases of tumors within 900 square millimeters in size, tumor disappeared by electron therapy alone. The second is that when a total dose over 7,000 R was given, recurrence has never been observed the first two months after disappearance of tumor.

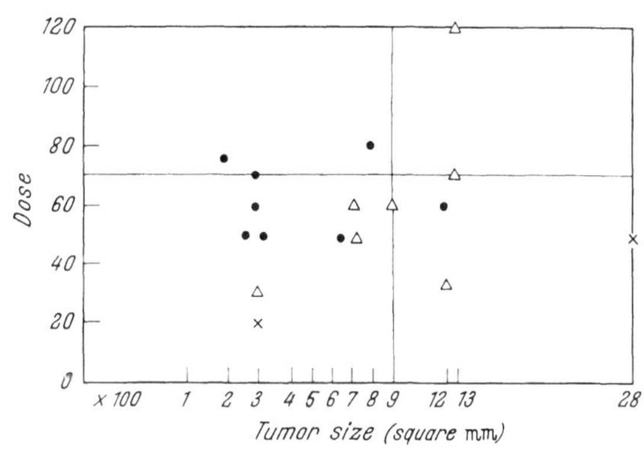


Fig. 2. Primary effect: Relationship to irradiation dose and tumor size

From the experiences of these 17 cases of tongue cancer, the following are our impressions concerning effectiveness of electron therapy. By external irradiation, it is impossible to give a total dose of 7,000 R, because of radiation damage to the buccal mucosa. So, intracavital irradiation should be carried out as the only radical electron therapy for tongue cancer.

Next, in a case of cancer of the tongue, which would be the better method, radium implantation or high energy electron therapy? Fig. 3 shows the comparison of effectiveness of the two treatments. From this table, it might be concluded that radium therapy is better. However, our experience has been so scanty that it may be premature to come to a conclusion; after more experience, the problem will be settled.

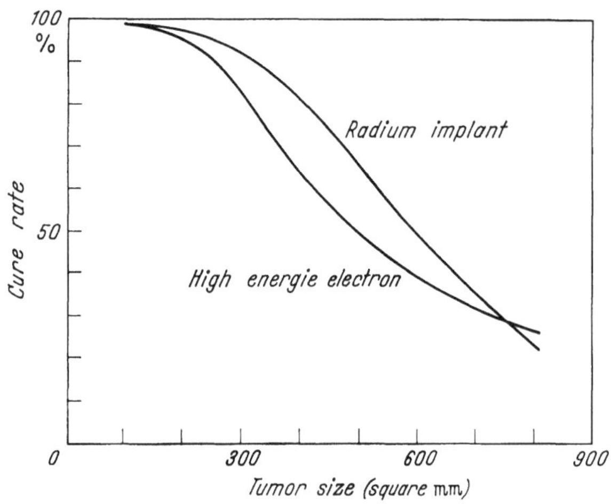


Fig. 3. Comparison of primary cure rate of tongue cancer by high energy electron therapy and by radium implant

## Conclusion

In my present opinion, electron therapy is equally effective as radium therapy and the choice of the treatment should be based on the tumor.

The superiority of the electron therapy, however, is impressive in such cases as lymph node metastasis, infiltrated tumor along the mandible bone, tumor near the base of the tongue, and lesions inaccessible for homogeneous radium needle implant, in all of which radium needle implantation is difficult to carry out.

In addition, electron therapy reduced the burden of the patients to a noticeable degree. As for electron therapy, intracavity irradiation is essential at present and the difficulty of technique in some cases must be overcome by further study.

## 3.2.7. Discussion — Oral Cavity

By

H. W. C. WARD

At St. Bartholomew's Hospital six cases of carcinoma of the buccal surface of the cheek have been treated with 15 MeV electrons.

A special dental bite is used to push the cheek away from the alveolar margin and tongue. In no case was there any reaction on the alveolus or tongue.

One patient, treated in September 1961, received 5,500 rads in 43 days. The tumour regressed but recurred in August 1962. It was then given 3,800 rads in 43 days by telecobalt irradiation. Necrosis ensued but there was no evidence of recurrence.

A second patient treated in September 1961 has remained free of disease for three years.

A third patient, treated in November 1961, received 5,000 rads in 35 days. The lesion regressed but recurred in August 1962. It was then treated by interstitial radium but there was further recurrence in December 1962 and the lesion was finally excised.

Three other patients have been treated too recently to tell if they are cured.

It appears that high-energy electron beam therapy is very useful in the treatment of carcinoma of the buccal surface of the cheek but that the lesion may prove to be radio-resistant.

## 3.2.8.1. Treatment of the Mesopharynx with the Electron Beam [1]

By

NORAH V. TAPLEY and GILBERT H. FLETCHER

The 6 to 18 MeV electron beam is uniquely suited to the treatment of lateralized or asymetrical lesions but does not offer an advantageous isodose distribution with parallel opposed fields. Consequently, we would not select it as the primary method of treatment for malignant lesions of the soft palate, base of tongue, or posterior pharyngeal wall. With lesions of the tonsillar area, whether the primary focus is in the pillars, the fossa, or the glossopalatine sulcus, if there is extension toward the midline (i. e. base of tongue or soft palate), the high incidence of nodes in the opposite neck requires treatment to both sides of the neck via parallel opposed fields to a minimum tumor dose of 5000 rads.

Tonsillar area lesions of limited extent or with minimal spread into the base of the tongue or toward the soft palate may be satisfactorily treated with the electron beam alone or in combination with high energy photons. In treating lesions of the tonsillar area with the electron beam alone, a single lateral field has been successfully used to deliver the desired tumor dose. An intraoral cone may be used alone for limited lesions or to provide additional radiation to a selected area, thereby achieving a higher tumor dose at the primary site or increasing the dose medially. A typical case is that of a patient with squamous carcinoma of the left anterior tonsillar pillar. He was treated with a single lateral 18 MeV electron beam field, 6 cm in diameter, receiving an exposure dose of 7000 rads in 31 days.

[1] This study was supported by Public Health Service Research Grant No. CA-06294.

An additional 1000 rads exposure dose was delivered via an intraoral cone at 6 MeV. The calculated tumor dose was 6500 rads. At ten months, the patient remains free of disease with minimal skin and mucous membrane changes.

In the treatment of the tonsillar area, including the glossopalatine sulcus, the retromolar trigone, the anterior tonsillar pillar, and the soft palate, with the electron beam alone strong skin reactions and a few recurrences in areas shadowed by bone have been observed.

A satisfactory technique has been a lateral electron beam field alternating with cobalt wedge fields or a single high energy photon beam with both modalities providing equal tumor doses. 6000 to 6500 rads tumor dose in five to five and a half weeks is easily achieved. Patients so treated demonstrate a sharply circumscribed mucositis on the affected side with essentially no mucosal reaction on the opposite side.

An example of this approach, a patient with an exophytic squamous carcinoma of the right anterior tonsillar pillar which involved the tonsillar fossa and posterior pillar and extended medially to the mid-portion of the faucial arch. She was treated on alternate days through the same lateral field with the 22 MeV X-ray beam and the 18 MeV electron beam receiving a minimum tumor dose of 6000 rads in 37 days. There was a severe mucositis with exudate on the right side with minimal reaction on the left.

Those lesions of the tonsillar fossa with deep invasion of the tongue, difficult to control, require treatment with parallel opposed high energy photon beam fields. An additional tumor dose of 1000 to 3000 rads can be delivered to the more resistant portions of the tumor by a submental electron beam field, with sparing of the already heavily radiated skin, mandible, and mucous membranes. An example is a patient with a squamous carcinoma of the left anterior tonsillar pillar with extension into the tonsillar fossa and base of tongue. Cobalt 60 wedge fields were used to deliver a tumor dose of 5000 rads to the primary lesion. A submental electron beam field was then added and the patient received an additional exposure dose of 3000 rads at 18 MeV. The combined tumor dose was 7400 rads in 49 days. At eight months the patient is free of disease.

The electron beam has provided a method for significantly increasing the dose in the treatment of carcinoma of the base of the tongue. Base of tongue tumors, located near or across the midline and with a high incidence of bilateral cervical node metastases, require through and through treatment. Opposing lateral fields with Cobalt 60 or high energy photons are used to deliver 5000 to 6000 rads tumor dose in five to six weeks. A submental electron beam field is then added, avoiding the mandible. An additional 1500 to 3000 rads tumor dose is administered by this technique so that the total tumor dose is never less than 7000 rads and may be as high as 8000 rads. During the past 15 months 12 carcinomas of the base of the tongue have been treated with this technique. Ten patients have no evidence of residual or recurrent disease. Seven of these patients having been observed for six months or longer. An example of a case so treated is that of a patient with squamous carcinoma of the base of the tongue with extension into the right posterolateral tongue border and floor of the mouth. The patient was treated with opposing lateral 22 MeV X-ray fields to a minimum tumor dose of 5700 rads. A submental electron beam field at 18 MeV was used to deliver an additional exposure dose of 2400 rads. The calculated tumor dose was 7900 rads in 52 days. At ten months the patient is free of disease.

Lesions of the lingual epiglottis may be treated with the electron beam using a submental port when the lesion is confined to the epiglottis and when bilateral treatment of the neck is not required. The delivery of a tumor dose of 6000 to 7500 rads in five to six and a half weeks may be achieved without serious normal tissue complications. A satisfactory mucositis is achieved with minimal edema only during the early months of follow-up. With more extensive epiglottic lesions requiring opposed fields, a high energy photon beam is used to deliver 5000 to 6000 rads tumor dose, and a submental electron beam port provides the desired additional tumor dose. Lesions of the valleculae are treated in a similar fashion.

Lateral pharyngeal wall lesions are treated with the electron beam alone if there is no extension to the posterior pharyngeal wall or into the adjacent structures. A single lateral electron beam field in direct apposition to the skin is used to deliver a tumor dose of 6000 to 6500 rads in five to five and a half weeks. In cases so treated there have been no problems of severe skin reaction or laryngeal edema. More extensive lateral pharyngeal wall lesions may be treated with a combination of high energy photons and the electron beam thus achieving the desired tumor dose in the primary lesion with sparing of the opposite side of the larynx. An example is a patient with carcinoma of the left lateral pharyngeal wall extending into the pyriform sinus. 22 MeV X-rays were used to deliver 3500 rads tumor dose. Through the same lateral neck field the electron beam at 15 MeV and then at 12 MeV provided an additional tumor dose of 3100 rads. At follow-up 15 months later the patient was free of disease and the skin and mucous membrane were essentially normal in appearance.

## Summary

Table 1 lists the lesions of the mesopharynx treated with the electron beam during a 15 month period. It is found to be of unique benefit in the following situations:

1) In the treatment of asymetrical, well lateralized lesions of limited volume with a single field or with the addition of an intraoral cone for tumor dose build-up.

2) In tonsillar area lesions with minimal soft palate or tongue extension as combined treatment with high energy photon radiation when a greater depth dose is required, when a severe skin reaction is anticipated, or when interposed bone may decrease the depth dose.

3) In lesions arising in the base of the tongue or in extensive lesions with base of tongue involvement as boost treatment using the submental approach. In 12 patients treated to a tumor dose of 7000 to 8500 rads, the regression and control of disease thus far are encouraging.

Table 1. *Mesopharynx lesions treated with electron beam — 54 patients May, 1963 to July, 1964*

| Site | Electron Beam Alone | Electron Beam Combined With $Co^{60}$ or 22 MeV X-ray | Electron Beam Boost | Total Cases |
|---|---|---|---|---|
| Tonsillar areae and soft palate . . . . | 13 | 8 | 5 | 26 |
| Base of tongue . . . . . | 2 * | | 12 | 14 |
| Lateral pharyngeal wall | 6 | 1 | 2 | 9 |
| Valleculae . . . . . . . . | | | 1 | 1 |
| Lingual epiglottis . . . . | | | 2 | 2 |
| Aryepiglottic fold . . . | 1 | | 1 | 2 |

* Post Surgery Recurrence

## 3.2.8.1 Discussion — First Clinical Impressions Regarding the Association of Electron-Therapy and Puncture with Radiogold

By

P. MINET, PH. CHEVALIER, R. LABEYE, and J. GARSOU

Tumours of the mouth and of the oro-pharynx seem to be a good indication for electrontherapy. In order to increase the local dose to small residual nodules we use the interstitial implantation of radiogold threads described by PIERQUIN and CHASSAGNE.

Electrontherapy has been performed first for fungating or haemorragic tumors and later for the puncture of small lesions. The ten patients who were treated with such an association of electrons and $gold^{198}$ have all been able to support a semi liquid feeding during the course of the puncture.

At the end of the treatment all the tumors had disappeared. However two patients with involvement of the jaw-bone presented a recurrence a few months later — the osteolytic lesion had not been influenced by the treatment.

## Diskussion zu 3.2.8.1.

Von

BERNHARD ZIMMERLI

Demonstration von 2 ausgesprochen infiltrierenden Mesopharynxtumoren des weichen Gaumens, die mit 8150 r in 35 Tagen 30 MeV-Elektronen sowie 8200 r in 39 Tagen 30 MeV-Elektronen bestrahlt wurden. Symptomfreiheit seit 4 bzw. 5 Jahren.

Demonstration of 2 highly infiltrating tumours of the soft palate, which were treated with 8150 r high speed electrons 30 MeV within 35 days and 8200 r 30 MeV in 39 days. Symptomfree since 4 and 5 years.

## 3.2.8.1. Discussion — Tumours of the Lateral Wall of the Mesopharynx

By

PIERLUIGI COVA, A. MAESTRO [1], and GIAPIERO TOSI

With 2 Figures

Considerable problems of irradiation technique have always been involved by the location, however comparatively shallow, of tumours of the lateral wall of the oropharynx (tonsil loggia, glossal and pharyngo-palatine pillar) in respect of the skin plane, and by their frequent downward extension over and beyond the glosso-pharyngeal sulcus up to the basis of the tongue, the vallecula and part of the pharyngo-epiglottic folds. Such location calls for irradiating an even dose appropriate to the tumour and not liable to cause serious harm to the skin tissues or to all the mass of tissues lying across the beam's path. The greater the dose volume, the greater the number of irradiation fields suitably chosen to achieve the depth dose. Hence, the more widespread the oropharyngeal neoplasia, the greater did radiation injury appear, just because of the increase in volume doses.

We may add that the first conditions we used to detect included considerable oedema of the soft palate, of the tongue tissues, of the remaining oropharynx, of the cutis, of the subcutis, of the derm of the high cervical regions, and of the submentum regions, with remarkable dryness of the mucous membranes.

These conditions — almost usual to appear after conventional Roentgen-therapy — were the same we witnessed after cobalt therapy. They were not much milder, as even the latter method required multiple beams due to the beam's degradation.

Both technically and physically, electron beams constitute a most appropriate method to irradiate this location. The entire treatment can be performed through a single lateral field with the energy commensurate to the tumour's extension and to the thickness of intermediate tissues. This allows reducing any unnecessary energy on the pharyngeal walls on the opposite side.

If we evaluate the average thickness of the face along its cross axis, half thickness will be 7—8 cmts. By taking into account the absorption by the bone layers of the jaw portion within the irradiation field, we can easily conclude that the appropriate electron beam energy should be 20—24 MeV.

After having reached 4,000 R in three weeks and 5,000 R in four weeks, the pharyngeal wall most often display epitelitic reactions. Practically the pharyngeal walls duplicate the moist reactions detected on completting implant of radium carrying preparations. By selecting the appropriate energy, the electron beam can confine epitelitis to that half of the pharynx which faces irradiation; higher energy will instead cause epitelitis over all the pharyngeal walls and all the soft palate.

For one thing, this means that just on the basis of such reactions we can plan to decrease irradiating beam energy towards the end of the treatment, according

[1] Assistent of the Radiological Institute of the Pavia Univ. (Chief.: Prof. L. Di Guglielmo).

to the degree of regression of the pharyngeal neoplasia. A practice of the like will provide a better safeguard to tissues which need not be exposed to radiation.

Table 1. *Tumours of the tonsil-35 dead patients (43 treated with electron beams)*

| Tumour dose 20% RBE | 4000 ÷ 5000 r | | | | | | 5000 ÷ 6000 r | | | | | | 6000 ÷ 7000 r | | | | | | 7000 ÷ 8000 r | | | | | |
|---|---|---|---|---|---|---|---|---|---|---|---|---|---|---|---|---|---|---|---|---|---|---|---|---|
| Weeks | N. of pat. | Disappear of tumour | | Necrosis | | Recurrences | N. of pat. | D.o.T. | | N. | | R. | N. of pat. | D.o.T. | | N. | | R. | N. of pat. | D.o.T. | | N. | | R. |
| | | End | 2 M. | R. | C. | | | E. | 2 M. | R. | C. | | | E. | 2 M. | R. | C. | | | E. | 2 M. | R. | C. | |
| 6 | 2 | 1 | 1 | | 1 | 1 | 1 | 1 | | | | | 1 | | | | | | | | | | | |
| 7 | | | | | | | 4 | 3 | | 2 | 1 | 1 | | | | | | | 2 | 1 | 1 | | | 1 |
| 8 | | | | | | | 3 | 1 | 1 | 1 | | | 3 | 1 | | 1 | 2 | | 2 | | 1 | 1 | 1 | |
| 9 | | | | | | | 4 | 1 | 1 | | 1 | | | | | | | | 1 | | | | | |
| 10 | | | | | | | 1 | 1 | | | 1 | | 4 | 2 | 1 | 2 | 2 | | 2 | | | | 1 | |
| 11 | | | | | | | 1 | 1 | | | | | 1 | | | | | | 1 | 1 | | | | |
| | 2 pat. — no tum. rest | | | | | | 14 pat. — 4 tum. rest | | | | | | 9 pat. — 5 tum. rest | | | | | | 8 pat. — 4 tum. rest | | | | | |

Notes: R. Necrosis after radiotherapy. C. Necrosis crevasse in the tumour. δ Patients died for massive hemorrhage. 2. Patients not included for insufficient dosage.

Our method of treatment provided irradiation through one single field: normally we choose the genian, mandibular, submandibular and submastoidal region, including the upper portion of the cervical lymphatic chains.

Over the average period of 7—9 weeks, we apply a maximum dose between 8,200 and 9,000 R (6,800 to 7,200 R if corrected with the 20% rbe factor), 2—3 cmts deep; between 5,500 and 5,800 R (4,400—4,600 R if corrected), to skin surface; whereas 5,500—5,800 R corrected) reach the tumour.

Practically all of our patients developed epidermolytic reaction, few to a high degree. If one is careful to brush on gentian violet early, reaction can sometimes be prevented or often confined within a mild degree. Delayed injury to soft tissues of this zone (the greater the reaction during treatment, the greater the delayed injury) is in fact moderate and comprises sclerodermia (the derma remaining resilient), atrophy of the panniculus adiposus, and a thinning of the skin layer. Only rarely have we remarked the skin layer to adhere strongly to the derm and to the underlying jaw bone (to the upper branch of the jaw). It is advisable to suggest patients to apply daily for several years suitable grease creams with lanolin, on the irradiated region.

We have not witnessed any post treatment fractures of the upper branch of the jaw bone, whereas we witnessed fractures of the horizontal branch due to irradiation of neoplasias in the mouth cavity.

At a distance of years some stiffening is liable to develop at the temporomaxillary articulation, causing a narrower angle of mouth opening and considerable tiredness at the articulation level even after brief chewing. Sclerosis, atrophy of the masseteric and genion muscles usually develop in the long run, and accordingly the cheek rear wall becomes thinner.

Delayed damage at the level of the pharyngeal mucous membranes is moderate: generally the latter remain moist, much moister than after conventional ray treatment or after cobalt treatment. Likewise less evident are sclerosis conditions usually affecting the glosso-palatine pillar, hence less deformation of the soft palate arch.

After a lapse of time we also recorded reactions on the tongue. Besides instances of hypotrophy of the hemilingua, we also noticed the practical disappearance of the papillae circumvallatae on the side of the irradiation field, in cases when the energy used did not overreach 27 MeV. By taking into account a) 10% beam absorption per centimetre of bone penetrated and b) jaw bone thickness, we were able to assess that the tongue centerline, where atrophy of the papillae

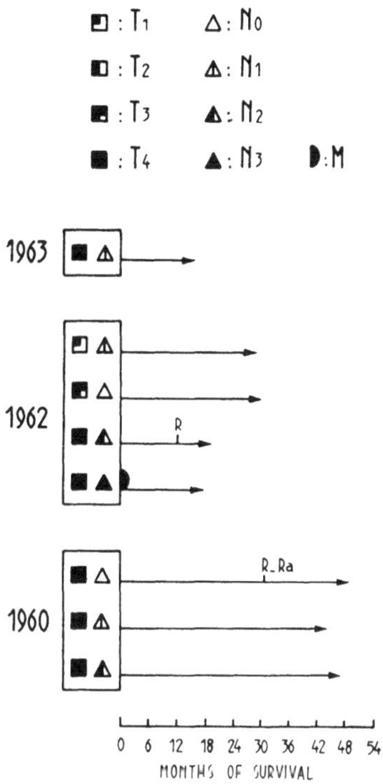


| TUMOUR DOSE/ DAYS 20% RBE | DISAPPEARANCE OF THE TUMOUR AT THE END | DISAPPEARANCE OF THE TUMOUR AFTER 2 MON. | LATE NECROSIS MONTHS | MUCOSA SCLEROSIS | HISTOLOGY |
|---|---|---|---|---|---|
| 6000/42 | + | | | | SQUAMOUS-CELLS |
| 5700/50 | + | | | + | RETICOLOSA. |
| 7100/77 | + | | | | BASAL-CELLS |
| 6000/69 + Ra | NO | NO | 1 | ++ | SQUAMOUS-CELLS |
| 5600/66 | + | | | | SQUAMOUS-CELLS |
| 4900/47 | + | | 36 (5) | +++ | INDIFFERENTIATED |
| 6400/70 | | | 10 | ++ | BASAL-CELLS |
| 5600/56 | + | | | | SQUAMOUS-CELLS |

Fig. 1. Tumours of the tonsil — 8 living patients (43 treated with electron beams)

circumvallatae practically ceased, was bound to represent the zone where the beam's absorption curve was around 80%.

From March 1959 to August 1963 we applied electron beam treatment to 43 patients suffering from neoplasia of the mesopharyngeal lateral wall. Only 8 survive.

By considering these cases under the international T N M clinical classification, we wished to analyse and evidence component T, in order to display the results obtainable with irradiation by the high energy electron beam on the original tumour. We have entered the more important data on the tables which follow (Fig. 1).

Among other information, we felt it advisable to present the death-rate curves. Though obtained solely by the T detail, the latter curves enable us to compare them with similar curves by other authors who may have recorded them from cases possibly treated by other methods including both conventional Roentgen therapy and cobalt therapy (Fig. 2).

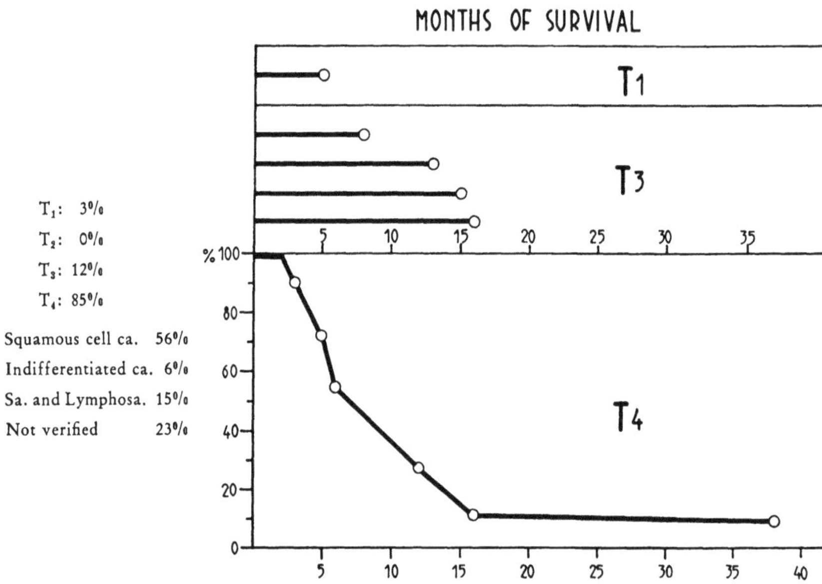


Fig. 2. Tumours of the tonsil — 35 dead patients (43 treated)

The doses applied to the tumour are here expressed by figures corrected with 20% (0.8) r. b. e. factor.

## 3.2.8.2. Bestrahlungsergebnisse am 35 MeV-Betatron bei Zungengrundtumoren

Von

J. Lissner

Mit 1 Abbildung

Am 35 MeV-Betatron in Frankfurt/M. wurden in der Zeit vom 1. 7. 1958 — 1. 7. 1963, also in 5 Jahren, insgesamt 1350 Patienten bestrahlt. Unter diesen befanden sich 154 mit Tumoren der Mundhöhlenregion, von welch letzteren 30 Kranke Tumoren des Zungengrundes hatten. Über die Ergebnisse bei der Behandlung dieser 30 Patienten mit Zungengrundtumoren werde ich berichten, wenngleich es sich um die zahlenmäßig kleinste Tumorgruppe in unserem Patientengut handelte, welche auch nur zum Teil mit Elektronen behandelt wurde.

Zum Vergleich wurde ein Kollektiv konventionell behandelter Patienten aus den Jahren 1952—1958 herangezogen, u. z. 13 Patienten, deren Behandlung bestand in Bestrahlung mit 250 kV, Radium-, Gold- und Kobaltapplikationen.

Nachfolgend nun tabellarische Übersichten, aus denen die Ergebnisse ersichtlich werden.

Von den 30 Pat. mit Zungengrundtumoren — am Betatron behandelt — lebte keiner länger als 5 Jahre, und die 4-Jahresgrenze erreichte 1 Pat., ein Plattenepithelkarzinom des Zungengrundes mit Befall der Epiglottis, Anamnese 7 Monate, keine Operation, Lymphknoten an gleicher Halsseite vorhanden. Alter des Patienten 38 Jahre. Bestrahlt wurde mit 25 MeV Elektronen, 6000 rad. Von den 2 Pat. mit 3 Jahren Überlebenszeit hatte einer (55 Jahre) ebenfalls ein Plattenepithelkarzinom mit Lymphknoten an der gleichen Halsseite. Der Tumor jedoch war begrenzt. Anamnese 4 Monate, keine Operation, schnelle Elektronen 25 MeV. Der 2. Patient hatte ein mal. entartetes Papillom, welches operiert worden war. Die Anamnese reichte 3 Jahre zurück. Länger als 2 Jahre überlebten 30% und das erste Jahr nach der Bestrahlung 50%.

Vergleichsweise nun dazu die Tabelle 1 der mit konventionellen Methoden bestrahlten Patienten. Die 4 Überlebenden in der 5-Jahresrubrik bilden allein über 4 Jahre die Erfolgsquote und 3 von diesen sind Retothelsarkome und nur 1 Patient ist ein verhorntes Plattenepithelkarzinom. Deshalb hinkt der Vergleich ein wenig. Klammert man die Sarkome in beiden Gruppen aus, was man grundsätzlich getan haben könnte, so bliebe in der Aufstellung der konventionell Behandelten in den Jahren 2—5 eine Überlebensrate von nur 7%, währenddessen sich in der Betatronstatistik kaum etwas geändert haben würde.

Aber selbst unter dieser Einschränkung muß festgehalten werden, daß bei dem von uns verglichenen Patientengut die Betatrontherapie bezüglich der Zungengrundtumoren im Hinblick auf den Dauererfolg keine bestechende Änderung gebracht hat.

Es bedarf in diesem Gremium allerdings eigentlich keiner Erwähnung, daß die Belastungen und Belästigungen des Patienten während und nach der Bestrahlung am Betatron verglichen mit der konventionellen Therapie geringer sind, daß auch die Tumorrückbildungen und das Verschwinden der vergrößerten Lymphknoten schneller und sicherer vor sich geht.

Versuchen wir nun, unser Material im einzelnen aufzuschlüsseln, so ergibt sich das in Tab. 1 Dargestellte.

In Tab. 1 sind eigene klinische Daten verglichen. Wesentliche Unterschiede sind nicht festzustellen. Bei den Patienten mit konventioneller Behandlung ist der Anteil des Lymphknotenbefalls sogar größer (90%) als bei den Betatronpatienten (56%). Dagegen wurden 40% der ersteren Gruppe operiert gegenüber nur 25% der letzteren. Durchschnittsalter, Anamnesendauer und der Prozentsatz der Primärtumoren dagegen sind bei diesen Gruppen ziemlich gleich.

Bei den Patienten, die länger als 2 Jahre lebten, handelt es sich ausschließlich um solche mit Primärtumoren.

Die Frage nach der Dosis als Grundlage des Erfolges ergibt folgendes: 17 der 30 Patienten bekamen eine Gesamtdosis von 6000 rad. Diese Patientengruppe weist die längsten Überlebenszeiten auf. Aber auch die Gruppe,

Tabelle 1. *Zungengrundtumoren, Bestrahlungsergebnisse mit Betatron (oben) und konventionellen Methoden (unten) sowie Vergleich einiger klinischer Daten*

| Beobacht.-zeitraum | Pat.-zahl | 0–1 J. | >1 | >2 | >3 | >4 | >5 |
|---|---|---|---|---|---|---|---|
| 5 Jahre | 4 | 1 | 2 | 1 | — | — | — |
| 4 Jahre | 14 | 8 | 1 | — | — | 1 | |
| 3 Jahre | 23 | 4 | 1 | 2 | 2 | | |
| 2 Jahre | 28 | 2 | — | 3 | | | |
| 1 Jahr | 30 | 1 | 1 | | | | |
| Überlebensrate | | 30/16 | 30/14 | 28/9 | 23/3 | 14/1 | 4/0 |
| % | | 50 | 50 | 30 | 10 | 7 | 0 |

Zungengrundtumoren (Betatron 35 MeV)
30 Pat.
Durchschnittsalter 61 J.
Anamnesendauer 6 Mon.
Prim. Tu. 25 = 85%
Lymph.kn. 19 = 65%
Op. 7 = 25%

| 0–1 J | >1 J | >2 J | >3 J | >4 J | >5 J |
|---|---|---|---|---|---|
| 6 | 3 | — | — | — | 4 |
| 13/6 | 13/7 | 13/4 | 13/4 | 13/4 | 13/4 |
| 50 | 50 | 30 | 30 | 30 | 30 |

Zungengrund (konv. Therapie) 13 Pat.
Durchschnittsalter 60 Jahre
Anamnesendauer 5 Monate
Primärtumoren 25 Pat. = 85%
L.K. 12 Pat. = 90%
Operation 5 Pat. = 40%

bestrahlt mit Dosen bis zu 5000 rad, hat einen relativ hohen Prozentsatz in der 1 und 2 Jahresrubrik. Dagegen fehlen bei der Gruppe mit mehr als 7000 und 8000 rad länger als 1 Jahr Überlebende. Diese Gruppe setzt sich zusammen aus 3 Plattenepithelkarzinomen und 1 Sarkom. Aus diesen Ergebnissen kann also nicht entnommen werden, daß unterdosiert worden sei.

In diesem Zusammenhang wurde einige Wichtigkeit jener Frage zugemessen, ob Tumoren der Zungengrundregion erfolgversprechender mit Elektronen oder Photonen zu bestrahlen seien. Die Diskussion basiert vornehmlich darauf, daß die Topographie im Zungengrund-Epiglottis-Rachenbereich unübersichtlich ist und sich hier verschieden stark absorbierende Substanzen überlagern.

Es entstand auch in unserem Institut zeitweilig die Meinung, daß mit der Elektronenreichweite des uns zur Verfügung stehenden Betatrons keine genügende Tiefendosis im Zungengrundbereich zu erreichen ist.

Wir haben diese Frage noch einmal aufgegriffen, auf Grund praktischer Erwägungen, aus Gründen der Dosisverteilung und da andernorts erfolgreiche Elektronentherapie im fraglichen Bereich betrieben wird.

Es bereitet jedoch einige Schwierigkeiten, sichere Ergebnisse der Dosisverteilung zu erhalten.

Man kann die Tiefendosiskurve berechnen, indem man die Dicke der verschiedenen absorbierenden Medien berücksichtigt. Man kann die Ver-

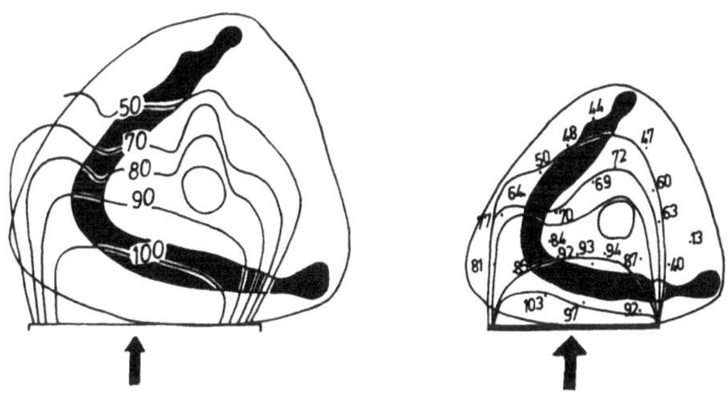


Abb. 1. Tiefendosiskurven für 25 MeV Elektronenstrahlung, für ein Unterkiefer-Mundboden-Phantom (berechnet: linke Hälfte, gemessen: rechte Hälfte)

teilung messen, sei es am Patienten oder an der Leiche, aber die Genauigkeit — bedingt durch mannigfaltige Faktoren — ist begrenzt.

Deshalb haben wir die Messungen an einem Phantom durchgeführt, gemeinsam mit der physikalischen Betatronabteilung des Max-Planck-Institutes und freundlicher Unterstützung von Herrn Dr. Pohlit und seinen Kollegen, zuerst am Aldersonphantom, dessen Victoreenkammern aber für solche Messungen in der jetzigen Form unpraktisch sind. Auch die Filmschwärzungsmethode war in ihren Ergebnissen zu ungenau. Daher hat schließlich einer meiner Doktoranden, Herr Steinhauer, einen menschlichen Unterkieferknochen in weichteiläquivalentes Material eingebettet, eine Gesichtsform modelliert und den Pharynxschlauch eingebohrt. In dieses Phantom konnten wir dann genügend große Löcher setzen, in welche nacheinander eine zuverlässige Meßkammer eingelassen werden konnte.

In der Abbildung 1, links, finden Sie die berechneten Tiefendosiskurven mit Berücksichtigung des Unterkieferknochens und des Pharynx eingezeichnet. Die 80%-Kurve verläuft jenseits der Mittellinie des Körperquerschnittes.

In Abb. 1 sind rechts die Dosismeßwerte der einzelnen Meßpunkte eingetragen. Auch hier führt die 80%-Kurve über die Mittellinie hinaus. Die Messungen wurden mit 25 MeV Elektronenstrahlung vorgenommen. Bei 30 MeV lägen die Kurven noch weiter jenseits der Mittellinie. Als Besonderheit fällt Ihnen wahrscheinlich die 100%-Linie auf. Sie ist die Folge eines nicht vollkommen ausgeglichenen Elektronenstrahls.

Es kann also festgestellt werden, daß mit 25 MeV und entsprechend deutlicher noch mit 30 MeV eine genügend hohe Dosis in der Zungengrundgegend erreicht wird, um zur Bestrahlung der Tumoren dieses Bereiches verwendet zu werden. Über die Wirksamkeit der einen und der anderen Strahlung ist hierdurch allerdings noch nichts ausgesagt.

Tabelle 2. *Bestrahlungsergebnis bei Zungengrundtumoren am Betatron. Vergleich Photonen- und Elektronenstrahlung*

| | 0—1 J. | > 1 | > 2 | > 3 | > 4 | > 5 |
|---|---|---|---|---|---|---|
| $x_{35}$ | 18/8 | 18/10 | 16/6 | 11/1 | 4/0 | 3/0 |
| $e^-$ | 12/8 | 12/4 | 12/3 | 12/2 | 10/1 | 1/0 |
| $x_{35}$ | 45% | 55% | 35% | 10% | 0% | 0% |
| $e^-$ | 65% | 35% | 25% | 20% | 10% | 0% |

Zu diesem Zweck (Tab. 2) haben wir aber die Ergebnisse der Elektronen- und Photonenbestrahlung bei Zungengrundtumoren verglichen, denn von den 30 erwähnten Zungengrundtumoren wurden 18 mit Photonen 35 MeV und 12 mit Elektronen 25 oder 30 MeV behandelt.

Die entsprechende Aufschlüsselung läßt erkennen, daß die Ergebnisse mit Elektronenstrahlung nicht schlechter sind als mit Photonenstrahlung. Sicher sind die Zahlen noch zu klein, um der einen oder der anderen Methode einen Vorsprung einzuräumen, sie sind aber auch nicht geeignet, der Photonentherapie den Vorrang zu geben.

## Summary

We have compared the results of radiation of tongue base tumors treated with conventionel X-ray therapy and with the 35 MeV Betatron.

The comparison shows no marked difference between these two radiological methods regarding the five years surviving rate. But the reduction of tumor size and lymphnods happens earlier when using Betatron therapy. The other comparison regarding the treatment with 35 MeV Photons and 25 oder 30 MeV fast electrons shows no difference regarding the five years surviving rate as well. Nevertheless are there differences in skin reactions.

To show the shape of the 80% curve with 25 MeV fast electrons in a phantom of the oral cavity and tongue base region we have figured it out due to the different density and have measured it with a special small chamber. The 80% curve lies beyond the middle line of the oral cavity. This demonstrate the fact that tongue base tumors can be well treated with 25 or 30 MeV fast electrons.

### 3.2.8.2. Discussion — Base of Tongue and Vallecula

By

ADOLF ZUPPINGER

We treated by the end of 1962 18 cases of which only 3 were free of metastases. The results appears at first glance to be poor. Only 4 cases are living symptom-free. One of these had a fixed tumor and one bilateral neck metastasis. 3 other patients died of intercurrent disease and 7 because of distant metastasis. If we examine the influence of the treatment in respect to the local effect we see that only twice we failed to cure the primary lesion and one patient had a late recurrence in the glands which were recently operated. Even when we take in account the probability of further recurrences because of the short observation time we may evaluate that the local cure rate lies between or in the neighbourhood of 80%.

The comparison with conventional X-Ray treatment showed that we only had a local cure rate of 43%. Though the local cure is almost double, the end result is disappointing. This is partially caused by the fact that we received many more desolate cases than before.

Some remarks about the doses may be of interest. We generally gave doses between 7000 and 8000 R in 30 to 40 days fractionation. A longer fractionation is unfavorable even with higher doses. One patient developped a recurrence with a total of 9075 R in 52 days. An other case had a local recurrence with 7500 R in 51 days, this could be cured again with radium needles with a dose of 6000 R without ulceration. This showes that the tissue tolerance is even after a dose of 7500 R considerably high.

## 3.2.9. Das Hypopharynxcarcinom

Von

WERNER HELLRIEGEL

Zu den Hypopharynxcarcinomen werden die Tumoren

a) des Recessus piriformis,

b) der Retrocricoidwand = Vorderwand des Hypopharynx,

c) der Hinter- und Seitenwand

gezählt.

Die Hypopharynxcarcinome gehören wegen der frühen Metastasierung durch das ausgedehnte und stark verzweigte Lymphgefäß-System zu den ungünstigen Krebsen.

Wenn Patienten mit einem Hypopharynxcarcinom zur Bestrahlung überwiesen werden, dann handelt es sich in den meisten Fällen um fortgeschrittene Krankheitsstadien, oder es sind bereits Metastasen vorhanden, oder der Patient befindet sich im hohen Alter, oder eine Operation kann aus verschiedenen Gründen dem Patienten nicht mehr zugemutet werden.

Ganz selten kommt der Patient tatsächlich im ersten Krankheitsstadium zur Bestrahlung.

Bei unserer Aufteilung der Geschwülste haben wir uns an die internationale Stadieneinteilung gehalten. In der Gruppe I wurden die Tumoren des Stadiums I und II, in der Gruppe II die Tumoren des Stadiums III und IV aufgenommen. Alle Krebse waren schon fortgeschritten, so daß in der Gruppe I nur Erkrankungsstadien II enthalten sind. Es sind also Tumoren dabei, die nicht nur einen Teil des Hypopharynx befallen hatten, sondern sich auf mehrere Regionen des Hypopharynx, auf den Zungengrund oder Larynx ausgedehnt hatten.

Die Gruppe II enthält fast ausschließlich Tumoren im Stadium III, also Primärtumor mit regionären Lymphknotenmetastasen. Alle Patienten wurden nur bestrahlt. Ein operativer Eingriff außer der Probeexzision fand nicht statt.

Uns interessiert hier die Frage, ob durch die Elektronenbestrahlung die Überlebensrate dieser Krebskranken verbessert werden kann. Diese Frage möchte ich mit Ja beantworten. Voraussetzung ist die Anwendung einer Elektronenenergie von 25—30 MeV und eine gleichzeitige Mitbestrahlung der regionären Lymphknoten, auch wenn noch keine vergrößerten Lymphknoten tastbar sind. Die Bestrahlungsfelder müssen groß gewählt werden. Wir haben Felder von 10—12 cm im Durchmesser benutzt. Die Bestrahlungsenergie richtet sich nach der Dicke des Halses, im allgemeinen wurden 25 MeV und bei starken Halsdurchmessern 30 MeV gewählt. Die Herddosis betrug 6000 R und sie wurde in einer Serie während 6 Wochen eingestrahlt.

Die Tab. 1 zeigt die Überlebensrate der Hypopharynxcarcinome im Stadium I und II, also ohne tastbar vergrößerte Lymphknoten.

Tabelle 1.

| Stad. I + II | Überlebensrate | | | | |
|---|---|---|---|---|---|
| | 1 J. | 2 J. | 3 J. | 4 J. | 5 J. |
| Rö. 200 kV | 22/40 = 54% | 11/38 = 29% | 6/36 = 18% | 5/33 = 15% | 4/31 = 13% |
| Elektronen 25—30 MeV | 12/16 = 75% | 8/14 = 61% | 4/11 = 36% | 1/6 = 17% | |

Bei der noch kurzen Beobachtungszeit von rund 7 Jahren ist natürlich die Zahl der behandelten Patienten des nicht sehr häufigen Carcinoms klein. Da hier auch Patienten mit einer kürzeren Beobachtungszeit mitgezählt wurden, kam die laufende Statistik zur Anwendung. Die Patienten nach konventioneller Röntgenbestrahlung und nach Elektronentherapie befinden sich etwa im gleichen Erkrankungsstadium und es kann somit ein Vergleich angestellt werden. Dabei zeigt sich, daß die elektronenbestrahlten Patienten eine bessere Überlebensrate aufweisen. Wenn auch die Zahlen klein sind, so ist doch schon ein Vergleich bei den ersten 3 postradiativen Jahren erlaubt.

Tabelle 2.

| Stad. III + IV | Überlebensrate | | | | |
|---|---|---|---|---|---|
| | 1 J. | 2 J. | 3 J. | 4 J. | 5 J. |
| Rö. 200 kV | 20/42 = 48% | 10/42 = 24% | 4/35 = 11% | 4/35 = 11% | 3/33 = 9% |
| Elektronen 25—30 MeV | 6/8 = 75% | 2/7 = 28% | 1/7 | 1/5 | 1/2 |

Diese bessere Überlebensrate durch die Elektronenbestrahlung kommt auch bei den fortgeschrittenen Carcinomen im Stadium III und IV zur Geltung, wie es Tab. 2 zeigt.

Kontrollzeit und Zahl der behandelten Patienten ist noch nicht ausreichend, um endgültige Aussagen machen zu können. Der palliative Erfolg ist aber doch besser als nach der konventionellen Therapie.

Wenn alle Hypopharynxcarcinome in einer Statistik aufgenommen werden, dann kommt man zu folgender Gegenüberstellung der Tab. 3.

Tabelle 3.

| Alle Hypopharynx-carcinome | Überlebensrate | | | | |
|---|---|---|---|---|---|
| | 1 J. | 2 J. | 3 J. | 4 J. | 5 J. |
| Rö. 200 kV | 42/82 = 51% | 21/80 = 26% | 10/71 = 14% | 9/68 = 13% | 7/64 = 11% |
| Elektronen 25—30 MeV | 19/25 = 76% | 18/21 = 48% | 5/18 = 28% | 2/11 = 18% | 1/7 = 14% |

Es erhebt sich noch die Frage, ob der Differenzierungsgrad der Carcinome für die Rückbildung der Geschwülste nach der Elektronenbestrahlung eine Bedeutung hat. Die Beantwortung ist nicht einfach, aber man gewinnt doch den Eindruck, daß auch reife Carcinome durch eine Herddosis von 6000 R recht gut beeinflußt werden können (s. Tab. 4).

Auf eine interessante Tatsache möchte ich noch hinweisen, die sich auf das Hypopharynxcarcinom und das in unmittelbarer Nachbarschaft entstehende Larynxcarcinom bezieht. Obwohl die Hypopharynxcarcinome und die Larynxcarcinome etwa das gleiche Lymphabflußgebiet haben und in benachbarter Region entstehen, haben die Larynxcarcinome eine weit bessere Prognose. Die Ursache dafür wird wahrscheinlich die frühere Erkennung dieser Tumoren sein (s. Tab. 5).

Tabelle 4. *Histologie und Strahlenempfindlichkeit der Hypopharynxcarcinome*

| | Überlebensrate | | | | |
|---|---|---|---|---|---|
| | 1 J. | 2 J. | 3 J. | 4 J. | 5 J. |
| *verhornt. Plattenep.-Ca.* | | | | | |
| Elektron. | 4/6 = 66% | 3/6 = 50% | 2/6 = 33% | 1/6 = 17% | 1/6 = 17% |
| Rö. | 8/19 = 42% | 3/19 = 16% | 1/19 = 5% | 1/19 = 5% | 1/19 = 5% |
| *Plattenepithel-Ca.* | | | | | |
| Elektron. | 10/11 = 91% | 6/11 = 54% | 3/11 = 27% | 1/11 = 9% | — |
| Rö. | 7/14 = 50% | 5/14 = 36% | 3/14 = 21% | 2/14 = 14% | 2/14 = 14% |
| *papilläre Carcinome* | | | | | |
| Elektron. | 2/2 | | | | |
| Rö. | 2/2 | 1/2 | 1/2 | 1/2 | 1/2 |
| *nicht verhornt. Plattenepithel-Ca.* | | | | | |
| Elektron. | 3/5 = 60% | 1/5 = 20% | | | |
| Rö. | 20/31 = 64% | 13/31 = 42% | 9/31 = 29% | 8/31 = 26% | 7/31 = 23% |
| *undiff. Plattenep.-Ca.* | | | | | |
| Elektron. | 1/2 | | | | |
| Rö. | 4/7 = 57% | 2/7 = 28% | | | |

Tabelle 5. *Larynx- und Hypopharynxcarcinome ohne Metastasen*

| Stad. I + II | Überlebensrate | | | | |
|---|---|---|---|---|---|
| | 1 J. | 2 J. | 3 J. | 4 J. | 5 J. |
| *Larynx-Ca.* Rö. 200 kV | 110/159 = 69% | 87/155 = 56% | 77/147 = 52% | 64/137 = 48% | 56/125 = 45% |
| Elektronen 25—30 MeV | 23/26 = 86% | 13/19 = 68% | 9/17 = 64% | 9/14 = 64% | 6/10 = 60% |
| *Hypopharynx-Ca.* Rö. 200 kV | 22/40 = 54% | 11/38 = 29% | 6/36 = 18% | 5/33 = 15% | 4/31 = 13% |
| Elektronen 25—30 MeV | 12/16 = 75% | 7/13 = 56% | 3/10 = 30% | 1/6 = 17% | |

Wir sehen daraus, daß durch die alleinige Elektronenbestrahlung die Überlebensraten der Larynxcarcinome um rund 15% verbessert werden und daß die Hypopharynxcarcinome immer eine schlechtere Prognose haben.

Wenn ein Larynxcarcinom bereits in die regionären Lymphknoten metastasiert hat, dann ist die Prognose ungünstiger als bei den Hypopharynxcarcinomen im gleichen Erkrankungsstadium (s. Tab. 6).

Tabelle 6. *Larynx- und Hypopharynxcarcinome mit regionären Lymphknotenmetastasen*

| Stad. III | Überlebensrate | | | | |
|---|---|---|---|---|---|
| | 1 J. | 2 J. | 3 J. | 4 J. | 5 J. |
| *Larynx-Ca.* | 11/49 | 8/48 | 4/47 | 2/45 | 2/45 |
| Rö. 200 kV | = 22% | = 17% | = 8% | = 4% | = 4% |
| Elektronen | | | | | |
| 25—30 MeV | 1/2 | | | | |
| *Hypopharynx-Ca.* | 20/42 | 10/42 | 4/35 | 4/35 | 3/33 |
| Rö. 200 kV | = 48% | = 24% | = 11% | = 11% | = 9% |
| Elektronen | 5/7 | 2/7 | 1/7 | 1/5 | 1/2 |
| 25—30 MeV | (71%) | (28%) | | | |

**Summary**

Only advanced cancer were irradiated because of lack of experience. By electrons the 3 year survival rate can be raised from 14% to 28%. The tumor dose was always 6000 R 25 to 30 MeV from two lateral fields. Field size 10 to 12 cm.

# 3.2.10. Radiotherapy of Laryngeal Tumours by Means of High Energy Electron Beams

By

Pierluigi Cova, A. Maestro[1] and Gianpiero Tosi

With 4 Figures

*Neoplasias of the larynx*

Neoplasias of the larynx can be treated with the betatron's high energy electrons through a single anterior or anterolateral field. The energy employed varies according to the thickness of interlying soft tissues and to the location of the tumour. We use rather high energy for the epiglottis (between 27 and 34 MeV), but low energy for vestibular affections (between 14 and 20 MeV).

The field sizes are the smallest compatible with the tumour's extension: 4×7 or 4×5 cmts normally; 5×7 or 6×10 cmts for more widespread

[1] Assistent of the Radiological Institute of the Pavia University (Chief: Prof. L. Di Guglielmo).

cases; 3×3 or 2×2 cmts exceptionally for chordal limitation. Small fields involve considerable problems of beam homogeneity, for during treatment the deglutition displaces the zone requiring irradiation, thus compromizing the tumour's sterilization.

The latter fact is probably responsible for the recurrence of the first three cases of chordal tumours treated. With the method of converging treatment one can obtain rather small hot fields completely surrounded by a wide halo of decreasing intensity irradiation, whereas with the betatron we witness a fast decay of radiation beyond the field's border just because of the absence of side scattering.

Chiefly because of this consideration we elected to entrust the latero-cervical lymphatic chains to surgical treatment. The latter is preferrably performed only in the presence of lymphnode infiltration. Currently we rarely suggest it as preventive treatment.

Accordingly radiotherapy of lymphatic chains only applies when surgery appears inadvisable either for general causes or due to fixed nodes.

Such practice is sure to produce milder after-effects on the larynx, compared to those following total irradiation of the larynx and of the latero-cervical lymphatic chains. Our electron treatment of the larynx generally extends to 7—9 weeks; shorter treatment is liable to cause brisker reaction which should specifically be avoided with the larynx, in view of its harmful after-effects.

Normally we irradiate five days a week, at a weekly average of 1000 to 1500 R. Generally a weekly average dose of 1000—1250 will allow the treatment to progress uninterruptedly until completed, whereas a weekly average dose of 1500 R will often require occasional discontinuation. When indicating the daily and the total dose we refer to the 100% dose within the tissues, such 100% lying at a depth of 1 to 3 cmts according to field size and energy.

The maximum doses administered ranged from 7500 to 10 000 R. At the outset of our treatments we purposely observed what the maximum doses permissable were both for a) isolated radiotherapy and b) radio-surgical treatment involving a preliminary stage of radiotherapy.

From the surgical point of view we observed that cases cured with 10 000 R maximum dose and thereafter operated between fifth and eighth week after treatment, displayed a normal postoperative course recovered and showed no necrotic incidents over a long period of time. These cases were followed up by histological testing which showed that most of them had recovered from the tumour.

A group of cases was treated with doses between 8300—8400 and 9000 R without subsequent surgery. Though neoplasia had disappeared with good results, with this group we witnessed an easier appearance and persistence of laryngeal oedema, whereby twelve of the cases had to undergo tracheotomy.

For this reason over the last fifteen months we further reduced the maximum doses, which currently range between 7500 and 7800 R. Our records now show that reactions have been growing considerably milder.

Due to the short time-span of our follow-up, we are still unable to report on the continuation of the tumour's absence in this latter group.

## *After effects*

If one is careful to confine the weekly average within 1000 and 1250 R skin reaction will be moderate though dependent on the individual sensitivity. In most cases treatment can be completed while the patient has developed a medium or rather high degree of erythema (by applying

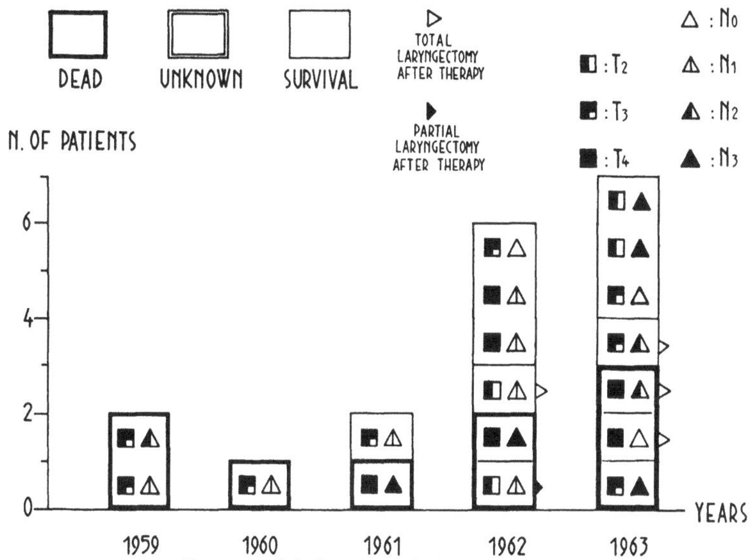


Fig. 1. Ca of the larynx-marginalis — 18 patients

gentian violet early, however, erythema is satisfactorily overcome and will allow treatment without interruption).

One group of patients developed only over a portion of the irradiation field an area of exudation. Careful dosimetric testing revealed that this was due to some lack of homogeneity of the field, also late effects as depigmentation and teleangectasies prooved to match exactly the isodose curves. The sequence of cutaneous after-effects strictly follows that observed originally by Coutard and later by Baclesse in patients irradiated by conventional radiotherapy. However, apart from a transient precocious erythema not always developing within 48 hours from the first application, after-effects are inclined to skip the first stage peculiar to the 14th through the 18th day, will develop moderately during the second stage from the

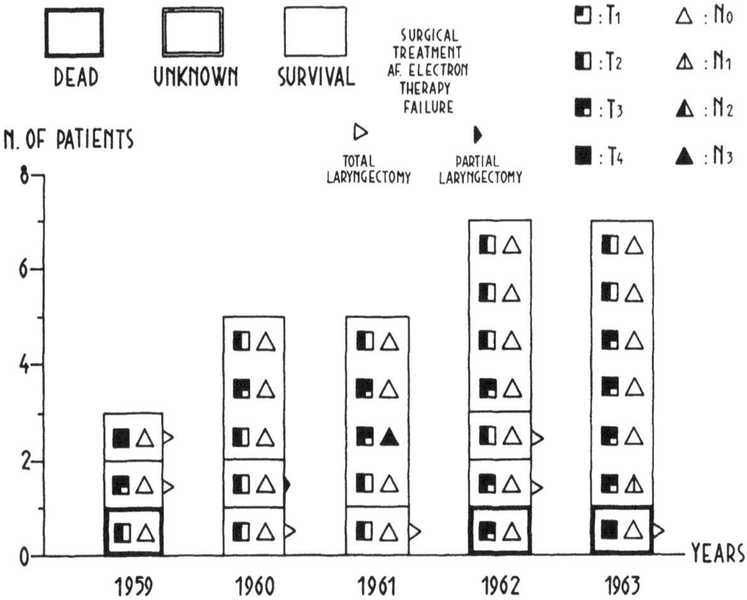


Fig. 2. Ca of the larynx-vestibule — 37 patients

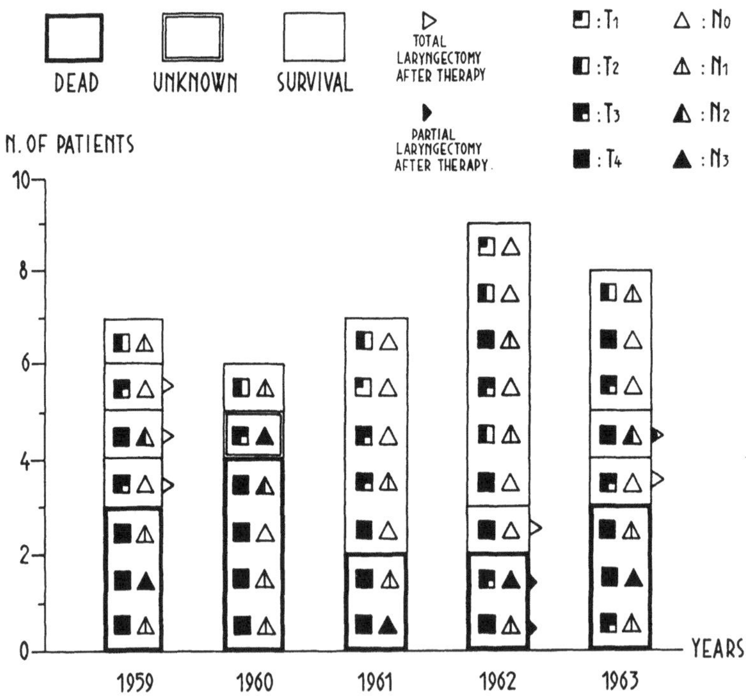


Fig. 3. Ca of the larynx — vocal cord: with reduced mobility or fixed — 27 patients

22nd to the 24th day, and will increase appreciably during the third stage from the 32nd to the 36th day.

Generally speaking, reaction of the mucosa is greater than that of the cutis. Necrotic reaction only were observed of ventricular carcinomata in

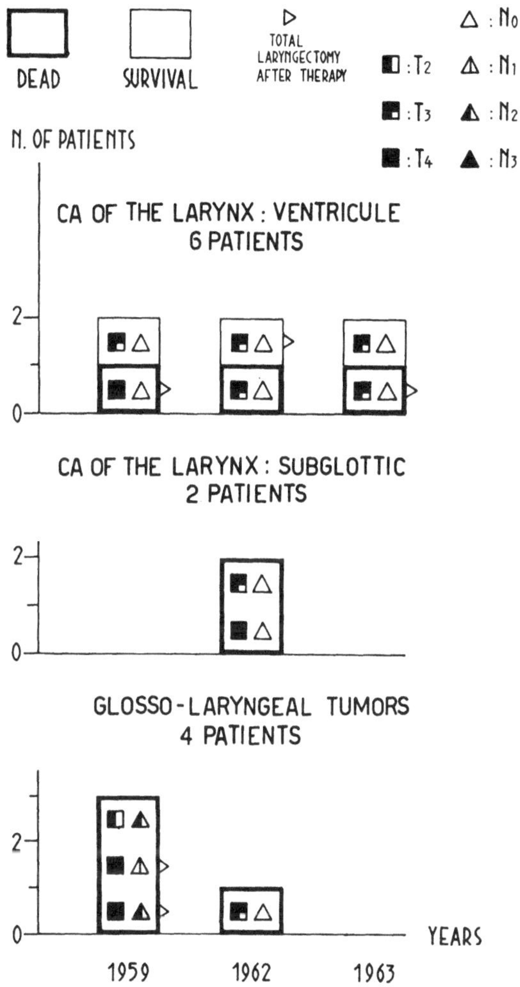


Fig. 4

infiltrating and infected cases. Our impressions when checking during treatment a patient affected by laryngeal neoplasia, is that the latter can be destroyed much more easily by electron irradiation than by conventional radiotherapy or cobalt therapy. Still more, we gained the impression that the chances have increased for a tumour to respond to radiotherapy.

We might ascribe such apparent greater radiosensitivity of the tumour to the fact that oedematous complication is much more confined and much rarer and therefor healthy tissues are spared much more.

In our opinion accordingly, the conception whereby vestibular tumours should receive radiotherapy and infiltrating tumours chiefly surgery, should be revised:, the laryngologist should defer surgery, and begin the treatment by betatron electrons as well as on infiltrating tumours. We all know that, if performed appropriately, radiotherapy in no way interferes with subsequent surgery which remains available for cases of unrecovery or recurrences.

In involving infiltrating tumours of the laryngeal ventricle electron treatment prooved less effective. We favour in these cases undelayed surgery.

Currently we still treat chordal tumours (if limited and with mobile chorda) by converging motion conventional Roentgentherapy (Siemens-Wachsmann).

Chordal tumours with restricted chordal mobility or with a fixed chord, chordal tumours extending to the subglottic versant, as well as supraglottic tumours are irradiated by us by means of electrons.

Our results (Fig. 1—4) with the subglottic cases were unfavourable; on the other hand even encouraging results were achieved in cases with restricted movable or fixed vocal cord.

## 3.2.10. Ergebnisse der Elektronentherapie von Larynxkarzinomen

Von

SERGIO BRUN DEL RE

Nachdem sich die konventionelle Therapie in der Behandlung der Larynxkarzinome durch ihre guten Erfolge einen entsprechenden erstrangigen Platz erobert hatte, haben wir nur jene Stadien der inneren Larynxkarzinome mit Elektronen bestrahlt, bei denen erfahrungsgemäß die konventionelle Strahlentherapie nur wenig Aussicht auf Erfolg bietet und die chirurgische Therapie häufig wegen fortgeschrittenen Alters abgelehnt wurde. Es handelt sich in erster Linie um fortgeschrittene Stadien mit teils supraglottischer Ausdehnung, ferner um solche, die schon primär oder während der begonnenen konventionellen Bestrahlung entzündliche Komplikationen aufwiesen. Die Operationsrezidive wurden ebenfalls durchwegs mit Elektronen bestrahlt. Die Bestrahlungsrezidive lassen wir in der Regel operieren, wegen der Gefahr des Auftretens einer Perichondritis bei einer zweiten Bestrahlungsserie. Wenn jedoch die Operation vom Patienten abgelehnt wird, oder allgemeine medizinische Kontraindikationen zur Operation vorlagen, wurden auch diese Bestrahlungsrezidive der Elektronenbestrahlung zugeführt.

*Resultate der alleinigen Elektronenbestrahlung der Larynx-Tumoren*

Von 12 kurativ behandelten und während mehr als einem Jahr beobachteten Patienten waren 9 rezidivfrei, während es in 2 Fällen innerhalb Jahresfrist zu einem lokalen Rezidiv kam. Es handelte sich in beiden Fällen um einen supraglottischen Larynxtumor. Das Lokalrezidiv ist in einem Falle im Bereiche des Zungengrundes, im anderen Falle im Bereiche der Membrana thyreo-hyeoidea aufgetreten. Im ersten Fall betrug die verabreichte Dosis 9350 rh Elektronen in 49 Tagen, im zweiten Fall 8165 rh Elektronen in 28 Tagen. Die nachträgliche Beurteilung der Bestrahlungstechnik auf Grund der Zentrieraufnahmen zeigte, daß die Ausbreitungstendenz des Tumors nach ventral zu wenig berücksichtigt worden war und demzufolge zu schmale Felder zur Anwendung gekommen sind. Die Rezidive traten im Bereiche der unterdosierten ventralen Tumorabschnitte auf. Im weiteren Verlauf sind 5 Patienten, meist bei fortgeschrittenem Alter, ohne Tumorsymptome gestorben.

*Ergebnisse der Bestrahlung von Operationsrezidiven mit Elektronen*

Von 7 während 1—4 Jahre beobachteten und kurativ bestrahlten Patienten blieben *alle* symptomfrei, einer ist interkurrent gestorben.

2 Patienten beobachten wir seit mehr als 4 Jahren, beide sind symptomfrei.

*Bestrahlungsrezidive und Rezidive nach kombiniertem strahlentherapeutischem und chirurgischem Vorgehen*

Von dieser Gruppe überblicken wir 6 Fälle über mehr als ein Jahr. Es konnten nur 2 kurativ bestrahlt werden, beide waren nach Ablauf des Beobachtungsjahres symptomfrei. Bei 4 Patienten war die Tumorsituation dermaßen ausgedehnt, daß nur eine palliative Bestrahlung durchgeführt werden konnte. In all diesen 4 Fällen konnte ein entsprechender palliativer Effekt erzielt werden.

Es sind gesamthaft betrachtet bei diesem ausgewählt schlechten Material nur 2 Behandlungsversager aufgetreten bei supraglottischen Tumoren, bei denen die Behandlungstechnik zu beanstanden ist. Nebst diesen günstigen Behandlungserfolgen erscheinen uns folgende Tatsachen noch besonders erwähnenswert:

In unserem gesamten Material von 25 behandelten Larynxkarzinomen ist es nur in 2 Fällen zur Ausbildung einer Perichondritis gekommen. Bei beiden Fällen handelt es sich um Operationsrezidive. In einem Fall ist die Perichondritis im zweiten Jahr aufgetreten und im vierten Jahr spontan abgeklungen, im anderen Fall konnte sie erst durch die Hemi-Laryngektomie zur Abheilung gebracht werden. Hingegen finden sich in unserem Material 3 Fälle, die vor Behandlungsbeginn wegen des Vorliegens einer Perichondritis tracheotomiert werden mußten. In einem Fall handelte es sich sogar um eine schwere eitrige Perichondritis, die nach außen durchgebrochen war. Bei diesem Patienten sind 8400 rh Elektronen in 41 Tagen verabreicht worden, bei Einzeldosen von 200 R zweimal täglich. Der Patient konnte später dekanüliert werden. Er weist heute eine leichtgradige Einschränkung der Beweglichkeit der rechten Larynxhälfte und eine leichte Schleimhautinduration auf, doch verursacht ihm dies praktisch keine subjektiven Beschwerden. Der Patient ist 72jährig und arbeitet 4 Jahre nach Behandlungsbeginn noch voll als Mechaniker.

Auch der zweite dieser 3 Fälle konnte später dekanüliert werden und lebt symptomfrei. Im dritten Fall ist die Perichondritis ebenfalls zum Abklingen gekommen, doch weist der Patient nun eine Oesophago-Trachealfistel auf und ist deswegen gezwungen, sich durch eine Magensonde zu ernähren.

## Zusammenfassung

Die vorliegenden Ergebnisse zeigen, daß die Elektronenbestrahlung in der Behandlung von fortgeschrittenen oder durch entzündliche Veränderungen komplizierte Larynxtumoren bessere Resultate zu erzielen vermag als die konventionelle Strahlentherapie. Wir werden deshalb wahrscheinlich in Zukunft sämtliche Larynxkarzinome mit Elektronen bestrahlen, wenn sich nicht in den nächsten Jahren wider Erwarten Spätfolgen einstellen sollten.

## Summary

With curative electron therapy we achieved good results in 19 cases of advanced laryngeal cancer who would have had a poor prognosis with conventional X-rays. Only two local recurrences were observed in an observation time of one to 6 years. In recurrences after radiation the prognosis is not good, but two patients out of 6 treated are free of disease more than one year.

# Discussion sur 3.2.10.

Par

Carlo Bompiani

Les cas de tumeurs du larynx traitées chez nous, à l'Institut de Rome, ont été réunis dans quatre groupes: seulement électronthérapie; électronthérapie après hémilaryngectomie; électronthérapie après laryngectomie totale; thérapie palliative. Les deux premiers groupes sont peu comparables, mais par première approximation, il nous semble qu'il n'y ait pas de différence sensible entre ces deux groupes quant à la survie.

Je rappelle ici un tableau présenté par le Professeur Turano au Congrès de Wiesbaden il y a quelques mois. Vous pouvez relever que la tumeur, après l'irradiation avec les électrons rapides, a complètement disparue.

Tabelle 1. *Larynxkarzinome (129 Fälle)*

1. Gruppe. Nur Bestrahlung nach Nr. 39

| Jahre | Okt. 1957 Dez. 1958 | 1959 | 1960 | 1961 | 1962 | 1963 | Gesamtsumme |
|---|---|---|---|---|---|---|---|
| Fälle pro Jahr | 9 | 9 | 8 | 10 | 2 | 1 | 39 |
| Überlebende | 5 | 3 | 3 | 5 | 1 | — | 17 |
| Verstorbene | 4 | 6 | 4 | 2 | 1 | — | 17 |
| ohne Mitteilung | — | — | 1 | 3 | — | 1 | 5 |

Aussonderung der von 1957—1958 bis 1960 behandelten Fälle.
Nr. 26

| | |
|---|---|
| Überlebende | 11 |
| Verstorbene | 14 |
| ohne Mitteilung | 1 |

2. Gruppe. Bestrahlung nach Hemilarynektomie Nr. 28

| Jahre | Okt. 1957 Dez. 1958 | 1959 | 1960 | 1961 | 1962 | 1963 | Gesamtsumme |
|---|---|---|---|---|---|---|---|
| Fälle pro Jahr | 2 | 2 | 3 | 9 | 11 | 1 | 28 |
| Überlebende | 1 | 1 | 1 | 3 | 7 | 1 | 14 |
| Verstorbene | 1 | 1 | 1 | 3 | 1 | — | 7 |
| ohne Mitteilung | — | — | 1 | 3 | 3 | — | 7 |

Aussonderung der von 1957—1958 bis 1960 behandelten Fälle. Nr. 7

| | |
|---|---|
| Überlebende | 3 |
| Verstorbene | 3 |
| ohne Mitteilung | 1 |

3. Gruppe prophylaktische Bestrahlung nach Laryngektomie Nr. 50.
4. Gruppe palliative Bestrahlung bei Metastasenrezidiven Nr. 12.

## 3.2.10. Larynx

By

Selmer Rennaes

Since 1961 we have been using both the conventional X-ray and electron treatment of larynx cancer at The Norwegian Radium Hospital. We have tried to establish a clinical trial, but the number of cases is as yet too few to judge of the final results, there being 10 and 9 respectively in each group. On the other hand we now have some experience with electrons, especially as to the dose per day, the total dose and the complications as for example necrosis of the larynx.

The electron treatment can be given from the front on one field without bolus. The isodose calculation with 15 MeV gives a satisfactory dose in the tumour region (80—90%) and a small dose in medulla, less than 10%.

A single field can also be used by one-sided localization, with or without bolus. This ray direction gives a good distribution as well.

Table 1. *Occurences of necrosis, influence of dose per day, total dose, biopsy and stage*

Electron

| No | Necrosis + | Necrosis ÷ | Dose daily | Dose total | Biopsy | | Stage |
|---|---|---|---|---|---|---|---|
| | | | | | | x | |
| 9 | 3 | | 3—400 | 8500—8800 | 3 | x | 3—4 |
| | | | | | | xxx | |
| | | 6 | 300 | 5200—8400 | 2 | x | 1—3 |
| | | | | | | x | |

Electrons with energy from 12 to 22 MeV have been used and the dose per day varied from 300 to 400 R, the total dose being approximately 8000 R over a period of 30—40 days. There is often a severe epithelitis after 5000—6000 R, but treatment can continue till 8000—9000 R with full recovery later.

Table 2. *Occurences of necrosis, influence of dose per day, total dose, biopsy and stage. x stands for each biopsy*

X-ray

| No | Necrosis + | Necrosis ÷ | Dose daily | Dose total | Biopsy | | Stage |
|---|---|---|---|---|---|---|---|
| 10 | 2 | | 400 | 4300—5700 | 2 | xxxxx | 3 |
| | | | | | | xxxx | |
| | | 8 | 400 | 4000—5000 | 1 | xx | 2 |

All patients are treated in the localized stage without gland metastasis. Of our 10 patients with X-ray treatment 1 is dead, of the 9 electron-treated patients 2 are dead, and 3 later developed metastases to the glands.

I want to mention the necrosis of the larynx especially (Table 1) and to discuss factors which can influence this complication. 3 patients who were given electron treatment developed necrosis. 2 were given a dose per day of 400 R and a total dose of more than 8500 R. The third 300 R daily and total 8700 R. A total dose of about 8000 R appears to be tolerated when the dose per day is 300 R. 4 out of 6 patients without necrosis were given treatment with these doses.

Necrosis is apparently most common in the advanced stages (stage 3—4), besides that, control biopsies after termination of treatment seems to be unfortunate, one single biopsy from 2 patients, 3 from the third. On the other hand 1 and 2 biopsies respectively have been taken from 2 patients without necrosis following, but the dose per day had been less and the cases less advanced, stage 1—3.

Necrosis can also occur by X-ray treatment (Table 2). In 2 of 10 cases, where 5 and 4 control biopsies were taken. Here the tumour dose is the same as in the 8 cases where necrosis did not develop.

Thus it looks as if control biopsies after termination of radiation, especially where the daily dose and the total dose are large and the cancer is relatively advanced (stage 3—4), increase the possibilities of necrosis. This led us to lower the dose per day to 300 R, to maintain the total dose of 8000 R, and furthermore to try and avoid the taking of control biopsies. But in cases where laryngectomy is under discussion, it is often necessary to give the indication for the operation with biopsy.

## 3.2.11. Zur Elektronentherapie der Struma maligna

Von

Joseph Becker und K. H. Kärcher

Die malignen Geschwülste der Schilddrüse zeigen je nach Differenzierungsgrad und histologischem Aufbau auch ein sehr unterschiedliches funktionelles Verhalten. Nur der geringere Prozentsatz läßt im Tumorgewebe eine ausreichende Speicherung radioaktiven Jodes erkennen, so daß nur ein

Tabelle 1. *Externe Strahlenbehandlung bei 132 Pat. (90 weibl., 42 männl.) mit Struma maligna*

| | |
|---|---|
| Schnelle Elektronen . . . . . . . . | 46 Pat. |
| Telegamma ($Co^{60}$) . . . . . . . . . | 15 Pat. |
| Schnelle Elektronen und Telegamma . | 20 Pat. |
| Schnelle Elektronen und Röntgenstrahlen | 14 Pat. |
| Telegamma und Röntgenstrahlen . . . | 6 Pat. |
| Röntgenstr. . . . . . . . . . . . . | 31 Pat. |

kleiner Teil dieser Fälle für eine Therapie mit Isotopen geeignet ist. Wenn es auch manchmal gelingt, durch Ausschaltung der Schilddrüse Metastasen zum Speichern von Radiojod anzuregen, so ist auch dieses Resultat meist nicht zu erreichen und eine Strahlentherapie des primären Schilddrüsentumors durch äußere Bestrahlung erforderlich.

Die Tatsache, daß bei der rein operativen Behandlung dieser Geschwülste häufig Rezidive auftreten, in unserem Krankengut etwa 65%, läßt die Bedeutung der Strahlentherapie dieser Tumoren erkennen. Die nächste Tabelle zeigt recht eindrucksvoll, daß die schnellen Elektronen hierbei als strahlentherapeutisches Verfahren eindeutig dominieren (Tab. 1).

Topographie der Schilddrüse und ihre Beziehung zu den anderen Organen des Halses lassen dies auch sehr sinnvoll erscheinen. Wie Sie sehen können, gelingt es mit einer 2-Felder-Technik günstige Isodosen zu erzielen. Herr WEITZEL führte diese Messungen an einem speziellen Halsphantom durch und erreichte hierbei eine weitgehende Schonung des Larynx bei ausreichend hoher Belastung des malignen Gewebes. Bei größerer Dickenausdehnung des Tumors kann die Energie auf 15 MeV erhöht werden. In einigen Fällen kann eine Teilresektion oder eine Tracheotomie vor der Bestrahlung wegen der Gefahr der Atemwegsverlegung erforderlich werden. Gerade die Resektion eines Großteiles des malignen Gewebes vor der Bestrahlung wirkt sich auf die Endresultate günstig aus und auch hier zeigt die Statistik, daß die kombinierte radiochirurgische Behandlung der alleinigen

Tabelle 2. *Überlebenszeit nach Röntgenbestrahlung der Struma maligna (17 Pat.)*

| | —1 | —2 | —3 | —4 | —5 | über 5 Jahre |
|---|---|---|---|---|---|---|
| 12 Pat. Operat. und Bestr. | 7 | 2 | 1 | — | 1 | 1 |
| 5 Pat. allein. Bestr. | 5 | — | — | — | — | — |
| Mit Rezid. bzw. Metast. | | | | | | |
| 5 Pat. Operat. und Bestr. | 4 | — | — | — | — | 1 |
| 4 Pat. allein. Bestr. | 4 | — | — | — | — | — |

Tabelle 3. *Überlebenszeit nach Supervolttherapie der Struma maligna (93 Pat.)*

| | —1 | | —2 | | —3 | | —4 | | —5 | | über 5 Jahre | |
|---|---|---|---|---|---|---|---|---|---|---|---|---|
| Operat. und Bestr. | 68 | 68 | 45 | 68 | 38 | 62 | 28 | 56 | 15 | 39 | 11 | 31 = 35% |
| Allein. Bestr. | 25 | 25 | 9 | 25 | 4 | 22 | 3 | 22 | 3 | 18 | 3 | 14 = 21% |
| Zusammen | 93 | 93 | 54 | 93 | 42 | 84 | 31 | 78 | 18 | 57 | 14 | 45 = 31% |

Operation oder Bestrahlung überlegen ist. Bei Bestrahlung inoperabler Riesenstrumen haben wir die Telekobaltbestrahlung vorgezogen und in manchen Fällen eine Kombination von Elektronen und Telekobaltbestrahlung, besonders bei Vorliegen tieferliegender Metastasen. Bei Anwendung höherer Elektronenenergien, als sie uns zur Verfügung standen, können alle diese Herde natürlich auch mit Elektronen bestrahlt werden.

Auch bei der Bestrahlung der Schilddrüsentumoren hat sich in besonderen Fällen die Anwendung der Siebtechnik bewährt. Wir wenden die Siebtechnik bei Vorbelastung der Haut und Bestrahlung von Tumorrezidiven, aber auch bei der Notwendigkeit der Bestrahlung mit 3 Feldern bei größerer lateraler Ausdehnung zur Schonung des Larynx an. Weiterhin wird mit Sieb bei Bestrahlung von Lymphknotenmetastasen in der seitlichen Hals- und Supraklavikularregion bestrahlt. Zur Demonstration möchte ich Ihnen bei einer Patientin mit einer malignen Kolloidstruma zeigen, daß eine völlige Abheilung durch 5200 R in 37 Tagen möglich war. Die Patientin lebt. Eine Patientin mit Schilddrüsen-Sarkom mit Lymphknotenmetastasen an der rechten Halsseite wurde mit Elektronensiebtechnik bestrahlt und erhielt 8890 R in diesem Bereich. Lymphknotenmetastasen in der re. Supraklavikulargrube erhielten 4800 R. Die Patientin ist seit 5 Jahren symptomfrei.

Die Tabelle 2 zeigt Ihnen die Behandlungsresultate mit konventioneller Röntgenstrahlung und Tabelle 3 diejenigen der kombiniert radiochirurgischen oder alleinigen Supervolttherapie.

Wenn man die Ergebnisse von PEMBERTON, WINDEYER, HARE, SALZMAN sowie PORTMAN, JACOBSON und PATERSON überblickt, die 35—58% 5-Jahresheilungen erzielt haben, so kann man feststellen, daß sich unsere Ergebnisse seit Einführung der schnellen Elektronen wesentlich verbessert haben und an diese Erfolgszahlen herankommen. Es soll hierbei nochmals darauf hingewiesen werden, daß es sich hierbei nicht um selektiertes Krankengut handelt, sondern auch Fälle mit bereits vorliegender Metastasierung berücksichtigt wurden. ZUPPINGER u. Mitarb. haben unsere Behandlungsresultate im Sinne einer wesentlichen Verbesserung der Heilungsaussichten seit Einführung der schnellen Elektronen bestätigen können.

Die Vorteile der Anpassungsfähigkeit der Elektronendosen, die damit gute Möglichkeit der Schonung des umgebenden Normalgewebes, besonders bei Kombination mit der Siebtechnik, machen dieses Bestrahlungsverfahren sicher anderen Strahlenarten und Techniken überlegen, ohne hierbei in unkritischen Enthusiasmus zu verfallen.

## Summary

The malignant tumors of the Thyroid are a special indication for radiological treatment with fast electrons. The best results are obtained with the combination of operation and radiation. The treatment with fast electrons enables the protection of the normal tissue and especially of the spinal cord. Our results of 5 years survival rate improved considerably after introduction of supervolt-ray treatment.

## Literatur

BECKER, J., u. G. SCHUBERT: Die Supervolttherapie. Stuttgart: Georg Thieme 1961.

—, K. H. KÄRCHER u. G. WEITZEL: In Strahlenbiologie, Strahlentherapie, Nuclearmedizin und Krebsforschung. Ergebnisse 1952 bis 1958. Stuttgart: Georg Thieme 1959.

BAUM, E., u. G. WEITZEL: Vortrag gehalten auf der Tagung der Vereinigung der Südwestdeutschen Röntgenologen, Bad Nauheim 1962.

HARE, H. F., and F. A. SALZMAN: Amer. J. Roentgenol. **63**, 881 (1950).

PATERSON, R.: In British Practice in Radiotherapy von Carling, Windeyer, Smithers. London: Butterworth & Co. 1955.

PEMBERTON, J.: Surg. Gynec. Obstet. **69**, 417 (1939).

WINDEYER, B. W.: Brit. J. Radiol. **27**, 537 (1954).

ZUM WINKEL, K.: Referat IV im Kongreßband 70 der Strahlentherapie, Berlin-Göttingen-Heidelberg: Springer-Verlag 1964.

Zuppinger, A., G. Poretti u. B. Zimmerli: In Ergebnisse der medizinischen Strahlenforschung, hrsg. von H. R. Schinz, R. Glauner u. A. Rüttimann. Stuttgart: Georg Thieme 1964.

# 3.2.13. Die Therapie des Bronchialkarzinoms

Von

Werner Schumacher

Mit 3 Abbildungen

Die guten Ergebnisse der Strahlentherapie schneller Elektronen im Thoraxgebiet, über die als erster Uhlmann berichtet hat, lassen sich durch die physikalischen Voraussetzungen begründen. Aus diesem Grunde habe ich die Dosisverteilung bei Bestrahlung aus zwei gegenüberliegenden Feldern an den Anfang meiner Ausführungen gestellt. Hierbei wird deutlich, daß nur die Elektronentherapie über 35 MeV eine Konzentration der Dosis im Mediastinalbereich zu erreichen vermag (Abb. 1).

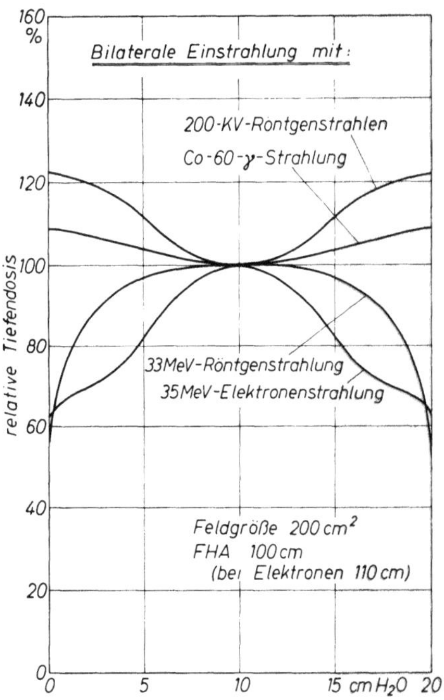


Abb. 1

Bei der Zahl von 500 bestrahlten Bronchialkarzinomen sind schon jetzt nach fast 3 Jahren Betatrontherapie Aussagen möglich. Die Bestrahlungstechnik bestand vorwiegend in der fraktionierten Strahlentherapie von 3mal wöchentlich 350 R Einzeldosen bis zu einer Gesamtherddosis von 7000 bis 8000 rad. Aus der statistischen Aufgliederung der Bestrahlungsfälle nach Stadien läßt sich im Vergleich zur operativen Therapie sagen, daß die Lebenserwartung eines Menschen mit Bronchialkarzinom beachtlich gebessert werden kann. Diese Tatsache wird deutlich, wenn wir die Gruppe der kurativ und palliativ bestrahlten Patienten mit der Gruppe der resezierten und der unbehandelten vergleichen. Die Betatrontherapie liegt in der Absterbequote in gleicher Höhe mit der operativen Therapie, und das, trotzdem wir es bei den bestrahlten

Patienten mit einer Gruppe zu tun haben, die auf Grund anderer Komplikationen als inkurabel angesehen werden (Abb. 2).

Auch wenn wir die Todesfälle in Abhängigkeit von der Zeit darstellen, sehen wir bestätigt, daß die kurative Strahlentherapie in der gleichen Größenordnung liegt, wie die der operierten Bronchuskarzinome (Abb. 3). Alle Patienten, die nach unserer Berichtszeit mindestens 1 Jahr und länger beobachtet wurden, geben einen gewissen Hinweis in bezug auf die Lebenserwartung. Patienten im technisch und prognostisch operablen Stadium II wurden nur bei schlechtem Allgemeinzustand, vorgeschrittenem Lebensalter oder erhöhtem funktionellem Risiko, insbesondere bei latenter und mani-

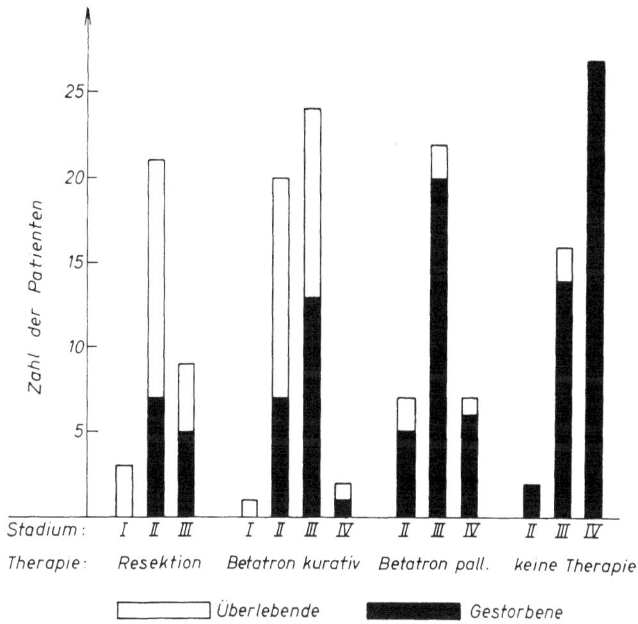


Abb. 2

fester Herzinsuffizienz der Bestrahlung zugeführt. Andererseits wurde die operative Therapie bei Patienten im Stadium III nur dann vorgenommen, wenn sie relativ jung oder in sehr gutem Allgemeinzustand waren. Um so bemerkenswerter ist, daß im Stadium II die Absterberate der resezierten und der kurativ bestrahlten Patienten absolut parallel verläuft. Im Stadium III sind von den wenigen resezierten Patienten schon nach 6 Monaten, von den kurativ bestrahlten aber erst nach 11 Monaten 50% gestorben.

Die Anwendung der von Wideröe konstruierten Elektronischen Linse, mit der eine Fokussierung der Strahlendosis in 8—10 cm Tiefe möglich ist, hat sich bei der Bestrahlung von Lungentumoren bewährt. Die damit mögliche lokalisierte Bestrahlung von Lungenprozessen unter Schonung des normalen Lungengewebes schafft die Möglichkeit einer kurativen Bestrahlung, besonders dann, wenn der Hilus wegen einer Metastasierung ebenfalls bestrahlt werden muß. Bisher war es in diesen Fällen nicht möglich, eine kurative Strahlentherapie durchzuführen, da die sonst notwendigen großen Bestrahlungsfelder zu einer extrem hohen Belastung des Lungenparenchyms führen würden. Die ersten Ergebnisse der Anwendung der elektronischen Linse bei der Bestrahlung verschiedener Lungenkarzinome zeigten eine Rückbildung bis zum völligen Schwund der Tumoren.

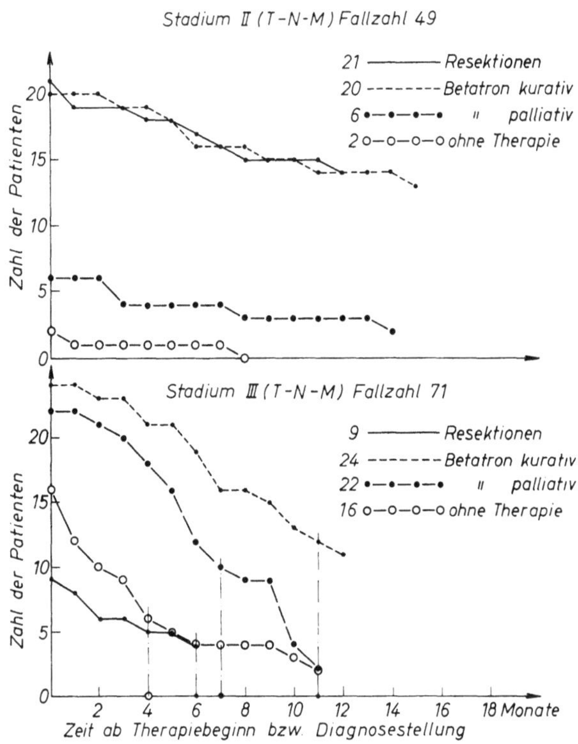


Abb. 3

Das spezifische Risiko der Röntgentherapie des Bronchuskarzinoms liegt in der bis zu einem gewissen Grade unvermeidlichen Strahlenbelastung gesunden Gewebes im Bereich des durchstrahlten Volumens, wobei naturgemäß vor allem das Lungenparenchym, aber auch das Trachebronchialsystem, die Mediastinalorgane und die Pleura betroffen sind. Diese Strahlenreaktion der Lungen ist seit langem bekannt, jedoch ist bei der jetzt möglichen höheren Dosierung mit Hilfe des Betatron die Häufigkeit der Reaktion vermehrt. Bei rund $^2/_3$ der kurativ mit Gesamtdosen von 7000 bis

9000 rad Herddosis bestrahlten Patienten und bei 2/5 der palliativ bestrahlten mit Herddosen um 5500 R und 7000 R fand sich eine stärkere Strahlenreaktion. Auch bei den übrigen stärker fraktioniert palliativ oder kurativ bestrahlten Patienten ließ sich keine gesetzmäßige Beziehung zwischen der Größe der Einzeldosis und einer Strahlenreaktion feststellen. Neben der Gesamtdosis scheint die Zahl und Größe der Felder eine gewisse Rolle für das Entstehen strahlenbedingter Veränderung zu spielen. Es stellte sich heraus, daß es eine Unheilbarkeit nicht nur für die operative Therapie, sondern auch für die Strahlentherapie des Bronchuskarzinoms durch die fehlende Atemreserve gibt.

Die erste Phase der Strahlenreaktion des Lungenparenchyms ist als Strahlenpneumonie zu bezeichnen. Hierbei handelt es sich meist um eine akute Form der Strahlenreaktion, die bakteriell bedingt ist und die durch Antibiotica, Calcium-Diuretin und Cortisontherapie einwandfrei rückbildungsfähig ist. Die chronische Strahlenpneumonie zeigt einen fließenden Übergang zum Endstadium der Strahlenfibrose. Bei dieser Strahlenreaktion handelt es sich um ein Syndrom, das als erstes Wahrzeichen der röntgenologisch nachweisbaren Pneumonie vorausgeht.

Ganz typisch und ein wertvoller Hinweis für die Differentialdiagnose scheint uns ein Anstieg der Blutsenkung auf Werte über 100 mm und mehr in der ersten Stunde zu sein.

Die akute Strahlenpeumonie ist rückbildungsfähig. Der Röntgenbefund zeigt eine zarte diffuse Schleierung und sehr feinfleckige Trübung; manchmal auch vermehrte Streifenzeichnung des betreffenden Lungenabschnittes. Es ist wichtig, daß der Patient in diesem Stadium ärztlich behandelt wird, und daß dieses Röntgenbild nicht fehlgedeutet wird. Nur die enge Zusammenarbeit des Lungenklinikers mit dem Strahlentherapeuten und die ständige Beobachtung nach der Strahlentherapie eines Bronchialkarzinoms sichert in diesen Fällen den strahlentherapeutischen Erfolg.

Bei diesen Strahlenreaktionen müssen wir im Grunde genommen von sogenannten intrathorakalen Strahlenreaktionen sprechen, denn es handelt sich hier nicht nur um Veränderungen, die die Lunge selbst betreffen, sondern es treten auch bei ausgeprägter chronischer Strahlenpneumonie Pleuraergüsse auf. Die regelmäßigen zytologischen Untersuchungen der Punktate haben bei allen Patienten ein konstant negatives Ergebnis ergeben. Dieser Hinweis ist wichtig, da eine Fehldeutung und Annahme tumoröser Progredienz mit nachfolgender cytostatischer Behandlung sich ungünstig auswirkt. Bezüglich der Ätiologie dieser Ergüsse haben wir den Eindruck, und in Einzelfällen auch pleuroskopisch bewiesen, daß es sich hier um exvakuo Exsudate bei stark geschrumpfter Lunge handelt. Da spirometrische Untersuchungen gezeigt haben, daß funktionelle Beeinträchtigungen durch eine Strahlenfibrose der Lungen und vor allem eine Restriktion, deren Schwere-grad etwa mit einer Ausdehnung der Induration einhergeht, muß man vor der Strahlentherapie die Lungenfunktion prüfen.

In einer letzten Arbeit wurden an mehreren Beispielen die verschiedenen strahlenbedingten Veränderungen, wie Strahlenpneumonie, serofibrinöse Strahlenreaktion der Pleura, serofibrinöse Perikarditis, Strahlenreaktion am Oesophagus und die strahlenbedingte Induration des Mediastinums sowie deren Behandlung beschrieben.

Aus der Tatsache des Auftretens von Strahlenreaktionen bei kurativen Bestrahlungsdosen ist zu entnehmen, daß die verschiedenen Gewebe im Bestrahlungsgebiet nur um ein Geringes widerstandsfähiger sind als der Tumor selbst.

Trotz der Nachteile, die die Strahlenreaktion auf diesem speziellen Gebiet bringt, wird erkennbar, daß schon der bisherige Erfolg die weitere Behandlung rechtfertigt. Die besondere ärztliche Aufgabe liegt darin, unter Einsatz aller therapeutischen Möglichkeiten in enger Zusammenarbeit mit dem Strahlentherapeuten, dem Lungenfacharzt und dem nachbehandelnden Arzt die Begleiterscheinungen so gering wie möglich zu halten. Nur die laufende Kontrolle des bestrahlten Bronchialkarzinoms sichert den strahlentherapeutischen Erfolg.

Auf Grund unserer bisherigen Erfahrungen können wir sagen, daß die in allen Büchern beschriebenen Kontraindikationen für die Bestrahlung des Bronchialkarzinoms keine Geltung mehr haben. Weder die Abszeßbildung noch die Haemoptysen, noch die Lungentuberkulose stellt eine Kontraindikation der Strahlentherapie mit schnellen Elektronen dar. Wir haben bei allen Patienten, zum Teil mit ausgedehnten Abszeßbildungen, deutliche Beeinflussungen des Lungenprozesses gesehen. Zum Teil wurden die Abszesse abgehustet oder der Tumor ist in sich geschrumpft, ohne Erscheinungen zu machen. Die Abszeßbildung eines Tumors stellt eine schwere Komplikation dar, die sich nur mit Hilfe der Strahlentherapie verbessern läßt. Wir haben jetzt Patienten mit großen Tumorabszeßbildungen, die nach der Bestrahlung schon über 1½ Jahre am Leben sind. Auch die Haemoptysen, die meist einen schnellen deletären Verlauf nehmen, konnten regelmäßig durch die Betatronbestrahlung beseitigt werden. Bei der Bestrahlung gleichzeitig bestehender offener Lungentuberkulose unter dem entsprechenden tuberkulostatischen Schutz sahen wir bisher bei der Strahlentherapie in keinem Falle eine Progredienz oder eine Aussaat der Lungentuberkulose.

Über die guten Möglichkeiten der Strahlentherapie des Bronchialkarzinoms mit hohen Einzeldosen habe ich bereits gesprochen.

Zusammenfassend kann gesagt werden, daß die Strahlentherapie des Bronchialkarzinoms, auch des inkurablen und mit schweren Komplikationen einhergehenden Lungenkrebses erfreulicher geworden ist. Bei der deutlich im Steigen begriffenen Erkrankung sollte diese Form der Betatrontherapie weitere Anwendung finden.

### Ergänzung

Die Stadieneinteilung des Bronchuskarzinoms nach dem T-N-M-System erfolgte auf Grund des Vorschlags einer Kommission der Deutschen Röntgengesellschaft zur Festsetzung einer Stadieneinteilung der Lungenkrebse April 1958 mit Ergänzung April 1961.


### Summary

The dose distribution in the mediastinum with two opposing fields is more favourable with 35 MeV electrons therapy than with high energy photons, Co 60 teletherapy or conventional therapy. In inoperable bronchogenic carcinoma the results of three years experience on 500 patients are better compared with conventional therapy. One year after treatment 50% of the inoperable cases are still living. The high energy electron beam therapy leads in inoperable cases stage II to the same results in the survival rates as the surgical therapy in operable cases. First results of the electromagnetic lens therapy in lung lesions with metastasis in the mediastinum show the possibility of curative radiation treatment without fibrosis in the normal lung tissue. Treatment with high energy electrons is good tolerated. Most of the patients win weight during therapy. The teamwork between clinician and practitioner is an important factor. In two month following therapy in some patients a radiation pneumonia had to be treated with antibiotics, cortisone and calcium. The results of therapy are dependable from the follow up treatment. Lung absesses haemoptysis and tuberculosis are no contraindication for electron beam therapy. Lung tissue tolerates high single doses of 1500 rad two times in an interval of a week from two fields without side reactions in palliative treatment of progressive cases (see chapter of radiation rhythm).


## 3.2.14. Experience with Electron Irradiation of Breast Cancer


By

FLORENCE C. H. CHU


With 4 Figures

During the past 10 years the Department of Radiation Therapy of Memorial Hospital has treated more than 1,000 patients with high energy electrons. Of these, approximately 400 patients were treated for breast cancer. On the average, each patient received 2 or 3 courses of treatment to different sites of cancer involvement and therefore, our experience with electron irradiation of breast cancer is based on many hundreds of courses of treatment.

Our earlier experience has been published in Radiology, October 1960 [1] and November 1963 [2]. In these reports we pointed out that breast cancer is one of the malignant neoplasms particularly suitable for electron beam irradiation, mainly because the inoperable tumor, the metastatic nodes, and chest wall recurrences are situated close to the body surface and can be conveniently and effectively treated with electrons. Further, the depth of penetration of the radiation can be adjusted easily by varying the energy of the electrons so that unnecessary irradiation of the underlying tissues, such as the lung, may be minimized.

We have also stated that our clinical observation indicated that the response of tumors to electron beam is qualitatively comparable to that produced by X-rays (Table 1). Of the 50 patients with primary inoperable carcinoma treated with electrons, 39 or 78% showed favorable response for a mean duration of 12 months [2]. Of a similar series of 58 patients

Table 1. *Comparison of results of Treatment of breast carcinoma electron-beam versus X-ray irradiation* [1]

| | Type of Irradiation | Number of Cases Treated | Number Responded | % | Mean Duration of Response |
|---|---|---|---|---|---|
| Inoperable Carcinoma | Electron-beam | 50 | 39 | 78 | 12 |
| | 1 MeV X-ray | 58 | 45 | 76 | 9 |
| Skin Recurrences and Node Metastasis | Electron-beam | 135 | 100 | 74 | 8 |
| | 1 MeV X-ray | 143 | 112 | 78 | 9 |

[1] Data includes patients treated before June 30, 1961.

with inoperable carcinoma of the breast treated by 1 MeV X-ray irradiation, 45 or 76%, showed favorable response for a mean duration of 9 months [3].

Of the 135 patients with local recurrences or lymph node metastases treated with electron beams, 100 or 74%, showed favorable response for a mean duration of 8 months [2]. Again the results are similar to those obtained from X-ray irradiation. Of the 143 skin recurrences of lymph node metastases irradiated by conventional methods, 112 or 78%, showed favorable response for a mean duration of 9 months [3].

The skin reactions were not excessive and created no significant clinical problem. On the average, erythema began to appear at about 1,500 to 2,000 rads in 1 to 2 weeks. With a maximum dose of approximately 4,500 rads delivered in 4 weeks, i. e., for the treatment of lymph node or cutaneous metastases, there was moderate to intense erythema of the skin. This was usually followed by dry peeling and minimal tanning. When the entire breast was irradiated through a single anterior field or 2 tangential fields, delivering a tumor dose of 6,000 rads in 6 weeks, the skin reaction, as a rule, was brisk. This was followed either by dry, or more frequently, by moist desquamation. Except for an occasional case of secondary infection, the moist desquamation usually healed without difficulty. Of considerable importance was the fact that the skin was able to tolerate electron irradiation without significant clinical problems, even when appreciable previous irradiation had been given.

In one case rib fractures resulted from faulty alignment of multiple adjoining fields. This complication has not been seen again, probably

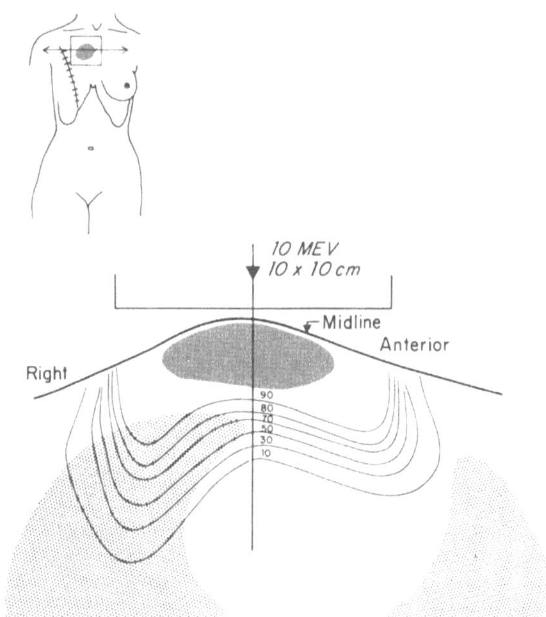


Fig. 1. This case illustrates the treatment of a large tumor on the chest with a single field using 10 MeV electrons. It can be seen that the isodose curves dip deeper in the lung area due to lower density of the lung than of the soft tissues

because of careful alignment of adjacent fields, the increased use of polystyrene wedges and the application of larger treatment cones to minimize the need of multiple small fields.

Radiation pneumonitis and fibrosis occurred in 9% of the cases studied [2]. The incidence was low, but we believe that it could be reduced further by making use of special procedures to account for inhomogeneous tissue structure. In most of the earlier cases of electron treatment, the lung was not routinely outlined in the diagram of the body contour at the time of treatment planning. Therefore, the isodose distribution was done on the basis of uniform density of all tissues. Consequently, the actual dose delivered to the lung was higher than that shown in the plan. In the more recent treatment planning, the location of the lung tissue has been taken into account on a basis of body sections as illustrated in anatomical atlases and from transverse tomography performed on several patients (for which we thank Dr. BERNARD ROSWIT of the Bronx V.A. Hospital, New York).

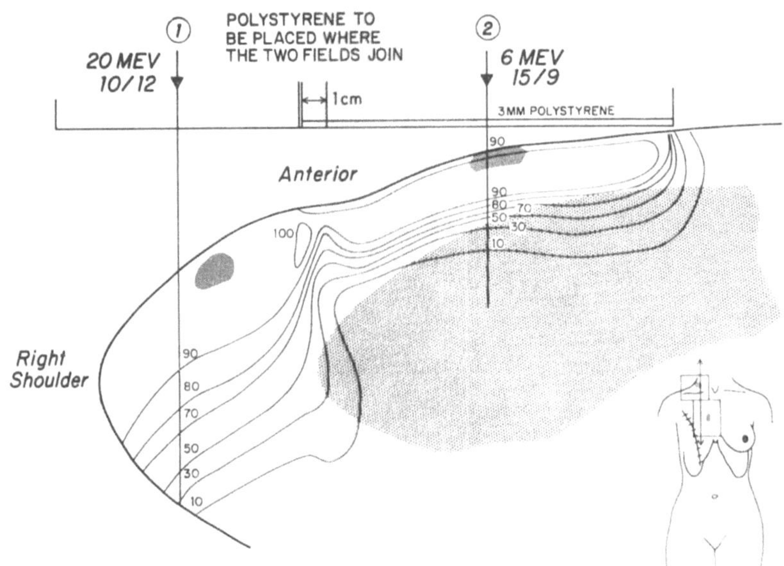


Fig. 2. This case illustrates the treatment of the internal mammary and supraclavicular areas with two fields. The internal mammary field was irradiated with 6 MeV electrons, adding a 3 mm. polystyrene filter to the treatment field. There was homogeneous radiation in the volume containing the internal mammary nodes. The supraclavicular field was irradiated with 15 MeV electrons, since supraclavicular nodes are usually deeper than the internal mammary nodes, higher energies are needed. A 1 cm. polystyrene block was inserted at the junction of the 2 fields to prevent hot spots. With electron treatment it is possible to obtain a 90% isodose line at the desired depth, i.e., 2 cm. for the internal mammary field and 4 cm. for the supraclavicular field without delivering excessive doses to the lung

Preferably all patients should have transverse tomograms. Furthermore, at our Institution a method has been employed for determining the effective lung density by external transmission measurement of gamma-rays [*4*]. We will in the future evaluate the incidence of radiation pneumonitis and fibrosis in those patients treated since this concept of treatment planning has been instituted.

There has been close cooperation with the Physics Department, under the direction of Dr. JOHN S. LAUGHLIN, in many aspects of treatment planning and they have prepared all of the isodose distributions shown in Fig. 1 to 4.

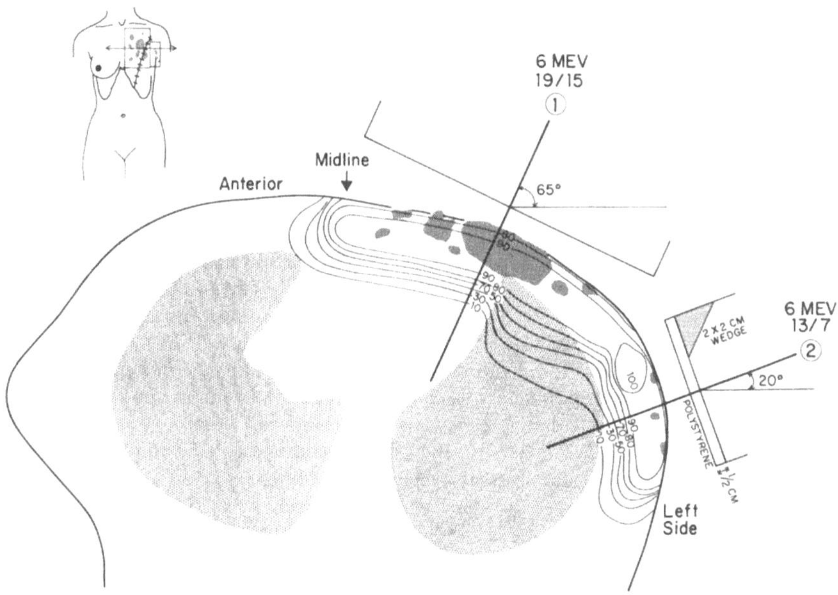


Fig. 3. This case illustrates the use of polystyrene wedges in 2 adjoining fields coming in at a slight angulation. The wedge improves the isodose distribution and prevents hot spots

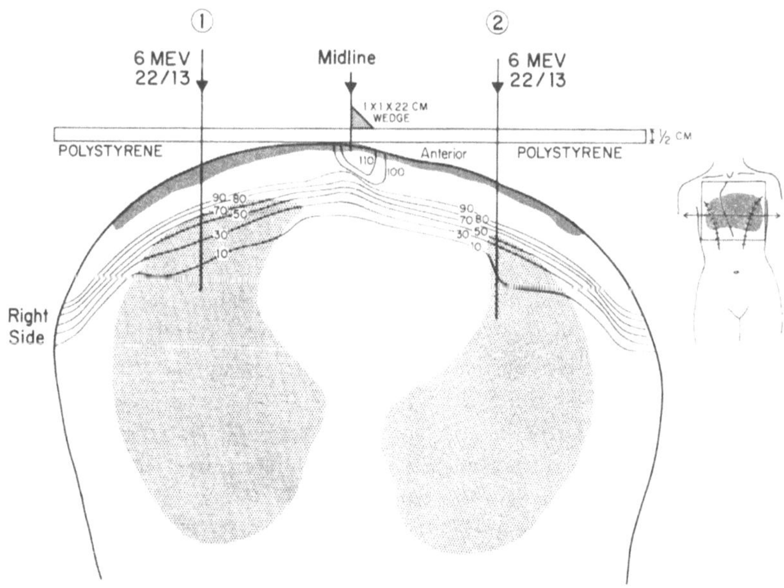


Fig. 4. This patient had inflammatory recurrence involving the entire anterior chest wall after bilateral radical mastectomy. The entire chest was treated easily and effectively with 6 MeV electrons and 2 large 22 × 13 cm. fields. The isodose distribution reveals homogeneous irradiation of the chest wall while the lung and heart are relatively spared

In conclusion, electron irradiation permits easy manipulation, convenient adjustment of the depth of penetration of radiation and satisfactory dose distribution in most cases of breast cancer. Results appear to be comparable with supervoltage X-ray irradiation with lessened probability of lung complication. The electron beam is an important asset to the radiation therapy.

### References

1. Chu, F. C. H., A. C. Scheer, and J. Gaspar-Landero: Electronbeam therapy in the management of carcinoma of the breast. Radiology **75**, 559—567 (1960).
2. —, L. Nisce, and J. S. Laughlin: Treatment of breast cancer with high-energy lectrons produced by 24-MeV betatron. Radiology **81**, 871—880 (1963).
3. —, D. W. Sved, G. C. Escher, J. J. Nickson, and R. Phillips: Management of advanced breast carcinoma with special reference to combined radiation and hormone therapy. Amer. J. Roentgenol. 77, 438—447 (1957).
4. Holodny, E. I., G. D. Ragazzoni, E. L. Bronstein, and J. S. Laughlin: Patient effective thickness contour measurement. Radiology **82**, 131—132 (1964).

## 3.2.14. Klinische Gesichtspunkte bei der Elektronenbestrahlung des Mammacarcinoms

Von

Friedhelm Oberheuser

An der Universitäts-Frauenklinik Hamburg-Eppendorf wird seit 1950 das gleiche Prinzip in der Mammacarcinomtherapie verfolgt. Es besteht in einer präoperativen Bestrahlung, der Radikaloperation nach Halsted oder der einfachen Ablatio mammae mit Revision der Achselhöhle, und der Nachbestrahlung. Bei Frauen diesseits der Menopause wird gewöhnlich gleichzeitig die Ovarektomie durchgeführt. Bei lokaler Inoperabilität wird auf die Mastektomie verzichtet, bei Greisinnen oft ebenfalls. Bis zum Jahre 1957 erfolgte die Bestrahlung mit 200 kV Röntgenstrahlen von zwei Tangentialfeldern, einem supraclavikularen und einem Axillarfeld aus. Seit 1957 wurden die konventionellen Röntgenstrahlen in zunehmendem Maße durch energiereiche Elektronen des 15 MeV-Betatron ersetzt. Zunächst beschränkte sich die Betatrontherapie auf die Behandlung von Patientinnen, bei denen auf die Operation verzichtet werden mußte. Auch Tumorrezidive wurden in dieser Zeit mit dem Betatron behandelt. Erst in den letzten drei Jahren wurde die konventionelle Bestrahlung weitgehend zugunsten der Elektronentherapie aufgegeben.

Bei der Vorbestrahlung wird ein Spezialtubus über die Mamma gestülpt und die Strahlung auf die Thoraxwand gerichtet. Die ganze Mamma wird von einem Feld aus homogen bestrahlt. Die Achselhöhle wird meist mit einem runden Tubus von 8 cm Durchmesser bestrahlt, die Elektronenenergie beträgt 16 MeV. Zur Bestrahlung der Sternalregion findet ein 6×10 cm Tubus Anwendung. Die Elektronenenergie beträgt 12 bis 16 MeV. Die Supra- und Infraclavikularregion wird mit 12 MeV-Elektronen von einem 6×10 cm Feld aus erfaßt. Die Bestrahlungsdosis beträgt für alle Felder 10×300 rad OD. Wenn auf eine Operation verzichtet werden muß, wird eine Gesamtdosis von 5000 rad angestrebt.

Bei der Nachbestrahlung, die am 10. postoperativen Tag beginnt, wird eine Pendelbestrahlung mit energiereichen Elektronen durchgeführt. Dabei wird ein 20 cm breiter Bestrahlungsgürtel in die Thoraxwand lokalisiert, der sich vom Sternalrand der gesunden Seite bis zur hinteren Axillarlinie der erkrankten Seite erstreckt. Die Dosis beträgt 10×200 rad OD. Axillar-, Supra- und Infraclavikularregion erhalten nochmals 7×200 rad OD.

Tabelle 1. *Überlebensrate behandelter Mamma-Carcinome an der Universitäts-Frauenklinik Hamburg-Eppendorf*

(1. 1. 1957 bis 31. 8. 1963)

| | 200-kV-Röntgenstrahlen (vornehmlich kombiniert mit Operation) | | energiereiche Elektronen | |
|---|---|---|---|---|
| Beobachtungszeit | beobachtet | überlebend | beobachtet | überlebend |
| 1 Jahr | 75 | 65 (87%) | 114 | 113 (99%) |
| 2 Jahre | 73 | 55 (75%) | 80 | 68 (85%) |
| 3 Jahre | 69 | 52 (75%) | 48 | 32 (67%) |
| 4 Jahre | 59 | 38 (64%) | 14 | 9 (64%) |
| 5 Jahre u. länger | 39 | 23 (59%) | 5 | 2 |
| Anteil der fortgeschrittenen Stadien (Gr. III u. IV) | | 55% | | 68% |

Über den klinischen Wert dieses Vorgehens läßt sich heute noch keine Aussage machen, da die Beobachtungszeit und die Anzahl der Patientinnen in den einzelnen Behandlungsgruppen zu klein ist. Einen gewissen Überblick gibt jedoch die Gegenüberstellung in Tab. 1. In ihr wurden die Überlebenszeiten der Patientinnen zusammengefaßt, die während des gleichen Zeitraumes wahlweise mit energiereichen Elektronen oder konventionellen Röntgenstrahlen behandelt wurden. Der Anteil der fortgeschrittenen Stadien (Gruppe III und IV) betrug bei den mit dem Betatron behandelten Patientinnen 68% gegenüber 55% in der anderen Gruppe. Die Zahl der Patientinnen, bei denen auf eine Operation verzichtet werden mußte, war bei den elektronenbestrahlten Fällen größer. Unter Berücksichtigung dieser unterschiedlichen Zusammensetzung des Krankengutes scheint sich eine geringe Überlegenheit der Elektronentherapie abzuzeichnen.

Besonderes Augenmerk verdienen unerwünschte Nebenwirkungen, wie Strahlenfibrosen der Lunge, Einflußstauungen des Armes und Knochenfrakturen.

Die Häufigkeit der Lungenfibrosen war mit 14% in beiden Gruppen gleich hoch. Allerdings beschränkten sie sich nach Elektronenbestrahlung auf die Oberlappenregion, nach konventioneller Therapie waren auch andere Lungenabschnitte betroffen.

Die Häufigkeit von Einflußstauungen, die vornehmlich nach ein bis zwei Jahren zur Beobachtung kamen, betrug nach Elektronentherapie 19%, nach konventioneller Therapie 22%. Nach Elektronentherapie waren sie jedoch ausgeprägter. Durch ausschwemmende Medikamente und krankengymnastische Maßnahmen konnte in vielen Fällen eine Rückbildung erzielt werden. Allerdings wurde unter dem Eindruck dieser Beobachtung die ursprüngliche Gesamtdosis von zum Teil mehr als 6000 rad in der Axillar- und Supraclavikularregion auf 4500 rad reduziert.

Zwei Clavikularfrakturen und eine Rippenfraktur wurden ebenfallls nach Bestrahlung mit 6000 rad Elektronen beobachtet, ohne daß sich ein Anhalt für Knochenmetastasen fand.

Zusammenfassend läßt sich sagen, daß die energiereichen Elektronen des Betatron eine intensive Bestrahlung des Mammacarcinoms und seiner Lymphabflußgebiete ermöglichen. Bei leicht reproduzierbarer Einstelltechnik zeichnen sich auch bei fortgeschrittenen Carcinomen günstige Überlebensraten ab. Im Hinblick auf die möglichen Nebenwirkungen sollte man jedoch insbesondere im Bereich der Axillar-, Supra- und Infraclavikularregion hinsichtlich der Einzel- und Gesamtdosis zurückhaltend sein.

## Summary

In breast cancer electron beam therapy allows of intensive irradiation of the region of the primary tumour and the lymphatic outflow as well. The irradiation technique is simple. The total results seem to be slightly better than with conventional X-ray. Special attention must be drawn to lung fibrosis, barrage of the lympho-vessels and bone fractures.

## 3.2.14. Discussion — Mamma

By

H. W. C. Ward

With 2 Figures

At St. Bartholomew's Hospital electrons are available from the 15 MeV Linear Accelerator at a fixed energy. At this energy the depth of the 90 per cent isodose is 3.5 cm so that in most cases the electron beam is not suitable for the treatment of primary carcinoma of the breast.

In cases of locally advanced disease when surgery is not possible the breast may be treated by either telecobalt gamma rays or by 15 MeV x-rays. In either case tangential fields are used. The axilla and supraclavicular fossa are treated by telecobalt gamma rays and the internal mammary nodes by 15 MeV electrons. The total lesion dose to all regions is 4,500 rads given in 28 days to the internal mammary nodes and in 35 days to the other regions.

Fig. 1 shows isodoses for the combination of telecobalt irradiation to the breast with electron irradiation to the internal mammary nodes. It is necessary to leave a

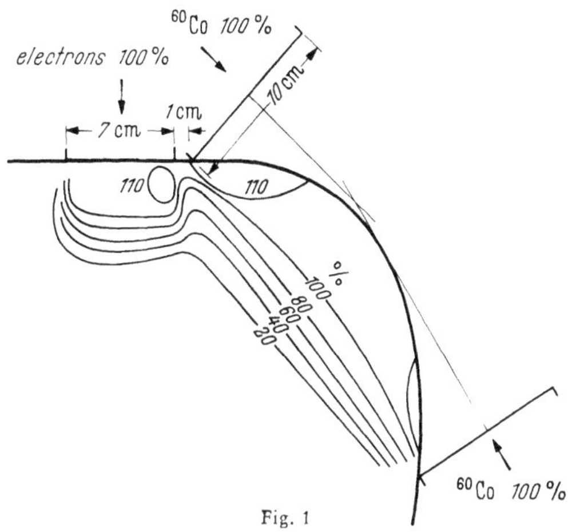


Fig. 1

gap between the fields in order to avoid a high dose region beneath the surface. The amount of gap required depends on the angle of the tangential fields and must be calculated for each patient. Fig. 2 shows the resulting high dose region when the fields are brought edge to edge.

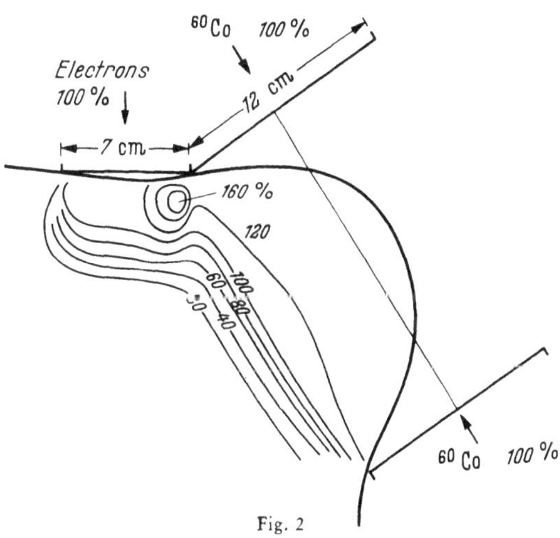


Fig. 2

So far, 16 patients have been treated using this technique. 4 were treated over a year ago and of these 3 are free from disease and 1 has recurrence of the primary. There has been no evidence of recurrence in the internal mammary nodes in any of the 16 cases and there has been no case in which there was evidence of damage due to regions of high dosage.

In these other cases the primary disease was either near the sternum or had invaded the breast so as to reduce its thickness. In these cases it was possible to treat the full thickness of the lesion by a direct 15 MeV electron field. In one such case given 4,500 rads there was good regression of the disease but it again became active after 1$^1/_2$ years.

I conclude that electron therapy has a definite place in the treatment of inoperable carcinoma of the breast.

## 3.2.14. Discussion — Radiotherapy of Breast Tumours by Means of High Energy Electron Beams Alone

By

PIERLUIGI COVA, A. MAESTRO [1], and GIANPIERO TOSI

With 1 Figure

Between March 1959 and September 1963 we have treated by means of Betatron high energy electron beams alone, 16 cases of breast cancer in women on which the surgeon had refused to operate:

a) because of the general conditions of the patient or because of high age;

b) because of the extension of the neoplasia at the original site or at the metastases, in such a way that radical surgical treatment was uncorrect;

c) in order to test the effects of radiotherapy with high energy electrons.

The majority of our cases belong to group b), and unfortunately are those which, sooner or later, showed unfavourable results.

Together with radiotherapy, all the patients were given hormone treatment, which was suitably chosen and controlled by repeated examination of the "vaginal smear" and of the state of endometrium.

In nearly all the cases we prescribed complete radiological treatment, i. e. that which we generally give as post-operative irradiation, which entails irradiation of the thoracic wall, the supra- and subclavian axillary and subscapular lymphatic chains, the sternum and the internal mammary chains.

For the irradiation of the supra and subclavian regions, and the subscapular lymphatic chains, we generally use telecobalt-therapy. For irradiation of the sternum and internal mammary chains we use electron beams or telecobalt-therapy, depending on the case.

Two different techniques may be used for the irradiation of primary mammary neoplasia:

a) an anterior field directed onto the thoracic wall; this is used in cases where the breast is flat and therefore lateral irradiation is impossible. Under these conditions the irradiation field includes the breast, the underlying thoracic wall and the sternum. Since our Betatron allows acceleration of an electron beam of minimum energy 14 MeV, it is necessary to interpose sufficient tissue-equivalent material in the path of the beam to limit the penetration to the surface layers and to protect the underlying lungs as much as possible. Naturally this tissue equivalent material (plexiglas, presswood, etc.) is not placed over the sternum, under which it is desired to irradiate the mediastinum and the internal mammary chain.

b) Prominent breasts can be irradiated by a single lateral field, the patient being laid on one side, and the breast being supported on a pile of firm cushions, so that there is a greater prominence of the thoracic wall.

---

[1] Assistent of the Institute of Radiology of the University of Pavia (Director: Prof. L. DI GUGLIELMO).

The energy of the electron beam depends on the thickness of the breast in this position, and, in particular, must take into account the distance, along the thoracic wall (which is irradiated tangentially), between the supporting plane of the applicator and the plane where it crosses the beam of sternal irradiation.

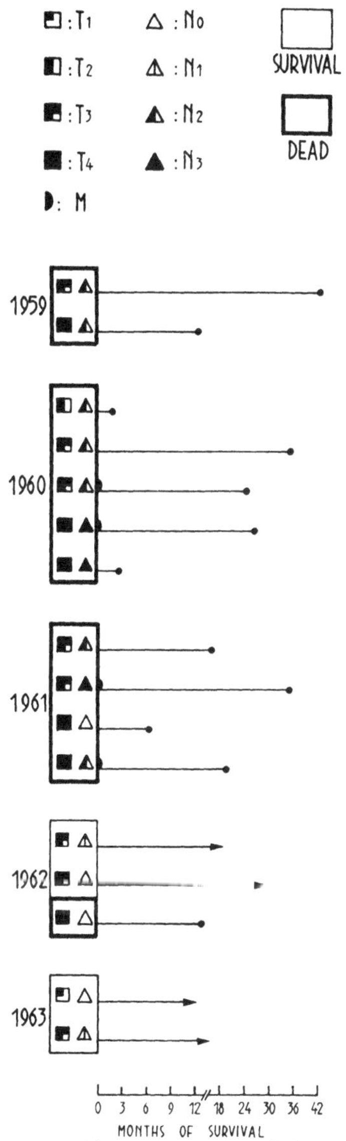


I. = INVARIABILITY
R. = REDUCTION
D. = DISAPPEARANCE

TUMOR SIZE

| TUMOR DOSE/DAYS 20% rbe | AT THE END OF TREATMENT I. | R. | D. | A.F. 2 MONTHS I. | R. | D. | A.F. 1 YEAR I. | R. | D. |
|---|---|---|---|---|---|---|---|---|---|
| 6000/56 | | ++ | | | | | | | |
| 4000/60 | | ++ | | | | | | | |
| 5300/57 | | | • | | | | | | |
| 8500/77 | | ++ | | | ++ | | | | |
| 8300/95 | | | • | | | • | | | • |
| 4000/27 | | + | | | | | | | |
| 6000/27 | | | • | | | • | | | |
| 4200/40 | | ++ | | | ++ | | | ++ | |
| 5400/58 | | ++ | | | ++ | | | + | |
| 5800/90 | | ++ | | | ++ | | | | |
| 6000/98 | | ++ | | | ++ | | | | • |
| 5100/80 | | | • | | | • | | | • |
| 8000/86 | | | • | | | • | | | • |
| 5800/133 | | ++ | | | ++ | | | | |
| 7000/73 | | ++ | | | | • | | | • |
| 5100/64 | | | • | | | • | | | • |

Fig. 1. Breast cancer-radiotherapy only with electron beams — 16 patients

With this tecnique, irradiation of the lungs can be completely avoided.

Primary neoplasia of the breast nearly always responded to the irradiation, usually diminishing in a marked manner: in no case did the neoplasia remain unaffected, and in 8 cases it totally disappeared. Only four of these patients could be kept under observation for an extensive period; in these cases there has not yet been any recurrence of the primitive neoplastic process.

We have confirmed that growth which infiltrate into the skin is the most difficult to cure by means of irradiation. The same is true for those which invade the skin and the submammary sulcus, and become fixed in the deep layers.

We have verified during the course of radiation and after some time, solution of the phenomena of retraction of the nipple.

Edema of the breast in the presence of neoplasia is an unfavourable element from a prognostic point of view and without doubt can complicate application of the programme of irradiation.

We have found however that these difficulties are more easily overcome if the irradiation is effected by means of electron beams, used however with great care. Edema, a sign of involvment of the lymphatic vessels, was cured in two cases by this kind of treatment.

After irradiation the breast appears soft; only in one case did we notice a moderate hardening as is found in breasts irradiated by roentgen-therapy according to Baclesse. If it proved possible to avoid epidermolytic reactions during treatment, then there was not appearance of the achromic or dischromic patches, common results of epidermolytic phenomena, which subsequently become endowed with a teleangectasic network.

We observed recurrence only in one case, 8 months after treatment. It was a tumour of the endodermis-invading type.

We have never observed the appearance of intracutaneous metastatic nodes of lymphatic propagation.

Only one case, a neoplasia of the submammay sulcus with axillary metastases, required amputation of the breast, five months after the end of the treatment, during which 8500 r had been administered over 77 days. The tumour persisted as are isolated residues. The operation was caried out normally, and was followed by "per primam" recovery. The patient died 35 months later, locally cured, but with osseal and pulmonary metastases (Fig. 1).

*Adenopathy*

The large ganglionic lymphatic formations of deep development, almost fixed paracostally, probably because located below the fascia, proved particularly radiosensitive. These formations were often found in our cases, and were situated along the anterior axilla, in direct continuation of the subclavian chain. These nodes were present in three patients, who have since been living in good health for more than 12 months.

The homolateral pleural effusion reaction, was confirmed in one case.

At present, on the basis of our limited experience, having treated only a small number of patients mainly of stage III, we can only present a few observations, which however allow us to state that, by the use of electron beams, 1) primary neoplasia of the breast can be sterilised with less damage to the breast itself than that caused by traditional roentgen therapy. 2) That this saving of tissues may allow the enucleation of possible persistent neoplastic residue at the site of the neoplasia, by means of mastotomia; this results in conservation of the major part of the breast.

Sterilisation of the thoracic wall is very probably easier to effect by means of the radiotherapeutic technique rather than by surgical means.

As regards the sites peripheral to the breast which are normally subjected to complementary radiotherapy, these are similarly irradiated when the primitive tumour is treated radiologically.

We therefore follow the same criteria as those adopted in surgical treatment of mammary neoplasia.

If the surgeons can renounce, for a certain period, their inclination to operate tumours of the breast, in a few years we should be able to present radiotherapeutic results based on a greater number of similar cases.

## 3.2.15. Tumours of the Intestine

By

ADOLF ZUPPINGER

These are generally considered to be radioresistant. This is on the one hand caused by actual radioresistance, on the other hand there were great difficulties in giving a sufficient dose, because of radiation illness. With high voltage X-rays it is much easier to apply a high dose also in the abdominal region, with high electrons the general reactions seem to be even more diminished. For many years we knew that a shrinking of these tumours can be achieved much more easily than with photon therapy, but we began with this treatment only recently because we considered our maximum energy of 31 MeV to be too low. This is also the reason why most cases were given a combined treatment. With 30 MeV X-rays alone a certain amount of shrinking can be achieved, with electrons alone or partially combined with high energy X-rays shrinking is the rule.

It is well known that the mucous membrane of the intestine is very radio-sensitive, so that a curative treatment can only be attempted in high sensitive tumours as sarcomas. The curative treatment should as a rule not be tried because of the great probability of radiation sequelae, but pre-operative treatment should have a good chance of improving the results in tumours of the intestine.

I cannot show you statistics but the cases treated so far are so convincing that I think I shall show you some typical cases with the aim that others make the same experiments in order that we may at an earlier date arrive at a definite conclusion.

**Demonstration of 5 cases.** In every case we found a good shrinkage of the tumour of the stomach or the colon with 5000 to 6000 R. Local operability can be achieved in most cases.

We are aware that the majority of these cases will be influenced only in a palliative way because they will develop late metastasis. The proof that most tumours shrink is on hand and we have no operative complications caused by operation nor have we seen postoperative complications in these cases.

We all know that also in operable tumours the rate of cure by operation alone is poor. It is our opinion that a trial on a large basis in treating cancers of the stomach and colon with preoperative irradiation is not only justified but should be recommended.

## 3.2.16. Two Years Experience with Carcinoma of the Bladder

By

CHARLES BOTSTEIN

With 1 Figure

We treated 33 patients between November 1961 and the end of 1963. Of these, four did not complete treatment — three because of appearance of distant metastases and one because he was subjected to a radical cystectomy and succumbed to a post-operative pulmonary infarction. Of the 29 remaining patients, only one (the youngest) could be considered to have an early lesion. The remaining 28 had advanced cancers, which according to Victor Marshall classification belong to Stages C and D. In addition, as is common with bladder carcinomata, practically all patients had recurrent disease after numerous transurethral or suprapubic resections. They were almost all of advanced age and more than one-half were over 70 years old. Of these 29 patients, 18 have already expired. Of those 11 still alive, only 6 are without symptoms for one year or longer. Two of the surviving cases were asymptomatic for about two years, but recently showed a local recurrence which thus far has been controlled by transurethral resection without any post-operative complications. Another patient had a urinary diversion for urethral obstruction one and one-half years after treatment, also without post-operative complications. The bladder, however, showed residual disease. The two remaining living patients have evidence of residual tumor. Of those 18 patients who expired, 5 died of intercurrent disease (ages 74, 77, 78, 80 and 87) without evidence of tumor, 3 having had a coronary occlusion, 1 a cerebro-vascular accident and 1 a septicemia (not of urinary origin). 13 patients died with persistent or recurrent disease.

Analysis of all cases shows that we achieved primary control in 13 (40%) and no control in 16 cases. Of those 13 with the tumor controlled for more than one year, two patients subsequently recurred after 2 years, so that there *remained only 11 patients*, 5 of which died of intercurrent disease, leaving only 6 for follow-up. We see that in more than one-half of the patients (60%) the treatment was ineffective. This is not new or surprising in treatment of advanced carcinoma of the bladder. However, some credit has to be given to the electron beam because the treatment was tolerated exceedingly well, far better than with any modality we have used in similar cases. Our treatment takes advantage of the specific dose distribution of the electron beam and is given from a single anterior field; in the earlier cases an 8×10 cm field is used, in the more advanced cases a 12×12 cm field in a diamond position. We found that the 12×12 cm field in a diamond position gives the best coverage of the pelvis. A beam energy of 35 MeV was usually used. In some very thin patients we reduced this to 30 MeV and on heavier patients we supplemented it with the 35 MeV X-ray beam through the same field for a boost of about 1000 to 1500 rads to the bladder floor. We realized that there is very little space between the rectum and the floor of the bladder and also that the floor of the bladder is very often posterior to the frontal midplane of the pelvis. To

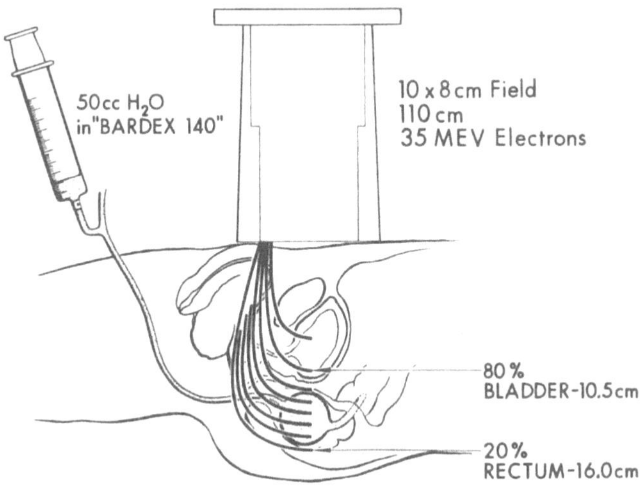


Fig. 1

improve our dose distribution we treated the patient with the following arrangement (Fig. 1).

We used compression as much as it is feasible without giving undue discomfort to the patient, taking advantage of the fact that a cone was already in place for beam definition. At the same time we placed a balloon 5—6 cm in diameter in the rectum, filling it with 50 cc of water and aligning it directly below the trigone. We thus sought to bring the bladder somewhat closer to the anterior abdominal wall, and to remove the posterior rectal wall beyond the range of the electrons. The slide shows a composite treatment plan and dose distribution obtained by averaging the dimensions of all our patients. We get the 80% isodose level in the floor of the bladder with no significant contribution to the posterior rectal wall. We had practically no diarrhea in our patients. Considering the advanced lesions and the impossibility of eliminating infection completely, we had only minor dysuria during treatment and not a single contracted bladder. Following treatment there was good viability of the bladder wall, partially demonstrated by the fact that in two patients a transurethral resection of a recurrence two years after treatment resulted in good healing. Tumor doses ranged from 4500 rads to as high as 7200 rads. The fractionation was standardized to three times a week, averaging 800 rads per week at the floor of the bladder. Overall treatment times ranged from 7 to 10 weeks. Most of the patients had very mild skin reactions which healed promptly, although we continued treating the patients during the period of wet desquamation. In only one case did we note a considerable subcutaneous post-radiation fibrosis, yet there was no break in the epidermis. The skin dose in this case was 7200 rads given in 8 weeks.

I would like to emphasize that the physical distribution was very carefully checked in phantom measurements with films in the direction of the beam as well as perpendicular to the beam. Actual measurements on patients were performed with the Farmer Baldwin dosimeter placed in the rectum both in front and behind the water balloon. The ionization measurements confirmed the estimated dose distribution.

The expectation set in the high energy electrons seem to have been realized in practice. Although no striking cure rates were obtained, mainly because of the advanced stages of the lesions, we obtained excellent palliation without any side effects.

## 3.2.16. The Treatment of the Tumours of the Bladder by Means of High Energy Electron and Roentgen Beams

By

PIERLUIGI COVA, A. MAESTRO[1], A. CONFALONIERI[2] and GIANPIERO TOSI

With 2 Figures

Irradiation of bladder tumours involves the following considerations:

1) Irradiation of the primary tumour.
2) Irradiation of the lymphatic chains of the pelvic basin and of the posterior wall of the abdomen.
3) The need to protect the intestine as far as possible.

This third requirement limits somewhat the possibility of sterilising, apparatus located in the lymph nodes on the posterior wall of the abdomen and in the pelvic basin at least with current radiotherapeutic.

[1] Assistent of the Institute of Radiology of the University of Pavia (Director: Prof. L. DI GUGLIELMO).

[2] Joint of the Urological Department of the "Ospedale Bassini" — Milano — (Director: Dr. G. BRAVETTA M. D.).

The use of electron beams at energies greater than 30 MeV may allow great technical simplification in the irradiation of bladder tumours, especially as compared with cobalt therapy.

The close proximity of the rectal ampulla and the sigmoid colon to the bladder makes it difficult to avoid their simultaneous irradiation. For this reason the radiation procto-sigmoiditis usually potentiate the already painful cystic reactions. Furthermore, the proctosigmoiditic reactions arise sooner and are the major cause of interruption of radiotherapeutic treatment.

Already in cobalt therapy, the dose on the recto-sigmoid region has been reduced by using crossed beams, arc movement or a combination of fixed fields and movement therapy.

However, an even greater reduction in dose can be achieved by using a 32 MeV electron beam. (This is the maximum energy obtainable with our betatron.) Theoretically therefore, this appears an ideal irradiation technique; however it also has some disadvantages.

In fact, to attain a sufficiently high tumour-dose at the bladder by means of a single anterior hypogastric field, maximum doses of about 6,800 R (dose already corrected with the r.b.e. factor of 20%) must be administered. With an energy of 32 MeV, the maximum dose attained is about $3^1/_2$ cm below the skin, and, with time, causes a marked hardening of the tissues in this deep layer.

If the field overlaps the upper external edge of the bladder wall and cannot be sufficiently compressed by the limitor, it is impossible to avoid irradiation of the intestinal loops, usually of the small bowell, which rest on top of the bladder and placed near the anterior abdominal wall. In this case these intestinal segments are irradiated with doses beyond normal toleration.

After several months (usually from 6 to 15) this causes delayed damage characterised both by distrophic phenomena, which, if serious, may lead to performation of the bowel (2 cases), and by plastic reactive phenomena which lead to a segmentary reduction of intestinal lumen and finally to partial or total stenosis.

Therefore, with this technique, if the recto-sigmoid region is spared, serious damage to the ileum is probable.

After the first group of patients had been treated in this way, it was clear that the primary neoplasia of the bladder was much improved. However, on account of the delayed damage and the wish to irradiate also the pelvic basin, the inguinal fossa and the ganglionic chains of the posterior abdominal wall, it was decided to modify the technique by greatly reducing the dose administered by electron beams in a single anterior hypogastric field.

This reduction in dose was compensated by introducing two opposing diamond-shaped fields, one abdominal, and the other gluteo-lumbar, of high energy roentgen beams from the betatron.

These fields include the hypogastric region, the inguinal arch and the entire pelvic basin, the upper limit being at the IVth lumbar segment of the spinal cord.

In this way, we reduced the delayed damage characterised by the hardening of the hypogastric tissues, and irradiated the lymphatic chains, without however applying particularly high doses (4,500 R corrected) in an attempt to avoid intestinal damage.

To reduce the dose on the small bowell resting on top of the bladder the upper part of the irradiation field was limited as much as possible so that the top of the bladder was just barely included.

Maximum compression was also applied in an attempt to dissociate the intestinal loops, if free, from the bladder.

Thus damage to the intestin was somewhat reduced. Perforation of the intestine no longer occurred, but plastic processes and moderate subocclusive phenomena, although reduced, were still observed. The situation therefore was much less serious than previously.

The actual doses are as follows approximately 4,500 R on the posterior abdominal wall and on the pelvic basin, and 6,700 R on the posterior bladder wall. At a depth of $3^1/_2$ cm below the skin of the hypogastric region, the tissues now receive 6,200 R (corrected) in about 8 weeks, whereas with the previously used single anterior field they received 6,800 R (corrected).

At present, therefore, our radiotherapeutic treatment of the tumours of the bladder does not involve only the use of electron beams; the major part of the dose is administered by means of high energy roentgen rays from the betatron. We can therefore no longer speak of a selective treatment with electron beams.

The early and the late reactions resulting from this therapy are now considered.

**Skin.** When the hypogastric region is irradiated with electron beams alone, 2 receiving a maximum dose of 6,800 R through a field of 14×14 cm over 9 to 11 weeks, marked erythemic reactions always appear in the fourth week and are followed in the majority of cases by epidermolithic reactions in the fifth-sixth week. The delayed hardening of the tissues in the deep layers and the marked pre-pubic edema have already been mentioned.

With the modified technique, the hardening of the tissues is notably reduced, and the hypogastric erythema is only slight or, at the most, marked in some cases where the skin is particularly sensitive. Epidermolysis never occurs.

**Cystitic phenomena.** These generally appear in the course of treatment arising after more than half the irradiation programme has been completed, i. e. in the last 2—3 weeks of radiotherapy. Usually the disturbances are slight or moderate, mainly characterized by pollachiuria and a slight burning sensation on urination. On account of cystitic reactions we have had to interrupt the sequence of treatment in 5 cases out of a total of 28 cases.

During 3 or 4 months following treatment, post-radiotherapeutic cystitis has always occurred and is sometimes marked; however it is never so serious as that observed after endocavitarial treatment. These reactions are not, however, easily treated with medical therapy which can only cure the secondary inflammatory phenomena.

Sometimes after treatment the bladder shrinks, but bladder capacity remained between 150 and 200 ccs in nearly all our patients. Cystoscopic examination revealed pallor of the mucosa, and signes of slight fibrosis together with necrotic patches scattered here and there along the bladder wall.

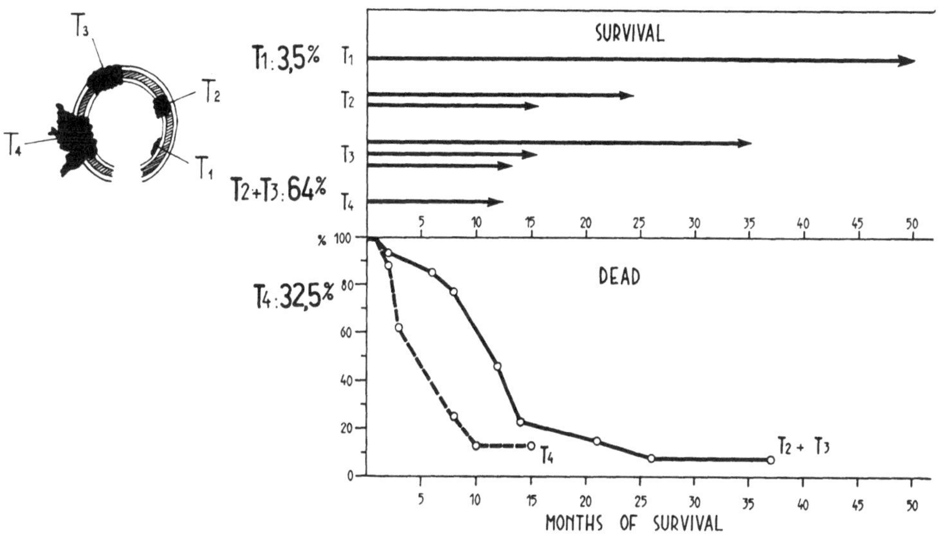


Fig. 1. Tumours of the bladder — 28 patients. Mixed treatment: 32 MeV electron beam + 32 MeV betatron roentgen

Some patients suffered marked shrinking of the beginning of the membraneous urethra such as to prevent passage of the cystoscope, and to cause difficulty in urination. These phenomena were observed particularly after treatment with a single hypogastric field of electrons.

**Hematuria.** Macroscopic hematuria, which generally develops during the first two weeks of treatment, diminishes and disappears more rapidly during treatment with electrons, and therefore with our first radiotherapeutic technique. At present, since we use at first a 32 MeV Roentgen treatment (two opposite diamond shaped fields) and then electron therapy (anterior hypogastric field at 32 MeV), hematuria sometimes appears toward the end of radiotherapy, and reoccurs occasionally a few months after the end of the treatment, especially where cystitic phenomena are marked.

**Pollachiuria.** This is fairly serious complication toward the end of treatment, and is connected with the persistency of the cystitic phenomena. Delayed persistence depends also on the reduction in bladder volume.

We have never observed ascending pyelytic of the ureters, stenotic complications of the inferior part of the ureter, associated with the cystitic phenomena.

**Intestinal reactions.** Proctosigmoiditic reactions were always slight, arising at the earliest, after 3 to 4 weeks of treatment. These reactions were

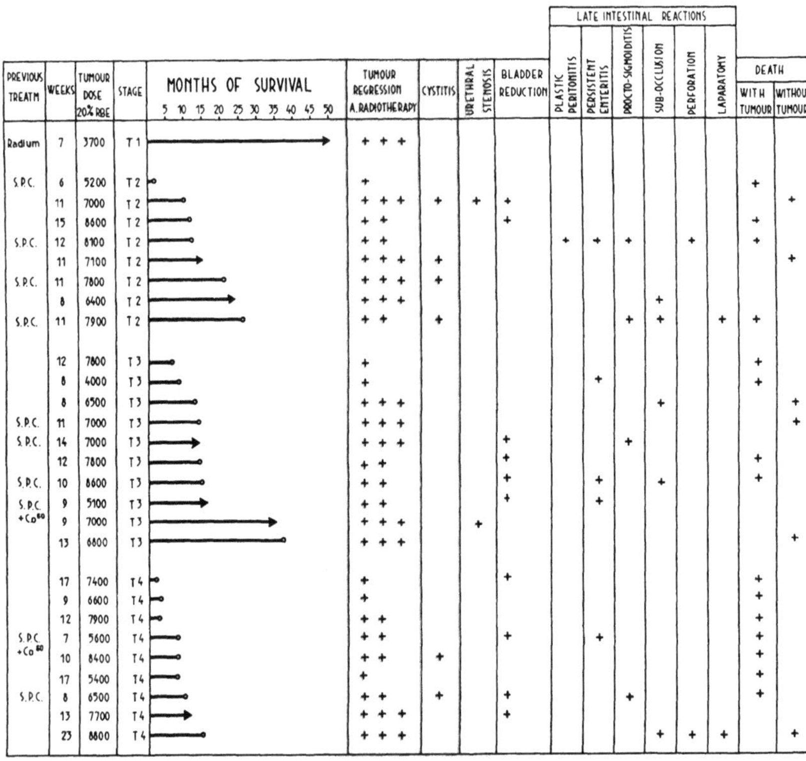

| Previous treatm | Weeks | Tumour dose 20% RBE | Stage | Months of survival (5 10 15 20 25 30 35 40 45 50) | Tumour regression a. radiotherapy | Cystitis | Urethral stenosis | Bladder reduction | Late intestinal reactions: Plastic peritonitis | Persistent enteritis | Procto-sigmoiditis | Sub-occlusion | Perforation | Laparatomy | Death with tumour | Death without tumour |
|---|---|---|---|---|---|---|---|---|---|---|---|---|---|---|---|---|
| Radium | 7 | 3700 | T 1 | | + + + | | | | | | | | | | | |
| S.P.C. | 6 | 5200 | T 2 | | + | | | | | | | | | | + | |
| | 11 | 7000 | T 2 | | + + + | + | + | + | | | | | | | | + |
| | 15 | 8600 | T 2 | | + + | | | + | | | | | | | + | |
| S.P.C. | 12 | 8100 | T 2 | | + + | | | | + | + | + | | + | | + | |
| | 11 | 7100 | T 2 | | + + + | + | | | | | | | | | | + |
| S.P.C. | 11 | 7800 | T 2 | | + + + | + | | | | | | | | | | |
| | 8 | 6400 | T 2 | | + + + | | | | | | | + | | | | |
| S.P.C. | 11 | 7900 | T 2 | | + + | + | | | | | + | + | | + | + | |
| | 12 | 7800 | T 3 | | + | | | | | | | | | | + | |
| | 8 | 4000 | T 3 | | + | | | | | + | | | | | + | |
| | 8 | 6500 | T 3 | | + + + | | | | | | | + | | | | + |
| S.P.C. | 11 | 7000 | T 3 | | + + + | | | | | | | | | | | + |
| S.P.C. | 14 | 7000 | T 3 | | + + + | | | + | | | + | | | | | |
| | 12 | 7800 | T 3 | | + + | | | + | | | | | | | + | |
| S.P.C. | 10 | 8600 | T 3 | | + + | | | + | | + | | + | | | + | |
| S.P.C. | 9 | 5100 | T 3 | | + + | | | + | | + | | | | | | |
| +Co[60] | 9 | 7000 | T 3 | | + + + | | + | | | | | | | | | |
| | 13 | 6800 | T 3 | | + + + | | | | | | | | | | | + |
| | 17 | 7400 | T 4 | | + | | | + | | | | | | | + | |
| | 9 | 6600 | T 4 | | + | | | | | | | | | | + | |
| | 12 | 7900 | T 4 | | + + | | | | | | | | | | + | |
| S.P.C. +Co[60] | 7 | 5600 | T 4 | | + + | | | + | | + | | | | | + | |
| | 10 | 8400 | T 4 | | + + | + | | | | | | | | | + | |
| | 17 | 5400 | T 4 | | + | | | | | | | | | | + | |
| S.P.C. | 8 | 6500 | T 4 | | + + | + | | + | | | + | | | | + | |
| | 13 | 7700 | T 4 | | + + + | | | + | | | | | | | | |
| | 23 | 8800 | T 4 | | + + + | | | | | | | + | + | + | | + |

S.P.C. SURGICAL PARTIAL CYSETCTOMY

Fig. 2. Tumours of the bladder. Mixed treatment: 32 MeV electron beam + 32 MeV betatron roentgen — 28 patients

characterized mainly by infrequent attacks of diarrhea, and rectal tenesmus toward the end of treatment.

Delayed damage to the small bowell resting on top of the bladder, i. e. hardening and plastic reactions, is more pronounced when irradiation is effected with electron beams alone, and can cause subocclusive or occlusive phenomena. Two cases of intestinal perforation were observed.

After modification of our technique, these reactions were less intense and only minor hardening and plastic reactions and moderate subocclusive phenomena occurred. We observed no delayed damage to the rectal ampulla or rectum, and damage to the sigma only when it was close to the top of the bladder (one case). This case was operated, and distrophic damage grave enough to necessitate colostomy was found.

**Conclusions.** On the basis of our first observations made on 28 patients and of post-radiotherapeutic controls, we conclude that up to the present in all cases treated we have administered an excessive dose on the bladder and a rather low dose on the lymphatic chains. By use of the Betatron, and a combination of high energy roentgen fields in the hypogastric region with electron beams, the bladder received 6,700 R (corrected), and the lymphatic chains 4,500 R, which cannot readily be increased. The assertation that the bladder mucosa poorly supports radiation, does not seem to be correct. In fact, analogous doses administered to the larynx would provoke marked edema, and therefore quite serious complications.

However, if the dose administered by our combination of high energy Roentgen rays and electron beams must be reduced, the excess must be subtracted from the electron beams, which irradiate only the bladder.

Betatrons of energy higher than 32 MeV might allow treatment both of bladder tumours and of the lymphatic chains via the posterior wall of the pelvic basin and of the abdomen, by means of electron beams alone. This would increase the dose on the lymphatic chain, give greater protection to the intestine, and allow a maximum saving of the soft tissues crossed to reach the focal sites.

The following tables show the characteristics of our treatments (28 patients from march 1959 to august 1963).

## 3.2.16. Discussion of Dr. Cova's Paper about Carcinoma of the Bladder

By

Charles Botstein

In spite of the great distance of over 5000 miles separating our two centers, I find that Dr. Cova's results in Milan and our own in New York are almost identical.

However, we had none of the side effects, in particular none of the bowel complications described by Dr. Cova, although the dosage and the time factors were very similar. Our three times a week fractionation schedule should enhance the biological effect. The reason for the lack of complications lies most likely in the fact that we irradiated much smaller volumes than Dr. Cova. We used 8×10 fields for the bladder and 12×12 in a diamond position for the entire pelvis. We used only a single anterior field so that our volume dose was small and we also applied a water balloon in the rectum to protect the posterior rectal wall.

By taking advantage of the controlled volume dose peculiar to the electron beam we obtained a low integral dose and avoided any side effects. By using multiple portals this advantage is lost.

# 3.2.17. Rectal- und Analtumoren

Von

HUGO GRAF

Die Bestrahlungen wurden am 31 MeV-Betatron BBC durchgeführt, wobei gleich vorwegzunehmen ist, daß die Elektronenenergie von 31 MeV wegen des starken Dosisabfalls für eine homogene Durchstrahlung der Rectumtumoren als ungenügend beurteilt werden müßte. Wir sind daher bald auf eine mit Photonen kombinierte Bestrahlung übergegangen.

Es war eine erfolgreiche Elektronenbestrahlung einer Bauchwandmetastase eines Adenocarcinoms, die uns auf die Möglichkeit einer besseren Beeinflussung aufmerksam machte.

Tabelle 1. *Zusammenstellung der Bestrahlungsergebnisse* [1]

| Total | c | p | sy-fr | i. c. | FM | LR | p | u | |
|---|---|---|---|---|---|---|---|---|---|
| 24 | 12 | 12 | 3 | 2 | 5 | 2 | 11 | 1 | |
| 24 | 12 (1VN/2V) | | 3 | 2 | 3 | 2 | 2 | | |
| | | 12 | | | 2 | | 9 | 1 | |
| Überlebenszeit Jahre: | | | | | | | | | |
| | | 1 | 3* | 1 | 2 | 2 | 7 | — | }15 |
| | | 2 | 2 | | 1 | 2 | 2* | | } 7 |
| | | 3 | 2 | | | 1 | | | |
| | | 4 | 1 | | | 1 | | | |
| | | 5 | 1 | | | | | | |
| | | 6 | 1 | | | | | | |

[1] c = curativ behandelt; p = palliativ behandelt; sy-fr = symptomfrei; ic = symptomfrei intercurrent gestorben; FM = lokal und regionär sy-fr, Fernmetastasen; LR = Lokalrezidiv; p = palliativer Behandlungserfolg; u = unbeeinflußt.

Beim Großteil unserer Fälle bestand zum vornherein fragliche bis fehlende Aussicht auf günstige Beeinflussung durch die Radiotherapie. Es wurden seit 1958 bis Ende 1962 29 Patienten mit Rectumcarcinom bestrahlt. Davon sind 5 Fälle nicht beurteilbar, weil die Bestrahlung vorzeitig abgebrochen wurde. Histologisch handelte es sich bei den 24 verwertbaren Bestrahlungen 22mal um ein Carcinoma cylindrocellulare und 2mal um ein Carcinoma adenomatosum. Zwei nicht radikal operierte Carcinome und 12, d. h. alle Operationsrezidive, waren als Stadium $T_4$ zu bewerten. Nur 3mal lag ein Stadium $T_3$ vor. Diese 3 Fälle werden in der nachfolgenden

Übersicht nicht separat erwähnt, weil ihr Verlauf gegenüber den anderen ausgedehnteren Tumoren nicht merklich günstiger war.

Wir haben 12 Fälle in kurativer Absicht und 12 Fälle palliativ bestrahlt. Unter die kurativ bestrahlten Fälle wurden der Übersicht halber ein Fall von Vor- und Nachbestrahlung sowie zwei lange Vorbestrahlungen mitgezählt. Es sei gleich erwähnt, daß bei diesen beiden nur vorbestrahlten, inoperablen Fällen mit einer Gesamtdosis von zirka 6000 rh die Operabilität erreicht wurde: Der eine Patient kam aber postoperativ an Lungenembolien und der andere zwei Jahre später an Lebermetastasen ad exitum. Bei dem vor- und nachbestrahlten Carcinom wurde bereits eine Woche nach Vorbestrahlung gegen unsere Intention die Operation vorgenommen, wobei sich der Tumor als nicht oder noch nicht radikal operabel erwies; trotz Nachbestrahlung blieb darauf ein Resttumor bestehen.

Gesamthaft sind von diesen 12 in kurativer Absicht bestrahlten Patienten 3 symptomfrei. Zwei sind intercurrent und 3 an Fernmetastasen ad exitum gekommen, wobei die lokale Tumorfreiheit jeweils relativ kurze Zeit vor dem Tod klinisch gesichert war. Bei den 4 übrigen Patienten wurde 2mal eine nur vorübergehende Tumorfreiheit und 2mal nur ein palliativer Effekt erreicht. Bei den palliativ bestrahlten Fällen war das Resultat ein der Absicht entsprechendes. Auch bei den 3 an Fernmetastasen gestorbenen Patienten bestand kein vollständiger Tumorrückgang.

Die Überlebenszeit von einem Jahr wurde von 15 Patienten, die von zwei Jahren von 7 Patienten erreicht. Bei den 3 symptomfreien Patienten liegt die Bestrahlung 6 respektive 3 und beim letzten noch nicht ganz 2 Jahre zurück.

Wie schon eingangs erwähnt, haben wir wegen der ungenügenden Energie von 31 MeV-El nur kurze Zeit, d. h. in 6 Fällen reine Elektronenbestrahlungen durchgeführt. Ohne Berücksichtigung der inhomogenen Bestrahlung betrugen bei diesen 6 Fällen die mittleren Herddosen ± 6000 R. Unter dieser Therapie wurden immerhin zwei inoperable Carcinome operabel, 3 Carcinome verschwanden klinisch vollständig, wobei aber zwei rezidivierten und eines metastasierte. Lediglich bei einem Tumor wurde nur ein palliativer Effekt erreicht. Diese 6 Fälle sind in der obigen Tabelle miteinbezogen. Die übrigen 18 Carcinome wurden kombiniert bestrahlt. Der Anteil der Photonen betrug $^1/_3$ bis $^2/_3$ der Gesamtdosis.

Bei kurativer Absicht haben wir im allgemeinen Herddosen von 7000 bis 8000 R appliziert, mit Einzeldosen von 250—300 R. Je nach biologischer Reaktion wurden auch etwas kleinere oder höhere Gesamtdosen verabreicht. Dem Zeitfaktor wurde anfänglich vielleicht nicht genügend Bedeutung beigemessen, im Prinzip versuchten wir jedoch, die Bestrahlung innerhalb 30 bis maximal 50 Tagen durchzuführen.

In der obigen Übersicht sind einige Fälle zusammengestellt, die von speziellem Interesse sein dürften:

Tabelle 2.

| Pat. | ♂/♀ | Stadium | Histologie | Therapie | Früheff. | w. Verlauf | Beurteilung |
|---|---|---|---|---|---|---|---|
| 1. R. E., 1900 | ♀ | Op. Rec. | Ca cylindroc. r. | 6350 rh E 40 d<br>1750 rh E <5 Met<br>2750 rh RöHV } 35 d | Tu ↓ vollst. | Stenose<br>→ An. praet. | Tu-Ster. allein durch Bestr.<br>$3^5/_{12}$ J. sy-fr. |
| 2. R. Em., 1900 | ♀ | inop. R-Ca | Ca cylindroc. r. | 2100 rh RöHV 7d<br>3500 rh E 7d | Operabilität | ∅ Nachbestr. | 6 J. sy-fr. |
| 3. D. E., 1891 | ♂ | R-Ca postop.<br>nicht rad.<br>Perirekt. Ln-Met | Ca cylindroc. papillif. recti mit Met. in reg. Lun. | 6000 rh E 50 d<br><$4^1/_4$ J.<br>3150 rh E 10 d<br>(Op. Rec.) | Tu ↓ vollst. | Prostatekt.<br>n. 4 J.: o. Tu.<br>LR 3 Mt.<br>später | † $4^5/_{12}$ J.<br>(6000 rh ungen.) |
| 4. B. R., 1889 | ♂ | R-Ca postop.<br>nicht rad.<br>Perirekt. Ln-Met | Ca cylindroc. papillif. recti mit Met. in reg. Lun. | 1500 rh E 6d<br>5000 rh RöHV 26 | Tu ↓ vollst. | Lebermet. | † $1^7/_{12}$ J.<br>(Autopsie:<br>lok. tu-frei) |

Tabelle 3.

| Pat. | ♂/♀ | Stadium | Histologie | Therapie | Früheff. | weiterer Verl. |
| --- | --- | --- | --- | --- | --- | --- |
| 1. N. E., 1890 | ♀ | Op.- u. ↯ Rec. | Plattenep.-Ca. | VB: N(59)9200 $r_0$ konv./3F<br>1. R(60)4500 $r_0$ konv./3F<br>2. R(61)6600 $r_h$ E } 54 d<br>1750 $r_h$ RöHV } | Tumor ↓<br>(3 Mt. Hi. neg.) | † 7/12 J.<br>„Tu.-kachexie“ |
| 2. M. P., 1904 | ♂ | Op.-Rec. | Plattenep.-Ca. | 9000 $r_h$ E } 86 d<br>1840 $r_h$ konv. }<br>(Verz. w. Harnwegsinf. b. Inkontinenz) | Tumor ↓<br>(klin. vollst.) | † 9/12 J.<br>lok. Blutung |
| 3. S. H., 1900 | ♂ | inop.<br>(Infilt. d. Lab. u. d. Amp. r.) | Cancroid ani | 6540 $r_h$ E<br>1540 $r_h$ RöHV<br>~ 8100 $r_h$ 31 d | Nekrose | Nekr. abgest.<br>i. Verl. v. Mt.<br>sympt.-fr. 64/12 J. |

Fall 1 zeigt, daß eine Tumorsterilisation allein durch die Radiotherapie erreicht werden konnte, dafür aber mußte eine narbige Stenose in Kauf genommen werden.

Fall 2: Heilung von nun über 6 Jahren bei einem inoperablen Rectumcarcinom, das unter Bestrahlung operabel wurde und uns zur Nachbestrahlung nicht mehr zugewiesen wurde.

Fall 3: Postoperative Bestrahlung nach nicht radikaler Operation. Tumorsterilisation mit 6000 R. Diese Tumorsterilisation ist insofern gut dokumentiert, als bei einer Prostatectomie nach 4 Jahren kein Tumorgewebe gefunden werden konnte.

Fall 4: Postoperative Bestrahlung eines Rectumcarcinoms nach nicht radikaler Operation. Der Patient kam 17/12 Jahre nach Bestrahlung an Lebermetastasen ad exitum. Lokal konnte autoptisch kein Tumor mehr nachgewiesen werden.

Zusammenfassend können die erreichten Resultate bei Berücksichtigung der ungünstigen Ausgangssituationen gegenüber den herkömmlichen Ergebnissen als besser bezeichnet werden. Einige inoperable Tumoren sind radikal operabel geworden, und die eben angeführten Fälle haben gezeigt, daß sogar bei Operationsrezidiven und nicht radikal operierten Tumoren ein lokal tumorsterilisierender Effekt möglich ist. Eine definitive Urteilsbildung gestattet dieses kleine und zum großen Teil kombiniert bestrahlte Material jedoch nicht.

**Anus.** Im Gegensatz zum Rectumcarcinom sind diese Tumoren —

meistens sind es Plattenepithelcarcinome — gut strahlensensibel. Da sie aber selten vorkommen, sind die Erfahrungen ganz allgemein noch nicht groß. Leider finden sich auch in unserem eigenen Material erst 3 Fälle, die mit Elektronen bestrahlt wurden. Sie sind in der folgenden Tabelle zusammengestellt.

Diese 3 Fälle erlauben selbstverständlich keine genügende Urteilsbildung. Sie sind aber dennoch aufschlußreich und geben immerhin Anlaß zu berechtigten Hoffnungen, indem bei Fall 1 mit einem ausgedehnten Operations- und Bestrahlungsrezidiv 3 Monate nach Bestrahlung kein Tumor mehr nachgewiesen werden konnte und bei Fall 3 mit inoperablem ausgedehntem Cancroid seit 6 Jahren Symptomfreiheit besteht.

**Summary**

24 tumours of the rectum and 3 of the anus were treated with electrons. The rectum tumours were generally treated also with 30 MeV X-rays because of the steep fall in the dose in the case of electrons. The regression of the tumours is better than with conventional X-rays and with 30 MeV X-rays alone.

## 3.2.17. Discussion — Irradiation of Ano-Rectal Tumours by Means of High Energy Electron Beams of a 32 MeV Betatron

By

PIERLUIGI COVA, A. MAESTRO, and GIANPIERO TOSI

With 2 Figures

Irradiation of ano-rectal tumours by means of the high energy electron beam is indicated for the tumour's location, since the characteristics of the beam suit the tumour's vertical development in relation with the surface plane. Irradiation is in fact required through a single direct field, with a beam which will retain its intensity at an adequately even degree throughout the required path.

Applying cobalt treatment in similar conditions calls for employing multiple fields, whereas a single field will suffice with high energy betatron Roentgen therapy. Both the latter methods however require a heavy increase in the dose volume.

From 1959 to August 1963 we treated 20 patients where of

a) 12 first treatment cases (Fig. 1),

b) 8 recurrences following surgery and comprising 4 rectum amputees and 4 with partial rectum resection. (Fig. 2)

Two of the recurrences had previously undergone complementary ray treatment.

The breakdown by stages according to the TNM rating was, for group a) above:

| | |
|---|---|
| T1 . . . . . . . . . . . | 0 |
| T2 . . . . . . . . . . . | 1 case |
| T3 . . . . . . . . . . . | 0 |
| T4 . . . . . . . . . . . | 11 cases |

Survivors among the two above groups a) and b) are:

a) 12 patients . . . . . 4 surviving
b) 8 patients . . . . . 1 surviving.

Four patients of group a) above were operated after ray treatment. Two deceased, respectively after 5 months (post surgery complication) and after 24 months (myocardium infarct) from end of irradiation. The two surviving have been showing no trace of neoplasia, respectively for 18 and 34 months.

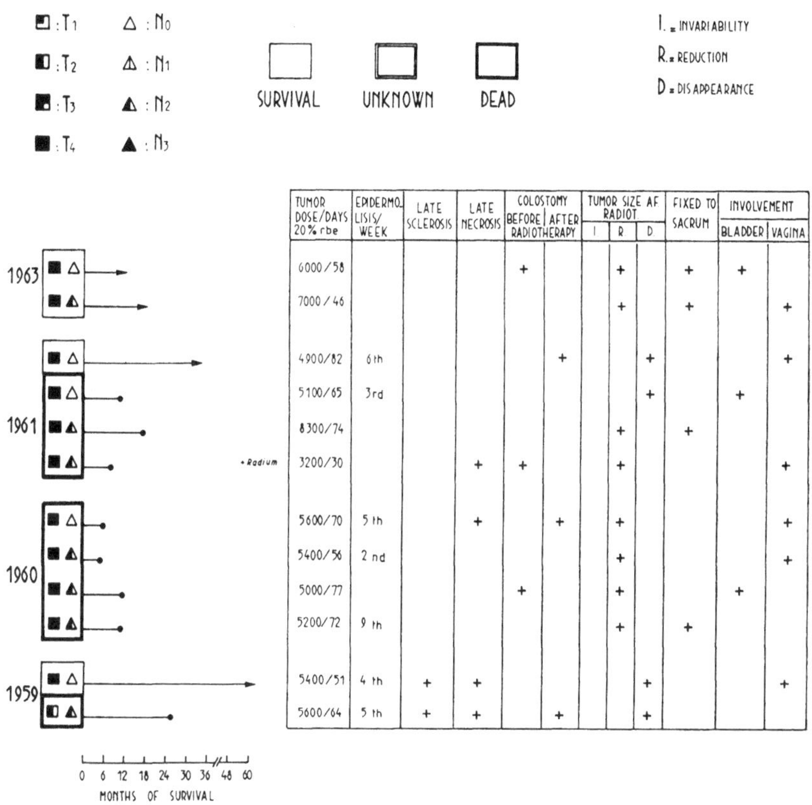


| TUMOR DOSE/DAYS 20% rbe | EPIDERMOLISIS/ WEEK | LATE SCLEROSIS | LATE NECROSIS | COLOSTOMY BEFORE RADIOTHERAPY | COLOSTOMY AFTER RADIOTHERAPY | TUMOR SIZE AF RADIOT I | TUMOR SIZE AF RADIOT R | TUMOR SIZE AF RADIOT D | FIXED TO SACRUM | INVOLVEMENT BLADDER | INVOLVEMENT VAGINA |
|---|---|---|---|---|---|---|---|---|---|---|---|
| 6000/58 | | | | + | | | + | | + | + | |
| 7000/46 | | | | | | | + | | + | | + |
| 4900/82 | 6th | | | | + | | | + | | | + |
| 5100/65 | 3rd | | | | | | | + | | + | |
| 8300/74 | | | | | | | + | | + | | |
| 3200/30 | | | + | + | | | + | | | | + |
| 5600/70 | 5 th | | + | | + | | + | | | | + |
| 5400/56 | 2 nd | | | | | | + | | | | + |
| 5000/77 | | | | + | | | + | | | + | |
| 5200/72 | 9 th | | | | | | + | | + | | |
| 5400/51 | 4 th | + | + | | | | | + | | | + |
| 5600/64 | 5 th | + | + | | + | | | + | | | |

Fig. 1. Ca of the rectum — primary tumours — 12 patients

In our treatments we usually used the electron beam with an energy of 32 MeV. Referred to 100% of the dose, the daily dose was 110—120 R. Initially we had attempted reaching 150—170 R daily, thus confining the treatment period to 6—7 weeks. However, we subsequently decreased the daily dose to 110—120 R, on account of epidermolytic reactions generally occurring between the second and fourth week, and requiring lengthy interruptions from treatment. With 110—120 R daily, the treatment averages 9—10 weeks.

Further, the tumour maximum doses are maintained within 5,000—5,500 R (dose corrected with 20% r.b.e.), due to lengthy and highly painfull moist reactions at the connection between the anal duct and the rectal ampulla.

Preliminary colotomy is always advisable for the dual purpose of a) attenuating proctitic reactions and pain chiefly due to congestion of the haemorrhoidal plexi which bulge and prolaps from the anus, and b) keeping the irradiation field less infected.

Ano-rectal necroses were recorded in six cases. They generally started 10—12 weeks from completion of treatment, and lasted some months.

During the course of irradiation rather intense vaginal reaction can be detected, but without delayed aftermaths. Moderate precocious cystic reactions also appear: no delayed reaction detected. Delayed reaction of the gluteo-perianal region comprises a moderate degree of skin discromy and eczematous conditions.

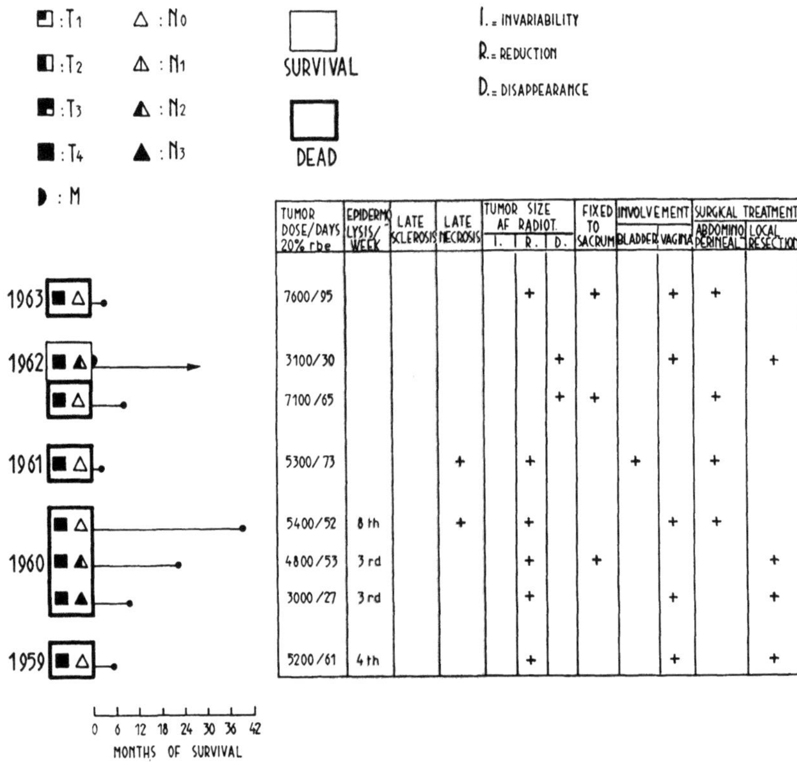


| TUMOR DOSE/DAYS 20% rbe | EPIDERMOLYSIS/WEEK | LATE SCLEROSIS | LATE NECROSIS | TUMOR SIZE AF RADIOT. I. | R. | D. | FIXED TO SACRUM | INVOLVEMENT BLADDER | VAGINA | SURGICAL TREATMENT ABDOMINO PERINEAL | LOCAL RESECTION |
|---|---|---|---|---|---|---|---|---|---|---|---|
| 7600/95 | | | | | + | | + | | + | + | |
| 3100/30 | | | | | | + | | | + | | + |
| 7100/65 | | | | | | + | + | | | + | |
| 5300/73 | | | + | | + | | | + | | + | |
| 5400/52 | 8 th | | + | | + | | | | + | + | |
| 4800/53 | 3 rd | | | | + | | + | | | | + |
| 3000/27 | 3 rd | | | | + | | | | + | | + |
| 5200/61 | 4 th | | | | + | | | | + | | + |

Fig. 2. Ca of the rectum — recurrences after surgery — 8 patients

Occasionally we noticed a form of delayed reaction consisting of rather pronounced stenosis admitting only the little finger. Accordingly, having maintained or resumed physiological passage through the small intestine, defaecation of semi-liquid waste material becomes a necessity.

Gangliar locations of the inguino-iliac fossae are preventively or therapeutically irradiated with the electron beam at 32 MeV from front fields of 7×14, 10×12 or 10×14 sq. cmts. with doses of 5,500—6,000 R.

To irradiate parasacral and pararachideal lymphatic chains of the lumbar region, we use roentgen betatron high energy beams without overreaching the focus dose of 4,500—5,000 R, with a view to avoid intestinal damage.

# 3.2.18. Die Peniskarzinome

Von

Bernhard Zimmerli

Wir haben bisher 7 Fälle von Peniskarzinomen mit schnellen Elektronen behandelt, die wir wenigstens 2 Jahre lang beobachteten. Sechs von sieben Patienten sind durch die Bestrahlung tumorfrei geworden; vier davon sind mehr als 4 Jahre lang beobachtet, einer hat die 5-Jahresgrenze kürzlich überschritten. Der letzte Fall ist unser einziger strahlentherapeutischer Versager, bei dem 1 Jahr nach der Therapie ein lokales Rezidiv auftrat, das die Penisamputation notwendig machte. Er ist seither ebenfalls symptomfrei. Die Dosis war mit 7000 R in 26 Tagen offensichtlich zu gering. Der Patient hatte eine starke Reaktion gezeigt, weshalb die Bestrahlung früher als vorgesehen abgesetzt wurde. Einige Wochen nach der Behandlung wurde die bestehende Phymose operiert, wobei das histologische Resultat negativ war und deswegen auf einen Strahlenzusatz verzichtet wurde. Noch bei einem Fall trat eine lokales Rezidiv auf, das aber nach erneuter Bestrahlung beseitigt werden konnte. Der Verlauf war wie folgt:

Es handelt sich um einen 80jährigen Mann mit einem ausgedehnten Tumor der Glans penis, mit doppelseitigen inguinale Metastasen. Sie waren rechts beweglich, links riesig, exulzeriert und superinfiziert. Der Primärtumor wurde mit 7500 R in 29 Tagen, und nach 6 Wochen Intervall mit einem Zusatz von 2200 R in 7 Tagen bestrahlt, die Metastasen je mit 8400 R an der Oberfläche. Während die Metastasen mit dieser Dosis vollständig verschwanden, trat 1 Jahr später lokal ein Rezidiv auf. Von einem 4 cm großen runden Feld aus wurde in 58 Tagen nochmals eine Dosis verabreicht, die rechnerisch 9600 R entsprach, nach der relativ geringen biologischen Reaktion aber niedriger angenommen werden muß. Bis zum Tod an Herzinsuffizienz im 4. Jahr nach Behandlungsbeginn blieb der Mann von seiten des Tumors symptomfrei. Der Penis war induriert und oedematös, links inguinal fand sich eine Induration und verzögerte Wundheilung.

Wir verabreichten im Durchschnitt zwischen 7500 R und 8500 R in 30—40 Tagen, je nach der Tumorausdehnung. Bei Dosen über 8000 R können verzögerte Heilung und Induration auftreten. Inguinal verabreichten wir ca. 6000—7000 R, wenn keine oder unverdächtige Drüsen palpabel sind, 7000—8000 R in 30—40 Tagen, wenn Metastasen vorliegen.

Waren früher mit Kontakt- oder konventioneller Therapie die Erfahrungen beim Peniskarzinom ungünstig, so sind wir auf Grund der guten Resultate der Auffassung, daß heute ein Peniskarzinom mit schnellen Elektronen behandelt werden sollte. Versagt die Strahlentherapie, sollte nach 2—3 Monaten ein kleiner Resttumor exzidiert, bei einem ausgedehnten Tumorrest die Amputation vorgenommen werden.

**Summary**

Cancer of the penis can be irradiated by electrons with a good chance of cure.

7500 to 8500 R in 4 to 6 weeks are necessary with 30 MeV electrons. Surgery is only necessary in the case of failure of radiation therapy.

## 3.2.19. Klinische Gesichtspunkte bei der Elektronentherapie des Vulvacarcinoms

Von

Friedhelm Oberheuser

Als erstes Indikationsgebiet für die Anwendung energiereicher Elektronen eines Betatrons hat sich bereits vor 16 Jahren neben dem Hautcarcinom das Vulvacarcinom herausgestellt. 1949 berichteten Schubert, Kepp, Paul und Schmermund über die ersten klinischen Beobachtungen. Die Therapie erfolgte damals mit einem 6-MeV-Betatron. Diese ersten Erfahrungen der genannten Autoren ließen es berechtigt erscheinen, beim Vulvacarcinom auf alle bislang üblichen Behandlungsverfahren zugunsten der Elektronentherapie zu verzichten.

Von den Genitalcarcinomen der Frau entfallen etwa 3% bis 5% auf die äußeren Geschlechtsteile (Labhardt). Der Ausgangsort der Geschwulst ist dabei oft nicht zu bestimmen, da viele der meist älteren Frauen den Arzt relativ spät aufsuchen. Das Carcinom kann von den großen Schamlippen, den kleinen Schamlippen oder der Umgebung der Urethra ausgehen. Die Geschwulst wächst flächenhaft in die Tiefe. Infolge der reichlichen Lymphgefäßversorgung des äußeren Genitales breitet sich der Tumor schnell infiltrativ aus und metastasiert frühzeitig in die regionalen Lymphknoten. Je nach dem Ausbreitungsgrad empfiehlt Huber eine Einteilung in vier Stadien, die auch bei der Besprechung unseres Krankengutes Berücksichtigung findet.

Die Lymphgefäße im Bereich der Vulva sind über ein weites Gebiet ausgebreitet und befinden sich zum Teil innerhalb des Subkutangewebes, zum Teil aber auch in großen Tiefen. Die Lymphgefäße der großen und kleinen Labien bilden je ein feines Netzwerk und sind durch zahlreiche Anastomosen miteinander verbunden. Sie haben außerdem Verbindungen mit der anderen Seite. Der Hauptabfluß erfolgt zu den inguinalen Lymphknoten.

Da bei der Strahlenbehandlung Primärtumor und Ausbreitungsgebiet erfaßt werden müssen, ergibt sich beim Vulvacarcinom, gleich welcher Lokalisation und Ausbreitung, die Notwendigkeit, die ganze Vulva und beide Leistenregionen in den Bestrahlungsbereich einzubeziehen. Nur durch die Wahl entsprechender großer Felder wird das gesamte zwischen dem Primärtumor und den Lymphknoten gelegene ausgedehnte Lymphsystem, das ja die Leitungsbahn für die Metastasierung darstellt, erfaßt. Da die Lymphbahnen einerseits in der Subcutis verlaufen, andererseits aber in die Tiefe ziehen, muß eine homogene Bestrahlung von der Oberfläche bis in einige Zentimeter Tiefe angestrebt werden. Die geringe Strahlenempfindlichkeit des Vulvacarcinoms erfordert dabei eine hohe Gesamtdosis. Die physikalischen Eigenschaften der energiereichen Elektronen führen dazu, daß man den Anforderungen einer derartigen räumlichen Dosisverteilung mit einer Elektronenbestrahlung in idealer Weise entsprechen kann.

An der Hamburger Universitäts-Frauenklinik werden Primärtumor und Lymphabflußgebiet mit den energiereichen Elektronen eines 15-MeV-Betatrons der Siemens-Reiniger-Werke behandelt. Die Vorteile einer Fraktionierung der Dosis werden dabei voll ausgenutzt.

Der Primärtumor wird von einem relativ großen Feld aus bestrahlt. Auch bei Vulvacarcinomen geringer Ausdehnung sind kleine Feldgrößen unzweckmäßig. Das Bestrahlungsfeld wird so groß gewählt, daß seine Begrenzung allseitig um mindestens 2 cm über den sichtbaren oder palpablen Tumorrand hinausgeht. Dies kommt praktisch einer Bestrahlung der gesamten Vulvaregion gleich. Um auch die in die Tiefe führenden Lymphbahnen mit in das Bestrahlungsgebiet einzubeziehen und nach Möglichkeit auch die Tumorbasis in den Bereich des Dosismaximums zu lokalisieren, werden relativ hohe Elektronenenergien, meist zwischen 12 MeV und 16 MeV, angewandt. Der Tubus wird der Vulva fest aufgesetzt. Die Lagerung der Patientin entspricht dabei der Situation einer gynäkologischen Untersuchung.

Die Feldgröße bei der Bestrahlung der Leistenlymphknotenregionen beträgt $6 \times 10$ cm, die Elektronenenergie 16 MeV. Bei der Einstellung liegt die Patientin ausgestreckt auf dem Rücken. Die Felder werden so eingestellt, daß die Inguinalfalte die Tubusöffnung in Längsrichtung halbiert. Bei adipösen Patientinnen wird die Bauchfalte zurückgezogen. Der Tubus wird so aufgesetzt, daß das Elektronenbündel senkrecht zur Körperoberfläche einfällt.

Die Gesamtdosis, die auf den Primärtumor und die beiden Leistenfelder verabfolgt wird, beträgt 4500 bis 5400 rad je Feld. Diese Dosis wird in täglichen Einzeldosen von 300 rad appliziert. Dosen in dieser Höhe haben sich bei dem wenig strahlenempfindlichen Vulvacarcinom für die Rückbildung des Tumors als notwendig erwiesen. Sie dürfen jedoch nicht überschritten werden, da sonst die Strahlenbelastung des an Blut- und Lymphgefäßen reichen Gebietes zu hoch wird.

Nach der stets einsetzenden erosiven Reaktion, die sehr erheblich sein kann, findet man als Spätveränderungen eine mäßig starke Gewebsinduration und eine Teleangiektasiebildung der Hautgefäße. Bisweilen übersteigt die Strahlenreaktion auch das Stadium der Exsudation mit Epithelverlust und erreicht das Ausmaß einer echten Ulceration. Aber nur in seltenen Fällen heilen diese Defekte unbefriedigend oder im Verlaufe längerer Zeit ab. In Anbetracht dieser zwar seltenen, aber nicht voraussehbaren Verlaufsformen ist eine sorgfältige Beobachtung und eventuell auch eine Nachbehandlung angebracht. Letztere sollte auf jeden Fall bis zum Abklingen der akuten Erscheinungen klinisch durchgeführt werden.

Um diesen Verlaufsformen mit starker Strahlenreaktion vorzubeugen, war anfänglich vorsichtiger dosiert worden. Es kamen sehr niedrige Elektronenenergien zur Anwendung. Die Feldbegrenzungstubusse überschritten die erkennbare Tumorausdehnung nur um einen halben Zentimeter. Die Bestrahlungsdosis betrug 3000 bis 3600 rad. Dieses Vorgehen führte jedoch zu Mißerfolgen, da es zu Rezidiven am Rande des Bestrahlungsfeldes bzw. aus der Tiefe heraus kam.

In der Tab. 1 sind die Überlebensraten der an der Universitäts-Frauenklinik Hamburg-Eppendorf in der Zeit vom 1. 10. 1950 bis 31. 8. 1963 behandelten primären Vulvacarcinome zusammengefaßt. Bis zum Jahre 1955 stand bei der Behandlung des Primärtumors die Nahbestrahlung nach Chaoul im Vordergrund. Die Bestrahlung der Leistenregionen erfolgte unter den Bedingungen der Halbtiefentherapie. Die Gegenüberstellung läßt die Überlegenheit der Elektronentherapie erkennen. So überlebten von 31 Patientinnen, die konventionell behandelt worden waren, 16 drei Jahre (52%); von den mit dem Betatron behandelten 54 Patientinnen erreichten 37 (69%) eine dreijährige Symptomfreiheit. Nach fünf Jahren stehen 32% in der konventionell behandelten Gruppe 47% der mit dem Betatron behandelten Gruppe gegenüber. Das Durchschnittsalter bei Behandlungsbeginn differiert nur wenig; es betrug 65 Jahre bei den konventionell behandelten Patientinnen und 63 Jahre bei den mit dem Betatron behandelten Patientinnen. Das Alter bei Behandlungsbeginn der verstorbenen Patientinnen liegt höher als das Durchschnittsalter. Die Aufgliederung der Todesursachen ergibt, daß sich unter den Verstorbenen eine Reihe von Patientinnen befindet, die an anderen, oft altersbedingten Erkrankungen, verstarben.

Die sich in den Überlebensraten abzeichnende Überlegenheit der Elektronentherapie wird deutlicher, wenn man die Stadienverteilung in beiden Behandlungsgruppen miteinander vergleicht (Tab. 2). Der Anteil der weit fortgeschrittenen Carcinome (Gruppe III und IV nach Huber) ist bei den mit dem Betatron behandelten Patientinnen mit 79% weit höher als bei der konventionell behandelten Patientinnengruppe. Hier mußten lediglich 53% der Patientinnen den Stadien III und IV zugeordnet werden. Diese Verschlechterung in der Zusammensetzung des Krankengutes ist zum Teil darauf zurückzuführen, daß insbesondere Patientinnen mit sehr ausgedehnten Befunden, bei denen jede andere Therapie keinen Erfolg mehr erwarten läßt, aus allen Teilen Deutschlands in die Hamburger Universitäts-Frauenklinik eingewiesen werden.

Die mit der Elektronentherapie erreichte 5-Jahres-Überlebenszeit von fast 50% bei vornehmlich weit fortgeschrittenen Vulvacarcinomen mit erheblicher Ausdehnung des Primärtumors und mit Befall der Leistenlymphknoten kann als günstiges Ergebnis gewertet werden. Ein Vergleich mit anderen Behandlungsergebnissen ist leider nur schwer möglich, da viele Statistiken die Aufgliederung in die einzelnen Stadien vermissen lassen. Um einen gewissen Überblick zu erhalten, wurden Behandlungsergebnisse zum Vergleich herangezogen, die in den letzten Jahren aus verschiedenen

Tabelle 1. *Überlebensrate der an der Universitäts-Frauenklinik Hamburg-Eppendorf behandelten primären Vulvacarcinome (1. 10. 1950 bis 31. 8. 1963)*

| | behandelt mit konventionellen Röntgenstrahlen | | behandelt mit energiereichen Elektronen eines 15-MeV-Betatron | |
|---|---|---|---|---|
| Beobachtungszeit | Zahl der Patientinnen | überlebend | Zahl der Patientinnen | überlebend |
| 1 Jahr | 32 | 23 (72%) | 116 | 109 (94%) |
| 2 Jahre | 31 | 18 (58%) | 81 | 68 (84%) |
| 3 Jahre | 31 | 16 (52%) | 54 | 37 (69%) |
| 4 Jahre | 31 | 12 (39%) | 48 | 27 (56%) |
| 5 Jahre und länger | 31 | 10 (32%) | 32 | 15 (47%) |

Durchschnittsalter bei Behandlungsbeginn

| | Röntgenstrahlen | Elektronen |
|---|---|---|
| aller Patientinnen: | 65 Jahre | 63 Jahre |
| der überlebenden Patientinnen: | 62 Jahre | 62 Jahre |
| der verstorbenen Patientinnen: | 66 Jahre | 67 Jahre |

Tabelle 2. *Stadienverteilung (nach* Huber*) behandelter Vulvacarcinome an der Universitäts-Frauenklinik Hamburg-Eppendorf (1. 10. 1950 bis 31. 8. 1963)*

| behandelt mit | Gruppe I | Gruppe II | Gruppe I+II | Gruppe III | Gruppe IV | Gruppe III+IV | insgesamt |
|---|---|---|---|---|---|---|---|
| konventionellen Röntgenstrahlen | 5 (16%) | 10 (31%) | 15 (47%) | 6 (19%) | 11 (34%) | 17 (53%) | 32 (100%) |
| energiereichen Elektronen | 13 (11%) | 11 (9%) | 24 (21%) | 38 (33%) | 54 (46%) | 92 (79%) | 116 (100%) |

in- und ausländischen Kliniken mitgeteilt wurden (Ries, Hofmann, Maurer, Rieden, Rummel, Spechter, Green, Ulfelder, Meigs, Wimhöfer, Zeitz, Busse, Soergel, Zimmer, Schwenzer, Brandstetter, Kratochwill, Merill, Ross, Scheele, Dalos). Es wurden dabei nur die konventionellen Behandlungsmethoden der Auswertung zugrunde gelegt. Von insgesamt 1384 Patientinnen der vorstehend genannten Autoren überlebten 401 (28,9%) fünf Jahre und länger. Die Zusammensetzung des Krankengutes hatte einen wesentlichen Einfluß auf die an den einzelnen Kliniken erzielten Heilungsergebnisse. Der Anteil der fortgeschrittenen Stadien konnte wegen der teilweise unvollständigen Angaben nicht genau ermittelt werden; mehr als die Hälfte der Patientinnen gehörte aber den behandlungsgünstigeren Stadien der Gruppe I und II an.

Obwohl die bisherigen klinischen Beobachtungen für die Elektronentherapie sprechen, sollte nicht verkannt werden, daß bei der Behandlung mit 16-MeV-Elektronen nicht das ganze potentielle Ausbreitungsgebiet des Vulvacarcinoms in den Bestrahlungsbereich einbezogen wird. Bekanntlich haben die Studien von Reiffenstuhl über die Lymphabflußbahnen aus dem Vulvabereich zu der Erkenntnis geführt, daß einige Lymphbahnen mit der Vena dorsalis clitoridis das Diaphragma urogenitale durchbohren und in den Lymphonodi interiliaci enden. Es drängt sich deshalb die Frage auf, ob im Hinblick auf diese tief in das kleine Becken hinein verlaufende Lymphabflußgebiete das Bestrahlungsvolumen größer gewählt werden sollte. Dies würde bedeuten, daß das gesamte kleine Becken unter den Bedingungen der Tiefentherapie bestrahlt werden müßte. Es hat sich jedoch gezeigt, daß bei ungünstigem Verlauf lokale Rezidive ganz im Vordergrund stehen. Lediglich bei 4 unserer Patientinnen, die nach der Bestrahlung eines Vulvacarcinoms verstarben, konnte eine allgemeine Metastasierung nachgewiesen werden. Deshalb scheint es nicht berechtigt, eine so einschneidende Vergrößerung des Bestrahlungsvolumens anzustreben.

Die klinischen Erfahrungen an der Universitäts-Frauenklinik Hamburg-Eppendorf bestätigen somit die von meinem verstorbenen Lehrer G. Schubert bereits 1948 bei der Einführung des Betatron in die gynäkologische Strahlentherapie vertretene Auffassung, daß beim Vulvacarcinom die Elektronenbestrahlung die Behandlungsmethode der Wahl ist.

**Summary**

Electron beam therapy of cancer valvae must be performed with large fields also in small tumours. Dosis of 4500 to 5400 R with 12 to 16 MeV 300 R single doses are necessary. The same doses are applied to the inguinal region. In 54 patients 5 years results of 47% were achieved even though more than 50% of the patients belonged to stade III and IV (Huber Classification).

## 3.2.19. Preliminary Report about Electrontherapy of the Tumours of the Vulva

By

Pierre Minet, Ph. Chevalier, Jacques Closon and Julien Garsou

In our department, up to 1963, the treatment of the carcinoma of the vulva was a combination of radical vulvectomy and bilateral block dissection of the inguinal chains, generally followed by conventional X-ray therapy.

The electron treatments of four first eleven cases were planned in order to estimate the effectiveness of that radiological technique compared with surgical procedures.

As far as primary tumours are concerned two of our observations show that a complete sterilisation of the lesion is possible with high energy electrons.

The first patient had an important squammous cell carcinoma involving both "labia", the clitoris and the inferior part of the vagina ($T_4\ N_1\ M_0$).

6,000 rads were distributed on the isodose 80% in 8 weeks with an energy of 34 MeV and a field 10×8 cm. At the end of the treatment the tumour had almost disappeared.

Three weeks later a radical vulvectomy and inguinal block dissection was performed. Histological examination did not show any neoplastic cell. One year later the patient is well and without evidence of recurrence.

In our second cases we administered 6,000 rads on the isodose 80% in 6 weeks with a 4 cm diameter field and an energy of 25 MeV on a sqammous cell carcinoma of the clitoris ($T_2\ N_1\ M_0$).

At the end of the treatment the tumour was replaced by a small nodule which was removed surgically and did not show any tumourous remains.

Up to now, inguinal nodes have generally been removed surgically. However we intend to modify our treatment procedures in view of the good results published in the literature.

The last case reported above gives another example of the effectiveness of electrons on metastatic lymph nodes.

That patient had been treated successfully for a tumour of the clitoris. Though she presented a movable enlarged lymph node ($T_2\ N_1\ M_0$) the gynaecologist delayed the inguinal dissection on account of her very poor general condition (diabetes).

Eight months after the end of the treatment on the clitoris the adenopathy had progressed to a considerable volume and was ulcerated. 6,000 rads on the isodose 80% were distributed in 8 weeks. At the end of that second treatment the inguinal tumour had disappeared. The patient is living symptomfree 1 year later.

In a statistical study about 102 cases published by Pr. Desaive [*1*] about electro-surgical treatment of the tumours of the vulva, 25% of the cases presented a local recurrence. Schubert, Schmermund and Oberheuser in 1960 report about 8 reccurrences among 29 patients treated by electrons for the same tumour [*2*].

However if the five first cases are neglected (low dosage and limited fields) there remain only 3 recurrences in 24 patients that is 12,5% or half of the recurrences recorded after electro-surgery.

Out-of 11 patients 2 showed a recurrence after electron-therapy.

The first case was a vulva metastasis of a squammous cell carcinoma of the cervix — stage 4. At the end of the treatment the tumour had almost disappeared but recurred 2 months later at the same place.

The second case was a recurrence 5 years after vulvectomy. 6,000 rads were distributed in 6 weeks on the isodose 90% with a 4 cm diameter field and 15 MeV. At the end of the treatment, a biopsy performed in a residual nodule showed the persistance of neoplastic cells. That lesion has been treated by radiumpuncture.

It seems that such a failure of electrontherapy should be attributed to the small size of the field as first by Schubert mentioned.

The 9 other cases, which underwent a full course of electrontherapy and among which there were 2 recurrences after vulvectomy, are now living symptom-free.

However, the short period of observation of these cases does not allow of any conclusion regarding long-term results.

## Bibliography

1. Desaive, P., O. Gosselin, H. Ramioul et A. Collard: Considérations thérapeutiques à propos de 102 cas de cancers vulvaires et vulvo-urétraux (spécialement au point de vue de leur exérèse large au bistouri diathermique). Gynaecologia **129**, 93—122 (1950).
2. Schubert, G., H.-J. Schmermund u. F. Oberheuser: Die Betatrontherapie gynäkologischer Karzinome. Strahlentherapie **112**, 4—16 (1960).

# 3.2.20. Irradiation of the Cervical Carcinoma During Pregnancy, by Means of an Electron Beam Applied Transvaginally

(Observations on one case)

By

Pierluigi Cova and A. Maestro

Cervical carcinoma during pregnancy should be treated as follows:

If developed within the third month of pregnancy, it should be treated as for non-pregnant cases. In these circumstances the foetus is not awarded prime consideration and cannot be saved, regardless of the course of treatment so far adopted.

Whereas the farther the progress of pregancy, the more important does the foetus become. The last three months are vitally important. If pregnancy is completed and therefore the foetus is sure to be alive, the first step is undoubtedly a Caesarean section, to be followed either by totally enlarged hysterectomy or by ray treatment, according to the carcinoma's extension.

Should the foetus not have reached full maturity, an intravaginal radium treatment can be applied, at least to arrest the tumour's growth and allow the progress of pregnancy. In such a case, though the foetus is not close to the source of irradiation, still it is not sufficiently far and can easily suffer local injury such as baldness, skin trouble to buttocks, to scrotum etc., as we could personally witness.

The most difficult period in which to choose suitable treatment is that spanning the fourth, fifth and sixth month. Not yet alive, not close to becoming alive, still the foetus evidences its existence and demands greater responsibility and attention. The general course is to

1) perform surgery up to the 4th and 5th month;

2) apply careful intravaginal (not intracervical) ray treatment during the 6th month; thereafter wait for sufficient maturity of the foetus and perform a Caesarean section.

These conditions afford the greatest risk of foetal injury by ray treatment: radium-dermatitis, short weight due to prematurity and mental retardation. If the tumour is beyond surgery, the foetus acquires priority over the mother.

Today high energy electrons from a betatron offer the best method for treating the tumour and simultaneously safeguarding the foetus, thanks to

1) the possibility of controlling the energy and thus the depth of beam penetration into tissues, and

2) practically no side-scattering.

If the vagina is wide enough to receive a limiting cone having 5—6 cm inner diameter, a confined cervical carcinoma can be satisfactorily treated by means of an electron beam. This method represents an indisputable advantage over Schäfer and Witte's mesoplesiotherapy: the betatron beam a) reaches deeper if required, b) ceases at required depths and c) distributes the surface dose more evenly.

With a narrower vagina, transvaginal treatment can still be performed, to a certain extent, with limiter cones of smaller cross section.

Some cases may require short total anaesthesia to enable the cone to be introduced into the vagina. We followed this practice in a number of cases, to irradiate relapsing growths on the vaginal cupola following hysterectomy.

In 1959 we applied this treatment to a 4-month pregnant woman, 44, suffering from cervical carcinoma at its first stage (hystological test: remarkably infiltrating squamous carcinoma). We applied 5,000 R over 24 days, performed a second biopsy and detected no neoplasia traces.

On the 62nd day from end of irradiation, being at the end of the 8th month of pregnancy, we performed a Caesarean section followed by total enlarged hysterectomy.

Before surgery the portion appeared clynically normal, had rebuilt where it formerly appeared torn and ulcerated by the tumour, and displayed the normal pattern of a portio at the 8th month of pregnancy. Cervical tissue had retained good resiliency, to a point that induced discussing the advisability of attempting natural childbirth. However, on considering this was the first case subjected to this method, we decided on hysterectomy. The foetus was extracted alive, without apparent injury from ray exposure, and was placed in an incubator. The baby displayed the following details: height 42 cmts; skull circumference 30 cmts; weight 1.8 kilos (4 lbs); satisfactory general condition; normal temperature; normal hydration; hypotonic but trophic muscles; diastasis of the sagittal suture chest circumference 26.5 cmts; square fontanelle 2×3 cmts; incapability to suck.

On the 21st day the baby was still subicteric and rather drowsy. At 2 months old it remained underweight but healthy. Pediatricians concluded it was an 8-month premature, without clearly indicating any degree of immaturity. Hystologically we found no neoplasia present at the end of the treatment. On the surgery section we detected only moderate alteration imputable to previous ray treatment. The child shows a normal development.

On the strength of the successful results achieved, we feel such transvaginal treatment with high energy electrons can or should be applied during pregnancy in cases of limited cervical carcinoma which are still within surgical control. Cases beyond the first stage will require individual handling, aimed at allowing the foetus to achieve maturity and safeguarding it from radiological exposure injuries.

## 3.2.20. Diskussion

Von

JOSEPH BECKER

Wir haben schon seit dem Jahre 1954 bei einer Reihe von Fällen den Versuch unternommen, bei Oberflächen-Carcinomen der Portio mit schnellen Elektronen vorzugehen, und zwar durch Direktbestrahlung der Portio mittels eines Scheidentubus. Die Ergebnisse waren im allgemeinen zufriedenstellend.

So hatten wir bei einer 33jährigen Frau bei Graviditas Mens VIII wegen eines Carcinoma colli II 1956 mit schnellen Elektronen mittels eines Spekulums lokal an die Portio 6000 R appliziert. Die 6 Wochen nach der Bestrahlung durchgeführte Sektio mit anschließender Wertheimscher Radikaloperation ergab eine Heilung des Plattenepithel-Carcinoms. Das Kind gedieh außerordentlich gut, hatte keine Mißbildungen und hat sich auch geistig normal entwickelt. Die Patientin steht seit dieser Zeit weiter in Beobachtung der Frauenklinik.

In der gynäkologischen Radiumtherapie stellt die Strahlenbelastung besonders des Pflegepersonals ein sehr ernstes Problem dar und erfordert kostspielige Vorkehrungen für den Strahlenschutz. Hierbei bahnt sich durch die Supervolttherapie allmählich eine Wende an.

Der Supervolttherapie gelingt es, sowohl den Portiotumor als auch die Parametrien mit einer biologisch wirksamen Strahlendosis zu belegen. Auf diese Weise ist es möglich, die lokale Radiumdosis bei dem Collum-Carcinom zu reduzieren bzw. ganz zu ersetzen. Bei fortgeschrittenen Portio-Carcinomen besteht erstmalig eine reelle Chance, die Parametraninfiltrate wirkungsvoll zu beeinflussen.

Selbstverständlich bedeutet die kombinierte Bestrahlung auch in der Ära der Supervolttherapie bei der Behandlung des Collum-Carcinoms die Grundlage der Therapie. In der Behandlung des weit fortgeschrittenen Collum-Carcinoms ist es aber nicht selten zweckmäßig, auf die Radiumbestrahlung zugunsten einer hochdosierten Großfelderbestrahlung ganz zu verzichten.

Hier findet eine en-bloc-Bestrahlung des kleinen Beckens mit schnellen Elektronen oder ultraharten Röntgenstrahlen unter Verzicht auf die Radiumbehandlung ein neues Indikationsgebiet. Wir haben darüber bereits im Jahre 1959 auf dem Internationalen Radiologenkongreß in München berichtet. Obwohl unser Patientengut sich im allgemeinen aus weit fortgeschrittenen Fällen rekrutiert, sehen wir bei einer hochdosierten en-bloc-Bestrahlung recht zufriedenstellende Primärergebnisse. Bei Strahlendosen von etwa 8000 R in Beckenmitte und etwa 5000 bis 6000 R seitlich an die Parametrien treten nur verhältnismäßig geringe Nebenerscheinungen auf.

Für die alleinige Telekobalttherapie unter Verzicht auf die lokale Radiumapplikation verwenden wir grundsätzlich zwei verschiedene Methoden, einmal die en-bloc-Bestrahlung des gesamten kleinen Beckens von vier auf den Cervicalkanal zentrierten Feldern aus oder aber eine Kombination von Bewegungs- und Stehfeldbestrahlung. Dabei wird der Primärtumor massiv mit einer Pendelsbestrahlung mit schmalem Feld im Winkel von 300° angegangen. Die Parametrien werden mit zusätzlichen Stehfeldern bestrahlt.

**Summary**

Report of a case of squamous cell carcinoma of the cervix in pregnancy treated with electron therapy, caesaria section and Wertheim. Mother and child are in good health 8 years after treatment. Description of a combined high voltage X-ray and electron therapy with reduction of radium dosage in advanced cervix carcinoma.

## 3.2.22. Knochen-Tumoren

Von

Sergio Brun del Re

**Ergebnisse der Bestrahlung von Knochentumoren mit Elektronen.** Wir haben unsere Knochentumoren, wenn immer möglich, nur mit Elektronen bestrahlt. Vereinzelte Fälle wiesen eine Längsausdehnung des Tumors auf, die die maximale Länge der uns zur Verfügung stehenden Elektronenfelder überschritt, weshalb diese Fälle mit Hochvoltröntgenstrahlen behandelt wurden. Diese Fälle sind im vorliegenden Material nicht berücksichtigt. Dagegen kamen in einigen wenigen Fällen sowohl Elektronen als auch Hochvoltröntgenstrahlen zur Anwendung.

12 Fälle sind länger als ein Jahr beobachtet, von denen 11 in kurativer und 1 in palliativer Absicht bestrahlt wurden. Von den 11 kurativ behandelten Fällen

waren am Ende des ersten Beobachtungsjahres 6 rezidiv- und metastasenfrei. Bei 2 Patienten trat ein Lokalrezidiv und bei 3 Patienten traten Fernmetastasen noch im Verlaufe des ersten Jahres auf.

Beim einen Fall mit Lokalrezidiv handelt es sich um ein Osteochondrosarkom des linken Femurs, das mit 7200 Rh Elektronen in 37 Tagen bestrahlt worden war. 7 Monate später trat ein Lokalrezidiv auf, weshalb die Amputation des Beines vorgenommen werden mußte. Daraufhin blieb der Patient 2 Jahre rezidivfrei, dann trat ein Stumpfrezidiv auf und kurz darauf starb der Patient an Lungenmetastasen.

Beim zweiten Fall mit Lokalrezidiv handelt es sich um ein 11jähr. Mädchen mit einem oesteogenen Sarkom der rechten Tibia. Die auf den Tumor verabreichte Dosis betrug 5700 Rh Elektronen in 30 Tagen. Das Lokalrezidiv ist nach 8 Monaten aufgetreten. Es handelt sich um eine stark sklerosierende Form eines osteogenen Sarkomes, das, wie wir jetzt wissen, unterdosiert wurde.

Bei den drei im Verlauf des ersten Jahres an *Fernmetastasen* gestorbenen Patienten hatte der Primärtumor klinisch ebenfalls sterilisiert werden können.

Neun Patienten sind mehr als drei Jahre beobachtet, davon wurden acht kurativ und einer palliativ bestrahlt; 2 Patienten leben symptomfrei, 2 haben lokal rezidiviert und 4 sind bei lokaler Symptomfreiheit an Fernmetastasen gestorben.

**Summary**

Oestogenic sarcoma seems to be a favourable localisation for electron beam therapy. Out of 9 patients who were observed for more than three years 2 are free from disease and two developed local recurrences. Further attempts are recommended.

## 3.2.22. Diskussion

Von

D. SCHOEN

Ein 7jähriger Junge wird uns zur Röntgenaufnahme des Beckens überwiesen, weil er seit drei Wochen Schmerzen im rechten Gesäß hat. Die Röntgenaufnahme zeigt einen osteoklastischen Prozeß im rechten Tuber ossis ischii. Bei der 3 Tage später vorgenommenen Probeexzision trifft man auf einen über Golfball großen weichen Tumor. Der Tumor wird ausgelöffelt, aber nicht radikal entfernt. Die histologische Diagnose lautet: „Osteogenes Sarkom". Nachdem die Fäden entfernt worden sind, erhält der Junge auf das rechte Sitzbein eine Elektronenbestrahlung mit insgesamt 4000 R in 17 Tagen. Die Energie beträgt 15,8 MeV, das Feld ist rund und hat 7 cm Durchmesser.

Eine Kontrollaufnahme 3 Monate nach Abschluß der Bestrahlungsserie zeigt eine Rekalzifizierung des Tumors. Da nach 4 Monaten noch ein bohnengroßer Tumor tastbar ist, entschließt man sich zu einer zweiten Elektronenserie. Es werden nochmals 2000 R in 15 Tagen verabreicht.

Eine Kontroll-Aufnahme 4 Jahre nach Erkrankungsbeginn zeigt bis auf einen kleinen Defekt an der kaudalen Kontur eine komplette Rekalzifizierung. Der Junge ist vollständig beschwerdefrei. Es bestehen keine Metastasen. Die Haut zeigt eine mäßige Atrophie, eine leichte Pigmentverschiebung und vereinzelt Teleangiektasien.

Bei einem anderen Jungen, der 10 Jahre alt war, als er in unsere Behandlung kam, haben wir bei gleicher Tumorlokalisation und Histologie mit insgesamt 5000 rad in zwei Serien mit konventioneller Röntgentiefentherapie ebenfalls eine 5jährige Symptomfreiheit erreichen können. Wir können deshalb nicht sagen, daß die Elektronentherapie bei dem beschriebenen Fall besser war als die konventionelle Röntgentherapie!

**Summary**

Report regarding the radiation of a golfball-sized osteogenic sarcoma localized in the ischiadic bone of a 7 year old boy with a total of 6000 R 15.8 MeV electrons. Another boy who was without symptoms the subsequent 5 years after the application of 5000 rad conventional X-ray treatment is also discussed.

# 3.2.23. Weichteil-Sarkome

Von

Werner Hellriegel

Für den klinischen Gebrauch hat sich die Zusammenfassung von Sarkomen vom gleichen Muttergewebe und gleicher Strahlenempfindlichkeit als recht brauchbar bewährt.

Zu den Sarkomen des *retikulären Bindegewebes* werden die Retikulo-, Lympho-, Myelo- und Angio-Sarkome zählen. Da die Sarkome des undifferenzierten Mesenchyms etwa die gleichen klinischen Eigenschaften haben, wurden sie in dieser Gruppe mitaufgenommen.

In dieser Gruppe sind 52 Sarkome, die mit Elektronen bestrahlt wurden. Es waren

| | |
|---|---|
| Retikulo-Sa | 30 |
| Lympho-Sa | 12 |
| Angio-Sa | 8 |
| Ewing-Sa | 2 |
| | 52 |

Diese Sarkome verteilten sich auf folgende Körperregionen:

| | |
|---|---|
| Oro-Pharynx, *Nebenhöhlen* | 26 |
| Lymphknotenregionen | 9 |
| Mediastinum | 5 |
| Abdomen | 3 |
| Extremitäten, Rumpf | 6 |
| Magen, Rektum, Struma | 3 |

Die Überlebensraten nach der Elektronenbestrahlung zeigt die Tab. 2.

Die Gegenüberstellung zu den konventionell bestrahlten Sarkomen zeigt den *Vorteil der Elektronen*bestrahlung in der Überlebensrate. In diesen

Zahlen sind alle Erkrankungsstadien enthalten. Meistens befanden sich die Patienten schon im *fortgeschrittenen* Stadium, nämlich 74%.

*Überlebensrate*

| Anzahl | | 1 J. | 2 J. | 3 J. | 4 J. | 5 J. |
|---|---|---|---|---|---|---|
| Elektronen | 52 | 36/52 =75% | 16/44 =36% | 11/33 =33% | 5/22 =23% | — |
| 200 kV Rö. | 268 | 52% | 39% | 23% | 16% | 12% |

Zu Beginn der Bestrahlung befanden sich die Patienten in folgenden Erkrankungsstadien:

| | | |
|---|---|---|
| Stadium I | 3 Patienten = | 5,8% |
| Stadium II | 10 Patienten = | 19,3% |
| Stadium III | 29 Patienten = | 55,3% |
| Stadium IV | 10 Patienten = | 19,3% |

Die Patienten im Stadium I und II haben gute Aussichten auf Heilung.

*Überlebensrate*

| Anzahl | | 1 J. | 2 J. | 3 J. | 4 J. | 5 J. |
|---|---|---|---|---|---|---|
| Stad. I+II | 13 | 12/13 | 4/5 | 3/4 | 1/1 | — |
| 200 kV Rö. | 164 | 60% | 50% | 33% | 25% | 18% |

Von diesen 13 Patienten in diesen Stadien sind 12 noch am Leben. Bei dem Verstorbenen handelte es sich um einen 73jährigen Mann mit einem noch lokalisierten Lympho-Sarkom der *Wange* im Stadium II. Er starb an einer *Kreislaufinsuffizienz.*

Alle Patienten wurden nur mit Strahlen behandelt. Operative Eingriffe wurden als P. E. oder als *Teilresektion* vorgenommen. Eine Teilresektion des Tumors beeinflußt m. E. die Heilung nicht im positiven Sinne.

Die Sarkome des lockeren interstitiellen Gewebes sind die mehr oder weniger differenzierten *Rundzellen-, spindelzelligen, polymorphzelligen Sarkome.* Wegen der klinischen und radiologischen gleichen Eigenschaften wurden hierzu noch die *undifferenzierten und Myxo-Sarkome* hinzugezählt. Die Heilungsaussichten sind im allgemeinen recht schlecht.

*Operierte Sarkome* im Stadium II und III sollten immer noch bestrahlt werden und sollten so behandelt werden, als wenn keine Operation erfolgt wäre. Hoffnung auf Verbesserung der Überlebensaussichten können wahrscheinlich durch die praeoperative Bestrahlung erreicht werden, wenn die volle Tumordosis verabreicht wird. Erst dadurch hat man in gewissem Rahmen die Gewähr, daß das Tumorwachstum genügend gehemmt wird.

25 Patienten gehören zu dieser Gruppe, nämlich

| | |
|---|---|
| Rundzellen-Sa | 8 |
| polymorphzellige Sa | 10 |
| undifferenzierte Sa | 3 |
| Myxo-Sa | 4 |
| | 25 |

Die Verteilung auf die Körperregionen war folgende:

| | |
|---|---|
| Extremitäten, *Becken* | 9 |
| Oto-Pharynx, Nebenhöhlen | 6 |
| Abdomen | 4 |
| Schädel | 2 |
| Mediastinum | 1 |
| Struma | 1 |
| große Labie | 1 |
| Leistenbeuge | 1 |

Die Überlebensraten nach der Elektronenbestrahlung und konventionellen Röntgenbestrahlung zeigt folgende Tabelle:

*Überlebensrate*

| Anzahl | | 1 J. | 2 J. | 3 J. | 4 J. | 5 J. |
|---|---|---|---|---|---|---|
| Elektronen | 25 | 15/25 =60% | 7/21 =33% | 4/17 =24% | 3/13 =23% | 2/10 =20% |
| 200 kV Rö. | 239 | 48 8% | 37% | 27% | 23% | 9 19% |

Auch bei diesen Krebsen wurden meistens nur fortgeschrittene bestrahlt. Den Grad der Erkrankung zeigt die Aufteilung.

| | |
|---|---|
| Stadium I | 0 Patienten |
| Stadium II | 5 Patienten = 20% |
| Stadium III | 17 Patienten = 68% |
| Stadium IV | 3 Patienten = 12% |

*Überlebensrate*

| Anzahl | | 1 J. | 2 J. | 3 J. | 4 J. | 5 J. |
|---|---|---|---|---|---|---|
| Stad. I+II | | | | | | |
| Elektronen | 5 | 5/5 | 2/3 | 1/1 | 1/1 | |
| 200 kV Rö. | 182 | 52% | 40% | 32% | 28% | 24% |

In einem noch lokalisierten Zustand sind natürlich die Überlebensraten auch günstig, wie die Gegenüberstellung zeigt.

Aus dem fibrillären Bindegewebe entwickeln sich die
Spindelzell-Sa
differenzierten Fibro-Sa
enddifferenzierten Fibro-Sa.

Auch hier wurden Sarkome mit gleichem klinischem und radiologischem Verlauf hinzugezählt, nämlich die
Neurofibro-Sa
Sympathico-Sa.

Insgesamt wurden 33 Tumoren dieser Gruppe mit Elektronen behandelt, die sich in folgender Weise aufteilen:

| | |
|---|---|
| Spindelzell-Sa | 11 |
| Fibro-Sa | 14 |
| undifferenzierte Fibro-Sa | 2 |
| Neurofibro-Sa | 5 |
| Sympathico-Sa | 1 |
| | 33 |

Die Verteilung auf die Körperregionen war:

| | |
|---|---|
| Extremitäten | 14 |
| Kopf und Hals | 8 |
| Brustwand | 4 |
| Becken | 4 |
| Abdomen | 1 |
| Blase | 1 |
| Larynx | 1 |
| | 33 |

Diese Tumoren haben eine relativ geringe Metastasierungsneigung, dafür ist aber die Rezidivierungsneigung sehr groß. Unter diesen 33 Sarkomen ist ein einziger Primärtumor, der nicht ein- oder mehrmals vor der Bestrahlung operiert wurde. Alle übrigen waren vor der Bestrahlung operiert.

Die Überweisung zur Bestrahlung erfolgte wegen

| | |
|---|---|
| Rezidive | bei 20 Patienten |
| Metastasen | bei 7 Patienten |
| Inoperabilität | bei 1 Patienten |
| als Nachbestrahlung | bei 5 Patienten. |

Die sofort nach der Operation nachbestrahlten Patienten sind alle noch 4 bis 5 Jahre rezidivfrei am Leben.

Die Überlebensraten nach der Elektronen- und konventionellen Röntgenbestrahlung sind relativ günstig.

Hier gewinnt man den Eindruck, als ob die konventionelle Röntgenbestrahlung ein günstigeres Resultat ergibt, aber ich möchte betonen, daß bei den elektronenbestrahlten Patienten fast immer ein rezidivierter, d. h. fortgeschrittener Tumor vorlag.

Wenn auch hier vorwiegend Patienten im Stadium I und II behandelt wurden, so befanden sie sich im Vergleich zu den röntgenbestrahlten Patienten doch im ungünstigeren Anfangszustand.

*Überlebensrate*

| Anzahl | | 1 J. | 2 J. | 3 J. | 4 J. | 5 J. |
|---|---|---|---|---|---|---|
| Elektronen | 33 | 24/33 =73% | 16/27 =59% | 8/21 =38% | 7/19 =37% | 2/11 =18% |
| 200 kV Rö. | 217 | 75% | 62% | 51% | 45% | 18% |

| | Elektronen | 200 kV Rö. |
|---|---|---|
| Stadium I | 2 Patienten = 6% | 142 Patienten = 66 % |
| Stadium II | 15 Patienten = 46% | 45 Patienten = 21 % |
| Stadium III | 13 Patienten = 39% | 27 Patienten = 12 % |
| Stadium IV | 3 Patienten = 9% | 2 Patienten = 0,9% |

Wenn man sich die Patienten im Erkrankungsstadium I und II gesondert betrachtet, dann kommt man schon bei den kleinen Zahlen zu dem Ergebnis, daß durch die Elektronenbestrahlung der Tumor hinsichtlich Überlebenszeit günstiger beeinflußt wird.

*Überlebensrate*

| Anzahl | | 1 J. | 2 J. | 3 J. | 4 J. | 5 J. |
|---|---|---|---|---|---|---|
| Stad. I+II Elektronen | 17 | 15/17 =88% | 13/16 =81% | 7/11 =63% | 7/11 =63% | 2/5 =40% |
| 200 kV Rö. | 187 | 82% | 71% | 61% | 51% | 41% |

Ein bösartiges Sarkom ist das *maligne Synovialom.* Die Rezidiv- und Metastasierungsneigung ist sehr groß. Von 5 operierten Tumoren bekamen 4 in kurzer Zeit ein Rezidiv oder Metastasen. Die längste Überlebenszeit der bestrahlten Rezidive war bisher 2 Jahre. Von 3 Patienten mit 2jähriger Überlebenszeit sind jetzt noch 2 am Leben. Einen Patienten haben wir ohne Operation bestrahlt, er lebte 1 Jahr und 2 Monate.

Die Geschwulst ist sehr strahlenresistent. Ich kann nach den wenigen Beobachtungen noch nicht beurteilen, ob eine Dosis von 6000 R ausreicht, um eine Heilung zu erreichen. Die bestrahlten Tumoren haben sich alle nach 6000 R vollständig oder fast vollständig zurückgebildet, aber es traten doch wieder Rezidive auf.

**Zusammenfassung**

Zu den Weichteil-Sarkomen wurden die bösartigen Geschwülste des mesenchymalen Gewebes, außer Knorpel- und Knochentumoren gezählt.

Die vergleichende Untersuchung der mit 200 kV-Röntgenstrahlen und schnellen Elektronen bestrahlten Sarkome ergab, daß durch die Elektronenbestrahlung bessere Überlebensraten erzielt werden können. Angaben der Tumordosen sind im Bericht „Histologie und Strahlenempfindlichkeit" zu finden.

**Summary**

The comparative examination of electron-treated tumours of the soft tissue (2.2.9.) shows better results than with 200 kV X-rays.

## 3.2.23. Soft Tissue Sarcomas

By

ADOLF ZUPPINGER

Lympho- and reticulosarcomas and malignant lymphomas will not be included in this observation. These can be easily treated with conventional methods. High voltage therapy either as X-rays or electron beam therapy is justified strictly only in those cases when normal tissues can better be protected by using the other methods of irradiation. This is especially important in young people. We will consider the fibro-, spindel-, leio-, lipo- and polymorphcellsarcoma, a tumour group which is well known to every radiotherapist and (in earlier times) was considered to be more or less radioresistant. Formerly we often treated postoperatively with conventional X-rays and frequently we were not certain whether our treatments were effective or not. Postoperative recurrences could only be influenced by conventional X-rays in a palliative manner if at all. On the other hand these tumours have the advantage of developing metastases at a late period so that we are able to follow them for a longer time in contrast to other malignances.

20 cases were treated by us between 1958 and 1962. Often they were only sent for irradiation after several recurrences. 15 patients received a curative treatment. 11 are symptomfree. 2 died of metastases. One failure is due to too small a dose in a child because the surgeon told us that the tumour was completely removed. In the other local failures a wrong modality had been used. The tumour was too deeply seated for our electron beam of 31 MeV. A decrease in size of the tumour with a palliative effect could be seen in 4 of 5 cases which were only treated palliatively. We administered total doses of 6000 to 8000 R. In 3 cases doses of 9000 R in 4 to 6 weeks were administered erroneously. One patient developed an ulcer which was not yet been healed two years after irradiation. Large

tumours need higher doses. On one occasion we observed a recurrence after 7700 R in 25 days.

Synoviomas, which have not been included in the above mentioned cases are of special interest. 5 cases were treated. One patient had pre-operative treatment and is free from disease after 5 years. Three cases are free from disease after 3 to 4 years after local excision and irradiation, the last patient died locally free from disease however because of metastases. Doses of 6000 to 8000 R in 4 to 6 weeks are necessary.

## 3.2.24. Brain-tumour

By

ADOLF ZUPPINGER

This is a preliminary report. We first hoped that electron beam therapy would be an improvement for this type of tumour. We began treating 6 years ago and we cannot come to a definitive conclusion whether our supposition is correct or not. We shall present and analyze our results for there still is a possibility that the results may be better with improved technique.

We irradiated a total of 71 cases up till the end of December 1962, but only a total of 54 received a dose which can be considered as curative. 3 of these 54 died within 3 months after the initial treatment. This was due either to progression of the tumour or to the initial poor condition of the patient. 16 patients are living but 3 have signs of recurrence or of severe neurological defects where radiation damage may be the cause — that is to say-radiation damage cannot be excluded.

We generally gave from 300 to 350 R skin dose with a total tumour dose of approximately 6000—8000 R. A dose of 6000 R in an adult will not devitalize the tumour. Most cases received from 7000 to 7500 R. The fractionation time varied from 40 to 50 days. Longer fractionation had poor results.

The survival rate is shown in Tab. 1. We see that where a curative treatment was possible almost half of the patients were without evidence of a tumour after 1 year. Recurrences occur usually in the second year. 3 out oft 21 patients observed (12 of which curative treatment) are alive free from tumour after 5 years. One of these patients may have signs of radiation damage. He was irradiated with a total of 7930 R in 37 days minus about 10% because of bone absorption. He had a glioblastoma multiforme which was not totally removed.

The comparison with X-ray treatment of 30 MeV shows that the results are considerably better. The 3-year result was 7 symptomfree patients out of a total of 50, of these 45 had curative treatment. With high speed electrons the 3-year cure has almost doubled.

The results in relation to the histological diagnosis shows good results with oligodendrogliomas. 5 patients were treated. 4 have been free from signs of tumour from 4 to 5 years. The results in glioblasoma multiforme are relatively encouraging with two cures lasting from two years and a half up to five years. In the 5 cases of Spongioblastomas the results are only palliative.

We examined our work with the question of radiation damage in mind. It is very difficult or even impossible to give a definite answer. We have only a few cases which enable us to cast any light on the question of this problem. 6 cases were treated surgically after the first treatment because

Table 1. *Brain tumors. High speed electrons*

| | total | c | p | sy. | ic | DM | LR | p | ni. |
|---|---|---|---|---|---|---|---|---|---|
| 1 year | 71 | 54 | 17 | 26 | | 1 | 1 | 21 | 22 |
| 2 years | 67 | 50 | 17 | 15 | 1 | 1 | 9 | 20 | 21 |
| 3 years | 56 | 40 | 16 | 13 | | | 10 | 17 | 16 |
| 5 years | 21 | 12 | 9 | 3 | | | 3 | 8 | 6 |
| *30 MeV X-rays* | | | | | | | | | |
| 3 years | 50 | 45 | | 7 | | | | | |

c = curativ treatment
p = palliativ treatment
sy. = no signs of tumor
ic = death caused by intercurrent disease
DM = Distant metastases
LR = Local recurrences
p = palliativ result
ni. = not influenced

of suspicion or definite recurrence. In two cases only tumour cells were seen. In two other cases normal brain tissue was seen in the neighbourhood of the tumour perhaps with slightly more glia cells, but this may also be considered normal. Doses of 8100 R in 46 days and 7860 R in 61 days were given. Two cases show necrotic tissue with radiation alteration of the vessels, but one cannot say whether the tissue is necrotic tumour tissue or brain tissue. We have other patients with similar tumour doses who display normal social acivity (7550 R for 46 days and 7280 R in 57 days, 8780 R in 51 days). Unfortunately we have no postmortem examination of the brain in patients who died more than six months after irradiation. Only exact examination in relation to the isodose distribution allows of an answer regarding the tolerance of the brain tissue. Due to the fact that several patients behave absolutely normally and that most of the irradiated patients have good palliative results we feel encouraged to continue with electron beam irradiation.

# 3.2.25. Le traitement des métastases lymphatiques par l'électronthérapie

Par

PETER VERAGUTH

Peu de temps après l'introduction des électrons rapides dans la radiothérapie, on a reconnu leur utilité dans le traitement des ganglions métastatiques. De par leur localisation souvent surperficielle, ils sont facilement accessibles à une irradiation externe. Si, en pratique, la notion de la radiorésistance des métastases ganglionnaires a dû être reconnue dans de nombreux cas d'épithéliomas aussi longtemps que l'on n'utilisait que les rayons X de 200 kV, cette idée doit être revisée à présent. Il s'est avéré qu'avec la radiothérapie à haute énergie — avec la cobaltthérapie en premier, et spécialement avec l'électronthérapie — on arrive, au contraire, à stériliser, dans la majorité des cas, les adénopathies métastatiques. Jusqu'à présent, la tolérance de la peau entourant les adénopathies nous obligeait à ne pas dépasser une certaine dose cutanée, mais grâce à la meilleure tolérance de l'épiderme et du tissu sous-cutané envers une irradiation par des électrons, nous n'avons plus les mêmes restrictions à observer comme avec la radiothérapie conventionelle.

Il est une notion empirique, mais bien établie que la dose tumoricide pour les ganglions métastatiques est en moyenne plus élevée que celle que nous devons envisager pour la tumeur primitive avec la même histologie. Pour les épithéliomas, une dose totale de 7000 à 9000 R (électrons) amène seulement la disparition des adénopathies métastatiques, en utilisant un fractionnement habituel d'environ 200 à 250 R au foyer part jour. La tolérance remarquable de la peau envers une irradiation aux électrons nous permet d'administrer des doses aussi élevées sans encourir des risques notables, même si l'on provoque une radioépidermite passagère.

Quelles sont les différentes méthodes que nous pouvons adopter pour l'irradiation des ganglions métastatiques?:

a) Par un champ direct, d'une grandeur telle que la masse palpable se situe à l'intérieur des isodoses de 80%, et en choisissant une énergie en MeV telle que les parties les plus profondes du ganglion soient également comprises dans la même isodose. Au fur et à mesure que le nodule métastatique diminue — en général après 4000—6000 R — le champ ou l'énergie sera réduit également. Pour finir une radioépidermite exsudative ne peut guère être évitée dans la zone de l'adénopathie.

b) Le choix de deux champs convergents est également très avantageux, surtout en présence d'une surface cutanée convexe telle que c'est le cas au cou. On tiendra alors compte de la distorsion des isodoses qui se produit par l'incidence oblique des faisceaux.

c) Dans certaines situations, p. ex. pour les ganglions inguinaux, des deux champs convergents peuvent être remplacés par une irradiation convergente. Le bétatron de Brown-Boveri (Asclépitron 35) permet une rotation continu de la table autour de son axe central en fixant l'obliquité du faisceau d'électrons.

d) Pour les régions axillaire, jugulaire et autre, on peut envisager l'irradiation par 2 champs opposés ou tangentiels. En général, on irradie ainsi un volume tissulaire plus important de l'on nécessite souvent un moulage en cire ou en matériel correspondant pour égaliser les doses à la surface cutanée.

Personnellement, nous n'avons pas recouru à l'emploi de grilles pour l'électronthérapie, comme BECKER et son école le préconisait. Avec le fractionnement indiqué de 250 à 300 R/peau, un débit en-dessous de 200 R/minute et des énergies suffisamment élevées, les réactions cutanées n'ont pas été trop excessive pour nous empêcher d'administrer les doses voulues.

L'électronthérapie nous paraît particulièrement utile en présence d'adénopathies fixées, traduisant ainsi un caractère infiltrant. Même des ganglions ulcérés à la peau peuvent encore disparaître sous l'électronthérapie, bien que dans ces cas-ci les troubles trophiques risquent d'être plus accusés (induration, rétraction, etc.). A part cela, l'irradiation par des électrons s'est avérée avantageuse dans les régions sensibles, telles que le pli de l'aine, l'aiselle, etc., ou au voisinage d'organe qui doivent être protégés au mieux, comme c'est le cas pour les adénopathies pré- ou rétro-auriculaires ou dans les régions para-vertébrales et cervicales. Les récidives ganglionnaires dans un territoire déjà irradié sont une autre indication pour l'électronthérapie.

Des ganglions métastatiques fixés dans le creux axillaire dans un épithélioma du sein réagissent également bien à l'électronthérapie et il est notre but de pouvoir démontrer au chirurgien l'efficacité d'un pareil traitement et de le persuader de ne plus enlever au bistouri les ganglions infiltrant le tronçon vasculo-nerveux, mais de les soumettre à une irradiation aux électrons.

Pour l'attainte ganglionnaire dans le petit bassin, donc de la chaîne iliaque, une combinaison d'un champ inguinal aux électrons avec un champ fessier aux rayons X à haut-voltage nous donne une meilleure distribution de la dose le long de toute la chaîne iliaque. Ce sont les dimensions du patient et la localisation exacte des ganglions repérés par la lymphographie qui nous orientent dans le choix des champs.

A la fin de la radiothérapie aux électrons le ganglion métastatique n'a parfois pas entièrement disparu, ce qui peut être très troublant pour apprécier si une dose suffisante a été administrée. Mais nous exigeons qu'au bout de deux à trois semaines la masse ganglionnaire ne doit plus être palpable, au moment de la guérison de la radioépithélite.

Nous sommes d'avis dans l'ensemble, l'électronthérapie a apporté une contribution très appréciable pour le traitement des adénopathies métastatiques. La notion de la radiorésistance des métastases ganglionnaires est périmée, et de ce fait, la conception thérapeutique pour mainte tumeur, spécialement dans le domaine ORL sera à reviser.

**Summary**

As with other types of high energy treatment, electron therapy is in many cases able to sterilize lymph nodes metastases. Because of the good tissue tolerance, high tumour doses (7000—9000 R) may be employed. Several techniques are suitable (single field using varying energies; convergent fields; opposite tangential fields or in combination with X-rays). The complete disappearence of the lymph nodes occurs sometimes only after the skin reaction has faded. Finally, some special indications for electron therapy are discussed.

## 3.2.25. Behandlungsergebnisse bei Lymphknoten-Metastasen

Von

D. SCHOEN

Während der Jahre 1956—1963 bestrahlten wir am Medizinischen Strahleninstitut der Universität Tübingen insgesamt 212 Metastasen von bösartigen Geschwülsten in Lymphknoten mit schnellen Elektronen. Die mittlere Dosis betrug $4400 \pm 1760$ R. Bei 104 Fällen (=49%) kam es infolge der Bestrahlung zur Symptomfreiheit. Bei 64 Fällen (=30%) trat lediglich eine Verkleinerung der Metastasen ein; sie waren jedoch klinisch immer noch nachweisbar. Insgesamt war demnach in 79% der Fälle ein Therapieerfolg festzustellen. Demgegenüber sind 44 Fälle (=21%) als Mißerfolge zu charakterisieren; eine Verkleinerung der metastatisch vergrößerten Lymphknoten war nicht zu beobachten. Ein Viertel der primär symptomfreien Fälle rezidivierte innerhalb einer Beobachtungszeit von einem halben Jahre.

Als besonders resistent erwiesen sich die Metastasen von Ovarial-Karzinomen, von Adeno-Karzinomen und von Melanomen. Zu Rezidiven neigten vor allem Sarkome und Plattenepithel-Karzinome. Da die als Mißerfolge zu bezeichnenden Fälle mindestens die gleiche oder aber eine noch um 200 R höhere mittlere Gesamtdosis erhalten haben als die symptomfreien Fälle, glauben wir nicht, daß eine weitere Steigerung der Dosis insgesamt einen wesentlich größeren Erfolg gebracht hätte. Außerdem kam es in einem Teil der als Mißerfolge bezeichneten Fälle zu einer so schnellen Verschlechterung des Allgemeinzustandes infolge weitergreifender Metastasierung, daß die Durchführung der ursprünglich geplanten zweiten Bestrahlungsserie sinnlos erschien und deshalb unterlassen wurde.

Betrachtet man das Verhältnis zwischen Erfolgen und Mißerfolgen getrennt nach der jeweiligen Lokalisation (Tabelle 1), dann ist der Anteil der

Mißerfolge im Bereiche des Halses, der Supraclavicularregion und der Leiste besonders hoch. Wir führen diesen Sachverhalt sowohl auf den Einfluß der anatomischen Gegebenheiten dieser Regionen auf die Dosisverteilung zurück als auch auf die uns zur Verfügung stehende Energie, die auf maximal 16,2 MeV begrenzt ist. Wir bestrahlen deshalb heute die genannten Lokalisationen mit Cobalt-60-Gammastrahlen oder mit den ultraharten Röntgenstrahlen des Betatron.

Vergleichen wir unsere Resultate mit den von ZUPPINGER et al., TRUCCHI sowie von ZATZ, VON ESSEN und KAPLAN mitgeteilten Ergebnissen, die an einem wesentlich kleineren Material gewonnen wurden, dann ergeben sich

Tabelle 1

| | N | Symptomfrei | Tumor-Verkleinerung | Mißerfolg | Rezidiv (in % d. Symptomfreien) |
|---|---|---|---|---|---|
| Hals incl. Submandibularreg. | 61 | 31% | 49% | 20% | 48 |
| Supraclavicularregion | 22 | 37% | 45% | 18% | — |
| Axilla | 43 | 61% | 30% | 9% | 23 |
| Leistenbeuge | 69 | 54% | 14% | 32% | 17 |
| Kniekehle + Ellenbeuge | 17 | 82% | 6% | 12% | — |
| Total | 212 | 49% | 30% | 21% | 27% d. primär Symptomfreien |

etwa die gleichen Versagerquoten. Wir ziehen aus unserer Analyse die Lehre, daß erfolgreich bestrahlte Lymphknotenmetastasen wenigstens in vierteljährlichen Abständen kontrolliert werden müssen, da es — wie oben erwähnt — in einem Viertel der Fälle zu Lokalrezidiven kommt.

## Summary

21% of 212 cases of lymphonodular metastasis did not respond to electron therapy at all. In those cases with satisfactory results at first, 27% were found to have a recurrence within 6 months. The high percentage of failures of the stated electron therapy within the neck, the supraclavicular region and the groin is considered to be due to the fact that no higher energy than 16.2 MeV was available.

## Literatur

TRUCCHI, O.: La terapia delle metastasi linfoghiandolari con elettroni accelerati da un betatrone di 15 MeV. Nunt. radiol. (Firenze) 26, 662 (1960).

ZATZ, L. M., C. F. v. ESSEN, and H. S. KAPLAN: Radiation therapy with high energy electrons. II. Clinical experience, 10—40 MeV. Radiology 77, 928 (1961).

ZUPPINGER A., P. VERAGUTH, G. PORETTI, M. NÖTZLI und H. J. MAURER: Erfahrungen der Therapie mit 30 MeV-Elektronen. Strahlentherapie 111, 161 (1960).

—, G. PORETTI und B. ZIMMERLI: Elektronentherapie. Ergebn. med. Strahlenforsch. Neue Folge I. Stuttgart: Georg Thieme 1964.

## 3.2.25. Discussion — Personal Experience with Combined Radiosurgical Therapy of Neck Lymph Nodes in Laryngeal and Pharyngeal Neoplasms

By

ENRICO BOZZI

*1. Can radiation therapy on lymph nodes replace surgical dissection?*

In my opinion, surgical dissection of lymph nodes yields better results than radiation therapy. Moreover, it causes less subsequent damage to tissues, and this damage can be considerably reduced (as I have already histologically demonstrated — O.R.L. French Congress, 1959) by using fast electron treatment.

On the other hand, telecobaltotherapy at the same biological doses (a 5500 to 6000 R dose is thought to be required for a prophylactic treatment) would produce more marked sclerosis of derma and subcutaneous tissue than fast electrons. This would make subsequent surgery, when required, more difficult.

As to conventional radiation therapy, I reported in 1956 — in collaboration with Cova, Sirtori and Antoniazzi — (British Journal of Radiology) some clinico-histological considerations on neck surgery after high radiation doses (6000—7000 R) on the focus.

I should say, to conclude, that surgical dissection of lymph nodes (which, anyway, we consider to be the treatment of choice), when impracticable, should be unquestionably replaced by fast electron radiation, because of its less damaging action and higher effectiveness.

*2. Surgical dissection of tributary neck lymph nodes*

In my long experience on tumours of the larynx and hypopharynx (except surgical operations on the cord) I used to perform a prophylactic surgical excision of tributary neck lymph nodes clinically free of metastases; since some time I have modified this therapeutical approach which I consider now too rigorous.

Whereas in operable lymph node metastases, even if only clinically suspected, we resort unquestionably to surgical operation (I should like to point out that, under particular conditions, radiation might be more advisable than surgery), when no suspicion exists we follow the criterion of an expectancy period, keeping the patient under a strict control. When this policy does not seem to be efficient, we resort to preventive treatment.

Fixed lymph nodes, not eligible for totals exeresis, are treated by preliminary radiation therapy, which has the scope to reduce lymph node size and peradenitic infiltration, making thus possible in many cases a subsequent surgical operation.

## 3.2.26. Kindliche Tumoren

Von

SERGIO BRUN DEL RE

Wir beschränken uns in unserer Mitteilung auf die Beurteilung der Ergebnisse der Elektronenbestrahlung von *Sympathogoniomen* und von *kindlichen Nierentumoren.*

Die Indikation zur Elektronentherapie dieser jugendlichen Tumoren ist unseres Erachtens durch die Tatsache gegeben, daß sich mit der Elektronenbestrahlung das gesunde Gewebe jugendlicher Patienten besser schonen läßt als mit der *konventionellen* oder mit der *Hochvolttherapie*. Die Anwendung ist angezeigt, falls die Resultate der Elektronentherapie nicht ungünstiger ausfallen als diejenigen der konventionellen und Hochvoltröntgentherapie.

Wir haben insgesamt 6 Patienten mit *Sympathogoniomen* bestrahlt, davon wurden 5 in *kurativem* Sinne postoperativ nachbestrahlt. All diese Patienten sind nun schon 3 bis 4 Jahre symptomfrei.

Bei einem Patienten lag ein schon fortgeschrittenes Generalisationsstadium vor, weshalb nur eine lokale *Palliativbestrahlung* durchgeführt werden konnte, wobei es gelang, einen Palliativeffekt zu erzielen.

Die verabreichten Dosen betrugen je nach Alter 2000—4000 R in 20 bis 30 Tagen.

*Kindliche Nierentumoren*

Wir haben insgesamt 7 Fälle kurativ postoperativ bestrahlt. Davon sind 3 über 2 Jahre symptomfrei geblieben. 2 von diesen 7 Patienten haben im Verlaufe des ersten Jahres ein lokales Rezidiv entwickelt, und bei einem Fall sind noch innerhalb Jahresfrist *Fernmetastasen* aufgetreten. Der letzte Fall schließlich ist ebenfalls im Verlaufe des ersten Beobachtungsjahres interkurrent gestorben, wobei klinisch keine Anhaltspunkte für das Vorliegen eines lokalen Rezidivs bestanden.

Die bei der Bestrahlung dieser Tumoren zur Anwendung gekommenen Dosen schwanken je nach Alter zwischen 3600 und 5500 R.

Da gerade beim *Wilms-Tumor* die Gefahr, daß sich der Tumor bei der Operation eröffnet und Tumormassen in die *Peritonealhöhle* gelangen, auffallend groß ist, möchten wir in diesen Fällen vor allem die präoperative Bestrahlung mit Elektronen empfehlen, in der Absicht, die zur Streuung gelangenden Zellen möglichst zu devitalisieren und damit das allfällige Angehen von Metastasen hintanzuhalten.

**Summary**

Five sympathogoniomes without metastases were treated postoperativ with electrons. The patients live symptom-free since more than three years.

Out of 7 Wilms-tumors, 3 are free of symptoms after postoperative treatement. The preoperative treatment should be recommanded in these cases.

## 3.2.26. Supervolttherapie von Kindertumoren

Von

Umberto Cocchi

Es wird kurz auf die Verwendung der Supervolttherapie in der Behandlung maligner Tumoren bei Kindern hingewiesen. Die Behandlungen konnten aus technischen Gründen anfangs nur mittels 31 MeV-Photonen ausgeführt werden. Erst anfangs 1960 bestand die Möglichkeit an der radiotherapeutischen Klinik in Zürich auch schnelle Elektronen (20—30 MeV) zu verwenden. Unsere Behandlungserfahrungen beschränken sich daher, im Vergleich zu den mit Photonen bestrahlten Patienten, nur auf eine kleine Anzahl (7) von Kindern. Es handelt sich um 2 Kinder mit Ewingsarkom und Kinder mit intrakranialen Tumoren (je einem Medulloblastom, Oligodendrogliom, Ependymom sowie 2 mit histologisch nicht verifizierten Tumoren in der Ponsgegend). Von den beiden Kindern mit Ewingsarkom lebt heute das eine über $3^{1}/_{2}$ Jahre symptomfrei, während das andere noch während der Bestrahlung an ausgedehnter Metastasierung ad exitum kam. Von den Patienten mit intrakranialen Tumoren leben die beiden mit histologisch nicht verifizierten Tumoren über 1 Jahr beschwerdefrei, während die übrigen 3 nach maximal 13 Monaten ad exitum kamen. Die verabreichten Herddosen betrugen gewöhnlich 5000 rad, beim Ewingsarkom 7000 rad. Infolge der geringen Zahl von Beobachtungen lassen sich daher sichere Aussagen über die Bestrahlungserfolge unseres Patientengutes mit Elektronentherapie noch nicht machen.

**Summary**

Report on 7 cases of tumour in children treated with high speed electrons.

One patient with Ewing sarkoma has been free from disease for $3^{1}/_{2}$ years. Out of a total of 5 patients with brain tumours two are living 12 and 20 months after treatment of tumours of the brain stem and the pons.

## 3.2.28. Benign Lesions Treated by Electrontherapy

By

P. M. VAN VAERENBERGH and K. SCHELSTRAETE

Radio-therapy remains a major indication in a larger number of benign diseases of the skin and near-by tissues. We do not fail to appreciate radium-therapy and short-distant irradiation in selected cases. However we believe that the application of high energy electron therapy means a decisive turn in superficial and semi-superficial radio-therapy.

The main reason for this superiority is the limited action of irradiation on a well-determined volume, attaining a total volume-dose which is more favourable than with photons. $10^{0}/_{0}$ of our betatron-treatments from June 1959 to June 1964 were in cases of benign diseases. Out of 64 patients 23 were treated for angiomata tuberocavernosa, 10 for lymphangioma, 10 for cheloids after burns and surgical treatment and 5 cases for cheloid acnea of the neck. Furthermore we treated 2 cases of induration of the penis, 2 hot-nodules of the thyroid glands and 9 miscellaneous cases. Our results can be summarized as follows: The extensive hemangiomata tuberocavernosa, situated at skin level, eyes, breast, articulations, genital regions constitute the major indication of electron-therapy. We applied total doses of 1000 and 2000 R protracted over several weeks with 100 to 300 R per single dose. In cases with a tendency to spontaneous ulceration, the fractionation was prolonged. It is possible that deep layers were reduced before skin peeling. In these case a supplementary treatment with Strontium 90 or contact-therapy (15 to 20 kV) can be applied.

**Lymphangiomas.** We do not agree with their reputation of being radio-resistant. In general irradiation with doses which are too low or too high unpleasant complications may result. Electron-therapy treatment should be applied very early, already, in the first months with fractionnated treatment of 1000 to 2000 and 1200 R total dosis and 2000 to 3000 R. The older lymphangiomas are radio-resistant to electron-therapy.

**Cheloids.** This is a very good indication according to the thickness of the cheloid; we interpose a plexiglass layer in order to limit the penetration of the electron beam. 200 to 300 R single doses a week are applied up to a total dosis of 1500 to 3000 R depending upon the shrinkage of the tumour. The cheloid flattens and pains and function impairment disappear.

**Induratio penis plastica.** With doses to 5000 R we had poor results in two cases.

*Conclusion*

I should not like to conclude without saying that while it is an indispensable factor in the treatment of benign lesions the betatron-therapy represents a precious aid in the treatment of a great number of superficial and deep-layered diseases. Without taking into account the favourable tissue-action, the augmentation of the relative tumour-dose without damage to healthy tissue, constitutes sufficient reason to prefer electron in the treatment of several benign conditions.

## 3.3.2. Le traitement par les électrons des récidives après radiothérapie

Par

PETER VERAGUTH

Avec 2 Figures

Une récidive tumorale survenant dans une zone ayant reçu une série d'irradiation complète pose des problèmes thérapeutiques souvent difficiles à résoudre. En général, la récidive après radiothérapie devrait être traitée chirurgicalement. En pratique, malheureusement, dans maintes situations, une résection chirurgicale n'est pas pratiquable. On doit alors avoir recours à une deuxième séries de radiothérapie. Celle-ci sera donc entreprise dans des circonstances moins favorables que lors du premier traitement. L'utilisation des électrons rapides nous permet alors d'administrer des doses considérables, souvent tumoricides, à un territoire déjà irradié, tout en ménageant les tissus sains du voisinage, ceci mieux que toute autre forme de radiations ionisantes le permettrait. A l'aide de quelques exemples, nous voudrions exposer où nous voyons l'utilité, mais aussi les limites de l'électronthérapie en cas de récidives post-radiothérapiques.

La situation la plus favorable est donnée par les récidives des tumeurs cutanées (basaliomes ou épithéliomas spinocellulaires). Les séquelles du premier traitment, qu'il se soit agit de contactthérapie ou de rayons X semi-pénétrants, ne constituent pas forcément un empêchement pour appliquer une deuxième séries par les électrons rapides, même à des doses élevées (6000—8000 R). En revanche, une ulcération importante de la récidive requiert un temps de plusieurs semaines ou même de mois pour se cicatriser.

Il est démontré l'exemple d'une récidive d'un épithélioma spinocellulaire du dos du nez, chez une femme de 54 ans, traitée 9 et 7 mois auparavant par 4000 R de césiothérapie et 5000 R en contactthérapie. La récidive s'etendant jusqu' à la joue et exulcérée en son centre fut traitée par des éelectrons, 15 MeV, jusqu' à 8450 R en 29 jours (en réduisant le champ de 8 cm de diamètre jusqu' à 4 cm) suivie d'une assez forte radioépidermite, en laissant persister une ulcération résiduelle 9 mois après cette 2e série de radiothérapie.

Si la première série d'irradiation a été suivie d'une radioépidermite exsudative, nous ne voyons pas la contr'indication d'appliquer des électrons rapides jusqu'à une dose qui provoquera une seconde poussée de radiodermite.

Un homme de 55 ans nous a été adressé une première fois pour un épithélioma spinocellulaire ulcéro-infiltrant de la lèvre inférieure, avec un début de fixation au maxillaire inférieur et une adénopathie sous-mentonnière. Contacthérapie par deux champs sur la lésion primitive, jusqu' à 7000 R. Curage ganglionnaire et radiothérapie post-opératoire.

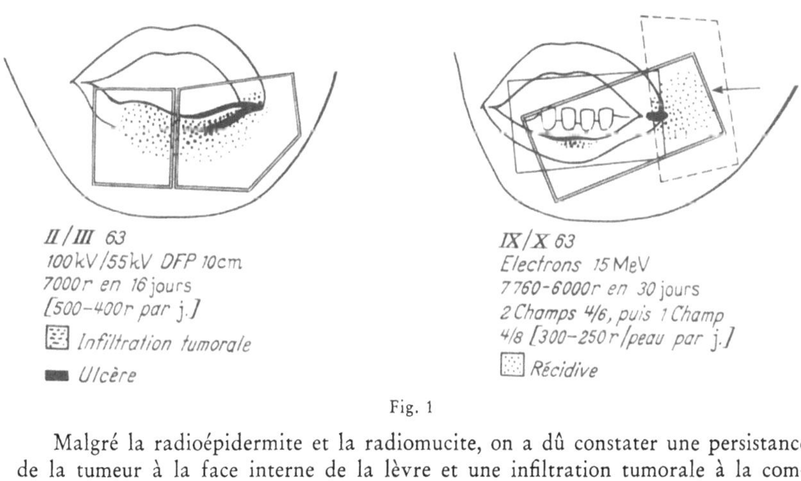


Fig. 1

Malgré la radioépidermite et la radiomucite, on a dû constater une persistance de la tumeur à la face interne de la lèvre et une infiltration tumorale à la commissure gauche, ulcérée, avec envahissement de la joue (Fig. 1). Electronthérapie par deux champs convergents, puis par un champ direct, jusqu' à la dose totale entre 6600 et près de 7760 R à la commissure, en 31 jours; après la deuxième poussée de radiodermite d'une durée d'un mois, la peau présentait des signes d'atrophie et était légèrement indurée, mais l'ulcère de la commissure s'est épithélialisé. Ce patient est en observation depuis 1 an, sans récidive (Fig. 2).

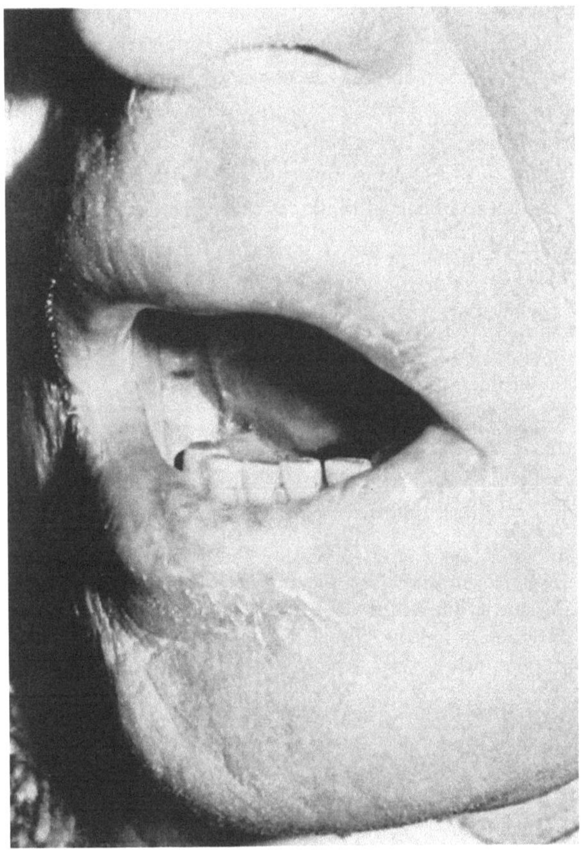

Fig. 2

Nous avons également traité un certains nombre de récidives de tumeurs pharyngo-laryngées. Les résultats immédiats sont souvent étonnament bons, mais on assiste parfoids à l'apparition de radionécrose des parties molles à l'endroit de la récidive. Si ces ulcérations trophiques sont soumises à un traitement avant d'avoir atteint une trop grosse dimension, elles peuvent se cicatriser. Les troubles trophiques sont d'autant plus fréquents et graves que la récidive est étendue et que l'intervalle entre les deux séries de radiothérapie est courte. Nous pensons qu'il n'est pas indiqué de reprendre l'électronthérapie pour une récidive survenue à moins de 6 mois depuis la fin du 1er traitement. Dans le but de ménager les tissus sains, nous prévoyons alors un étalement du traitement sur 40 à 50 jours, à la place de 30 à 40 jours préconisés pour un premier traitement. La décision si un traitement radiothérapeutique pour une récidive peut être envisagée par des doses curatives ou palliatives sera souvent prise seulement en cours de route suivant la réaction locale et générale du patient.

Une atrophie cutanée importante à l'endroit de la porte d'entrée pour une radiothérapie aux électrons ne présente pas obligatoirement un obstacle à la reprise du traitement.

Nous avons pu administrer des deux côtès une dose totale de 5400 R en jours par électronthérapie à 25 MeV, sur un champ jugulo-maxillaire de 8 cm de diamètre et de 1500 R sur un champ oblique de 4/8, chez un malade présentant une forte atrophie cutanée, avec induration du derme et télangiectasies (Epithélioma de la base de la langue, opérée et irradié 13 ans auparavant; récidive ulcéro-végétante dans le néo-pharynx). Par 3 diapositifs on illustre qu'une peau pareillement altérée a pu être utilisée comme porte d'entrée pour l'électronthérapie. Après une seconde poussée de radioépidermite, l'état atrophique de la peau demeure inchangé.

La situation est analogue en présence d'une récidive d'une tumeur du sein ou de la thyroïde, ainsi que pour toutes les autres localisations p. ex. le médiastin.

Les modifications tardives des tissus seront évidemment plus prononcées lorsqu'une 2e série d'irradiation, même sous forme d'électronthérapie, est administrée. Une fois que la dose totale obtenue par l'addition des doses de la 1 ère et 2e série out atteint 8 à 10 000 rem, nous assistons également au dévelopment des modifications tardives des tissus — et même aux radiolésions — sous une forme qui diffère peut de celle que l'on est habitué à voir en utilisant les rayons X conventionnels. Seule l'induration du tissu sous-cutané nous paraît moins apparente.

Mais vu dans son ensemble, l'utilisation des électrons rapides en cas de récidive post-radiothérapique nous offre une marge de sécurité bien plus grande que n'importe quelle autre forme de radiations. Elle garde son indication, à notre avis, même dans les situations qui ne peuvent être traitées que de façon palliative, car nous évitons plus facilement des réactions trop violentes aux malades déjà assez éprouvés par leur affection récidivante.

## Summary

When surgical resection cannot be carried out, electron treatment seems to offer the best chance for dealing with a post-radiation recurrence. Neither a previous moist skin reaction nor atrophic changes are an impediment to a second course of curative electron treatment. Necrotic ulcus in the centre of such a recurrence sometimes need a longer time to heal.

The late trophic changes may be more severe if the total dose exceeds 8,000—10,000 rem. The best results are obtained in recurrent skin, breast and thyroïd tumours. The early response of pharyngo-laryngeal recurrences is often good, but the danger of soft tissue necrosis is greater than for other tumour localisations.

## 3.3.3. Die Vorbestrahlung mit schnellen Elektronen

Von

Luc Campana

Mit 2 Abbildungen

An Hand unserer bisherigen eigenen Erfahrungen kommen wir immer mehr zur Überzeugung, daß bei vielen Tumorlokalisationen die Behandlungsergebnisse durch die systematische Anwendung der Vorbestrahlung so stark verbessert werden könnten wie durch keine andere Maßnahme. Seit 1958 wird an der Strahlenklinik der Universität Bern die Vorbestrahlung wenn möglich mit schnellen Elektronen durchgeführt, wobei allerdings wegen der bis vor kurzem begrenzten Energie von 30 MeV große und tiefgelegene Geschwülste nur in begrenztem Umfang oder in Kombination mit 30 MeV-Röntgenstrahlen auf diese Weise behandelt werden konnten.

Es bleibt zu untersuchen, ob die Vorbestrahlung mit schnellen Elektronen gegenüber derjenigen mit Photonen Vorteile aufweist.

Wir führen die Vorbestrahlung, wie von unserem Institut schon mehrfach mitgeteilt wurde, je nach der Ausdehnung des Tumors in zwei grundsätzlich verschiedenen Formen durch:

1. Bei operablen Tumoren der klinischen Stadien $T_1$ und $T_2$ verabreichen wir kleine Dosen und lassen nach wenigen bis spätestens 14 Tagen operieren.

2. Bei an der Grenze der Operabilität liegenden oder inoperablen Geschwülsten ($T_3$ und $T_4$) hingegen geben wir hohe Dosen und schalten bis zur Operation ein mehrwöchiges Intervall dazwischen.

Diese Trennung erscheint uns vom tumorbiologischen Standpunkt aus günstig. Andererseits kommt sie vom psychologischen Standpunkt aus auch den Bedenken der Chirurgen und Patienten gegenüber einem langen Intervall weitgehend entgegen und sollte damit die Durchführung der Vorbestrahlung auf breiter Basis erleichtern.

**Die Vorbestrahlung mit niedriger Dosis** bezweckt vor allem die Schädigung derjenigen Tumorzellen, die für die heute zweifelsfrei sichergestellte Propagation während der Operation verantwortlich sind. Es handelt sich um die vitalsten und in intensivster Tätigkeit sich befindenden peripheren Zellen. Diese sind auch am strahlenempfindlichsten. Die Tumorrückbildung selbst spielt eine untergeordnete Rolle. Wir verabreichen meistens Dosen von rund 4000 R Elektronen in etwa 10 Tagen. Je nach der angenommenen RBW von 0,65—0,7 für Elektronenbestrahlung entspricht dies einer Herddosis von 2400—3000 R konventioneller Röntgenstrahlung. Bei Kindern oder bei Vorliegen einer hochsensiblen Geschwulst wählen wir eine erheblich niedrigere Vorbestrahlungsdosis.

Mit einer nachhaltigen Schädigung der Tumorzelle ist bei solch niedriger Dosis nicht zu rechnen. Deshalb bevorzugen wir ein Intervall von wenigen Tagen bis höchstens zwei Wochen, bevor das Tumorwachstum wieder erneut einsetzen könnte. Zeitlich liegt dann der Eingriff auch vor der intensivsten Gewebshyperämie. Deutliche histologische Veränderungen sind im allgemeinen weder am Tumor noch am Tumorbett zu erwarten. Ausnahmen hiervon bilden die hochradiosensiblen Geschwülste: hierüber wird aber Herr Prof. COTTIER zu sprechen kommen. Wir haben 93 Fälle auf diese Weise vorbestrahlt. Aus diesem verhältnismäßig kleinen Patientengut über 6 Jahren ersieht man, daß sich die Vorbestrahlung hierzulande nur allmählich einbürgert. In der Mehrzahl handelt es sich um Mammatumoren, Mundhöhlentumoren und um verschiedene Probeexcisionen.

Der unmittelbare Eingriff ist nicht erschwert. Allgemeinreaktionen des Patienten sind uns nicht bekannt.

Im postoperativen Heilungsverlauf treten keine vermehrten Störungen auf.

Für die Beurteilung der Spätergebnisse ist der heutige Zeitpunkt noch verfrüht. Es sei aber auf die besseren Ergebnisse bei präoperativer Behandlung mit konventionellen Strahlen und kurzem Intervall hingewiesen, wie von MELNITZKY, PFAHLER, HUGUENIN, ZUPPINGER und andern früher schon mitgeteilt wurde.

Es besteht kein Grund, anzunehmen, daß nicht auch für Elektronen bessere Endresultate zu erwarten sind.

Die sehr günstigen unmittelbaren Ergebnisse der Vorbestrahlung mit niedriger Dosis und kurzem Intervall bei operablen Tumoren veranlassen uns noch einen Schritt weiter zu gehen:

Wenn wir bedenken, daß bei einem relativ großen Prozentsatz von Radikaloperationen im Tumorbett eine Propagation des Tumormaterials auftritt, so muß bei Probeexcisionen, wo die Schnittführung viel näher am Tumor erfolgt, die Propagationsgefahr in noch erhöhtem Maße vorliegen. Die logische Konsequenz ist daher in Fällen, wo mit erheblicher Wahrscheinlichkeit ein maligner Tumor zu erwarten ist, die Vorbestrahlung mit kleiner Dosis. Wir dürfen dies um so mehr verantworten, als mit schnellen Elektronen keine Wundstörungen auftreten und die Volumendosis für die meisten Fälle viel geringer ist als mit Photonen.

**Bei der Vorbestrahlung mit hohen Dosen** verabreichen wir etwa $^2/_3$ der tumorsterilisierenden Dosis. Ziel der Behandlung ist eine größtmögliche Schrumpfung und Überführung des Tumors in ein operables Stadium.

Bis zur Operation ist ein Intervall von 4—8 Wochen einzuschalten. Die reaktive Gewebshyperämie klingt inzwischen wieder ab, die Fibrose und die Gefäßveränderungen befinden sich in einem noch initialen Stadium.

Die verabreichte Herddosis ist bedeutend höher: Sie beträgt 5000 bis 6000 R Elektronen bei täglicher Herddosis von 200—300 R. Bei dieser Dosishöhe kommt es zu erheblicher Nekrobiose der Tumorzelle.

Die Elektronenbestrahlung hat gegenüber anderen Strahlen dann einen Vorteil, wenn bei gleichen Hautveränderungen der Effekt auf den Tumor ein besserer ist. Bei Annahme einer RBW von 0,7 für Elektronen ist die Tumorrückbildung nach 4000 R am Herd wesentlich besser als bei konventioneller Strahlung. Hierfür spricht die Tatsache, daß nach 4 Vorbestrahlungen mit $^{2}/_{3}$-Tumordosis und langem Intervall in 7 Fällen (27%) im Operationspräparat der zuvor histologisch sichergestellte Tumor nicht mehr nachzuweisen war.

Nach Ansicht der meisten mit unserer Vorbestrahlung vertrauten Chirurgen sind die Operationsbedingungen nach Vorbestrahlung mit hoher Dosis bei Einhalten des festgesetzten Intervalls nicht oder nur unwesentlich erschwert.

In 5 Fällen mit zu knapp bemessenem Intervall wurde eine erhöhte Blutungsbereitschaft beschrieben. In 8 Fällen dagegen bestand eine auffallend verminderte Blutungstendenz, die den operativen Eingriff wesentlich erleichterte.

Was die Fibrose anbelangt, so bildete diese, falls schon vorhanden, meist kaum und keinesfalls unüberwindbare Schwierigkeiten. Fortgeschrittene Fibrosen oder auch peritoneale Adhäsionsbildungen sind im allgemeinen nicht zu erwarten. In den uns 4 bekannten Fällen, wo bei Operationstermin die anatomische Präparation sehr schwierig war, lag regelmäßig eine ausgedehnte Tumorinfiltration vor.

Die *Schonung der Haut* erfolgt mit schnellen Elektronen offensichtlich viel besser als mit konventionellen Röntgenstrahlen. Dies ist nicht nur vom operationstechnischen Standpunkt aus, sondern, was häufig mindestens so wichtig ist, auch in kosmetischer Hinsicht sehr wünschenswert. Exsudative Hautreaktionen kennen wir in unserem Vorbestrahlungsgut von 157 Pat. nicht.

Der *Allgemeinzustand* wird nur ausnahmsweise durch die Vorbestrahlung gestört, nie aber derartig, daß die nachfolgende Operation hierdurch in Frage gestellt wird. Man kann im Gegenteil recht häufig während der Vorbestrahlung durch Verabreichung von Medikamenten, durch individuelle Einstellung der Ernährung, durch Stützung des Blutbildes mit Bluttransfusionen, den Allgemeinzustand nicht nur ausgleichen, sondern in vielen Fällen noch heben, was für die Operation nur von Vorteil ist.

Bei Tumorlokalisationen im Bereiche des Abdomens, wo früher wegen Unverträglichkeit der konventionellen Strahlenbehandlung meist nur un-

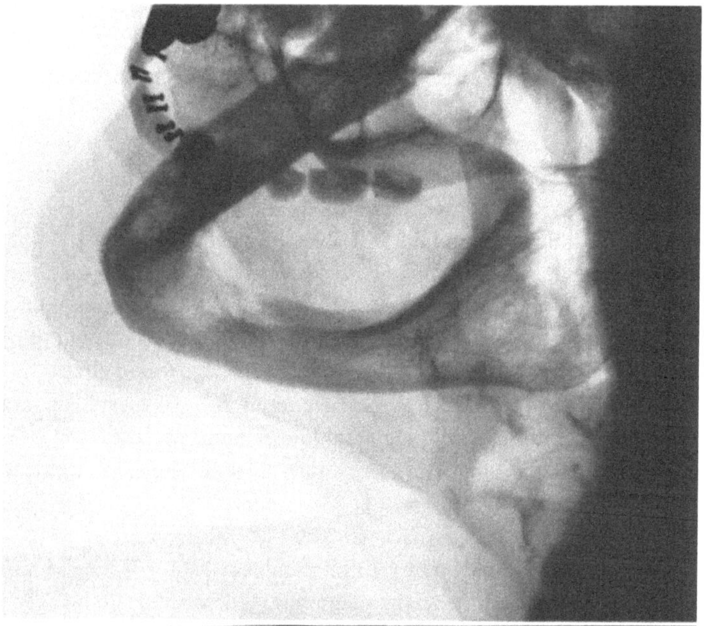

Abb. 1

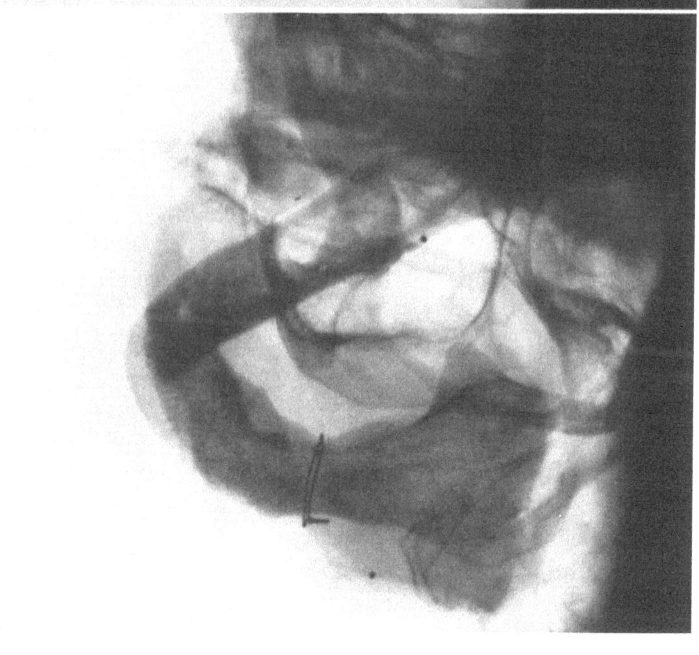

Abb. 2

genügende Dosen verabreicht werden konnten, oder des Thorax ist es jetzt bei nicht allzu großen Herdtiefen möglich, innert kurzer Zeit relativ hohe Elektronendosen an den Herd zu bringen, ohne daß wesentliche Störungen des Allgemeinbefindens auftreten. Gerade hier kann das Allgemeinbefinden häufig durch die resultierende Tumorschrumpfung eindrücklich gehoben werden.

Auch nach langer Vorbestrahlung darf im allgemeinen mit einer primären Wundheilung und mit einem komplikationslosen Heilungsverlauf gerechnet werden. Wir finden in unserem Material nur 4 Fälle mit vorübergehender Wunddehiszenz und 1 Fall von Serom.

Wir sind auf Grund unserer bisherigen Erfahrungen zum Schluß gekommen, daß nach korrekt durchgeführter Vorbestrahlung mit niedriger und auch hoher Dosis das mesenchymale Heilungsvermögen des Tumorbettes keineswegs bedeutend abgeschwächt wird, wie vielfach fälschlicherweise noch behauptet wird. Einen weiteren Beweis hierfür liefern 14 Gewebstransplantate, die im vorbestrahlten Tumorbett alle primär anheilten:

— In 10 Fällen handelte es sich um Thierschlappen (7 nach ca. 4000 R, 3 sogar nach 5000—10 000 R),

— 2 Rundstiellappen (nach 10 000—13 000 R),

— 2 Knochentransplantate (nach rund 4000 R).

*Beispiel:* Freie Knochentransplantation (Operation Prof. Neuner) 1 Monat nach Vorbestrahlung eines Alveolarkamm-Ca des Unterkiefers mit 3500 RH 20 MeV El während 14 Tagen. Abb. 1: Lokale UK-Destruktion vor der Behandlung. Abb. 2: Normale abgeschlossene Einheilung des Knochenspans 6 Monate nach Operation.

## Summary


In accordance with the tumour stage we pre-irradiate at our Radiotherapeutic Institute in 2 different ways:

1. Operable tumours and biopsies — small doses and a short-time interval,
2. Borderline operable cases and inoperable tumours — high doses and a long-time interval.

Because of certain advantages of electrons over photons we have been using high-volt electrons whenever possible. In general the surgery and post-operative course has not been changed due to electron therapy.

The tumour regression by using electrons and assuming a RBE of 0.7 has been proved to be more beneficial than with conventional X-rays.

The vitality i. e. regeneration of the tumourbed is not significantly disturbed by the use of doses of 6000 R. Another point to be considered is that tissue transplants are not all disturbed in their growth by this dosage.

# 3.3.3. Zur Histopathologie der mit schnellen Elektronen vorbestrahlten Geschwülste [1]

Von

Hans Cottier

Mit 1 Abbildung

In dieser Mitteilung soll kurz auf eine Frage eingegangen werden, die sich dem Pathologen seit der Einführung der präoperativen Bestrahlung bösartiger Geschwülste, im besonderen mit schnellen Elektronen, stellt.

Die theoretischen Überlegungen und bisherigen klinischen Erfahrungen, die zu der heute in Bern angewandten Vorbestrahlung maligner Tumoren geführt haben, sind in einer kürzlich erschienenen Arbeit von Zuppinger [*1*] zusammengefaßt. Die Vorzüge, die eine Behandlung mit schnellen Elektronen gegenüber derjenigen mit konventioneller oder Hochvolt-Röntgenstrahlung hat, wurden schon vor Jahren erkannt [*2*, *3*] und in der letzten Zeit eingehender auseinandergesetzt [*4*, *5*, *6*, *7*].

Die gegen die Vorbestrahlung bösartiger Geschwülste, unter anderem auch mit schnellen Elektronen, vorgebrachten Bedenken dürfen, wie Zuppinger [*1*] darlegt, zu einem guten Teil als ungerechtfertigt bezeichnet werden. Eine ernst zu nehmende Schwierigkeit besteht lediglich darin, daß die Vorbestrahlung die *histologische Diagnosestellung* erschweren oder in gewissen Fällen sogar verunmöglichen kann.

An einzelnen Beispielen neoplastischer Prozesse soll daher im folgenden kurz erläutert werden, welcher Art von Problemen wir als Pathologen bei der Diagnosestellung vorbestrahlter Tumoren gegenüberstehen, welche Geschwulstformen durch die Vorbestrahlung besonders stark verändert werden, und welche histologischen Kennzeichen trotz starker Strahlenschädigung des Tumorgewebes eine zuverlässige Diagnose doch noch gestatten. Meine Ausführungen beziehen sich im wesentlichen auf die von Zuppinger, Poretti und Zimmerli [*7*] besprochenen und weitere, an unserem Institut untersuchten Fälle.

Die Möglichkeit, einen bösartigen Tumor trotz Vorbestrahlung noch erkennen zu können, hängt unter anderem von der *Art der Geschwulst*, ihrer *Radiovulnerabilität*, der *Vorbestrahlungsdosis*, der *Zeitdauer* der Bestrahlung sowie dem *Intervall zwischen Bestrahlungsende und Biopsie* ab.

Die *malignen Melanome* bleiben in der Regel trotz erheblicher Vorbestrahlungsdosis recht gut nachweisbar. Dies trifft vor allem für vorbestrahlte Metastasen maligner Melanome zu, die sich aus nicht ganz geklärten Gründen häufig resistenter verhalten als die Primärtumoren.

[1] Mit Unterstützung des Schweizerischen Nationalfonds zur Förderung der wissenschaftlichen Forschung.

*Differenzierte Karzinome* können sehr oft, auch bei weitgehendem Schwund des Tumorgewebes infolge Vorbestrahlung, noch ohne große Schwierigkeiten nachgewiesen werden. Dies trifft im besonderen für differenzierte Adenokarzinome, verhornende Plattenepithelkarzinome und Gallertkrebse zu.

Die histologische Diagnose *wenig differenzierter oder undifferenzierter Karzinome* (Beispiele: Carcinoma solidum simplex et scirrhosum der Mamma, wenig differenzierte Plattenepithelkarzinome) ist in der Regel auch möglich; mitunter erweist es sich allerdings als notwendig, mit Hilfe von Stufenschnitten das überlebende Tumorgewebe zu suchen, da oft große Teile der Geschwulstmasse bereits nach Verabreichung von Vorbestrahlungsdosen zerstört sind.

Auch die Erkennung vorbestrahlter *Mischtumoren der Glandula parotis* bereitet meistens keine große Mühe. Auch bei weitgehendem Untergang der Tumorzellstränge und Dissoziation derselben infolge Vorbestrahlung mit schnellen Elektronen, bleibt doch das mukoide Zwischengewebe lange Zeit erhalten.

Großen diagnostischen Schwierigkeiten begegnen wir eigentlich nur bei vorbestrahlten *Sarkomen* und *Neuroblastomen,* vor allem bei denjenigen Formen, *die keine reichliche faserige Zwischensubstanz erzeugen.* Als Beispiel diene das Magenresektionspräparat eines Patienten, der früher wegen eines großen Magentumors laparotomiert worden war. Der Chirurg hatte damals makroskopisch die Diagnose eines inoperablen Magensarkoms gestellt und weder eine Probebiopsie noch eine Magenresektion vorgenommen. Die Geschwulst wurde im Verlauf von 34 Tagen mit insgesamt 3000 R 30 MeV-Elektronen und 3500 R Hochvolt-Röntgenstrahlen belastet. Die Magenresektion erfolgte 5 Monate nach Abschluß der Bestrahlung. Weder makroskopisch noch mikroskopisch ließ sich noch erhaltenes Tumorgewebe nachweisen. Es fanden sich lediglich eine leichte diffuse Fibrose, chronischentzündliche Infiltrate und vereinzelte geschwellte Bindegewebszellen. Wir sahen uns nicht berechtigt, eine Sarkomdiagnose zu stellen.

*Sarkome mit reichlich gebildeter Zwischensubstanz,* wie etwa die osteogenen Sarkome, stellen uns in der Regel nicht vor unüberwindliche diagnostische Probleme. Trotz fast vollständigem Schwund des zelligen Sarkomgewebes infolge Vorbestrahlung läßt sich der Charakter des osteogenen Sarkoms oft noch recht gut aus dem Bau der strahlenresistenten Knochenbälkchen herauslesen.

Die Möglichkeiten, ein zellreiches, an Zwischensubstanzen jedoch armes Sarkomgewebe trotz Vorbestrahlung histologisch nachweisen zu können, sind daher, zum mindesten nach Verabreichung höherer Strahlendosen, gering.

Bessere Aussichten auf eine histologische Diagnosestellung sind dann gegeben, wenn die *Vorbestrahlungsdosis* niedriger gehalten wird. Im Fall eines vorwiegend rundzelligen Sarkoms wurden innerhalb von 5 Tagen insgesamt 1500 Rh schnelle Elektronen verabreicht, und der Tumor kurze Zeit darauf operativ entfernt. Histologisch war unter diesen Umständen der Sarkomcharakter noch erkennbar. Für die Diagnosestellung wurden die folgenden Kriterien herangezogen:

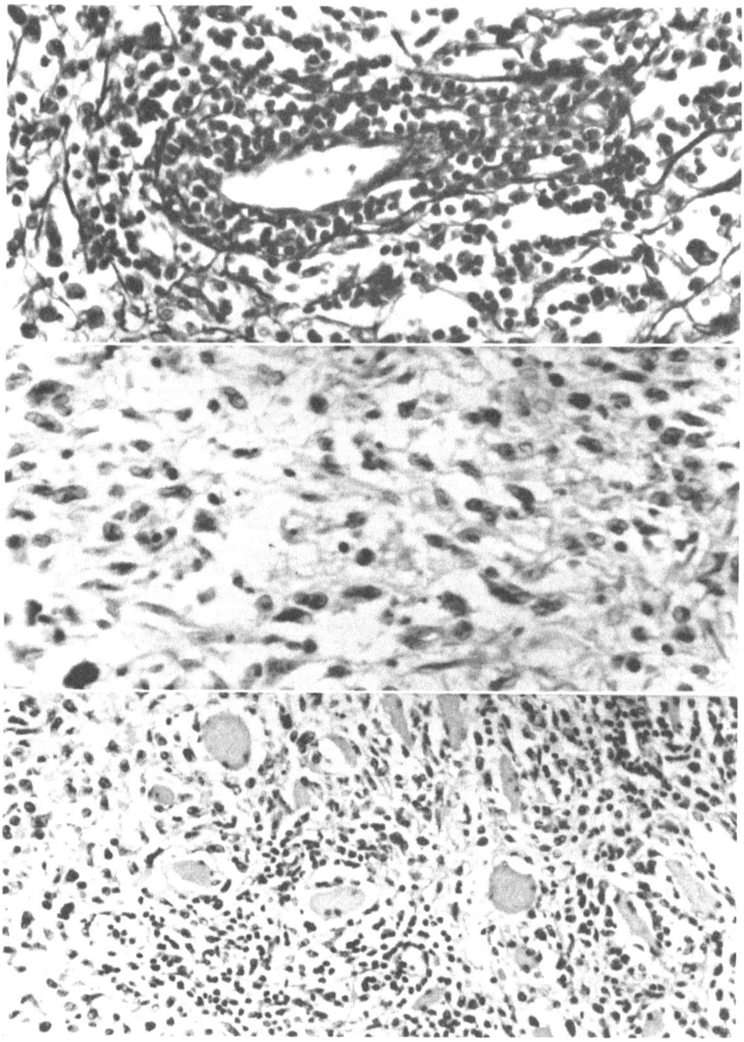

a

b

c

Abb. 1. Rundzelliges Sarkom der Schultergegend, kurze Zeit nach einer während 5 Tagen durchgeführten Vorbestrahlung mit 1500 Rh schneller Elektronen. a) Intimasarkomatose in einer kleinen Vene (Silberfärbung nach Foote-Gömöri, Vergrößerung 330fach). b) Zahlreiche Zelltrümmer mit Karyopyknose und Karyorrhexis (Hämalaun-Eosin, Vergrößerung 330fach). c) Noch erkennbares infiltratives Wachstum des Sarkomgewebes in der quergestreiften Skelettmuskulatur (Hämalaun-Eosin, Vergrößerung 195fach)

1. Nachweis einer Intimasarkomatose in Venen (Abb. 1 a).

2. Vorliegen zahlreicher Zelltrümmer (Abb. 1 b), die auf ein strahlenempfindliches Gewebe hinweisen. Die Zahl der Zelltrümmer nimmt allerdings vermutlich mit zunehmendem Zeitintervall zwischen Ende der Bestrahlung und Operation ab.

3. Feststellung einer invasiven Ausbreitung des geschädigten Sarkomgewebes, z. B. innerhalb der Skelettmuskulatur (Abb. 1 c).

Eine der wichtigsten Fragen, die von seiten des Pathologen an den Strahlentherapeuten gerichtet werden kann, wäre demnach die, ob eine niedriger dosierte Vorbestrahlung zugunsten der Möglichkeit einer histologischen Sarkomdiagnose zu verantworten ist oder nicht.

## Zusammenfassung

Die Probleme der histologischen Diagnose von mit schnellen Elektronen vorbestrahlten bösartigen Geschwülsten werden kurz mitgeteilt. Die größten Schwierigkeiten bietet die Erkennung vorbestrahlter Sarkome mit spärlicher Zwischensubstanz. Die Möglichkeiten, trotz Vorbestrahlung den Sarkomcharakter einer solchen Geschwulst nachzuweisen, werden diskutiert.

## Summary

In discussing the advantages and disadvantages of preoperative irradiation of malignant neoplasms, in particular with fast electrons, the problem of arriving at a correct histological diagnosis is a serious one. While most preirradiated carcinomas can still be recognized as such, the histological evaluation of preirradiated sarcomas, especially those with little or no production of intercellular substance, may encounter considerable difficulties. Some of the criteria helping to detect preirradiated sarcomas are mentioned.

## Literatur

1. ZUPPINGER, A.: Bull Schweiz. Akad. Med. Wiss. **20**, 190 (1964).
2. SCHUBERT, G.: Schweiz. med. Wschr. **80**, 193 (1950).
3. BODE, H., u. A. THEISMANN: Strahlentherapie **81**, 193 (1950).
4. ZUPPINGER, A.: Simposio Internazionale sulla radioterapia con alte energie. Torino, 11—12 Giugno 1961 (Edizioni Minerva Medica).
5. — Radiol. clin. **31**, 129 (1962).
6. — Arch. klin. exp. Dermatol. **219**, 439 (1964).
7. —, G. PORETTI und B. ZIMMERLI: In Schinz, H. R., Glauner, R., und Rüttimann, A. (ed.): Erg. Med. Strahlenforschung, Bd. 1, Seite 347 (1964).

# 3.3.3. Possibilities of Surgery in O.R.L. After Therapy with Fast Electrons

By

Enrico Bozzi

The problem of combined radiation therapy and surgical treatment should be prospected as follows:

1. Surgery is applied after ineffective radiation therapy, that is:

a) in primary failures,

b) in recurrent disease.

2. Surgery is applied in close combination with radiation therapy.

In this case we should plan a well defined programme of preliminary irradiation of the neoplasm, to be followed later by surgical operation.

In my opinion, no great progress has been achieved by the change from conventional radiation therapy to cobalt-therapy, whereas much better results have been obtained in the clinical field by the utilization of electrons.

*General considerations on surgical operation and postoperative course*

Our considerations refer to surgical operations in patients previously treated with electrons in high dosage, from 5000 to 10,000 R maximum electrons. The average dose was 1200 to 1500 R a week, with energies ranging from 14 and 32 MeV.

The lapse of time from the end of radiation therapy to surgery is conditioned by the fact that the highest effect of the former is attained only after a given period of time (60 to 70 days) from the completion of the radiation therapy. And since the tissues and especially the skin, do not undergo progressive injury to the extent observed with conventional radiotherapy, the interval of time should not be considered as risky. This is proved by the fact that the surgical operation on a recurrent disease, obviously performed after a time interval, is as easy as that carried out at the end of radiation therapy.

*Behaviour of irradiated tissues during operation*

**Scarring skin.** Skin incision and separation were normal. The latter was obtained by special devices able to maintain a good nourishing of flaps. I should like to stress this point.

**Blood vessels.** Bleeding from tissues was normal, thus making hypotension unnecessary.

**Muscles.** They never caused any trouble.

**Cartilage.** It represents the major problem. No signs are observed until the cartilage comes into contact with the external environment or is injured by the contiguous inflammatory processes (ulcerated tumours). In this latter case, high radiation dosage usually results in severe perichondritis which can only be controlled with difficulty. On account of the mentioned reason partial surgery on the larynx usually presents serious uncertainties. I had less complications by protecting the exposed laryngeal cartilage with a Thiersch skin flap. Obviously, this problem does not apply to total laryngectomy, since the whole osteocartilagineous mass is excised.

**Bone.** To date, we experienced no troubles in the radio-surgical treatment of tumours of the head and neck. Necrosis of bone occurred rather seldom. The good nourishment of the bone which was maintained is demonstrated by the easy "take" of large Thiersch skin flaps to cover and protect the operatory cavity.

Only the alveolar border of the maxilla may undergo necrosis, as is also seen in the mandible.

## *Programmes of combined radio-surgery with high-energy electrons*

### Tumours of the larynx and hypopharynx

a) Because of better results being obtained by radiation therapy alone, we do not perform complementary surgery when the tumour has disappeared.

b) In the limited laryngeal tumours unregressed after completion of radiation therapy, we have tried partial surgery with the result of a great number of accidents due to necrosis at the level of the endolaryngeal operative bed. For this reason, our policy is now as follows: when the tumour gives a poor response to radiation with 5000 R electrons and partial surgery would appear advisable, we operated immediately. Limited neoplasms which persist after a total dosis of 8000 to 8500 R are treated by total laryngectomy even if they seem to be eligible for partial surgery.

c) Excellent results were obtained by a combination of radiation and surgery in many forms of laryngeal neoplasms extending upward, beyond the laryngeal edges, and spreading along the pharyngoepyglottic folds as well as at the base of the tongue.

With preliminary electron therapy up to 10,000 R, quite inoperable cases have been made operable and were thereafter treated by total laryngectomy, sometimes. Some of these patients have a follow-up period of 5 years (Table 1).

*Regression of recurrences with possibilities of partial surgery*

A. Recurrence after cordectomy

In these cases safety conditions for total surgery were reduced because of skin invasion at the laryngeal site. In fact, it is known that a new lymphangitic recurrence may easily develop within intra- and subcutaneous tissues residual to partial laryngectomy. Therefore, we considered it better to resort to total excision of the larynx after treatment with high-energy electrons.

B. Recurrence after supraglottic transverse laryngectomy for vestibulo-epiglottic tumours

The problem is not easy to solve, for biological and anatomical motives. In these cases, where there is clear indication for a preliminary radiation treatment, the anarchic appearance of recurrent foci at the laryngeal edges and pharyngo-laryngeal tissues and the development of metastases not only along the usual lymphatic chains but even in subcutaneous tissue, cause some perplexity. A planned radio-surgical programme should, however, foresee the total larynx excision with lateral dissection of neck lymph nodes- preceeded by extensive radiation on the whole neck region (from the mandible to the jugulum and to the supraclavicular fossae) instead of small fields.

**Tumours of the maxilla arising from the sinus.** The therapeutical sequence has here been completely reversed. Formerly, we sent our operated patients to the radiotherapist for the completion of treatment. The new policy is preliminary radiation therapy which may enable us to perform less mutilating demolitions on the head and neck region.

I should like to stress that in our first two year's experience we could see that in 5 out of 5 cases the tumour had disappeared at the time of operation. This observation may be of significance in the future. In fact, if sterilization of the neoplastic process were regularly encountered, we should be able to modify the present therapeutical approach, relying with greater certainty on radiation therapy alone in most of these cases. The task of the rhinologist should then be confined to a regular checking of the cavities.

**Neck lymphnodes.** This problem has received little attention, since we prefer to treat lymph nodes surgically instead of roentgenologically.

The eventual composite procedure is confined to cases unsuitable for radical surgery, because of already existing fixed lymph nodes. In these cases a preliminary radiation therapy may often lead to lymph node mobilization, reduction in their size, and decrease of periadenitic infiltrative phenomena, thus attaining a condition of operability.

**Carcinomas of the middle ear.** Up to the present time, our preference has been given to radio-surgery combination with secondary radiological

Table 1. *Association radio-chirurgical avec les électrons à haute energie dans le cancer du larynx*

| N. | Nom | Siège du cancer | Classification internat. T.N.M.-Baclesse | Histologie | Dose à la tumeur 20% R.B.E. | Fin du traitement | Restes tumorales | Délai entre R. ther. et chirurgie | Tecnique operatoire | Cicatrisation post-operatoire prochaine | | Cicatrisation post-operat. eloigneé | Necrose | Décédès | | |
|---|---|---|---|---|---|---|---|---|---|---|---|---|---|---|---|---|
| | | | | | | | | | | Peau | Muqueuse | | | Récidive | Metastase lointaine | Causes different |
| 1 | M. M. | Épiglotte replis pharyngo-épiglottique | $T_3$ | BAS. | 6400 R/ 69 j. | 25-V-59 | — | 2 s. | L. T. E. G. | +++ | +++ | +++ | — | | | |
| 2 | R. A. | Épiglotte replis aryépiglottique vestibule | $T_3$ | SQ. CA. | 5670 R/ 76 j. | 27-VI-59 | + | 10 j. | L. T. E. G. | +++ | +++ | +++ | — | | | 0 |
| 3 | T. P. | Vestibule ant. loge preépiglottique | $T_4$ | SQ. CA. | 6400 R/ 53 j. | 29-VIII-59 | + | 4 s. | L. T. E. G. | +++ | +++ | +++ | — | | | |
| 4 | D. B. | Vestibulaire | $T_4$ | BAS. | 6100 R/ 81 j. | 4-IX-59 | — | 3 s. | L. T. E. G. | +++ | +++ | +++ | — | | | |
| 5 | M. O. | Glottique et sous glottique etendu au ventricule | $T_4$ | SQ. CA. | 5760 R/ 64 j. | 31-XII-59 | + | 3 m. | L. T. E. G. | +++ | +++ | +++ | — | | | |
| 6 | G. G. | Glosso-laryngée | $T_4$ | SQ. CA. | 5100 R/ 59 j. | 14-I-60 | + | 5 s. 3 m. | L. T. E. G. d. E. G. g. | +++ | +++ | +++ | — | | 0 | |
| 7 | C. A. | Glottique | $T_3$ | SQ. CA. | 5100 R/ 59 j. | 19-IX-62 | REC. | 12 m. | L. T. E. G. | +++ | +++ | +++ | — | | | |
| 8 | C. M. | Vestibulaire | $T_4$ | SQ. CA. | 5300 R/ 57 j. | 21-XI-62 | + | 3 s. | L. T. E. G. | +++ | +++ | +++ | Aprés 4 m baselangue | | | |
| 9 | N. E. | Vestibulaire | $T_3$ | SQ. CA. | 4800 R/ 62 j. | 7-I-63 | — | 3 m. | L. susgl. horiz. | +++ | +++ | +++ | + | | 0 | |
| 10 | B. S. | Marginal | $T_2$ | BAS. | 5300 R/ 62 j. | 19-I-63 | — | 10 s. | L. T. (E. G. avant R. ther.) | +++ | +++ | +++ | — | | | |
| 11 | M. A. | Marginal replis aryépiglottique [illegible] | $T_4$ | SQ. CA. | 6400 R/ 72 j. | 25-II-63 | — | 5 s. | L. susgl. horiz. (E. G. avant R. ther.) | +++ | +++ | | — | | | 0 |

| | | | | | | | | | | | | | | | | |
|---|---|---|---|---|---|---|---|---|---|---|---|---|---|---|---|---|
| 12 | B. G. | Vestibulaire | $T_4$ | SQ. CA. | 6600 R/ 60 j. | 7-III-63 | – | 4 s. | L. susgl. horiz. | – – – | – – – | – – – | + | | | 0 |
| 13 | P. E. | Vestibul. bandes ventric. glottique et sous glottique 1er anneau trach. | $T_3$ | SQ. CA. | 4800 R/ 62 j. | 1-IV-63 | + | 8 m. | L. T. E. G. | +++ | +++ | +++ | – | | | |
| 14 | B. G. | Vestibulaire | $T_3$ | SQ. CA. | 5300 R/ 46 j. | 30-IV-63 | + | 10 s. | L. T. | +++ | +++ | +++ | – | | | |
| 15 | T. G. | Marginal loge preépiglottique | $T_4$ | SQ. CA. | 5700 R/ 65 j. | 11-V-63 | + | 6 m.<br>8 m. | E. G. g.<br>L. T. E. G. d. | – – | – – | +++ | – | | | |
| 16 | B. R. | Vestibulaire sinus piriforme replis pharyngo-épiglottique | $T_3$ | SQ. CA. | 5200 R/ 53 j. | 16-V-63 | + | 7 m. | L. T. E. G. | +++ | +++ | +++ | – | | 0 | |
| 17 | V. G. | Marginal | $T_4$ | SQ. CA. | 5800 R/ 68 j. | 6-VIII-63 | + | 4 m. | L. T. Glossect. part. | – – | – – | +++ | + | | | 0 |
| 18 | G. M. | Ventricul profond avec estension para-chondrale necr. rad. trespoussè | $T_4$ | SQ. CA. | 5760 R/ 64 j. | 9-VIII-63 | – | 10 m. | L. T. et asportation de 3 anneaux trach. | +++ | +++ | +++ | – | | | |
| 19 | F. O. | Vestibulaire | $T_4$ | SQ. CA. | 5500 R/ 58 j. | 24-IX-63 | + | 4 m.<br>5 m. | L. susgl. horiz.<br>L. T. | +++<br>+ | +++<br>+ | +++ | + | | | |
| 20 | C. A. | Vestibulaire avec tunnel dans l'epace preépiglottique | $T_3$ | SQ. CA. | 4865 R/ 54 j. | 13-XII-63 | – | 6 s. | L. T. E. G. | +++ | +++ | +++ | – | | | |
| 21 | F. L. | Base langue vallecule vestibule | $T_4$ | SQ. CA. | 5250 R/ 43 j. | 20-XII-63 | – | 4 s. | L. T. E. G. | +++ | +++ | +++ | – | | | |
| 22 | B. M. | Vestibulaire recidivé a lar. sousglott. horiz. | $T_4$ | SQ. CA. | 5000 R/ 65 j. | 1-VI-64 | + | 12 j. | L. T. (E. G. Bilat. 3 mois avant) | +++ | +++ | | Necrose de lapeau après 6 s. | | | |

course: the inhomogeneity of the areas passed through by the electron beam (airway passage, more or less pneumatized mastoid) is such as to make the computation of the dosage at the level of the middle ear really problematic.

## Diskussionsbemerkung zu 3.3.3.

Von

Joseph Becker

Die Einwände gegen die Vorbestrahlung sind sehr häufig psychologischer Art und lassen sich weitgehend durch die Erfahrungen zahlreicher radiologischer Zentren widerlegen.

Das Intervall zwischen dem Abschluß der Bestrahlung und der Operation sollte nach unserer Ansicht nicht zu lange sein und maximal 4 bis 6 Wochen betragen. Nach Ablauf dieser Zeit ist der durch die Bestrahlung erzielte Schutz optimal. Bei der vor allem von Zuppinger empfohlenen Dosierung von etwa 3000 R innerhalb von 2 bis 3 Wochen ist die Gewähr gegeben, daß der Operationstermin nicht zu weit hinausgeschoben werden muß. Die von einigen Autoren auf Grund der erst später einsetzenden Bindegewebsreaktion empfohlene lange Wartezeit halten wir nicht für gerechtfertigt, wohl aber ein möglichst kurzes Intervall wegen der Gefahr einer erneuten Tumorproliferation.

Die Vorbestrahlung erfordert eine besonders enge Zusammenarbeit zwischen Chirurgen und Radiologen. Die Indikationsstellung und die Aufstellung des Behandlungsplanes müssen von vornherein gemeinsam erfolgen, und der Chirurg muß den Patienten wirklich vor der Einleitung der Bestrahlung zu Gesicht bekommen. Die Erfolge der präoperativen Bestrahlung sind vor allem beim Mamma-Carcinom unbestritten. Die Vorbestrahlung führt aber in ihrer unmittelbaren Auswirkung in der präoperativen Phase nicht nur beim Mamma-Carcinom, sondern auch bei anderen Formen maligner Tumoren zu einer wesentlichen Reduktion der räumlichen Tumorausbreitung, woraus eine gesteigerte Aussicht für eine Radikalität der nachfolgenden Operation und eine allgemeine Erhöhung der Operabilitätsquote resultiert. Die lokale Rezidivneigung und die Gefahr einer Generalisierung kann ebenfalls vermindert werden.

Auf Grund der bisherigen Erfahrungen ist neben den Mamma-Carcinomen die präoperative Bestrahlung bei Melano-Blastomen, Osteo-Sarkomen, bei Nierentumoren und auch beim Bronchus-Carcinom zu empfehlen.

# 3.3.4. Post-operative Irradiation

By

H. W. C. Ward

With 1 Figure[1]

Two sites in which post-operative irradiation presents special technical difficulties are the chest wall following mastectomy for carcinoma of the breast and the neck following excision of the thyroid.

In the case of the chest wall the problem is to treat a curved surface to just sufficient depth and at the same time avoid treating underlying lung which is more sensitive and is susceptible to radiation pneumonitis.

[1] Figures 1 and 2 which are mentioned in the text have not been reproduced. The author consented to furnish photostats if he is personally adressed.

When two or more electron fields are applied to the chest wall it is necessary to leave a gap between the fields in order to avoid a region of high dose at a depth beneath the junction. It is important that the gap between the fields should not fall on the scar or any other area where carcinoma cells may be present. Fig. 1 illustrates the danger, although in this case the irradiation was given for recurrence and not postoperatively. Further recurrence has occurred in the zone of deficient skin erythema.

This difficulty may partly be overcome by using two alternative field arrangements and giving half the treatment course with each. The isodoses for this are shown in the paper on multiple field technique (WARD). The skin reaction resulting from such a treatment is shown in Fig. 2. It can be seen that the deficiency in skin erythema is not so marked.

It is interesting to note that in this patient the medial and lateral fields received 4,500 rads in 28 days treating with 225 rads 5 times per week while the central field received only 4,000 rads in the same overall time but treating 3 times per week with 335 rads. It can be seen that the skin reaction is the same. The dose ration of 4,500 rads to 4,000 rads is 0.86 and for the comparison or 20 dose fractions with 12 dose fractions this agrees with much published data and corresponds to an extrapolation number of 10.

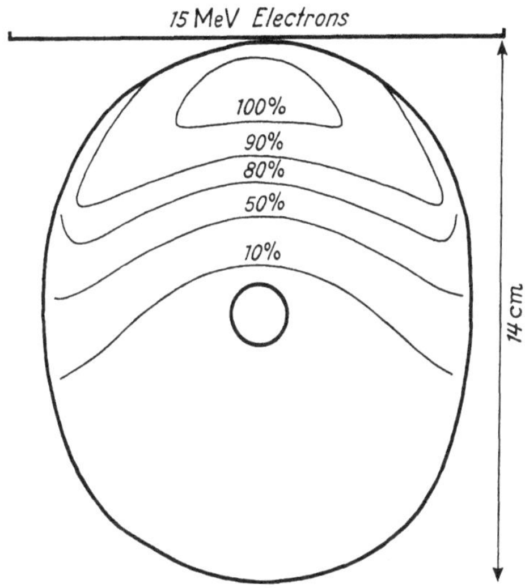

Fig. 3. Isodose for a single field of 15 MeV electrons in the neck

Probably the ideal method of treating the chest wall with high energy electrons would be an arcing technique. The isodose for this is shown in the paper on multiple field technique (WARD).

The problem in treating the bed of the thyroid gland following excision of a carcinoma is again that of treating a curved surface to a given depth. In this case the sensitive structure to be avoided is the spinal cord. It is desirable to treat the superficial tissues as far backwards as the level of the spinal cord in order to include the lymphatic nodes lying in front of the trapezius muscle.

Fig. 3 shows the isodose for a single field of 15 MeV electrons. In most cases the penetration of 15 MeV electrons is not sufficient and a higher energy would be desirable. Nevertheless, we have recently used this technique in two cases where the neck was unusually small.

It is usually desirable to treat the surface to full dosage in the region of the scar, but if skin sparing is desired a part of the dose can be given with telecobalt irradiation. In the isodose shown the combination of 50 per cent 15 MeV electrons with 50 per cent telecobalt irradiation would reduce the skin dose to about 80 per cent but raise the spinal cord dose to 35 per cent. It should be noted that this procedure would not significantly increase the depth of the 90 per cent isodose.

If an arcing technique as described by Ishida were used, the penetration of 15 MeV electrons would be sufficient to treat the whole of the tumour-bearing area.

My conclusion is that in the neck and the chest wall high energy electron beam therapy can give an ideal dose distribution provided the correct energy is available. The best technique is either a large single field or arcing.

## References

Ishida, T.: This publication.
Ward, H. W. C.: This publication.

# Indikationen zur Therapie mit schnellen Elektronen bis 16 MeV

Von

Joseph Becker

Wenn wir uns einigen allgemeinen klinischen Gesichtspunkten der Elektronentherapie zuwenden, so muß gleich betont werden, daß auch heute noch viele Fragen den Stempel des Vorläufigen tragen.

Ganz allgemein gesehen bringt die Anwendung schneller Elektronen in der Tumortherapie keine Umwälzung des in jahrzehntelanger Erprobung ausgereiften strahlentherapeutischen Vorgehens mit sich.

Die Elektronentherapie stellt eine rein örtlich wirkende Behandlungsform dar, deren biologischer Wirkungsmechanismus sich nicht grundsätzlich von dem anderer ionisierender Strahlen unterscheidet. Die Erkenntnisse der Geschwulstpathologie und der allgemeinen Strahlenbiologie müssen bei ihr genauso berücksichtigt werden wie bei der klassischen Röntgentherapie.

Auf zwei Gebieten bestehen jedoch wesentliche graduelle Unterschiede gegenüber der Röntgentherapie, nämlich in der räumlichen Verteilung der ionisierenden Energie und in der relativen biologischen Wirkung auf das bestrahlte kranke und gesunde Gewebe.

Beide Probleme, und zwar die physikalischen Eigenschaften der schnellen Elektronen wie auch deren Einwirkung auf den biologischen Sektor in der klinischen Strahlentherapie, sind sowohl in einer Reihe von Vorträgen wie in Diskussionen dieses Symposiums ausführlich erörtert worden.

Ihre Konsequenzen für die therapeutische Praxis betreffen die Bestrahlungstechnik einschließlich der Dosierung und die Indikationsstellung.

Die Ergebnisse der Strahlentherapie sind bekanntlich weitgehend von der räumlichen Verteilung der ionisierenden Energie abhängig.

Dies beweisen die unbestrittenen Erfolge der Kleinraumbestrahlung.

Gerade in der wichtigen Tatsache, daß wir in der Lage sind, durch die Variation der Energie der eingestrahlten Elektronen hohe Herddosen an den Tumor heranzubringen, unter absoluter Schonung des den Tumor umgebenden gesunden Gewebes, liegt der große Vorteil dieser Therapie.

Für oberflächlich gelegene Krankheitsherde mit einer Tiefenausdehnung bis zu 6 cm ist die Bestrahlung mit schnellen Elektronen des Betatrons durch eine andere Strahlenart nicht zu ersetzen.

Ich möchte sagen, daß der Prüfstein für die therapeutische Überlegenheit der schnellen Elektronen auch die sehr ausgedehnten ganz oberflächlichen Krankheitsherde sind, die ohne besondere Beeinträchtigung des Allgemeinbefindens mit Erfolg behandelt werden können.

Als besonderer Vorteil muß vor allem das günstige Verhältnis von Raum zur Herd-Dosis angesehen werden.

Die Anpassung der Isodosen, durch die Möglichkeit der Energiewahl, an die Tiefenausdehnung des Herdes ergibt die Schonung der Tumorumgebung.

Diese hervorragende Eigenschaft des Elektronenstrahlenbündels sich durch Energiewahl gut modellieren zu lassen und an die pathologisch anatomischen Gegebenheiten anzupassen, macht die Tumortherapie mit schnellen Elektronen besonders wirkungsvoll.

Daher können wir auch bei radiologisch vorbelasteten Herden, die mit konventioneller Röntgenbestrahlung nicht mehr ohne Gefahr angegangen werden können, mit schnellen Elektronen immer noch Resultate erzielen.

Wenn ich nun über unsere Heidelberger Erfahrungen, die wir mit einer 16-MeV-Elektronenschleuder gesammelt haben, kurz berichten darf, so war es für uns immer wieder erstaunlich, welche Fülle von Indikationen sich für die begrenzte Tiefenreichweite der Elektronen von 5—6 cm in einer größeren Strahlenklinik ergeben.

Um diese Indikationen durch Zahlen ganz kurz anzudeuten, gestatten Sie mir, einige zu nennen.

So haben wir innerhalb von 10 Jahren 2039 Lymphknotenherde behandelt. Mit 39,8% stellen dabei die Lymphabflußgebiete im Hals-, Kieferwinkel-, Supra- und Infraklavicular-, Axillar- und Inguinal-Bereich den größten Anteil unseres Krankengutes dar.

Den zweitgrößten Anteil bildeten mit 760 Fällen, das heißt 13,9%, die Hauttumoren, wie baso- und spino-zelluläre Carcinome und 227 maligne Melanome.

Tumoren aus dem Hals-Nasen- und Ohren-Bereich kamen 789 zur Behandlung, das waren 15,3% aller Fälle. Darunter befanden sich 130 maligne Strumen, 83 Larynx- und 75 Parotis-Tumoren. Ferner zahlreiche Lippen-, Zungen-, Tonsillen- und Wangenschleimhaut-Carcinome.

Vorteilhaft wirkt sich hier die Möglichkeit der intrakavitären Bestrahlung aus, wodurch sich neben der lokalen in Kombination mit Außenfeldern eine konzentrierte Bestrahlung durchführen läßt.

Die Bestrahlung der regionären Lymphabflußgebiete ist nicht nur in diesen Fällen dann indiziert, wenn bereits klinisch eine Metastasierung nachweisbar ist, sondern sie wird auch nach operativer Ausräumung und besonders prophylaktisch zur Blockade einer möglichen lymphogenen Ausbreitung durchgeführt.

Bei den Tumoren der Zunge, des Mundbodens, der Wangenschleimhaut, der Tonsillen, des Gaumens und des Unterkiefers sind die Erfolge mit der Elektronentherapie teilweise so gut, daß diese von einer Reihe von Autoren als Methode der Erstbehandlung angesehen wird.

Da auch in kosmetischer und funktioneller Hinsicht häufig bessere Ergebnisse erzielt werden, kann die Elektronentherapie mit den operativen Behandlungsmethoden durchaus konkurrieren. Über die Behandlung der Struma maligna und der Parotistumoren haben meine beiden Mitarbeiter KÄRCHER und WEITZEL referiert. 17,8%, das heißt 918 Fälle, betrafen Tumoren des Rumpfes, darunter befanden sich 321 inoperable bezw. postoperative Rezidive von Mammatumoren.

Die räumlich günstige Dosisverteilung der schnellen Elektronen wirkt sich besonders vorteilhaft bei der postoperativen Bestrahlung des Mammacarcinoms aus. Das Operationsgebiet stellt eine relativ große Fläche mit geringer Tiefenausbreitung dar. Mit schnellen Elektronen gelingt es ohne großen methodischen Aufwand, die Strahlenwirkung streng auf die Thoraxwand und die regionären Lymphabflußgebiete zu beschränken, ohne Belastung des Lungengewebes und Mediastinums.

Bei der Lymphangiosis carcinomatosa sind nach unseren Erfahrungen die Elektronen die einzige Behandlungsmethode, die bei dieser großflächigen Ausdehnung zum Erfolg führen kann.

Unter den 142 (4,2%) Genitaltumoren befanden sich 41 Vulvacarcinome und 37 Peniscarcinome. Während wir bei den Vulvacarcinomen weniger erfolgreich waren, konnten wir bei den Peniscarcinomen, selbst bei fortgeschrittenen Fällen, durch Bestrahlung des Primärtumorgebietes und der regionären inguinalen Lymphstationen zufriedenstellende Ergebnisse erzielen.

Eine weitere gute Eigenschaft der schnellen Elektronen sei noch erwähnt, nämlich die Möglichkeit der Schonung gesunder lebenswichtiger Organe. So bildet die Elektronentherapie zum Beispiel bei Geschwülsten in Augennähe oder in der Umgebung der Gonaden, ferner über Knochenwachstumszonen Jugendlicher schon aus Strahlenschutzgründen eine eminent wichtige Behandlungsmethode.

Da ein beträchtlicher Teil der uns zugewiesenen Patienten bereits von anderer Seite eine mehr oder weniger hohe Strahlenbelastung erfahren hat, hat die von uns in die Elektronentherapie eingeführte Siebtechnik sich als besonders wertvoll erwiesen. Es gelingt hiermit den Nerv-, Gefäß- und Bindegewebsapparat so nachhaltig zu schonen, daß eine Lymph- oder Venenstauung sowie Einmauerung dieser vitalen Organe in Narbenplatten weitgehend vermieden werden kann und eine funktionell vollwertige Haut mit kaum wahrnehmbarer Strahlennarbe, diskretem Siebmuster bei Rückbildung des Tumorgewebes resultieren kann. Unsere diesbezüglichen Erfahrungen haben dazu geführt, daß wir heute bei der Bestrahlung von Lymphknotenmetastasen, die für Elektronen der genannten Energiebereiche erreichbar sind und die über *Nerven und Gefäßen* liegen, nur noch unter Verwendung der Siebtechnik angehen. Histologische und histochemische Untersuchungen meines Mitarbeiters KÄRCHER haben überdies zeigen können, daß die Elektronensiebtechnik nicht nur zur Vernichtung des Tumors führen kann, sondern eine Schonung des Gefäß-Bindegewebsapparates sowie des elastischen Gewebes führt, die nicht nur für die Funktion der Epidermis und damit der entsprechenden Organteile und Gliedmaßen von Bedeutung ist, sondern auch für die erhaltene Tumorabwehr dieser Gewebsabschnitte. Es gelingt auch noch bei stark vorbelastetem Gewebe und Auftreten von Tumorrezidiven mit der Elektronen-Siebtechnik Heilungserfolge zu erzielen. Erfolge, die bei der Anwendung konventioneller Röntgenstrahlen nicht erzielt werden konnten, da eine erneute Bestrahlung unweigerlich zu schweren Gewebsdefekten hätte führen müssen.

Eine gewisse Zurückhaltung und Vorsicht ist bei der Bestrahlung mit Elektronen über Knorpel-Knochenzonen geboten, da bei zu hohen Einzeldosen oder zu hohen Gesamtdosen Radionekrosen unvermeidbar sein können. Auch hier hat die *Siebtechnik* und die *stärkere Protrahierung* im Verlaufe unserer Erfahrung eine weitgehende Verbesserung der Spätresultate mit sich gebracht, so daß wir die im Anfang gesehenen Nebenerscheinungen der Therapie im Sinne von Knorpel- und Knochennekrosen heute kaum beobachten. Bei Hauttumoren und in der Haut gelegenen Metastasen von Organtumoren wenden wir heute mit Erfolg die homogene Bestrahlung mit stärkerer Protrahierung an und sehen gleichgute Rückbildung wie bei dem täglichen Bestrahlungsrhythmus, ohne daß die Einzeldosis über 300 R angehoben werden muß.

Meine Damen und Herren, wenn ich am Ende dieses kurzen Streifzuges durch die Indikationsgebiete der Elektronenbestrahlung, insbesondere für die Elektronen im Energiebereich von 6 bis 16 MeV, wie wir sie in den letzten

10 Jahren in der Hauptsache angewendet haben, resummieren darf, so kann ich mit Überzeugung feststellen, daß die klinische Anwendung schneller Elektronen in der Tumortherapie ein echter Fortschritt ist, und ich glaube auch sagen zu können, daß diese Strahlenart in der Hand des Erfahrenen bessere Heilungsresultate zu liefern imstande ist, als dies mit den konventionellen Bestrahlungsmethoden der Fall war. Vor allem hat sich die *Bestrahlbarkeitsquote* der unsere Hilfe suchenden Tumorkranken wesentlich erhöht.

Das wichtigste Kriterium einer Behandlungsmethode sind natürlich deren Ergebnisse. Exakte Zahlen anzugeben ist in unserem Falle nicht möglich, da wir die überwiegende Mehrzahl der Patienten aus zweiter oder dritter Hand bekommen oder wir werden gar als letztes Glied der Behandlungskette eingeschaltet. Es muß aber auch berücksichtigt werden, daß die Elektronentherapie bis zu 16 MeV in einer Großzahl der Fälle nur für *sekundäre* Behandlungsaufgaben, wie bei ausgedehnten Haut- und Drüsenmetastasen bzw. Rezidiven ihre praktische Anwendung findet.

Alles in allem gerechnet haben wir innerhalb von 10 Jahren 5750 verschiedene Tumorlokalisationen mit schnellen Elektronen bis zu 16 MeV behandelt.

Von unseren auf diese Weise behandelten Patienten sind insgesamt 37% noch am Leben, davon 25,52% mehr als 5 Jahre.

Aus der Sicht dieser 10jährigen Erfahrung glaube ich feststellen zu können, daß die Elektronentherapie für eine Reihe von Tumorlokalisationen eine spezielle Indikation darstellt, und bei adäquater Indikationsstellung und sorgfältiger Technik mit Behandlungsergebnissen gerechnet werden darf, die mit konventionellen Methoden im allgemeinen nicht zu erreichen sind.

**Summary**

When surveying the experiences of 10 years in the use of fast electrons from 6—16 MeV we were able to presume that the clinical use of fast electrons for treatment of malignant tumors means a definite progress. This special kind of rays in the hands of experienced men represents an improvement in the number of cures compared to the results of the conventional X-ray treatment. Furthermore the number of patients to be irradiated could be increased. For a number of tumor localisations the electron beam therapy is specially indicated.

# Closing Remarks

By

Boris Rajewsky

Ladies and gentlemen, this is the end of the symposium. You have probably noticed that the organisation comitee of the symposium has followed with pleasure and satisfaction the progress of the symposium. Our hope was realized: the discussions during the symposium had been carried on in the friendly atmosphere of the collaboration of all active representatives of the medical radiology (cliniciens, radiobiologists, biophysicists and engeneers) and during these serious discussions and deliberations the problems of the actual interest in the application of high energy electrons in medical radiology had been started, discussed in all frankness and clarified as far as possible. The progress of the sessions during the symposium has even excelled our expectations. I believe that all of us, especially you, ladies and gentlemen, who take so much interest in reports and discussions — succeeded in giving a very good general view about the actual state of this new field of the medical radiology and to get profound sights in the existing or in the expected possibilities of the new proceedings. Especially the informal meetings of participants who were interested in special problems has been very useful and successful, because these meetings had not only given the possibility to exchange opinions and experiences of their most qualified experts about the difficulties and obscurities in the present development, but they carried on to the constitution of some international groups which will try to find in collaboration the solutions of the problems that come into question.

I want to thank the managers and chairmen of the informal meetings and the participants of the discussions for their efforts and the friendly atmosphere of collaboration. I should like to convey my thanks to the participation of the representatives of the competent industry. They joint us, not for sake of advertising their products — the explanations, critical comparisons or publicity for one or the other solution of technical problems, constructions etc. were not on the symposium's programm — they have come as colleagues and experts for technical questions to help us during the discussions on basic technical problems.

About this symposium I should like to mention something special which can often be noticed with good congresses and meetings: The scientific discussions were not only bound to the sessions, they were continued in private conversations during the free time at lunch and walks; one became to know each other and friendships were made. Just this fact is one of the aims of the "Association Européenne de Radiologie" for us Europeens. Especially we are pleased that our colleagues and friends from overseas have joint us and contributed considerably in attaining our aims. There is a friendly and enthusiastic collaboration between the old Europe and the "new world" for a new topical scientifical and practical sector to come.

Thanks to our Swiss colleagues all this could be realized. They took care of the organisation and worked hard for preparation and accomplishment of the symposium. Daily everybody felt the kind and attentive care. Especially to you, dear Zuppinger and to your collaborators — at first Dr. Poretti — belongs our thanks and we congratulate you to the successful symposium. Many thanks!

At this place we thank also very much the Swiss National Foundation, and the Swiss industry for the great support — from the financial point of view too — which gave us the possibility to realize this symposium.

# Closing

By

ADOLF ZUPPINGER

My honorary President, Ladies and Gentlemen!

Before we close our Symposium I should like to give you a brief review of what we have learned and whether the aims which were outlined in the opening speech could be achieved or not. I am making this survey especially from the medical point of view and I consider I am justified to do this on account of our aim to cure cancer.

The physicists have given us a lot of facts which enable us to apply a more adequate dosage. We have learned where we have to pay special attention. We hope soon to receive supplementary apparatus and tools which will facilitate the individual treatment.

The radiobiological discussions have also been of great value. Two problems have been specifically designated as urgent: The one is the difference of the RBE in relation to the depth and the other the difference of the RBE between 5 to 15 MeV and the 30 to 40 MeV machines. We hope that the working-groups which have been created in the European Radiology Society will find the solution thus proving at the same time that on this larger scale a result can be achieved that was not possible otherwise, even though the problem has been known to us for five years.

The clinical discussions have presented us with a large variety of facts which first must be compared and elaborated. We have introduced the question whether high speed electrons are in some situations more effective than the electromagnetic treatment and if so in which cases. I did not expect to find a definite answer but it is my personal impression that we can say that the result is a positive one. We have many situations where only the physical advances are definite and where only this improvement suffices to explain the better results. We heard many facts that confirm also the opinion that supplementary biological reasons are responsible for the cure of some forms of cancer. It is not a definite proof, but the probability that this opinion is correct seems to me to have increased. In any case the facts that have been mentioned would encourage us to continue our investigations with electrons. I am personally very happy that we received much data which will enable us to improve our knowledge of normal tissue tolerance. This will help us to prevent some if not much radiation damage. Even if this were the only result of this meeting our efforts and all the expenditure would have been paid back manifold.

I have a request. All the data seems to me to be very important. Please send us your papers and remarks as soon as possible for printing with exact datas of the irradiation conditions. We intend to send them in 10 days to the Springer editor. This report will not only be very valuable to those who are already using electrons but should help decide whether a radiologist will employ this tool in the battle against cancer or not.

I hope that many friendships have been formed and will prove worthwile for further collaboration not only on the field of our discussion.

Again I would like to thank the anonymous contributor and the Swiss National Foundation who have given us a unique possibility to accelerate a development in medicine which seems to be a considerable step forward in the fight against cancer. My thanks to all who by their personal contribution in speaking about their experiences and presenting their opinion in such a free manner, have contributed to the success of the meeting. I believe that I express the opinion of all the participants when I express our thanks to the staff which made the Congress run so smoothly.

These are extended especially to Professor RAJEWSKY, Dr. PORETTI and Miss NYDEGGER and to Director ROSSIER of Montreux-Palace-Hotel. Also many thanks to all the others whom I have not been able to mention. The Board of Organization trusts that we can have another meeting in five years' time.

Symposium on High-Energy Electrons (Montreux 1964)

## Correction

Fig. 1, p. 299 belong to paper 3.2.16. p. 358 (at the bottom of p. 359 after "...of high energy roentgen beams from the betatron") with the following text:

Isodose curves for the bladder measured in a phantom. Two opposite fields of x-rays of 32 MeV energy and an anterior field of electrons of the same energy.

Doses $\gamma_1 : \gamma_2 : \beta_1 = 3 : 3 : 4$

Field sizes $\gamma_1 = \gamma_2 = 20 \times 20\ cm^2$, $\beta_1 = 14 \times 14\ cm^2$

Springer-Verlag Berlin · Heidelberg · New York

MIX
Papier aus verantwortungsvollen Quellen
Paper from responsible sources
FSC® C105338

If you have any concerns about our products,
you can contact us on
**ProductSafety@springernature.com**

In case Publisher is established outside the EU,
the EU authorized representative is:
**Springer Nature Customer Service Center GmbH**
**Europaplatz 3, 69115 Heidelberg, Germany**

Printed by Libri Plureos GmbH
in Hamburg, Germany